CHANYE ZHUANLI
FENXI BAOGAO

产业专利分析报告

（第30册）——清洁油品

杨铁军◎主编

1. 汽油抗爆剂
2. 加氢脱硫
3. 非临氢脱硫

知识产权出版社

全国百佳图书出版单位

图书在版编目（CIP）数据

产业专利分析报告. 第 30 册，清洁油品/杨铁军主编. —北京：知识产权出版社，2015.6
ISBN 978 - 7 - 5130 - 3342 - 8

Ⅰ. ①产… Ⅱ. ①杨… Ⅲ. ①石油产品—无污染工艺—专利—研究报告—世界 Ⅳ. ①G306.71
②TE626

中国版本图书馆 CIP 数据核字（2015）第 025659 号

内容提要

本书是清洁油品行业的专利分析报告。报告从该行业的专利（国内、国外）申请、授权、申请人的已有专利状态、其他先进国家的专利状况、同领域领先企业的专利壁垒等方面入手，充分结合相关数据，展开分析，并得出分析结果。本书是了解该行业技术发展现状并预测未来走向，帮助企业做好专利预警的必备工具书。

责任编辑：卢海鹰　胡文彬　　　　　　　责任校对：韩秀天
内文设计：王祝兰　胡文彬　　　　　　　责任出版：刘译文
执行编辑：王玉茂

产业专利分析报告（第 30 册）
——清洁油品

杨铁军　主　编

出版发行：知识产权出版社 有限责任公司		网　　址：http://www.ipph.cn	
社　　址：北京市海淀区马甸南村 1 号		邮　　编：100088	
责编电话：010 - 82000860 转 8031		责编邮箱：huwenbin@ cnipr.com	
发行电话：010 - 82000860 转 8101/8102		发行传真：010 - 82000893/82005070/82000270	
印　　刷：保定市中画美凯印刷有限公司		经　　销：各大网络书店、新华书店及相关专业书店	
开　　本：787mm×1092mm　1/16		印　　张：27	
版　　次：2015 年 6 月第 1 版		印　　次：2015 年 6 月第 1 次印刷	
字　　数：600 千字		定　　价：110.00 元	

ISBN 978 -7 -5130 -3342 -8

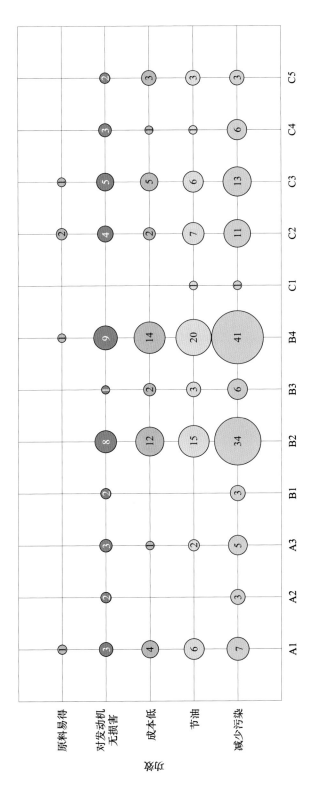

（关键技术一）图2-2-7　中国汽油抗爆剂专利技术功效

（正文说明见第27页）

注：A1：金属化合物，A2：有机金属类，A3：金属有灰混合类，B1：含氮有机物，B2：含氧有机物，B3：其他有机无灰类，B4：有机无灰混合类，C1：金属化合物+含氮有机物，C2：金属化合物+含氧有机物，C3：有机金属类+含氮有机物，C4：金属化合物+有机无灰混合类，C5：有机金属类+有机无灰混合类。

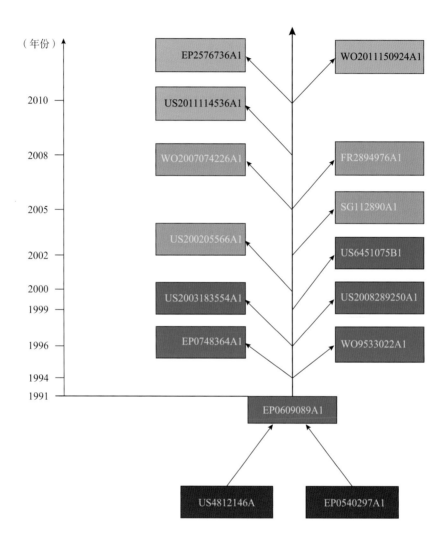

（关键技术一）图3-2-10　专利申请公开号为EP0609089A1的引用与被引用关系

（正文说明见第50页）

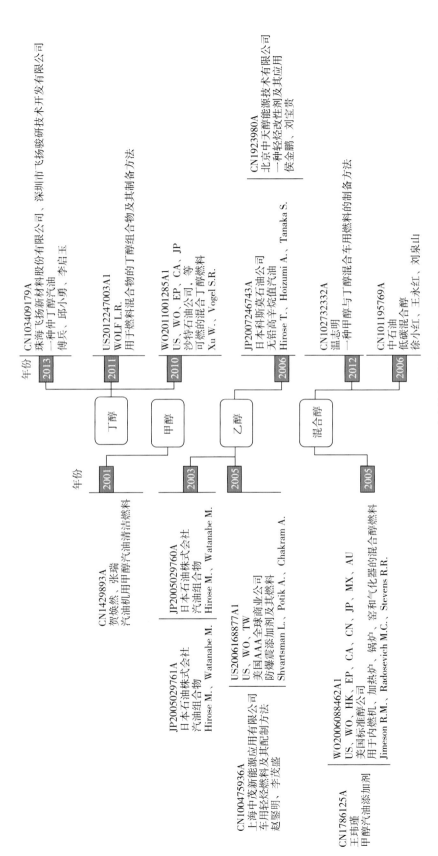

（关键技术一）图3-3-8 醇类抗爆剂技术路线

（正文说明见第64页）

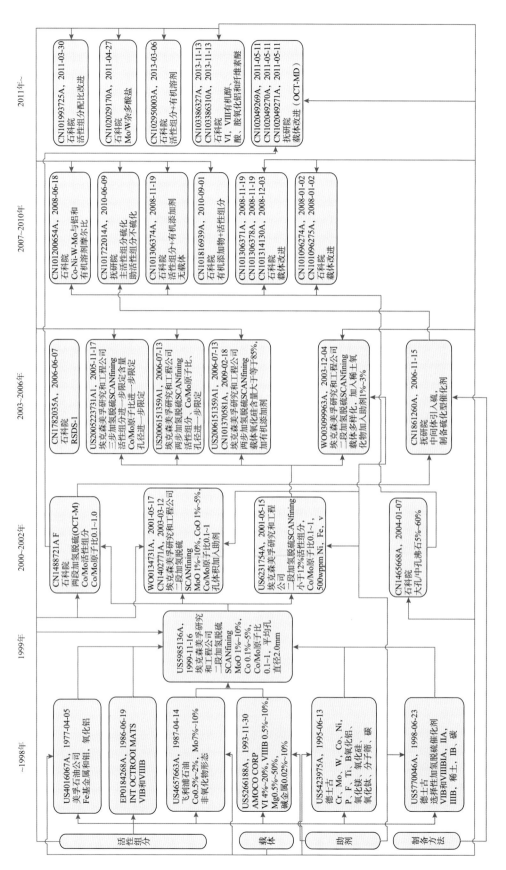

（关键技术二）图2-3-3 加氢脱硫催化剂技术路线

（正文说明见第145页）

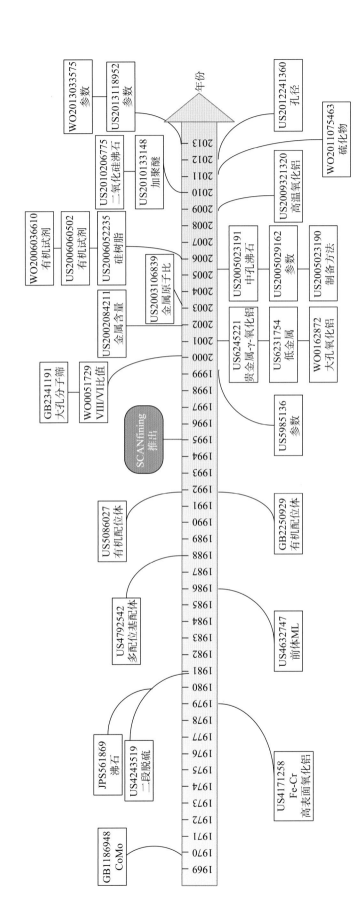

（关键技术二）图5-3-8　埃克森美孚研究与工程公司技术发展路线

（正文说明见第215页）

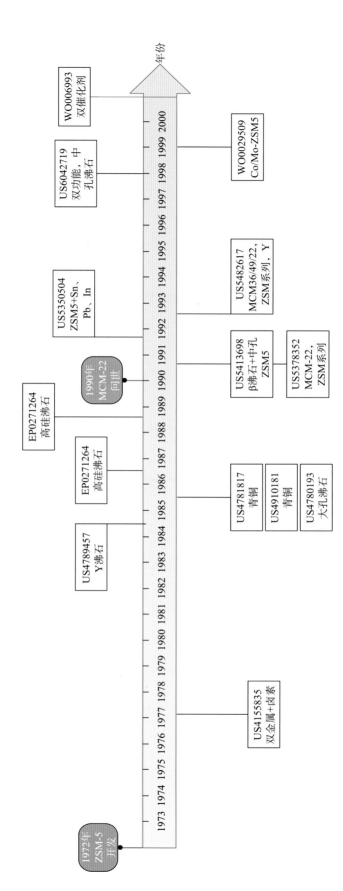

（关键技术二）**图5-3-10　美孚石油技术发展路线**

（正文说明见第216页）

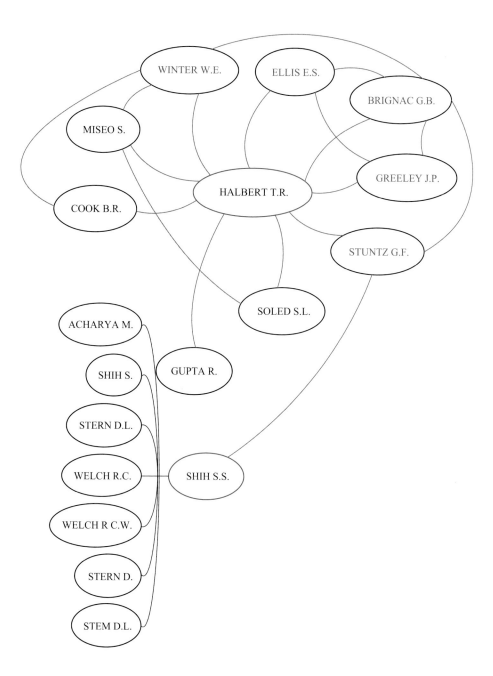

（关键技术二）**图5-3-13　埃克森美孚研究与工程公司的重要研发团队**

（正文说明见第219页）

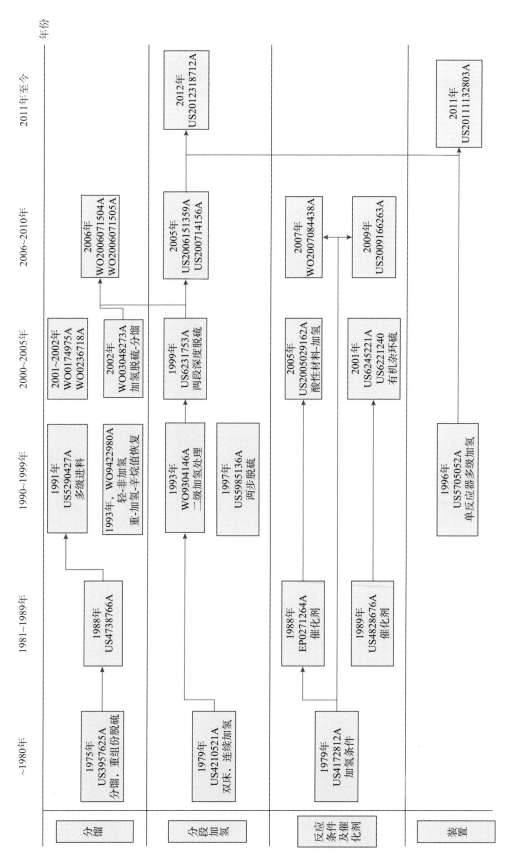

（关键技术二）图5-4-7　埃克森美孚技术发展路线

（正文说明见第225页）

	1981~1985年	1986~1990年	1991~1995年	1996~2000年	2001~2005年	2005年至今	公开年代
分子筛	1982年 US4358297A 锌钙改性沸石 / 1989年 US4831206A 加氢后吸附	1992年 US5146039A 铜银锌改性沸石 / 1994年 US5336834A 异构与吸附组合	1991年 US5057473A 铜镧锌改性沸石 / 1994年 US5284717A 裂化吸附脱硫	2000年 US6093336A 金属氧化物复合 / 1999年 US5928497A 加氢与吸附组合	2001年 EP1120149A1 多层吸附 / 2002年 US20060502A1 过渡金属、碱或碱土金属改性沸石 / 2001年 EP1121977A2 过渡金属吸附改性	2007年 US6248230A 吸附处理后加氢 / 2007年 JP2007154151A 过渡金属改进	
复合金属氧化物	1979年 US4179361A 氧化铝负载氧化钴 / 1981年 US4290913A 氧化铝、碱金属 / 1982年 US4358297A 沸石负载氧化锌	1989年 US4824818A 金属氧化物负载氧化催化剂 / 1990年 US4911825A 金属氧化物负载加氢活性金属 / 1990年 US4908122A 氧化吸附脱硫	1992年 US5157201A 金属氧化物组合吸附脱硫 / 1994年 US5360536A 多金属氧化物复合 / 1995年 US5454933A 加氢脱硫吸附	2001年 US6228254B1 加氢后吸附脱硫	2001年 US6274533A 还原态双金属 / 2001年 US4254766B1 氧化锌、氧化硅、氧化铝、镍 / 2002年 US6429170A 氧化锌、氧化铝、珍珠岩、促进金属		
活性炭	1989年 US95545A 多种吸附剂吸附			1999年 US5958224A 氧化后吸附 / 2002年 US6482316B1 吸附脱硫工艺	2001年 US6228254B1 加氢后吸附 / 2004年 US2004118747A1 吸附反应器	2005年 US2005173297A 吸附及再生 / 2006年 US2006166809A1 负载金属	

（关键技术三）图4-4-1　吸附脱硫技术路线

（正文说明见第336页）

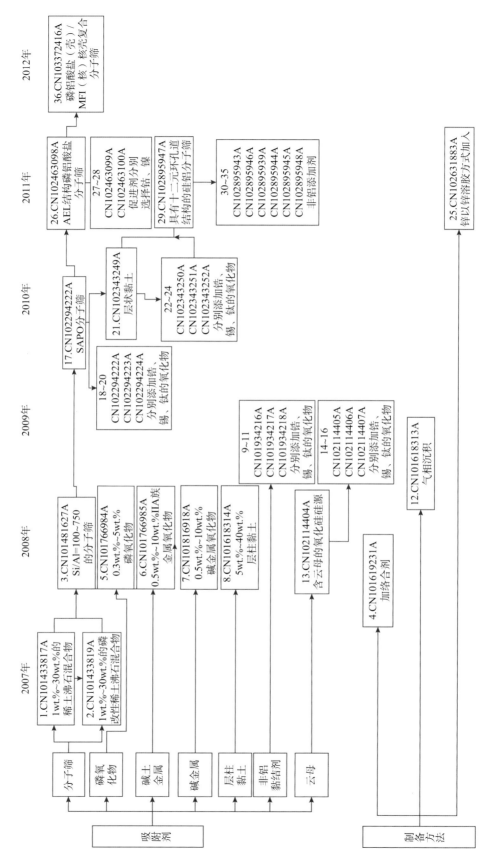

（关键技术三）图5-4-1 石科院涉及S-Zorb吸附剂的技术发展路线

（正文说明见第369页）

编 委 会

序

新常态带来新机遇，新目标引领新发展。自党的十八大提出了"实施知识产权战略，加强知识产权保护"的重大命题后，知识产权与经济发展的联系变得越加紧密。促进专利信息利用与产业发展的融合，推动专利分析情报在产业决策中的运用，对于提升我国创新主体的创新水平和运用知识产权的能力具有重要意义。

国家知识产权局在"十二五"期间组织实施的专利分析普及推广项目已经步入第五年，该项目选择战略性新兴产业、高新技术产业等关系国计民生的重点产业开展专利分析，在定量与定性、专利与市场、技术与经济等方面不断对分析方法作出有益的尝试，形成了一套科学规范的专利分析方法。作为项目成果的重要载体，《产业专利分析报告》丛书从专利的分析入手，致力于做到讲研发、讲市场、讲竞争、讲价值，切实解决迫切的产业需求，推动产业发展。

《产业专利分析报告》（第29～38册），定位于服务我国科技创新和经济转型过程中的关键产业，着眼于探索解决产业发展道路上的实际问题，精心为广大读者奉献了项目的最新研究成果。衷心希望，在国家知识产权局开放五局专利数据的背景下，《产业专利分析报告》丛书的相继出版，可以促进广大企业专利运用水平的提升，为"大众创业、万众创新"和加快实施创新驱动发展战略提供有益的支撑。

国家知识产权局副局长

杨铁军

前　言

"十二五"期间，专利分析普及推广项目每年选择若干行业开展专利分析研究，推广专利分析成果，普及专利分析方法。《产业专利分析报告》（第1~28册）出版以来，受到各行业广大读者的广泛欢迎，有力推动了各产业的技术创新和转型升级。

2014年度专利分析普及推广项目继续秉承"源于产业、依靠产业、推动产业"的工作原则，在综合考虑来自行业主管部门、行业协会、创新主体的众多需求后，最终选定了10个产业开展专利分析研究工作。这10个产业包括绿色建筑材料、清洁油品、移动互联网、新型显示、智能识别、高端存储、关键基础零部件、抗肿瘤药物、高性能膜材料、新能源汽车，均属于我国科技创新和经济转型的核心产业。近一年来，约200名专利审查员参与项目研究，对10个产业的35个关键技术进行深入分析，几经易稿，形成了10份内容实、质量高、特色多、紧扣行业需求的专利分析报告，共计约900万字、2000余幅图表。

2014年度的产业专利分析报告继续加强方法创新，深化了研发团队、专利并购、标准与专利、外观设计专利的分析等多个方面的方法研究，并在课题研究中得到了充分的应用和验证。例如，智能识别课题组在如何识别专利并购对象方面做了有益的探索，进一步梳理了专利并购的方法和策略；新能源汽车课题组对外观设计专利分析方法做了有益的探索；移动互联网课题组则对标准与专利的交叉运用做了进一步的探讨。

2014年度专利分析普及推广项目的研究得到了社会各界的广泛关注和大力支持。例如，中国工程院院士沈倍奋女士、中国电子学会秘书长徐晓兰女士、中国电子企业协会会长董云庭先生等专家多次参与课题评审和指导工作，对课题成果给予较高评价。高性能膜材料课题组的合作单位中国石油和化学工业联合会组织大量企业参与课题具体研究工作，为课题研究的顺利开展奠定了基础。《产业专利分析报告》（第29～38册）凝聚社会各界智慧，旨在服务产业发展。希望各地方政府、各相关行业、相关企业以及科研院所能够充分发掘专利分析报告的应用价值，为专利信息利用提供工作指引，为行业政策研究提供有益参考，为行业技术创新提供有效支撑。

由于报告中专利文献的数据采集范围和专利分析工具的限制，加之研究人员水平有限，报告的数据、结论和建议仅供社会各界借鉴研究。

《产业专利分析报告》丛书编委会
2015 年 5 月

项目联系人

褚战星　62084456/18612188384/chuzhanxing@ sipo. gov. cn

王　冀　62085829/18500089067/wangji@ sipo. gov. cn

李宗韦　62084394/15101508208/lizongwei@ sipo. gov. cn

汽油抗爆剂行业专利分析课题研究团队

一、项目指导

国家知识产权局：杨铁军　张茂于　胡文辉　葛　树　郑慧芬

　　　　　　　　毕　囡　韩秀成

二、项目管理

国家知识产权局专利局：冯小兵　张小凤　褚战星　王　冀　李宗韦

三、课题组

承 担 部 门：国家知识产权局专利局材料工程发明审查部

课 题 负 责 人：闫　娜

课 题 组 组 长：王　涛

课 题 组 成 员：王素燕　张　娴　杨秀娟　张　华　李宗韦　孙　琨

四、研究分工

数据检索：杨秀娟　张　华

数据清理：王素燕　杨秀娟　张　华

数据标引：王素燕　张　娴　杨秀娟　张　华

图表制作：王　涛　杨秀娟　张　华

报告执笔：王　涛　王素燕　张　娴　杨秀娟　张　华

报告统稿：闫　娜　王　涛

报告编辑：张　华

报告审校：闫　娜　王　涛　李宗韦　孙　琨

五、报告撰稿

王　涛：主要执笔第1章第2节、第2章、第6章，参与执笔第3章第1节

王素燕：主要执笔第3章第1节、第4章，参与执笔第2章第2节

张　娴：主要执笔第5章

杨秀娟：主要执笔第3章第2节，参与执笔第6章

张　华：主要执笔第1章第1节、第3章第3节，参与执笔第6章

六、指导专家

行业专家（按姓氏音序排序）

王秀江　中国石油和化学工业联合会

周　月　中国石油和化学工业联合会

技术专家（按姓氏音序排序）

车春玲　济南开发区星火科学技术研究院

杜　伟　中国科学院大连化学物理研究所

贾建河　西安启创化工有限公司

熊长祥　济南开发区星火科学技术研究院

专利分析专家

褚战星　国家知识产权局专利局审查业务管理部

李宗韦　国家知识产权局专利局化学发明审查部

孙　琨　国家知识产权局专利局审查业务管理部

七、合作单位（排序不分先后）

中国石油和化学工业联合会、西安启创化工有限公司、济南开发区星火科学技术研究院、中国科学院大连化学物理研究所

加氢脱硫行业专利分析课题研究团队

一、项目指导

国家知识产权局： 杨铁军　张茂于　胡文辉　葛　树　郑慧芬

　　　　　　　　　毕　因　韩秀成

二、项目管理

国家知识产权局专利局： 冯小兵　张小凤　褚战星　王　冀　李宗韦

三、课题组

承　担　部　门： 国家知识产权局专利局材料工程发明审查部

课 题 负 责 人： 闫　娜

课 题 组 组 长： 余仲儒

课 题 组 成 员： 韩翻珍　张庆慧　任　怡　李晋东　李宗韦　孙　琨

四、研究分工

数据检索： 韩翻珍　张庆慧　任　怡　李晋东

数据清理： 韩翻珍　张庆慧　任　怡　李晋东

数据标引： 韩翻珍　张庆慧　任　怡　李晋东

图表制作： 韩翻珍　张庆慧　任　怡　李晋东

报告执笔： 韩翻珍　张庆慧　任　怡　李晋东

报告统稿： 闫　娜　余仲儒

报告编辑： 韩翻珍

报告审校： 闫　娜　余仲儒　李宗韦　孙　琨

五、报告撰稿

韩翻珍： 主要执笔第 1 章，第 2 章，第 5 章第 1 节、第 2 节、第 3 节，参与执笔第 5 章第 5 节

张庆慧： 主要执笔第 4 章、第 5 章第 4 节，参与执笔第 5 章第 5 节

任　怡： 主要执笔第 3 章

李晋东： 主要执笔第 6 章

六、指导专家

行业专家（按姓氏音序排序）

王秀江　中国石油和化学工业联合会

周　月　中国石油和化学工业联合会

技术专家（按姓氏音序排序）

杜　伟　中国科学院大连化学物理研究所

杜　周　中石化北京化工研究院燕山分院

何　沛　中石化工程建设公司

柯　明　中国石油大学（北京）重质油国家重点实验室

袁晓亮　中石油石油化工研究院

专利分析专家

褚战星　国家知识产权局专利局审查业务管理部

孙　琨　国家知识产权局专利局审查业务管理部

李宗韦　国家知识产权局专利局化学发明审查部

七、合作单位（排序不分先后）

中国石油和化学工业联合会、中石化工程建设公司、中石化北京化工研究院燕山分院、中石油石油化工研究院、中国石油大学（北京）、中国科学院大连化学物理研究所

非临氢脱硫行业专利分析课题研究团队

一、项目指导

国家知识产权局： 杨铁军　张茂于　胡文辉　葛　树　郑慧芬

　　　　　　　　　毕　因　韩秀成

二、项目管理

国家知识产权局专利局： 冯小兵　张小凤　褚战星　王　冀　李宗韦

三、课题组

承　担　部　门： 国家知识产权局专利局材料工程发明审查部

课 题 负 责 人： 闫　娜

课 题 组 组 长： 余仲儒

课 题 组 成 员： 余仲儒　王东升　李　健　刘学禹　马彩霞

　　　　　　　　李宗韦　孙　琨

四、研究分工

数据检索： 王东升　李　健　刘学禹　马彩霞

数据清理： 王东升　李　健　刘学禹　马彩霞

数据标引： 王东升　李　健　刘学禹　马彩霞

图表制作： 王东升　李　健　刘学禹　马彩霞

报告执笔： 王东升　李　健　刘学禹　马彩霞

报告统稿： 闫　娜　余仲儒

报告编辑： 王东升

报告审校： 闫　娜　余仲儒　李宗韦　孙　琨

五、报告撰稿

刘学禹： 主要执笔第 1 章、第 2 章

王东升： 主要执笔第 3 章

李　健： 主要执笔第 4 章

马彩霞： 主要执笔第 5 章

六、指导专家

行业专家（按姓氏音序排序）

王秀江　中国石油和化学工业联合会

周　月　中国石油和化学工业联合会

技术专家（按姓氏音序排序）

杜　伟　中国科学院大连化学物理研究所

杜　周　中石化北京化工研究院燕山分院

何　沛　中石化工程建设公司

柯　明　中国石油大学（北京）重质油国家重点实验室

袁晓亮　中石油石油化工研究院

专利分析专家

褚战星　国家知识产权局专利局审查业务管理部

李宗韦　国家知识产权局专利局化学发明审查部

孙　琨　国家知识产权局专利局审查业务管理部

七、合作单位（排序不分先后）

中国石油和化学工业联合会、中石化工程建设公司、中石化北京化工研究院燕山分院、中石油石油化工研究院、中国石油大学（北京）、中国科学院大连化学物理研究所、中国科学院宁波技术与工程研究所、中国科学院长春应用化学研究所

总 目 录

引　言　/ 1

_____关键技术一 / **汽油抗爆剂** / **7**

第 1 章　　研究概况 / 13
第 2 章　　汽油抗爆剂专利申请概况 / 21
第 3 章　　汽油抗爆剂重点专利技术分析 / 29
第 4 章　　汽油抗爆剂重要专利技术申请人分析 / 75
第 5 章　　产品与专利、转让与合作 / 100
第 6 章　　主要结论和政策建议 / 115

_____关键技术二 / **加氢脱硫** / **121**

第 1 章　　研究概况 / 127
第 2 章　　加氢脱硫催化剂 / 132
第 3 章　　加氢脱硫原料的预处理 / 157
第 4 章　　选择性加氢脱硫工艺 / 180
第 5 章　　埃克森美孚 / 204
第 6 章　　清洁汽油的未来 / 228

_____关键技术三 / **非临氢脱硫** / **243**

第 1 章　　研究概况 / 249
第 2 章　　氧化脱硫 / 257
第 3 章　　萃取脱硫 / 281
第 4 章　　吸附脱硫 / 317

第 5 章　　S – Zorb 技术 ／ 344

附　　　录　／ 385
图 索 引　／ 395
表 索 引　　／ 402

引　言

中国已经成为继美国之后的世界第二大石油消费国。急剧增长的汽车保有量和日益严格的环保要求似乎成了一对不可调和的矛盾，问题的焦点正在越来越多地集中到车用油品上。2013 年《能源发展"十二五"规划》重点任务之一就是推动能源的高效清洁转化，炼化业务的主要任务之一是油品质量升级。国务院印发的《大气污染防治行动计划》出台了 10 条措施力促空气质量改善，第 1 条就要求提升燃油品质，加快石油炼制企业升级改造。

一、课题研究背景

1. 产业和技术发展概况

清洁油品，就是通过限制汽油、柴油中的特定物质，如硫、苯、烯烃、芳烃等组分的含量，达到减少大气污染的目的。自清洁油品的概念被提出之后，其标准也在不断升级，主要体现在硫等有害物质的含量受到越来越严格的限制。从表 1 – 1 中可以看出，全球的硫含量指标趋向一致。

表 1 – 1　我国车用汽油硫含量控制与国外比较对照　　　　　单位：μg/g

国外	2001 年	2002 年	2003 年	2004 年	2005 年	2006 年	2007 年	2008 年	2009 年	2010 年	2011 年	2012 年
日本	100				50			10				
欧洲	150				50				10			
美国	150					30					15	
国内	2001 年	2002 年	2003 年	2004 年	2005 年	2006 年	2007 年	2008 年	2009 年	2010 年	2011 年	2012 年
中国	1000		800		500					150		
北京	800				500		150	50				10
上海	800				500				50			
广州	800				500					50		

现行市场上的成品汽油主要由重整汽油、异构化汽油以及催化裂化（FCC）汽油组成，随着原油重质化日益严重，硫含量也越来越高，不可避免地带来 FCC 汽油中硫含量的升高。❶ 我国炼油企业中二次加工以 FCC 为主，如表 1 – 2 所示，2005 年我国汽油调合组分中，FCC 汽油的比例高达 74.7%，而重整汽油仅占 17.7%。为了降低汽油

---

❶ 刘笑，等. FCC 汽油加氢脱硫反应过程及其催化剂研究进展［J］. 当代化工，2011，40（3）：276 – 280.

中的硫含量，到 2010 年约有 31.5% 的 FCC 汽油经过精制处理后进入汽油调合组分。[1]

表 1-2　我国典型年度的汽油调合组分变化　　　　　　　　单位：w/w%

汽油调合组分	2005 年	2010 年
FCC 汽油	74.7	37.9
重整汽油	17.7	20.2
加氢汽油	2.5	31.5
MTBE	3.8	4.9
其　　他	1.3	5.6

　　FCC 汽油精制脱硫处理技术主要包括加氢脱硫、吸附脱硫、烷基化脱硫、氧化脱硫、溶剂萃取脱硫、络合脱硫、膜分离脱硫和生物脱硫等。[2]

　　加氢脱硫技术是较为成熟的工艺，经历了非选择性加氢脱硫和选择性加氢脱硫两个阶段。传统的非选择性加氢脱硫在实现脱硫目的的同时，一般会引起大量烯烃的氢化饱和，导致辛烷值的损失和汽油收率的降低，典型代表就是由埃克森美孚开发的 Octgain 技术。同时满足深度脱硫和尽可能避免辛烷值和收率的下降，是选择性加氢脱硫技术的优势。目前的选择性加氢脱硫技术，国外主要有：埃克森美孚的 SCANfining 工艺、法研院的 Prime-G⁺ 工艺，国内主要包括抚研院根据我国 FCC 汽油特点开发的 OCT-M 工艺、石科院的 RIDOS 工艺。

　　加氢工艺属于高温高压过程，存在工艺装置造价高、消耗大、需要专门的催化剂等缺点，因此，一些 FCC 汽油非临氢脱硫技术因其操作简单、费用低而越来越受到重视。根据作用机理的不同，吸附脱硫可分为物理吸附脱硫和化学吸附脱硫两大类。目前比较突出的吸附工艺有 IRVAD 工艺、S-Zorb 工艺和 SARS 工艺等。溶剂萃取脱硫是利用溶解度的不同而有选择地将油品中的硫化物脱除的方法，其关键在于溶剂的选择。有机硫化物中的 C-S 键近似无极性，而利用氧化的方法将氧原子连接到噻吩类化合物的硫原子上，再通过其他操作将其从油品中脱除。生物脱硫通常采用氧化路线，细菌中的酶可以选择性地氧化硫原子，使 C-S 键断裂。

　　汽油在发动机汽缸中不等点火就超前发生爆炸式燃烧的不可控燃烧过程称为爆震。汽油的爆震既损失能量、浪费燃料，又损坏汽缸。爆震现象与汽油的化学组成有关，直链烷烃在燃烧时发生爆震程度比较大，而芳香烃和带有支链的烷烃则不易发生爆震。衡量爆震大小的标准称为辛烷值，一般来说，汽油的辛烷值越高抗爆震性能越好。提高汽油辛烷值的方法包括调整汽油组成和添加汽油抗爆剂等添加剂进行调和。

　　我国在 20 世纪 90 年代实施汽油无铅化前采用的抗爆剂以铁、锰等金属有灰类抗爆剂为主，但是已于 1997 年正式禁止含铅汽油的使用。按照汽油抗爆剂成分是否含有

---

[1]　孙丽丽. 清洁汽柴油生产方案的优化选择 [J]. 炼油技术与工程，2012，42（2）：1-7.
[2]　曹赟，等. FCC 汽油精制脱硫技术研究与应用进展 [J]. 山东化工，2013（4）：57-62.

金属元素，可将其分为金属有灰类和有机无灰类两大类。所有的有机抗爆剂和大部分金属抗爆剂是通过延长烃类氧化反应的诱导期来发挥抗爆作用的。抗爆剂实质上是与正构烷烃氧化生成的过氧化物 ROOH 反应，生成醛、酮或其他环氧化合物中断反应链，提高抗爆性。与提高汽油辛烷值的其他技术相比，添加抗爆剂组分是目前提高汽油辛烷值最经济、最有效的措施。然而，对于甲基叔丁基醚（MTBE），由于其泄漏时会导致地下水污染，美国已于 2008 年全面禁用，包括西欧在内的一些国家或地区也趋于在汽油中减少 MTBE 用量或禁止使用。我国尚未将禁用 MTBE 提上日程，仍将其作为一种重要的汽油调合组分使用。

2. 产业技术分解

在前期调研过程中，课题组与多家合作单位进行座谈，征集企业的需求，并通过与技术专家交流进一步了解该领域的技术分类方法、产业和技术现状及发展动态，为正确进行产业技术分解提供依据。

在前期工作的基础上，综合考虑专利检索的可行性、行业的分类习惯以及课题研究的最终目的，课题组对清洁油品相关领域划分为汽油选择性加氢脱硫、汽油非临氢脱硫以及汽油抗爆剂三大部分，并结合不同的研究侧重点对技术分支作了进一步细分，得到技术分解表，如表 1 - 3 所示。

表 1 - 3　清洁油品技术分解

主题	一级分类	二级分类	三级分类	四级分类
清洁油品	汽油加氢脱硫	原料预处理	化学方法	硫醚化
				二烯加氢
				硫醇氧化
			物理方法	吸附
				洗涤
		加氢脱硫	催化剂	活性组分
				载体
				助剂
				制备方法
			工艺	加氢与辛烷值恢复
				选择性加氢脱硫
				与催化蒸馏结合
	汽油非临氢脱硫	氧化脱硫	H_2O_2 氧化	—
			光及等离子体氧化	—
			超声波或微波氧化	—
			偶合氧化	—

续表

主题	一级分类	二级分类	三级分类	四级分类
清洁油品	汽油非临氢脱硫	氧化脱硫	电化学氧化	—
			酞菁催化氧化	—
			空气氧气催化氧化	—
			氧化脱硫催化剂	—
			其他	—
		萃取脱硫	氧化萃取	—
			碱液萃取	—
			离子液体	—
			溶剂抽提	—
			络合萃取	—
		吸附脱硫	活性炭	—
			金属组合物	—
			分子筛	—
	汽油抗爆剂	金属有灰类	金属化合物	四乙基铅（TEL）
				二茂铁
				甲基环戊二烯三羰基锰（MMT）
				碳酸钾
			有机金属类	碱金属羧酸盐
				碱金属酚盐
				稀土羧酸盐
			混合类	五羰基铁＋二茂铁
		有机无灰类	含氮有机物（苯胺及其衍生物）	氮甲基苯胺
			含氧有机物	醇、醚、酯、酮
			其他有机无灰类	苯酚类、烯烃聚合物、曼尼烯碱类、酰胺类、富烯
			混合类	醇＋氮甲基苯胺
		复合类（金属有灰类和有机无灰类的混合）	金属化合物＋含氮有机物	金属化合物＋苯胺
			金属化合物＋含氧有机物	MMT＋醇＋醚
			金属化合物＋有机无灰混合类	二茂铁＋醇＋芳烃
			金属有灰混合类＋有机无灰混合类	MMT＋酯＋金属环烷酸盐＋苯胺
			有机金属类＋有机无灰混合类	异辛酸锌＋胺＋酯＋酰胺

二、课题研究方法及相关约定

1. 数据检索

本报告采用的专利文献来自国家知识产权局专利检索与服务系统。其中，中国专利数据来自中国专利数据库（CNPAT）、中国专利文摘数据库（CNABS）和中国专利全文文本代码化数据库（CNTXT）。外文专利数据来自欧洲专利局专利文献数据库（EPODOC）和德温特世界专利索引数据库（WPI）。中国专利申请的法律状态数据来自CPRS数据库。

到2014年7月10日截止，本报告在三个主要技术领域获得的检索结果文献量列于表2-1中。

表2-1 清洁油品三大领域文献量

	汽油选择性加氢脱硫	汽油非临氢脱硫	汽油抗爆剂
全球/项	1970	3731	734
中国/件	984	646	177

2. 数据处理

数据采集阶段，通过扩展分类号和关键词、完善检索策略以及反复校验过程进行检索。检索完毕后，截取文献进行人工阅读筛选，分析噪声来源，通过批量去噪获得初步分析样本。中文数据采用逐一阅读方法，在标引过程中对初步分析样本进行去噪，获得最终分析样本。外文数据采用批量清理与人工筛选相结合的方式去噪。例如，汽油抗爆剂领域噪声来源包括涉及的分类号多且分散，专利分类位置不明确，在扩大检索范围后通过人工阅读方法从567件中国专利中筛选出了177件相关申请，以及从2090项外文文献中筛选出734项相关申请，参见表2-1。

3. 查全查准评估

通过对各数据样本的数据查全率、查准率的评估，以保证检索结果的可靠性和准确性。

查全率的评估方法是：选择该技术领域排名靠前的重要申请人/发明人，且该重要申请人/发明人的申请领域集中在该技术领域内，以该重要申请人/发明人为入口检索其全部文献或某一时期的文献，通过人工阅读去噪获得母样本；在检索结果中检索出该申请人的申请（如果母样本中限定了时间，此处也同样限定），作为子样本；查全率＝子样本/母样本×100%。

查准率的评估方法是：在检索结果中随机截取一定数量的文献作为母样本；对母样本进行人工阅读去噪，获得与技术主题高度相关的文献作为子样本；查准率＝子样本/母样本×100%。

经验证，本报告中的数据，综合查全率达到90%，综合查准率在90%以上。

4. 相关事项和约定

此处，对本报告上下文中出现的术语或现象一并给出解释。

① 同族专利：同一项发明创造在多个国家和地区申请专利而产生的一组内容相同或基本相同的专利文献出版物，称为一个专利族或同族专利。从技术角度来看，属于同一专利族的多件专利申请可视为同一项技术。在本报告中，针对技术和专利技术原创地分析时对同族专利进行了合并统计，针对专利在国家或地区的公开情况进行分析时，各件专利进行了单独统计。

② 关于专利申请量统计中的"项"和"件"的说明：

项：同一项发明可能在多个国家或地区提出专利申请，WPI 数据库将这些相关的多件专利申请作为一条记录收录。在进行专利申请数量统计时，对于数据库中以一族（这里的"族"指的是同族专利中的"族"）数据的形式出现的一系列专利文献，计算为"1 项"。一般情况下，专利申请的项数对应于技术的数目。以"项"为单位进行的专利文献量的统计主要出现在外文数据的统计中。

件：在进行专利申请数量统计时，例如为了分析申请人在不同国家、地区或组织所提出的专利申请的分布情况，将同族专利申请分开进行统计，所得到的结果对应于申请的件数。1 项专利可能对应于 1 件或多件专利申请。

③ 日期规定：依照申请的申请日确定每年的专利数量。

④ 专利所属国家或地区：本报告中专利所属国家或地区是以专利申请的首次申请优先权国别来确定的，没有优先权的专利申请以该项申请的最早申请国别确定。

⑤ 有效：在本报告中，"有效"专利是指到检索截止日为止，专利权处于有效状态的专利申请。

⑥ 未决：在本报告中，专利申请未显示结案状态，称为"未决"。此类专利申请可能还未进入实质审查程序或者处于实质审查程序中，也有可能处于复审等其他法律状态。

5. 主要申请人名称约定

由于在数据库中存在同一申请人有多种表述方法的问题，以及同一申请人在多个国家或地区拥有多家子公司和机构的情况，为了正确统计申请人实际拥有的专利申请与专利权数量，本报告对主要申请人进行了统一约定，并在报告中均使用归一化后的申请人名称。申请人的名称约定见附录 A。

关键技术一

汽油抗爆剂

目　录

第 1 章　研究概况 / 13

　　1.1　研究背景 / 13

　　1.1.1　爆震成因及抗爆剂抗爆机理 / 13

　　1.1.2　汽油抗爆剂技术现状 / 14

　　1.1.3　汽油抗爆剂产业现状 / 16

　　1.1.4　各国相关政策 / 18

　　1.2　研究内容和方法 / 18

　　1.2.1　研究内容 / 18

　　1.2.2　研究方法 / 19

第 2 章　汽油抗爆剂专利申请概况 / 21

　　2.1　全球专利申请概况 / 21

　　2.1.1　专利申请量趋势 / 21

　　2.1.2　区域国别分布 / 22

　　2.1.3　主要申请人 / 23

　　2.1.4　技术构成 / 23

　　2.2　中国专利申请概况 / 24

　　2.2.1　专利申请量趋势 / 24

　　2.2.2　专利法律状态 / 25

　　2.2.3　专利区域分布 / 26

　　2.2.4　主要申请人分布 / 26

　　2.2.5　技术构成 / 27

　　2.2.6　技术功效 / 27

第 3 章　汽油抗爆剂重点专利技术分析 / 29

　　3.1　MMT 专利技术分析 / 29

　　3.1.1　全球专利申请概况 / 29

　　3.1.2　中国专利申请概况 / 31

　　3.1.3　专利技术路线分析 / 33

　　3.1.4　重要专利技术分析 / 35

　　3.1.5　专利技术功效分析 / 35

　　3.1.6　小　结 / 36

　　3.2　甲基叔丁基醚专利技术分析 / 37

3.2.1　全球专利申请分析 / 38

3.2.2　中国专利申请分析 / 39

3.2.3　专利申请人分析 / 42

3.2.4　专利技术路线分析 / 44

3.2.5　重要专利技术分析 / 49

3.2.6　产业现状 / 51

3.2.7　小　　结 / 53

3.3　新型汽油抗爆剂研发动向 / 54

3.3.1　新型汽油抗爆剂专利申请概况 / 55

3.3.2　复配类抗爆剂 / 58

3.3.3　醇类抗爆剂 / 62

3.3.4　酯类抗爆剂 / 65

3.3.5　胺类抗爆剂 / 67

3.3.6　降低 ORI 类抗爆剂 / 69

3.3.7　产业现状 / 72

3.3.8　小　　结 / 74

第4章　汽油抗爆剂重要专利技术申请人分析 / 75

4.1　雅富顿简介 / 75

4.1.1　雅富顿的成立 / 75

4.1.2　雅富顿收购史 / 76

4.1.3　雅富顿的主要产品 / 77

4.2　雅富顿专利技术概况 / 78

4.2.1　雅富顿专利技术整体态势 / 78

4.2.2　雅富顿汽油抗爆剂专利技术整体态势 / 79

4.3　雅富顿汽油抗爆剂专利技术分析 / 83

4.3.1　有机无灰类抗爆剂 / 83

4.3.2　含铅抗爆剂 / 85

4.3.3　含锰抗爆剂 / 86

4.4　雅富顿汽油抗爆剂研发团队分析 / 88

4.4.1　研发团队概况 / 89

4.4.2　1990 年之后研发团队概况 / 92

4.4.3　研发团队情况分析 / 98

4.5　小　　结 / 98

第5章　产品与专利、转让与合作 / 100

5.1　产品背后的专利 / 100

5.1.1　雅富顿目前投放市场的抗爆剂产品 / 100

5.1.2　HiTEC 3000、HiTEC 3062 产品与专利 / 100

5.1.3 HiTEC 3140 产品与专利 / 103

5.2 专利技术转让 / 105

5.2.1 美国重要专利技术转让 / 105

5.2.2 美国专利技术转让的主要受让人 / 107

5.3 专利技术合作 / 108

5.3.1 国外申请人间的合作 / 109

5.3.2 国内申请人间的合作 / 112

第6章 主要结论和政策建议 / 115

6.1 主要结论 / 115

6.1.1 从整体上看全球 / 115

6.1.2 从整体上看中国 / 115

6.1.3 MMT 重点技术 / 116

6.1.4 MTBE 重点技术 / 116

6.1.5 新型汽油抗爆剂重点技术 / 117

6.1.6 雅富顿 / 118

6.2 政策建议 / 119

第1章 研究概况

1.1 研究背景

1.1.1 爆震成因及抗爆剂抗爆机理

汽油发动机产生爆震，很大程度上与燃料性质有关，如果汽油很易氧化，形成的过氧化物不易分解，自燃点低，就很容易发生爆震现象。在正常情况下，当汽油蒸气和空气的混合气体在气缸中被压缩时，温度也随着上升，一经电火花点燃，便以火花为中心，逐层点火燃烧，平稳地向未燃区传播，此时，汽缸内的温度、压力变化均匀，发动机处于良好的工作状态。但是，使用低辛烷值的汽油时，油气混合物被压缩点燃后，在火焰尚未传播到的地方，就已经形成了大量不稳定的过氧化物，并形成了多个燃烧中心，同时猛烈爆炸燃烧，产生强大冲击波，猛烈撞击活塞头和汽缸，发出金属敲击声。爆震对发动机危害极大，它会破坏汽缸壁上的润滑油膜，造成零部件磨损加剧，并使功率下降、油耗增加、发动机过热等，严重时还可造成零部件损坏，同时燃烧室积碳增多，并造成碳氢化合物排放量骤增，形成环境污染。因此，人们对车用燃料除要求其具有良好的蒸发性的热值外，还应具有较高的抗爆性。

辛烷值是用来衡量汽油抗爆性的重要指标，一般来说，汽油的辛烷值越高其抗爆性能越好。提高汽油辛烷值的方法，可以通过发展催化重整及芳构化技术，以及醚化、烷基化、异构化等工艺调整汽油组成；也可以添加汽油抗爆剂。与提高汽油辛烷值的其他技术相比，添加抗爆剂组分是目前提高汽油辛烷值最经济、最有效的措施。作为抗爆剂的物质，必须具备破坏或分解过氧化物延长反应诱导期的能力或加快火焰传播速度的能力。所有的有机抗爆剂和大部分金属抗爆剂是通过延长烃类氧化反应的诱导期来发挥抗爆作用的。有机抗爆剂在抑制反应中产生非链传播的自由基和稳定的产物从而使反应链中断，达到防止爆震的效果。某些金属离子在氧化反应前期能和烃类分子形成配合物，一定程度上阻止烃和氧的氧化反应，而在反应后期加快反应速度使火焰传播速度加快，进而使燃料的抗爆性增强。油品中正构烷烃辛烷值最低，其抗爆性最差，可以用自由基链式反应理论得以解释。正构烷烃氧化生成的过氧化物 ROOH 很容易分解生成烷氧自由基和烃基自由基，每个自由基又引发一个新的反应链，使未燃区的过氧化反应链越来越多，过氧化物浓度越来越高，温度超过自燃点从而形成爆震燃烧。芳香烃和高度分支的异构烷烃生成的过氧化物分解时不易生成新的反应链。环烷烃介于两者之间，其抗爆性比正构烷烃要好。环烯烃和直链烯烃易生成过氧化物，但过氧化物分解时生成醛、酮氧化物而不生成新的反应链，所以抗爆性也较好。抗爆剂实质上是与正构烷烃氧化生成的过氧化物 ROOH 反应，生成醛、酮或其他环氧化合物中断反应链，从而提高抗爆性。

1.1.2　汽油抗爆剂技术现状

按照汽油抗爆剂成分是否含有金属元素，可将其分为金属有灰类和有机无灰类两大类。烷基铅基、铁基、锰基化合物及稀土羧酸盐等，统称为金属有灰类。有机无灰类主要包括一些醚类、醇类、酯类等。金属有灰类抗爆剂是人类最早使用的抗爆剂产品，其中 TEL、二茂铁、MMT 等是其典型代表。

1921 年，美国科学家小托马斯·米基利发现后来第一个商业化的汽油抗爆剂 TEL，1923 年 TEL 开始在汽油中大量使用四乙基铅，成为世界通用的辛烷值改进剂。1960 年后又出现了四甲基铅，其和 TEL 作为主要的抗爆剂占领了大部分国际市场。TEL 不仅合成工艺简单、成本低廉而且抗爆效率高，是迄今为止性价比最高的抗爆剂产品。但是 TEL 不仅自身为剧毒性物质，而且燃烧后会产生固体一氧化铅和铅，都是对人体有害的物质。固态的一氧化铅和金属铅还会在发动机内迅速累积，损坏发动机的零部件，也会污染汽车催化转换器内的催化剂，使触媒转化器失去其应有的功能。因此，从 20 世纪 80 年代起各国开始用无铅汽油逐渐取代有铅汽油。

1953 年，雅富顿（原 Ethyl 公司）研发 MMT 并获得成功，1958 年，MMT 开始作为 TEL 的辅助添加剂进入了抗爆剂市场。1977 年，由于《清洁空气法案》提出，使用 MMT 会引起新车排放系统故障，MMT 开始在美国禁用。1995 年，美国联邦上诉法院裁定美国国家环境保护局无权对 MMT 立法禁用，自此 MMT 在美国成为合法的汽油添加剂。

2003 年，澳大利亚国家工业化学品通告评估署报告指出 MMT 是一种高毒物质。其他研究也表明其对细胞特别是多巴胺能 PC－12 细胞有毒害作用，毒代动力学研究表明老鼠血液可吸收纯的 MMT 是无机锰的 37 倍。长期慢性暴露于 MMT 环境中可引起肝脏和肾脏损害，这对于某些特殊职业者会造成锰中毒，症状类似于帕金森氏症。因此，从事这些职业的人群需要采取一定保护措施。美国国家环境保护局的研究表明，人体对摄入的锰在很大范围内有分解代谢机制，空气中锰浓度低于 0.05mg/L 时对人体即使婴幼儿和老人的健康不会构成威胁。当前普遍认为合理控制汽油中锰的含量其利大于弊，我国允许在一定浓度范围内添加。

二茂铁是一种可在空气中稳定存在的橙黄色固体，真空下 100℃时迅速升华，其可溶解于大部分有机溶剂。相对作为抗爆剂而言其作消烟助燃剂更早。含二茂铁的汽油燃烧后生成的氧化铁沉积在发动机的火花塞上，不仅影响发动机的启动，而且会造成发动机磨损。因此国外已经禁止使用二茂铁，国内对其使用也有很大限制。

TEL、MMT 和二茂铁是金属有灰类抗爆剂中效能优良的抗爆剂，曾在各国广泛应用，但在使用过程中出现了各种各样的问题，其间也出现了各种其他种类的有机金属抗爆剂。其中以有机碱金属类研究的居多。

碱金属类有机抗爆剂分为碱金属羧酸盐和碱金属酚盐两类。有报道指出无环带支链的伯碳羧酸、仲碳羧酸、叔碳羧酸的锂盐，均具有良好的抗爆性[1]。杜邦公司专利报道了含氮碱金属羧酸盐抗爆剂、含二烷氧基甲酸碱金属盐抗爆剂和含烷氧基羧酸锂的碱金属抗爆剂，抗爆性能良好。一般的碱金属羧酸盐在汽油中是较难溶解的，单独加入溶解量非常小。西安石油大学的袁海欣等较为全面地考察了十种碱金属羧酸盐作为汽油抗爆剂的性能，认为该类化合物燃烧后生成的物质难以随汽油挥发，适用于电喷式发动机。[2] 除上述碱金属羧酸盐外，稀土金属的羧酸盐、金属羰基化合物、茂金属及其衍生物等也有作为抗爆剂的研究。

有机无灰类抗爆剂主要是含氧有机化合物和含氮有机化合物，主要代表性物质有MTBE、甲醇、碳酸二甲酯（DMC）、氮甲基苯胺等。和金属类抗爆剂相比，有机无灰类抗爆剂添加剂量相对较大。一般地，汽油中 MMT 添加剂量为 10^{-6} 级，而 MTBE 添加剂量为 10^{-2} 级，二者相差 10^{-4}，从这一数据可以看出 MMT 抗爆效率要高于 MTBE 数千倍之多，但是有机无灰类抗爆剂也有金属类抗爆剂无可比拟的优点，即燃烧后不会在发动机内沉积。以下是几种典型的有机无灰类抗爆剂。

20 世纪 70 年代 MTBE 作为提高辛烷值的调和组分开始被人们注意，后来作为MMT 和 TEL 的替代品在世界范围内广泛使用。作为醚类抗爆剂的典型代表，MTBE有着无可比拟的优点：化学性质较为稳定，不易生成过氧化物；可以与汽油以任意比例互溶，且有良好的调和效应，调和后辛烷值高于其净辛烷值，添加质量分数为2% ~ 7% 时，研究法辛烷值（RON）提升 2 ~ 3 个单位，添加后油品的雷德蒸汽压会显著升高；改善尾气排放，降低有害气体排放。虽然 MTBE 有诸多优点，但是其在汽油中添加量大，排放后会污染地下水质。美国环境保护局关于 MTBE 对人体健康的危害研究表明，接触 MTBE 后人体黏膜和呼吸道会有刺激反应，使人感觉恶心、呕吐、头晕，对肝脏和肾脏也有伤害。因此，1996 年，由于饮用水中 MTBE 含量超标，美国Santa Monica 市 50% 的供水系统关闭。1999 年，美国加利福尼亚空气资源委员会规定从 2002 年 12 月 31 日起禁止加州新配方汽油中使用 MTBE，后推迟一年到 2003 年 12 月31 日起实行，之后纽约州也签署法案规定 2004 年起禁止使用 MTBE。2010 年美国已经全面禁用 MTBE，禁用后积极推广乙醇汽油，聚异丁烯等。[3] 目前欧洲和亚洲虽然有关于 MTBE 的争论，但是还没有采取限制措施。此外，被用作抗爆剂的醚类物质还有二异丙醚、叔戊基甲基醚、乙基叔丁基醚等。

DMC 是目前最受关注的酯类抗爆剂，其马达法辛烷值（MON）和研究法辛烷值（RON）分别为 97 和 110，比 MTBE 稍低。目前关于 DMC 作为汽油抗爆剂还处于实验室研究阶段，有报道称 DMC 对直馏汽油的感受性远高于辛烷值较高的催化裂化汽油，所报道的数据如下：直馏汽油添加体积分数为 3% ~ 6% 的 DMC，其 RON 提高1.5 ~ 3.0 个单位，催化裂化汽油加入相同体积分数的 DMC，其 RON 相应增加 0.6 ~ 1.2

---

[1] 王月英. 无铅汽油抗爆剂研究 [J]. 民营科技，2011，4：43.

[2] 袁海欣. 含碱金属有机物汽油抗爆剂的研究 [D]. 西安：西安石油大学，2004.

[3] 张存社，等. 车用汽油辛烷值促进剂的应用现状及研究进展 [J]. 应用化工，2012，41（10）：1807 – 1810.

个单位。❶ 被作为抗爆剂组分研究的酯类还有丙二酸酯、磷酸酯、二元羧酸的芳基酯、含烷基或/和烷氧基的异丁酸酯等。

N-甲基苯胺是胺类抗爆剂中的典型代表，其在德国曾以凯洛莫尔（Keromell）MMA 的商品名作为抗爆剂出售过。汽油中加入体积分数 0.5%~5% 的 N-甲基苯胺，由于汽油组成等性质差异，RON 可提高 1.7~15 个单位。❷

N-甲基苯胺作为汽油抗爆剂最大的弊端是其会降低汽油的燃烧速度，这个问题可通过给 N-甲基苯胺中加入甲苯来克服。Aldo Automotive 公司在 N-甲基苯胺中将加入体积分数 15% 的甲苯，按体积分数 5% 加入汽油中可以使其辛烷值提高 3~5 个单位。此外 N-甲基苯胺是我国卫生部门列出的高毒化合物之一，侵入人体后会造成组织缺氧，对中枢神经系统、肾脏和肝脏等造成损害。❸

有机无灰类抗爆剂除上述四种外，还有苯酚类、曼尼烯碱类、酰胺类等。如专利 CN102093919A 报道了邻乙酰胺基苯酚、间羟基苯酰胺及 2-甲基苯酚以质量比 3:5:2 复配，按质量分数 5% 加入 90# 汽油中，可使其 RON 提升到 93# 汽油。袁晓东等对酰胺类、苯酚类、曼尼烯碱类等有机无灰类抗爆剂的抗爆性研究表明甲酰胺及其衍生物的抗爆性优于相应的胺，对位取代单酚抗爆性优于多取代酚，曼尼烯碱抗爆性优于 MTBE。

1.1.3　汽油抗爆剂产业现状

国际上对于汽油抗爆剂的研发较早，主要是知名大公司如雅富顿、英国石油、巴斯夫公司、通用技术应用公司、STANDARD ALCOHOL CO. AMERICA INC. 在进行新型抗爆剂的研究并主导该领域最新技术，其中雅富顿是世界领先的石油添加剂公司，长期以来垄断了整个 MMT 市场。1953 年雅富顿向市场推出 MMT。1974 年开始作为单独抗爆添加剂应用于美国汽油中。国外近年来也推出了一些新型的汽油添加剂。如美国华盛顿大学与通用技术应用公司联合开发替代汽油中 MTBE 的聚异丁烯新添加剂；此外，巴斯夫公司为了响应中国出台的汽油添加剂标准，向中国市场推出了一种"快乐跑"的添加剂；STANDARD ALCOHOL CO. AMERICA INC. 开发出了可降解的水溶性燃料添加剂。1973 年，意大利阿尼克公司建成了世界上第一套年产 10 万吨 MTBE 的工业装置。其后，MTBE 作为大量无铅汽油添加剂而获得迅速发展。1984 年，世界 MTBE 年生产能力为 200 万吨，至 2007 年底全球 MTBE 产能已达 2100 万吨。国外 MTBE 生产企业主要集中在 Lyondell Chemical、壳牌、SABIC、Texas Petrochemicals、埃克森美孚等企业。

相比较而言，国内对于汽油抗爆剂的研发起步晚，发展缓慢，对其研究还较欠缺，市场主流产品如 MMT、MTBE 和 TEL 均为国外公司研发生产并引入中国。MMT 是中国大部分炼油厂使用的主要抗爆剂，由于 MMT 技术含量高，直到 2005 年左右我国企业才自主研发成功，开始应用国产 MMT。目前，我国能生产 MMT 的企业约 10 家，主要

---

❶ 谷涛，等. 汽油高辛烷值添加组分的应用与发展 [J]. 石化技术与应用，2005，23（1）：5-10.
❷❸ 白燕，等. 车用汽油抗爆剂 [J]. 广东化工，2012，39（9）：29-30.

有江西西林科实业有限公司、山东东昌精细化工科技有限公司、湖北华达能源科技有限公司等。其中，江西西林科实业有限公司规模最大，且有一定规模的出口。中国从20世纪70年代末和80年代初开始进行MTBE合成技术的研究，1983年中石化齐鲁石化公司橡胶厂建成中国第一套MTBE工业试验装置，1986年中石油吉林石化公司有机合成厂建成中国第一套万吨级MTBE生产装置，其生产能力为2.7万吨/年。国内MTBE真正投入规模生产始于20世纪90年代，近几年来产能得到了快速的增长。国内MTBE生产企业主要是中石油和中石化下属的分公司和子公司。中国现有MTBE生产企业40多家，产能较为分散，大部分企业产能在10万吨以下，合计产能占行业总产能的20%，行业集中度较低。

国内汽油抗爆剂的研发主体是中小企业，包括济南开发区星火科学技术研究院、黄河三角洲京博化工研究院有限公司、北京泰龙万达节能技术研究所、西安万德科技有限公司、武汉市地博石化有限公司、陕西超能石化科技有限公司等，中国石油大学、辽宁石油化工大学、西安石油大学、人民解放军后勤工程学院等大专院校以及石科院等科研机构也对汽油抗爆剂的使用及性能进行了相关研究。近几年来，随着国家科技投入不断加大以及更严厉的环保政策，对于MMT及MTBE的替代产品的研究逐渐引起国内关注。其中DMC是由华东理工大学与石科院联合开发的一种新型绿色汽油添加剂，其毒性非常低，欧洲于1992年把其列为无毒化学品。由于它含氧量高达53%，对促进燃料的完全燃烧及减少汽车尾气有极大好处。作为汽油添加剂，我国是DMC最重要也是最大的潜在市场，因此DMC是有可能替代MTBE的绿色燃料添加剂。此外，临沂市大洋石油化工有限公司生产的TKC系列无铅产品由卤代烯烃、不饱和脂肪酸、羟基取代酯等三十多种组分组成，能明显增强油品的抗爆震性能。FA-90无铅汽油添加剂是由陕西西北新技术实业股份有限公司开发的不含任何金属成分的环保、节能型燃油添加剂。它既能显著减少汽车尾气有毒物质的排放，又能较大幅度提高汽油辛烷值。

一般地，金属有灰类抗爆剂长期使用都存在残留问题，会造成发动机火花塞堵塞、缸体磨损，使汽车的三元催化系统中毒等问题，有的还有较大的毒性（如TEL、MMT），人体接触后会造成很严重的健康隐患。相对金属有灰类抗爆剂而言，有机无灰类抗爆剂的优点显而易见：燃烧后无沉积产生，不会造成诸如缸体磨损、火花塞堵塞等汽车硬件受损问题，而且可使汽油充分燃烧，减少污染物排放。但是有机无灰类抗爆剂整体抗爆性能有限，添加量一般较金属类抗爆剂大，成本也较高，通常是与金属有灰类抗爆剂混合使用。由于各国对金属有灰类抗爆剂的使用已进行限制，逐渐增加有机无灰类抗爆剂的使用将成为市场的主流。2013年颁布的第五阶段车用汽油标准更是将锰含量指标限值由8mg/L降为2mg/L，禁止人为加入含锰添加剂。在上述背景下，目前车用汽油抗爆剂的技术热点和难点是如何开发出既能大幅度提高辛烷值又不污染环境且成本较低的环保、无公害的新型有机无灰类抗爆剂；以及在现有的金属有灰类和有机无灰类抗爆剂的基础上如何组成各种有机无灰类抗爆剂和金属有灰类抗爆剂的组合剂，以充分发挥抗爆剂组分的协同作用，尽可能降低金属有灰类抗爆剂对环境的负面影响，并符合最新的国家标准。

1.1.4　各国相关政策

19世纪末期，汽车工程师发现汽车发动机存在爆震现象，Thomas M. J. 分别于1916年和1917年，发现碘、乙醇和TEL可作为抗爆剂，开始进入了高效抗爆剂TEL的广泛使用阶段。1970年，日本东京新宿区发生铅中毒事件后，厂商开始用乙烯二溴化物（EDB）替代TEL，但很快发现EDB也有致癌作用。1953年雅富顿（原Ethyl公司）向市场推出MMT。1974年MMT开始作为单独抗爆添加剂应用于美国汽油中。但MMT为非绿色抗爆剂，直接损害汽车尾气净化系统中的三元催化转化器，同时增加大气重金属含量，危害人体健康和生态环境。美国1990年的清洁空气修正法案要求重整汽油中必须加入含氧添加剂。自1973年第一套工业生产装置在意大利投产以来，MTBE作为抗爆剂得到了很快的发展，到2000年世界MTBE年产量已达到3000万吨以上。然而随后的研究发现，MTBE极易通过土壤进入地下水饮用系统，美国国家环境保护局（EPA）在2000年3月24日发布一项建议规定（ANPR），减少汽油添加剂MTBE的使用，并在2004年禁止MTBE在汽油中使用。2005年美国的能源政策法案删掉了重整汽油对含氧添加剂的规定，改为制定可再生燃料标准，规定了在汽油中加入乙醇的含量。

我国在20世纪90年代实施汽油无铅化以前采用的抗爆剂以铁、锰等金属有灰类抗爆剂为主。我国于1997年正式禁止含铅汽油的使用。1999年6月，国家环境保护部发布车用汽油有害物质控制标准；1999年12月28日，国家质量监督检验检疫总局发布《车用无铅汽油》国家标准。2011年，《车用汽油》（GB 17930—2011）中车用汽油（Ⅲ）要求以MMT形式存在的总锰含量不超过16mg/L，车用汽油（Ⅳ）降低到8mg/L，同时要求不得加入其他类型的含锰添加剂。2012年颁布的北京地方标准《车用汽油》（DB11/238）更进一步将锰含量降低到2mg/L。2013年颁布的车用汽油（Ⅴ）也将锰含量指标限值降低为2mg/L，同时要求不得加入其他类型的含锰添加剂。

1.2　研究内容和方法

1.2.1　研究内容

通过对汽油抗爆剂技术现状的考察不难发现，汽油抗爆剂主要分为金属有灰类、有机无灰类和复合类三大类。为全面分析和研究汽油抗爆剂专利技术和发展趋势，本课题组首先从整体上全面地分析了汽油抗爆剂专利技术全球和中国专利概况；然后从金属有灰类、有机无灰类抗爆剂中分别选取了产业中广泛使用的MMT和MTBE两种汽油抗爆剂进行重点专利技术分析，还对近些年发展较迅速的复合型抗爆剂进行了全面的梳理和重点专利技术分析，以对我国汽油抗爆剂专利技术的未来发展提供有效的参考和建议；此外，本课题组还挑选出全球领先的石油添加剂公司——雅富顿作为重要专利申请人，对其专利技术的发展、演进和变化进行了重点分析；最后，本课题组还对本领域专利技术合作情况进行了特色分析。

基于上述分析，本报告的研究内容主要包括 5 部分：汽油抗爆剂全球专利概况、汽油抗爆剂中国专利概况、汽油抗爆剂重点专利技术分析、汽油抗爆剂重要专利技术申请人分析、专利技术特色分析。

1.2.2 研究方法

本课题组主要采用了统计分析方法和对比分析方法等定量分析和定性分析相结合的研究方法，从宏观角度的专利布局和态势分析到微观角度的国内外重点专利进行了较为详细的分析。本课题的研究过程主要包括以下 4 个阶段：

1.2.2.1 前期准备阶段

前期准备阶段包括基础背景资料收集、调研、项目分解、检索策略的初步制定 4 部分内容。

（1）资料收集

在前期准备阶段，课题组成员利用国家知识产权局内数据库和局外互联网资源初步检索汽油抗爆剂相关信息，查找到许多重要信息，了解相关背景技术并购买《车用清洁燃料》《清洁燃料生产技术》《实用燃油添加剂配方手册》等相关书籍。通过阅读上述技术资料，为项目分解奠定了初步的基础。

（2）调查研究

为了准确分析研究对象，把握产业的最新技术动向，课题组积极开展调研和专家座谈活动。先后与多家合作单位进行调研和座谈。通过与企业技术专家和科研院所的专家交流，了解了该领域的技术分类方法、相关技术现状和发展趋势、产业发展动态，为正确进行项目分解提供了产业角度的支持依据。

（3）项目分解

通过前期调研、技术研究和专利数据检索等多方面的反复论证与修改，综合考虑专利检索的可行性、行业的分类习惯以及课题研究的最终目的，课题组对汽油抗爆剂技术进行了项目分解。

（4）检索策略的初步制定

本课题组研究获得的中文专利是在中国专利数据库（CNPAT）和国家知识产权局专利检索与服务系统（S 系统）中的 CNABS 中文数据库中同时进行检索完成的。外文专利的检索是在 WPI 数据库和 EPODOC 数据库中完成的。

1.2.2.2 数据采集阶段

数据采集阶段包括制定检索策略的完善、进行专利检索和反复校验过程，在专利数据尽可能查全查准的基础上，力求减少噪声专利，再进行数据去噪和数据标引，确保检索数据的完整性和准确性。结合技术分解表，具体各技术分支的专利申请量如表 1-2-1 所示。

表1-2-1　汽油抗爆剂专利技术检索结果

汽油抗爆剂分类	检索结果	
	中文库/件	外文库/项
金属有灰类抗爆剂	27	106
有机无灰类抗爆剂	115	487
复合类抗爆剂	47	153
合　　计	177	734

1.2.2.3　专利分析阶段

数据加工后，对得到的专利样本进行分析。其主要内容包括选择分析工具和专利分析两个环节。所分析的内容包括：

（1）专利整体态势分析

专利整体态势分析包括全球专利态势分析和中国专利态势分析，具体包括专利申请量趋势、专利技术区域分布、主要专利申请人分布、专利技术法律状态、专利技术构成和技术功效6个方面。

（2）重点专利技术分析

本课题组最终确定本报告研究的重点专利技术为甲基环戊二烯三羰基锰（MMT）、甲基叔丁基醚（MTBE）和绿色环保新型汽油抗爆剂技术三方面。

MMT重点专利技术的研究包括全球和中国专利技术概况、专利技术路线分析、重要专利技术分析和专利技术功效分析5部分内容。

MTBE重点专利技术的研究包括全球和中国专利技术概况、专利申请人分析、专利技术路线分析和重要专利技术分析5部分内容。

绿色环保新型汽油抗爆剂重点专利技术分析包括复配类抗爆剂、醇类抗爆剂、酯类抗爆剂、胺类抗爆剂、降低ORI类抗爆剂5部分内容。

（3）重要专利申请人分析

本课题组还挑选了全球领先的添加剂公司——雅富顿进行重要专利申请人分析。重点分析了雅富顿的专利布局、研发动向及其研发团队。

（4）特色分析

对美国雅富顿公司目前投放市场的汽油抗爆剂产品背后对应的专利技术进行探究，考察了汽油抗爆剂专利技术主要输出国美国的抗爆剂相关专利技术的转让情况，并对汽油抗爆剂专利技术的国内外合作情况进行详细分析。

1.2.2.4　完成报告阶段

在报告撰写阶段，主要完成报告撰写、初稿讨论、报告的修改与完善。报告的主要内容包括摘要、三个重要技术点、重要申请人和特殊分析、主要结论和措施建议等内容。

第2章 汽油抗爆剂专利申请概况

为了解全球和中国相关汽油抗爆剂专利技术布局的整体态势，本章通过定量分析的方法，对汽油抗爆剂技术领域的全球专利申请和中国专利申请分别从专利申请量趋势、区域国别分布、主要专利申请人、技术构成、技术功效等多个角度进行深入分析。

2.1 全球专利申请概况

按照本报告中介绍的检索方法，经过筛选，截至2014年5月9日，课题组在外文专利数据库（EPODOC、WPI）中检索，经过逐一筛选，人工去噪后共检索到734项密切相关的汽油抗爆剂专利申请，下面以这些专利申请为样本进行详细分析和研究。

2.1.1 专利申请量趋势

从图2-1-1中可以看出，汽油抗爆剂全球专利申请量分别在1980年、1994年和2002年3次出现较明显的增长，自2005年至今专利申请量较稳定一直保持在年申请量20项左右。

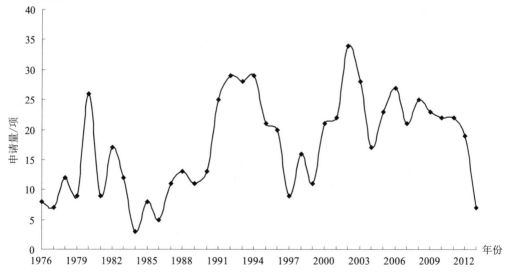

图2-1-1 汽油抗爆剂全球专利申请量年度变化趋势

由于 TEL 等含铅汽油抗爆剂是剧毒性物质，而且燃烧后会产生固体一氧化铅和铅，都是对人体有害的物质。固态一氧化铅和金属铅还会在发动机内迅速累积，损坏发动机的零部件，也会污染汽车催化转换器内的催化剂，使触媒转化器失去其应有的功能。因此，从 19 世纪 80 年代起各国开始用无铅汽油逐渐取代有铅汽油，从而全球汽油抗爆剂的专利申请量出现了第一次明显的增长。

20 世纪 70 年代 MTBE 作为提高辛烷值的调和组分开始被人们注意，后来作为 MMT 和 TEL 的替代品在世界范围内广泛使用。作为醚类抗爆剂的典型代表，MTBE 有着无可比拟的优点：①化学性质较为稳定，不易生成过氧化物；②可以与汽油以任意比例互溶，且有良好的调和效应，添加后油品的雷德蒸汽压会显著升高；③改善尾气排放，降低有害气体排放。虽然 MTBE 有诸多优点，但是其在汽油中添加量大，排放后会污染地下水质。美国环境保护局关于 MTBE 对人体健康的危害研究表明，接触 MTBE 后人体黏膜和呼吸道会有刺激反应，使人感觉恶心、呕吐、头晕，对肝脏和肾脏也有伤害。因此，1994 年后，全球汽油抗爆剂的专利申请量在出现了第二次明显的增长后，专利申请量出现了较大幅度的下滑。

1999 年美国加利福尼亚空气资源委员会规定从 2002 年 12 月 31 日起禁止加州新配方汽油中使用 MTBE，随着多国对 MTBE 在汽油添加量进行了限制后，科研人员一直致力于寻找新的抗爆剂。随着醇类、酯类和胺类等有机无灰类抗爆剂的发现和应用，在 2002 年，全球汽油抗爆剂的专利申请量出现了第三次明显的增长。

2.1.2　区域国别分布

如图 2 – 1 – 2 所示，734 项全球汽油抗爆剂专利申请主要来自美国，其次是中国和日本。来自美国的专利申请量占申请总量的 42%，中国为 24%，日本为 12%。可见，在汽油抗爆剂领域美国专利技术的研究领先优势明显，其专利申请量遥遥领先其他国家，美国可以作为本课题的主要研究对象，美国专利申请人可以作为本领域相关技术人员的重点跟踪对象；中国的专利申请量排在全球申请量的第二位，申请人表现也很突出。

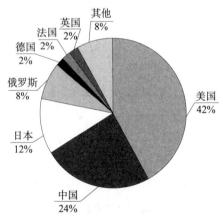

图 2 – 1 – 2　汽油抗爆剂全球专利申请主要国别分布

2.1.3 主要申请人

由图 2-1-3 可知，全球汽油抗爆剂专利申请量排名前 13 位主要专利申请人为：雅富顿、埃克森美孚、德士古化学、壳牌、飞利浦石油、日本石油株式会社、UOP、日本科斯莫石油公司、法研院、美国亨斯迈公司、日本能源公司、中国上海中茂新能源有限公司和济南开发区星火科学技术研究院，其中美国占 6 位、日本占 3 位、荷兰占 1 位、法国占 1 位、中国仅有 2 位申请人入选。进一步可以发现，国外专利申请人全部为国际知名跨国公司，中国的两位申请人分别为中小型企业和研究所，中国传统大型石油公司中国石油天然气股份有限公司（以下简称"中石油"）、中国石油化工集团公司（以下简称"中石化"）等表现并不突出。

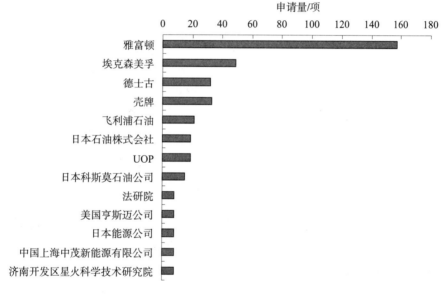

图 2-1-3 汽油抗爆剂全球专利申请主要申请人

2.1.4 技术构成

由图 2-1-4 可知，全球汽油抗爆剂专利技术主要集中在有机无灰类抗爆剂技术，共有 487 项专利申请，其次是复合类抗爆剂技术，共有 153 项专利申请，金属有灰类抗爆剂申请量最少，只有 106 项专利申请。从专利申请量可以看出，有机无灰类抗爆剂由于其对环境影响相对较小，已经引起全球各国相关技术研究者的重视，成为汽油抗爆剂领域的研究热点；复合类抗爆剂的专利申请量已经超过传统金属有灰类抗爆剂的申请量，其也越来越引起相关技术人员的重视；金属有灰类抗爆剂在 20 世纪 70 年代初期发挥了重要的作用，但是由于其自身缺点对环境污染等严重问题无法解决，已经被越来越多的国家禁用或者限制使用，其发展前景不容乐观。

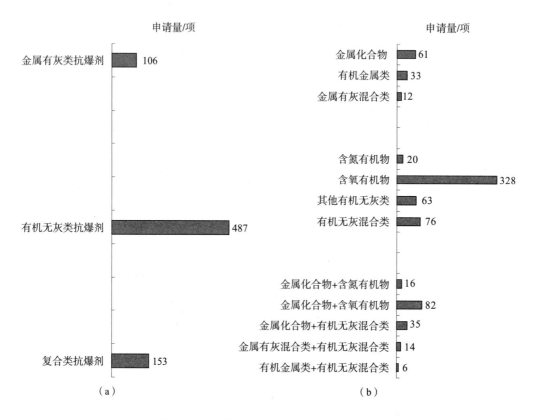

图 2 - 1 - 4　汽油抗爆剂全球专利技术构成

进一步讲，有机无灰类抗爆剂专利技术中的含氧有机物类专利申请量最多，有 328 项，其次是有机无灰混合类抗爆剂专利申请量，有 76 项专利申请。可见含氧有机物类抗爆剂和有机无灰混合类抗爆剂已经成为汽油抗爆剂专利技术申请的关注热点；复合类抗爆剂中专利申请量最多的是金属化合物与含氧有机物混合类抗爆剂，有 82 项；金属有灰类抗爆剂中金属化合物类的专利申请量最多，有 61 项。

2.2　中国专利申请概况

截至 2014 年 4 月 4 日，课题组在中文专利数据库（CNPAT、CNABS）中检索，经过人工逐一阅读筛选、去噪后共得到 177 件汽油抗爆剂中国专利申请，下面以这 177 件专利申请为样本从专利申请量趋势、区域分布、申请人等多维度对中国专利申请概况进行总体分析。

2.2.1　专利申请量趋势

从年度申请量的变化趋势图可以看出（参见图 2 - 2 - 1），中国汽油抗爆剂专利申请量在整体上一直保持着震荡上升的态势，年度专利申请量并不大，该领域尚未成为专利申请重点关注领域，即使在申请量最多的一年 2009 年，也仅有 17 件；第 1 件相关专利申请是 1988 年由个人崔在勋提出的，是一种多孔物质，它与汽油作用形成微粒状粉末，随汽油进入汽缸，经过氧化形成相应的氧化物与汽油中的 TEL 形成的氧化铅协同作用，可消除爆震，提高辛烷值。

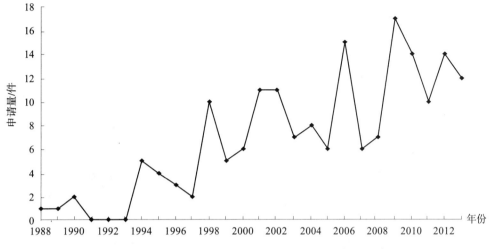

图 2 - 2 - 1　汽油抗爆剂中国专利申请量年度趋势变化

2.2.2　专利法律状态

如图 2 - 2 - 2 所示，中国汽油抗爆剂的 177 件相关专利申请中有 71 件视撤，60 件授权，11 件被驳回，35 件处于在审状态。从中可以看出该技术领域的视撤率较高，大约为全部专利申请的 40%；授权率只有 34%，通过详细查询后发现在 60 件授权的专利中有 34 件由于未缴费而失效，截至本课题组检索日期，仅有 26 件相关专利申请尚处于专利权保护状态，有效保护的专利占全部专利申请的 15%。

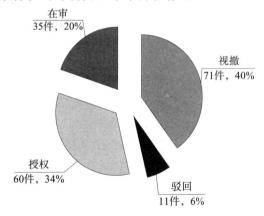

图 2 - 2 - 2　中国汽油抗爆剂专利法律状态

课题组还进一步对 71 件视撤案件的视撤原因进行了分析，分析发现一通前视撤率较高，占 33%；35% 视撤案件的一通涉及新颖性或者创造性；24% 视撤案件的一通涉及说明书公开不充分，6% 视撤案件涉及修改超范围，2% 视撤案件涉及不清楚条款。

2.2.3 专利区域分布

从图2-2-3和图2-2-4可知，中国汽油抗爆剂专利申请中仅有14件专利申请是国外在华申请，分别来自美国、荷兰、法国、英国、日本和韩国，可以看出，国外申请人并不重视汽油抗爆剂在中国的专利布局，中国并未成为国外申请人关注的市场，因此，进入中国的外国申请相对较少，仅占中国专利申请总量的8%。其余92%的专利申请均为国内申请人，主要来自山东、北京、陕西、辽宁和上海。

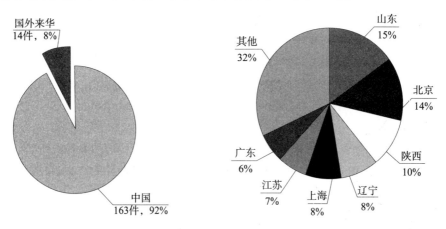

图2-2-3 汽油抗爆剂国外在华申请比例　　图2-2-4 汽油抗爆剂中国专利省市区域分布

2.2.4 主要申请人分布

如图2-2-5所示，中国汽油抗爆剂专利技术的主要申请人是上海中茂新能源应用有限公司、济南开发区星火科学技术研究院和山东东明石化集团有限公司；国外来华主要申请人是壳牌和雅富顿。中国的主要申请人都是中小企业，而国外来华主要申请人都是知名跨国公司。

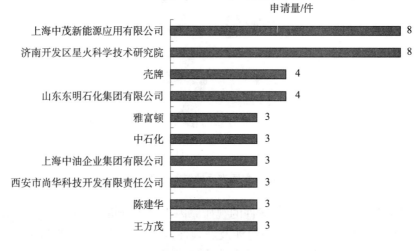

图2-2-5 汽油抗爆剂中国主要专利申请人

通过对全部 177 件专利申请的申请人进行分析后发现，汽油抗爆剂领域个人申请量占比较高，个人申请和公司申请的比例几乎各占一半。而合作申请也非常少，仅有 21 件。

2.2.5 技术构成

与全球专利技术领域分布相同，中国汽油抗爆剂专利技术也主要集中在有机无灰类抗爆剂，其次是复合类抗爆剂，金属有灰类抗爆剂的申请量最少，这主要是出于环保的要求。我国实施停止在汽油中添加含铅抗爆剂政策时，大多数金属有灰类抗爆剂作为汽油抗爆剂单独使用已经无法满足新的环保要求，有机无灰类抗爆剂是研究者们最早发现的可以替代金属有灰类抗爆剂使用的抗爆剂，可以有效提高稳定性，而复合类抗爆剂是 20 世纪 90 年代后才显著发展起来的新型抗爆剂；有机无灰类抗爆剂中有机无灰混合类抗爆剂和含氧有机物两大类抗爆剂是专利技术的研究重点，复合类抗爆剂中金属化合物与有机无灰混合类的专利申请较多，其次是金属化合物与含氧有机物混合类抗爆剂。

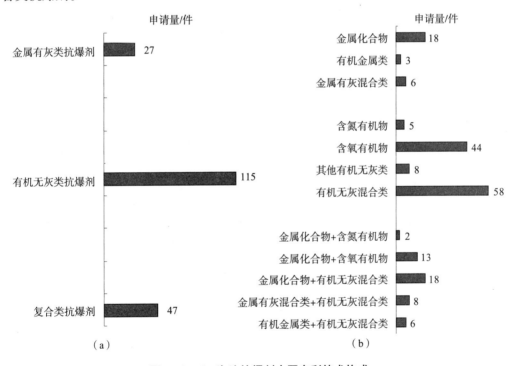

图 2-2-6 汽油抗爆剂中国专利技术构成

2.2.6 技术功效

为了研究中国汽油抗爆剂专利技术的功效为今后研究技术的发展提供参考，课题组对 177 件中国专利申请的技术功效从减少污染、节油、成本低、对发动机无损害和原料易得 5 个方面进行了分析。从图 2-2-7 分析发现（见文前彩图第 1 页），全部专利申请中可以达到减少污染目的的专利申请最多，其次是节油和成本低的专利申请，然后是对发动机无损害的专利申请，原料易得的专利申请最少。减少污染效果的相关专利申请主要是含氧有机物和有机无灰混合类两方面，此外，含氧有机物和有机无灰混合类抗爆剂的节油、成本低、对发动机无损害的效果也较好。金属化合物与含氧有机物混合类抗爆剂和金属化合物与有机无灰混合类抗爆剂的减少污染、节油的效果相对也较明显。

第3章 汽油抗爆剂重点专利技术分析

为了全面了解汽油抗爆剂重点技术分支的具体发展脉络和重点专利技术，课题组分别选取金属有灰类抗爆剂中的 MMT、有机无灰类抗爆剂中的 MTBE 和新型汽油抗爆剂（包括醇类、酯类、胺类、降低 ORI 类和复配类汽油抗爆剂）作为重要专利技术进行分析研究，主要内容涉及全球和中国专利技术发展概况、专利申请人分析、专利技术路线分析、重要专利技术分析等，此外，还分析了汽油抗爆剂专利技术的研发方向。

3.1 MMT 专利技术分析

MMT，常温下不溶于水，而溶于汽油，见光容易分解。能够经济地提高汽油辛烷值，降低炼油厂操作苛刻度，有助于减少汽油中芳烃、烯烃等含量，可以降低汽车 CO、NO_x 等污染物排放。

1953 年，雅富顿研发 MMT 获得成功，1974 年开始作为单独汽油抗爆剂应用于美国汽油中。1996 年，雅富顿开始在中国介绍 MMT，国家质量监督检验检疫总局（原国家质量技术监督局）于 1999 年 12 月 28 日发布了《车用无铅汽油》（GB 17930—1999）国家标准，从环保方面和产品规格方面确立了 MMT 在我国无铅汽油中可以限量使用的合法性。

3.1.1 全球专利申请概况

3.1.1.1 专利申请量趋势

对人工筛选出的全球 734 项汽油抗爆剂专利申请进行逐一详细阅读和技术分析后挑选出 61 项 MMT 全球专利申请。从全球 MMT 专利申请量年度分布图 3 – 1 – 1 中看出，该专利技术申请量在 1974～1980 年表现出较明显的增长波动，随后一直维持在 1～2 项/年，年度专利申请量一直稳定在较低的水平，年均申请量维持在 2 项以下；申请量最多的年度是 1975 年，有 6 项专利申请。

第一项 MMT 全球专利申请 US2818147A 是 1955 年由雅富顿提出的，请求保护一种分子式为 $AMn(CO)_3$ 的环戊二烯基三羰基锰，其中 A 是具有 5～17 个碳原子的环戊二烯基烃基团，其中环戊二烯基通过环戊二烯基环的碳原子与锰结合。

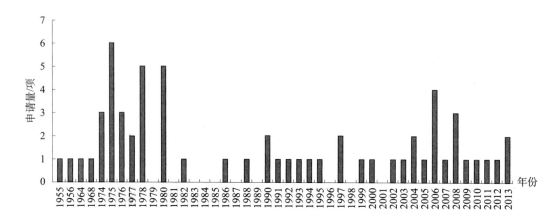

图 3 - 1 - 1   MMT 全球专利申请量年度分布

3.1.1.2　专利申请区域分布

如图 3 - 1 - 2 所示，全球 61 项 MMT 专利技术研发国涉及 5 个国家，分别是美国、中国、英国、俄罗斯和加拿大。专利技术的研发主要来源于美国，其次是中国。其中美国的表现最抢眼，其专利技术申请量占 MMT 技术总申请量的 68%，其次是中国，占 26%。

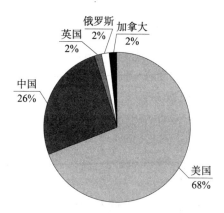

图 3 - 1 - 2   MMT 全球专利申请区域分布

课题组还对 MMT 专利技术主要研发国的目标国进行了研究，如图 3 - 1 - 3 所示，经过分析发现，美国的专利技术除了在本国请求保护以外，还注重对周边国家的渗透，例如加拿大、欧洲、澳大利亚等；而中国研发的专利技术中仅有 1 项由深圳市泓耀环境科技发展股份有限公司于 2011 年 7 月 15 日向 WIPO 递交了国际申请 WO2013010309，其余中国专利技术均未向中国之外的其他国家进行申请，中国专利技术研发相关人员尚未有效利用专利对其研发成果进行相应的保护。

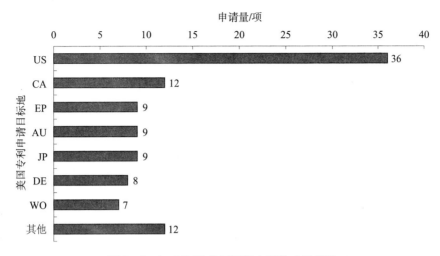

图 3 - 1 - 3　MMT 美国研发专利技术目标地

3.1.1.3　主要专利申请人

图 3 - 1 - 4 所示为 MMT 技术主要专利申请人，可以看出，全球 MMT 专利申请的集中度非常低，除了美国雅富顿有 26 项专利申请外，其余专利申请人均只拥有 1~2 项专利申请，专利申请的申请人非常分散。中国只有 3 位个人申请人同时拥有 2 项专利申请。

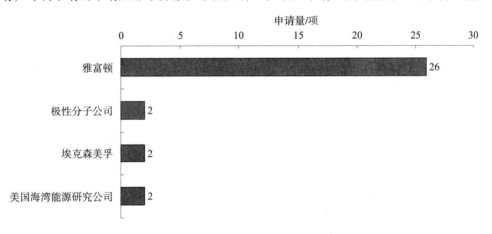

图 3 - 1 - 4　MMT 技术主要专利申请人

3.1.2　中国专利申请概况

3.1.2.1　专利申请量趋势

对前期筛选出的 177 件中国汽油抗爆剂专利申请进行逐一阅读后挑选出 17 件 MMT 相关专利申请。从中国 MMT 专利申请量年度分布图 3 - 1 - 5 中看出，该专利技术申请量在中国未呈现出明显的增长趋势；专利申请的连续性较差，分别分散在 10 年间；年度专利申请量一直稳定在较低的水平，年均申请量维持在 2 件左右；即使在申请量最多的 2006 年也仅有 4 件专利申请。

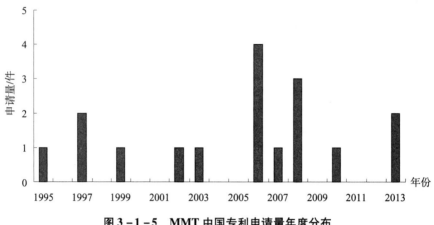

图 3 - 1 - 5　MMT 中国专利申请量年度分布

最早的一件中国 MMT 相关专利申请出现在 1995 年，是雅富顿于 1995 年 2 月 9 日通过《巴黎公约》渠道在中国递交的专利申请，于 2000 年 10 月 4 日视撤，该专利申请是关于一种降低汽油发动机运行期间排出的废气中 NO_x 和烃污染排放量的方法，所述汽油燃料中含有少量 MMT 和烷基铅抗爆剂，可以看出该件专利申请中的 MMT 是作为 TEL 的辅助添加剂加入。

3.1.2.2　专利申请法律状态

如图 3 - 1 - 6 所示，挑选出的 17 件 MMT 中国专利申请中：授权 5 件、驳回 2 件、视撤 8 件、在审 2 件。视撤率较高，授权率较低，同时，进一步分析发现，授权的 5 件专利中有 3 件因费用而终止，截止到课题组检索日期（2014 年 4 月 25 日）仅有 2 件专利权还处在有效保护状态，分别是申请号为 200810141608，专利权人为万飞；申请号为 200810210320，专利权人为雅富顿。

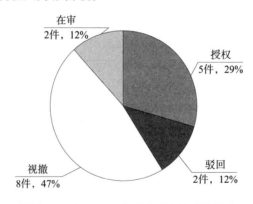

图 3 - 1 - 6　MMT 中国专利申请法律状态

3.1.2.3　专利申请区域分布

从图 3 - 1 - 7 可知，MMT 中国专利申请中仅有 3 件是通过《巴黎公约》渠道进入中国的国外在华专利申请，均是美国雅富顿公司的在华申请，其余 14 件专利申请均是国内申请人提出的，其中北京、甘肃、广东和山东各有 2 件。

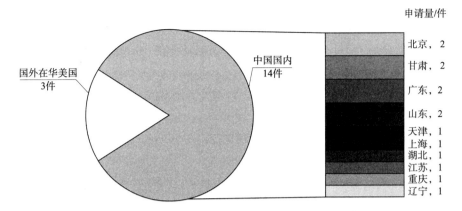

申请量/件

北京，2
甘肃，2
广东，2
山东，2
天津，1
上海，1
湖北，1
江苏，1
重庆，1
辽宁，1

图 3 – 1 – 7　MMT 中国专利申请区域分布

3.1.2.4　主要专利申请人

如图 3 – 1 – 8 所示，与汽油抗爆剂整体专利技术主要申请人是个人不同，MMT 专利技术的申请人主要是企业，占整个 MMT 专利申请的 59%，其次是个人，专利申请量最少的是大学和科研院所。

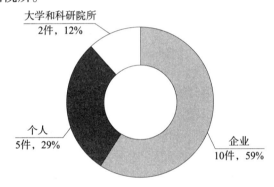

大学和科研院所
2件，12%

个人
5件，29%

企业
10件，59%

图 3 – 1 – 8　MMT 中国主要专利申请人分布

然而专利申请高度分散，16 件专利申请涉及 16 位申请人，仅有雅富顿拥有 3 件专利申请，中国 3 位申请人孙乐之、黄海荣和梁秀峰共同拥有 2 件专利申请，其余申请人均只拥有 1 件专利申请，从专利申请数量上看，没有表现特别突出的专利申请人。

3.1.3　专利技术路线分析

图 3 – 1 – 9 是 MMT 技术路线图。1953 年，雅富顿（原 Ethyl 公司）研发 MMT 作为汽油添加剂获得成功，1955 年 7 月 11 日，雅富顿在美国递交了第一项 MMT 全球专利申请 US2818417A，该项专利申请请求保护一种分子式为 AMn（CO）$_3$ 的环戊二烯基三羰基锰，其中 A 是具有 5 ~ 17 个碳原子的环戊二烯基烃基团，其中环戊二烯基通过环戊二烯基环的碳原子与锰结合，该添加剂作为 TEL 的辅助添加剂加入汽油中。随后，在 1956 年 11 月 8 日，雅富顿又递交了专利申请 US2868816A，该项专利申请公开了 MMT 的制备方法，随后雅富顿逐渐开发出制备 MMT 的各种不同方法。

		1970年前	1970~1980年	1980~2000年	2000年以后
MMT制备及使用方法		US2818417A 雅富顿 MMT制备方法 US2868816A 雅富顿 MMT制备方法			CN1482217A 甘肃宁氏实业有限责任公司 MMT的制备	CN103570769A 辽宁石油化工大学 MMT的制备
降低锰沉积物			US3615293A 雅富顿 MMT与苯酚盐混合 US3926581A 雅富顿 MMT与金属盐混合 US4139349A 杜邦 MMT与有机铁混合 US3966429A 美国标准石油公司 MMT中添加乙酸酯 US4067699A 美国加利福尼亚联合石油公司 MMT与2-乙基-己酸混合			
降低废气排放				US4175927A 雅富顿 MMT与二醚酸混合 US4390345A SOMORJAI G A MMT与二氧戊烷混合 WO8701384 AORR W C MMT与脂肪醇混合 EP0466511A 雅富顿 限定原料及杂质含量	CN1482217A 济南开发区星火科学技术研究院 MMT与胺混合
脱除沉积物					WO0142398A 雅富顿 MMT与清净剂混合 EP2014745A 雅富顿 MMT与酰胺或有机金属混合	US2005268532A 极性分子公司 MMT与洁净剂混合

图3-1-9 MMT技术路线

然而，在实际应用中，发现 MMT 中的锰会氧化成氧化锰沉积物，产生的沉积物会直接损害汽车尾气净化系统中的三元催化转化器，或堵塞火花塞导致不能点火。基于此，在 20 世纪 70 年代，各大公司纷纷寻求解决这一问题的技术方案，例如雅富顿采取 MMT 与苯酚盐混合、MMT 与金属盐混合；美国杜邦公司采取 MMT 与有机铁混合；美国标准石油公司采取 MMT 中添加乙酸酯；美国加利福尼亚联合石油公司采取 MMT 与 2 - 乙基 - 己酸混合的技术方案，从而减少对三元催化转化器的堵塞，使得发动机能够正常点火。相关的专利主要有 US3615293A、US3926581A、US4139349A、US3966429A、US4067699A。

20 世纪 80 年代，由于发现 MMT 会增加大气中金属含量，危害人体健康和生态环境，各公司纷纷开始研究使用 MMT 提高抗爆性的条件下如何降低对大气的污染，这一时期的研究主要集中在如何减少废气中未燃烧烃的排放；美国 1990 年颁布了清洁空气修正法案，要求重整汽油中必须加入含氧添加剂，因而；随后出现了将 MMT 与二氧戊烷、脂肪醇等混合作为添加剂加入到汽油中的专利申请，这一时期 MMT 与其他添加剂混合或通过控制原料中杂质的含量做到降低废气排放成为主要的研究重点。相关的主要专利申请有 US4175927A、US4390345A、WO8701384A、EP0466511A。

进入 21 世纪，雅富顿发现 MMT 与清净剂混合，不仅能减少污染物排放，还能减少汽车燃烧室的沉积，从而达到节油的目的。相关的主要专利申请有 WO0142398A、US2005268532A、EP2014745A。

3.1.4　重要专利技术分析

通过对全球 61 项 MMT 专利引用频次统计，结合产业发展状况和专利申请技术内容，本课题组遴选出 MMT 汽油抗爆剂专利技术中具有代表性的 25 项专利申请，具体专利信息参见附录 B，并具体分析如下：

上述 25 项专利申请中，专利 US2818417A 被引用的频率高达 58 次，分别被 US4674447A、US4139349A 以及 US4390345A 引用，且其请求保护一种 MMT 产品，因此成为后期研究 MMT 抗爆剂的研究基础，属于一项早期的基础专利。

此外，专利 US4191536A 涉及减少发动机沉积物并减少废物排放，其被引用的频次达 22 次，在此技术路线图中，分别被 US4390345A、WO8701384A 和 EP0667387A2 引用，且其和专利 US4175927A 拥有相同的发明人 NIEBYLSKI LEONARD M。可见，其技术内容不仅为很多研发人员所关注，同时该发明人拥有一系列的类似发明。

上述 25 项专利技术是与烷基环二烯羰基锰汽油抗爆剂有关的部分专利，这些专利是研究该产品的重要专利。由中国国内申请量以及保护主题可以看出，国内企业就 MMT 的制备以及利用的专利申请并不太多，且一些制备方法专利采用了跟随策略，多数属于改进发明。然而，外国就此抗爆剂在中国的专利申请量并不多，专利布局也并未完成，因此系统研究附录 B 中所述重要专利，对中国企业的研发以及技术保护具有非常重要的借鉴意义。

3.1.5　专利技术功效分析

从 MMT 技术功效图 3 - 1 - 10 可知，国外专利相对于国内专利而言，具有一个特殊的技术功效：延长催化剂寿命。分析其原因，发现涉及该技术功效的专利主要集中在 20 世纪 70 年代，当时国外刚刚将 MMT 作为汽油抗爆剂使用，就发现其产生的沉积物会直接损害汽车尾气净化系统中的三元催化转化器，因此以雅富顿为首的各个公司开始研究解决这一问题的方法，并就该研究成果申请了很多专利。而在我国，对 MMT 的关注比较晚，在 20 世纪 90 年代才有相关专利的申请，而此时损害汽车尾气净化系统中的三元催化转化器的技术问题已经克服，因此在技术功效上就产生了较大的差别。

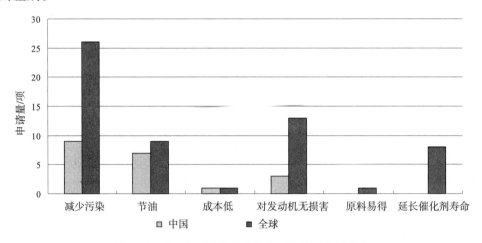

图 3 - 1 - 10 MMT 技术功效全球和中国申请分布

3.1.6 小   结

从专利申请量来看，全球 MMT 专利技术申请量一直稳定在较低的水平，申请量最多的年度是 1975 年，有 6 项专利申请。中国 MMT 专利技术申请量未呈现出明显的增长趋势；专利申请的连续性较差，年度专利申请量也一直稳定在较低的水平，年均申请量维持在 2 件左右；即使在申请量最多的 2006 年也仅有 4 件专利申请。

从区域分布开看，全球专利技术研发国涉及 5 个国家，分别是美国、中国、英国、俄罗斯和加拿大。专利技术的研发主要来源于美国，其次是中国。其中美国的表现最抢眼，其专利技术申请量占 MMT 技术总申请量的 68%，其次是中国占 26%。美国的专利技术除了在本国请求保护以外，还注重对周边国家的渗透，例如加拿大、欧洲、澳大利亚等；中国专利技术研发相关人员尚未有效利用专利对其研发成果进行相应的保护。国外申请人未在中国进行布局，仅有 3 件是通过《巴黎公约》渠道进入中国的国外在华专利申请，均是雅富顿的在华申请，中国国内申请人的专利来自北京、甘肃、广东和山东。

从专利集中度来看，专利申请的集中度非常低。中国只有 3 位个人申请人同时拥有 2 项专利申请。

从法律状态来看，中国专利申请中有效专利非常少，视撤率较高，授权率较低。

从主要专利申请人来看，MMT 专利技术的申请人主要是企业，占整个 MMT 专利申请的 59%，其次是个人，专利申请量最少的是大学和科研院所。雅富顿是该领域主要专利申请人。

3.2　甲基叔丁基醚专利技术分析

甲基叔丁基醚，分子式为 $CH_3OC(CH_3)_3$，英文 methyl tert-butyl ether，缩写为 MTBE，MTBE 是一种分子量为 88，比重 0.747，沸点 55℃，无色透明、黏度低的可挥发性液体，具有特殊气味，含氧量为 18.2% 的有机醚类。

随着国民经济的高速发展，人们环保意识的不断增强和日益严格的环保要求，世界各国都对提高燃油质量和减少汽车尾气中各种有害物质的排放量提出了更加严格的要求。西方发达国家从 20 世纪 80 年代就开始实施了汽油无铅化方案，20 世纪 70 年代，MTBE 作为提高汽油辛烷值的汽油调和组分开始被人们注意。1970 年，美国环境保护组织为了公众的健康，要求改变汽油的生产方法，以往用来提高辛烷值所采用的添加剂烷基铅被禁止使用。1979 年，美国首先开始在汽油中使用 MTBE，与以前使用的汽油抗爆剂（特别是 TEL）相比，这种醚类化合物具有辛烷值高、与汽油的互溶性好、毒性低等一系列优点，因而得到了广泛的应用。1990 年美国制定的清洁空气法修正案（CAA-1990）要求新配方汽油添加含氧化合物（如 MTBE），以减少汽车污染。MTBE 由此成为新兴的大吨位石化产品。作为最理想的高辛烷值添加剂，它被称为 20 世纪 80 年代"第三代石油化学品"，Sabis 公司报告显示，全世界 MTBE 的需求量在 1980 年几乎为零，1987 年全世界已有 MTBE 生产装置 37 套，生产能力 4536 千吨/年。

中国从 20 世纪 70 年代末和 80 年代初开始进行 MTBE 技术的研究。1983 年中国石化齐鲁股份有限公司橡胶厂建成了中国第一套 MTBE 工业试验装置，1986 年吉化公司有机合成厂建成了中国第一套万吨级 MTBE 工业装置。1997 年我国正式禁止在汽油中加（TEL），并使用 MTBE 替代汽油中的铅类抗爆剂。1998 年 9 月颁布了《国务院办公厅关于限期停止生产销售使用车用含铅汽油的通知》，要求自 2000 年 7 月 1 日起我国停止生产、销售和使用含铅汽油。要求使用环保、高效、绿色的汽油抗爆剂。1999 年，中国启动了"全国空气净化工程——清洁汽车行动"，开始鼓励使用含有 MTBE 的汽油。随着这种绿色浪潮的兴起，MTBE 作为汽油抗爆剂的消费量和添加比例也在逐步增加。MTBE 是生产高清洁汽油（如国Ⅳ标准、国Ⅴ标准）的必备组分。近年来，国家油品质量升级步伐的加快大幅提高了对 MTBE 的需求。

汽油本身含有烷烃、芳烃和烯烃等多种烃类分子，当加入抗爆剂之后，会对其燃烧过程产生直接影响。MTBE 化学性质稳定，调和汽油的辛烷值均比 MTBE 本身的辛烷值高，是生产低芳烃、低烯烃、有氧高辛烷值汽油的良好添加组分。MTBE 的饱和蒸气压较低，为 54.47kPa，因而可使汽油的馏程温度降低，燃烧性能获得改善，含氧量相对较高，添加 MTBE 的汽油还能改善汽车的冷启动特性和加速性能，能够显著改善汽车尾气排放，降低尾气中一氧化碳的含量，而且燃烧效率高，可降低对人体有致癌作用的苯和芳香族化合物的辐射以及可以抑制臭氧的生成，MTBE 的稀释作用对降低汽油中烯烃、芳烃和硫的含量有利。同时它还可以替代 TEL 作为抗爆剂，生产无铅汽油。MTBE 作为无铅汽油抗爆剂，具有优良的抗爆性，添加质量分数为 2%～7% 时，研究法辛烷值提升 2～3 个单位。

MTBE 与汽油可以任意比例互溶而不发生分层现象，对于直馏汽油、催化裂化汽油、催化重整汽油、烷基化汽油等各种汽油组分有着良好的调和效应，调和辛烷值高于其净辛烷值。由于 MTBE 作为汽油抗爆剂目前在我国广泛使用，本课题组对于 MTBE 的专利申请从全球专利申请量（包括专利申请量趋势、区域国别分布）、中国专利申请量（包括专利申请量趋势、专利区域分布、专利法律状态）、专利主要申请人（包括全球主要申请人分布、中国主要申请人分布）、专利技术路线（包括 MTBE 的制备、金属与有机复配类抗爆剂、有机复配类抗爆剂）和重要专利技术这几个方面展开对 MTBE 的专利技术分析，以期望更为透彻地了解全球 MTBE 在汽油抗爆剂技术的发展及现状，为我国 MTBE 的发展提出建议。

3.2.1 全球专利申请分析

3.2.1.1 专利申请量趋势

从 MTBE 全球专利申请量年度分布图 3 - 2 - 1 中可以看出，全球共有 160 项。对于 MTBE 的研究并没有出现专利申请量比较大的年份，并且在 1973 年、1975 年、1984 年的个别年份没有相关专利申请，从以往的 MTBE 全球专利申请量可以看出，关于 MTBE 作为汽油抗爆剂的专利申请始于 20 世纪 70 年代初，这与同时期，MTBE 作为提高汽油辛烷值的汽油调和组分开始被人们注意的时间段一致。

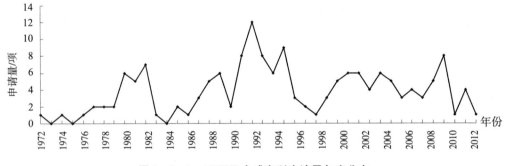

图 3 - 2 - 1　MTBE 全球专利申请量年度分布

20 世纪 70 年代的专利申请处于缓慢发展时期，年均申请量在 2 项以下。1976 年以后出现申请量增加的趋势，在 20 世纪 80 年代初出现专利申请的第一个高峰期，1980～1982 年这三年的申请总量为 18 项，这可能是由于 MTBE 作为汽油抗爆剂的发现，引发了进一步改善抗爆效果以及如何提高 MTBE 产量和纯度方面的研究。随后的 1983～1985 年年均申请量为 1 项，1986～1989 年专利申请量逐年增加。

按照年代划分，20 世纪 90 年代申请量相对稍多一些。其中的 1991～1995 年的申请总量为 43 项，1992 年的专利申请量最多，年申请量为 12 项，但此时的一些专利申请集中在 MTBE 制备方法的改进。1972～1992 年均申请量为 3.2 项；1992 年后年申请量整体呈现下降趋势，但高于之前的年均申请量，1992～2013 年均申请量为 4.9 项。此后的 2010 年虽然出现关于 MTBE 专利申请的小高峰，但其中多是中国的专利申请，这说明在全球范围内整体减少对 MTBE 专利申请的同时，中国汽油抗爆剂领域由于还处于广泛应用 MTBE 时期，因而关于 MTBE 的专利申请相比其他国家多一些。

3.2.1.2 区域国别分布

从 MTBE 全球专利申请国别分布图 3 - 2 - 2 来看，美国所占申请量比重最高，达到 44%，近全球专利申请的一半，其多数专利申请是关于 MTBE 的制备方法。

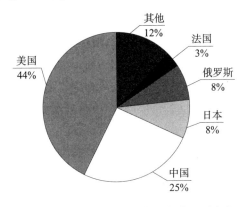

图 3 - 2 - 2 MTBE 全球专利申请国别分布

其次为中国的专利申请量，达到 25%，占到 MTBE 全球专利申请量的 1/4。中国的专利中关于 MTBE 制备的相关申请较少，多数申请是将 MTBE 作为汽油抗爆剂的组分加入以改善汽油的性能，并且个人申请居多。

随后是日本和俄罗斯分别占全球专利总申请量的 8%；日本关于 MTBE 的专利申请始于其制备方法的研究，然后将 MTBE 加入汽油中作为抗爆剂组分，申请专利数量较多的是日本石油株式会社和日本能源公司。

俄罗斯的专利申请从 1995 年延续到 2009 年，都是将 MTBE 作为汽油抗爆剂，并且只在俄罗斯本国申请专利，没有在世界其他国家作出专利布局。

3.2.2 中国专利申请分析

3.2.2.1 专利申请量趋势

从 MTBE 中国专利申请量年度分布图 3 - 2 - 3 来看，中国共有 44 件。第一件关于 MTBE 的专利申请比全球申请的时间要晚一些，这与中国《专利法》的颁布、专利制度的建立以及专利知识的推广较晚有一定关系。首次关于 MTBE 的专利申请出现在 1989 年。由中石化齐鲁石化公司提出一种新的 MTBE 的制备方法（公开号为 CN1040360A），在 1994 年获得授权，但由于专利权有效期届满已经在 2009 年处于法律失效状态。由于 C_4 馏分中异丁烯与甲醇合成 MTBE 是可逆放热反应，该专利技术的创新之处在于采用一种全新的方法，由单相反应改为汽—液两相反应，让反应热被部分物料汽化所吸收，因而可取消换热冷却设备和冷却水的消耗，同时也不需要反应器外部循环一部分物料回到反应器，因而设备简单、投资省、能耗低、操作方便。该方法除适用于 MTBE 生产以外，还适用于异丙苯和叔丁醇等其他类似的工艺生产过程。

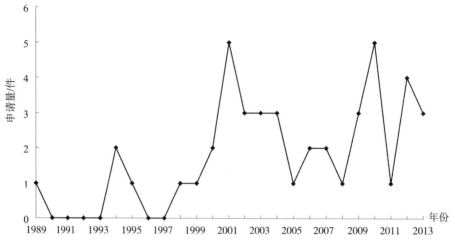

图 3 - 2 - 3　MTBE 中国专利申请量年度分布

　　从年均申请量来看，中国关于 MTBE 汽油抗爆剂的年专利申请量都处于个位数范畴，在 1990 ~ 1993 年和 1996 ~ 1997 年的个别年份没有关于 MTBE 的专利申请。2001 年以后，中国的 MTBE 专利申请量年均为 3 件。关于 MTBE 的专利申请量最多的年份出现在 2001 年和 2010 年，年均为 5 件。2001 年提出的 5 件专利申请中，1 件是由陕西升源科技有限公司申请，其他 4 件都是个人申请，其中有 2 件是由申请人古广贤提出的系列申请（申请号分别为 CN01130652A、CN01130653A），国家知识产权局专利局在第一次审查意见通知书中指出说明书部分提到清洁燃料中含有 CRD 燃点改进剂，但是由于没有给出 CRD 燃点改进剂的出处和具体制备方法，导致所属技术领域的技术人员无法实施该说明书的技术方案，因此说明书公开不充分。由于申请人没有在规定的时间内答复通知书，因此这两件专利申请的法律状态均为视为撤回。

　　由于撰写的问题导致说明书公开不充分的情况在 MTBE 作为汽油抗爆剂的专利申请容易出现。专利申请文件属于法律文件，申请的撰写需要符合《专利法》及《专利法实施细则》的相关规定。由于汽油抗爆剂或者 MTBE 作为汽油抗爆剂构成的汽油燃料的组分多属组合物，有多种成分出现，当在专利申请的说明书中使用了对于本领域技术人员来说没有明确含义的自定义词或现有技术中没有出现的新词汇时，需要在说明书中给出明确的含义，以确保本领域技术人员能够实现该发明。

3.2.2.2　专利区域分布

　　从 MTBE 中国专利申请区域分布图 3 - 2 - 4 可以看出，广东、山东和上海的专利申请最多，都占有 MTBE 中国专利申请量的 14%，这与中国东部地区相对西部不发达地区人口分布集中，汽车保有量较多，因而对于汽油抗爆剂的关注度较高有一定的关系。然后是北京和辽宁，均占有 MTBE 中国专利申请量的 9%。

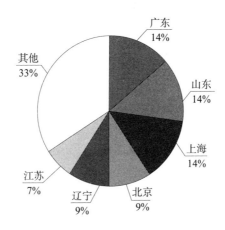

图 3 - 2 - 4　MTBE 中国专利申请区域分布

广东的专利申请中个人申请居多，只有 1 件由深圳市日研科技有限公司和深圳市日研油公汽车技术开发有限公司作为共同申请人的公司申请。而上海的专利申请则相反，只有 1 件个人申请，而其他都是公司申请，除了申请量较多的上海中茂新能源应用有限公司外，还有上海中油企业集团有限公司在同一申请日 2004 年 12 月 14 日提出的 2 件系列申请（CN1789391A、CN1789382A）。不过这两件申请并没有在规定的期限内提出实质审查请求，因而现在是视为撤回的法律状态。对于山东的专利申请来说，申请人则非常分散，有个人申请，也有不同公司的专利申请，没有形成系统，规模化的专利申请和保护机制。

3. 2. 2. 3　专利法律状态

如图 3 - 2 - 5 可知，对于 MTBE 中国专利申请法律状态的来说，近两年的中国的 MTBE 专利申请处于在审状态的比较多。中国 MTBE 专利申请驳回所占比例为 11%，视撤和授权所占比例均为 41%。MTBE 的中国专利申请虽然授权率较高，但是多数专利处于失效的法律状态，失效原因为早期申请超过专利保护期，或者主动放弃专利权，或者由于没有按时缴纳费用导致专利失效。由于没有按时缴纳费用导致专利失效的情形，多为在授权 2 ~ 4 年后没有按时缴纳年费。在授权后的有效专利中多为近两年的专利申请，早期专利申请处于有效专利权保护状态的是 1999 年的个人申请（授权公告号为 CN1112427C），于 2003 年获得授权，申请人和发明人均为郭玉合，属于个人申请。针对现有汽油中芳烃、烯烃含量较高，成品油内几乎没有氧分子，因此没有催化、助燃功能等缺点，本发明供一种含氧量大、具有助燃功效、可减少有害物质排放量、不含铅的环保型液体燃料。其中 MTBE 与多元低碳醇作为含氧添加剂，它们与过氧化氢、高锰酸钾、苯甲醇构成的助燃添加剂，具有助燃、增加动力之功效，因此可以降低汽车发动机排放的一氧化碳、烃类等有害物质。本发明中使用五羰基铁与二茂铁混合作为抗爆添加剂，避免了含铅类抗爆剂的加入。

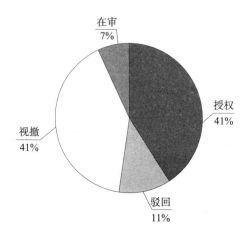

图 3 - 2 - 5　MTBE 中国专利申请法律状态

3.2.3　专利申请人分析

3.2.3.1　全球主要申请人分布

　　按照申请人关于 MTBE 专利申请量由多到少排序，确定专利申请主要申请人。由 MTBE 全球专利申请主要申请人分布图 3 - 2 - 6 可以看出，申请量居前 6 位中有 5 位属于美国的公司，并且都是比较大的石油和化学公司，可见美国的这几个公司在关于 MTBE 专利申请的主导地位。德士古、埃克森美孚、亨斯迈化学、UOP 和飞利浦石油总的专利申请量占到美国 MTBE 的专利申请量的 65%，可见美国关于 MTBE 的专利申请主要集中在较大的化学公司。

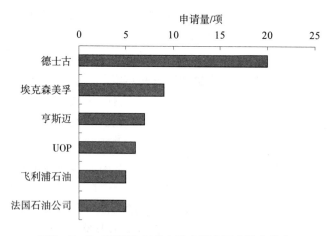

图 3 - 2 - 6　MTBE 全球专利申请主要申请人分布

　　从检索到的专利申请文件中可以了解到，德士古与亨斯迈存在 4 项关于 MTBE 共同专利申请（US5763685A、US5413717A、US5387723A、US5387721A）。说明这两家公司存在一定的合作关系。共同申请的时间分布在 1993 ~ 1995 年，技术方案涉及叔丁醇和甲醇在催化剂的催化作用下制备 MTBE。

德士古的 20 项关于 MTBE 的专利申请中有 12 项申请的发明人为 KNIFTON J. F. 。KNIFTON J. F. 作为发明人的专利申请时间分布为 1988 ~ 1994 年。此外，KNIFTON J. F. 作为发明人，于 1998 年提出 US5792890A 的专利申请，但申请人为亨斯迈。从 KNIFTON J. F. 作为发明人的专利申请可以看出，其先在德士古工作，然后又转战到亨斯迈，他主要的研发方向是制备 MTBE 的催化剂的研究。

德士古的专利申请为 1996 年以前，且侧重从催化剂的角度改进 MTBE 的合成；而亨斯迈化学专利申请时间为 1994 ~ 1997 年，以叔丁基醇和甲醇为原料，采用不同的工艺条件合成 MTBE。在美国禁用 MTBE 作为汽油添加剂的情况下，2006 年起，美国生产 MTBE 的产量持续下降，几家重要的生产商都停止了 MTBE 的生产。剩下唯一主要的 MTBE 生产商为亨斯迈。

虽然埃克森美孚的专利申请集中在 1989 ~ 1994 年，但早在 1980 年提出了分子筛催化甲醇和异丁烯在气相制备 MTBE，3A、4A、5A 或菱型分子筛作为吸附剂从未发生反应的甲醇中分离 MTBE（US4605787A），然后在 1992 年公开了使用包含铂或钯的分子筛作为催化剂（EP0573185A），该专利申请进入美国、欧洲、日本、澳大利亚等多个国家或地区。

法国石油公司是除了美国的几家大公司以外专利申请量较多的其他国家申请人，它的专利申请从 20 世纪 80 年代延伸到 90 年代。法国石油公司也是唯一在中国通过《巴黎公约》渠道递交了关于 MTBE 专利的外国申请人。由此可以看出，外国相关专利申请人并未在中国进行专利布局，这可能是由于中国汽油具有垄断的特点，外国申请人意识到进入中国市场存在难度。

3.2.3.2 中国主要申请人分布

由 MTBE 中国专利申请人分布图 3 - 2 - 7 可以看出，在关于 MTBE 的历年国内专利申请中，个人申请占到国内申请量将近一半；其次为公司的专利申请；研究机构以及以公司与公司、公司与研究院合作形式的专利申请量并不多。

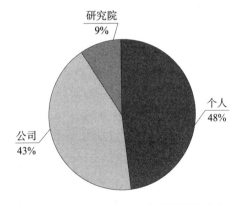

图 3 - 2 - 7 MTBE 中国专利申请人分布

关于中国 MTBE 专利申请的主要申请人为上海中茂新能源应用有限公司，申请量为 3 件（CN1769400A、CN101386797A、CN102382693A），分别在 2005 年、2007 年、

2010年提出专利申请。CN1769400A公开了一种车用轻烃燃料，其组成包括轻烃戊烷馏分、无铅抗爆剂（可以是甲基叔丁基醚）、阳离子氟碳表面活性剂，必要时添加含氟烷基醚醇型非离子氟表面活性剂，可以抑制轻烃燃料的挥发，以及具有清洁作用，避免燃烧系统中产生气阻或积碳，从而延长发动机寿命。该专利虽然在2008年获得专利权，但在2013年由于未缴纳年费而终止专利权。随后2007年的专利申请（CN101386797A）是在CN1769400A的基础上进一步改进，CN101386797A公开了轻烃、芳烃、无铅抗爆剂（可以是MTBE）、阳离子氟碳表面活性剂、表面活性增标剂构成环保型车用轻烃燃料。该专利目前处于专利权维持的法律状态。CN102382693A公开了不含醇和金属抗爆剂的燃料含有轻烃、MTBE、芳烃、辛烷值促进剂，其中，辛烷值促进剂为α-甲基萘或长链氯化石蜡。添加少量α-甲基萘可以阻止燃烧时过氧化物的生成，大幅度提高燃料的抗爆性能和辛烷值。值得注意的是申请人为New Modern Co. Ltd.，公开号为TW201209153A也公开了一种不含醇和金属的新型燃料包括轻烃、芳香烃、MTBE和1-甲基萘或长链氯化石蜡（C_{15}以上）作为高辛烷值促进剂。其与申请人为上海中茂新能源应用有限公司，公开号为CN102382693A的专利的核心技术方案非常相近。

其次为其他公司或个人申请，申请量为2件；多数申请人只有1件专利申请。中国石油化工股份有限公司；中国石油化工股份有限公司石油化工科学研究院对于MTBE作为汽油抗爆剂的技术并没有提出相关专利保护，其相关的专利是关于MTBE的合成工艺，具体是以含异丁烯的C_4馏分为原料，经叠合-醚化反应生产MTBE和异辛烯高辛烷值组分，并联产高纯度二异丁烯的方法。

在为数不多的关于MTBE国外专利申请中，只有1件是1994年法国石油公司通过《巴黎公约》渠道在中国递交的专利申请（CN1107134A），虽然在2000年授权，但是在2003年因费用终止处于专利失效状态。

3.2.4　专利技术路线分析

支链醚可以作为发动机抗爆剂为本领域所熟知，随着科技的发展以及人类对环境保护要求的提高，单纯以MTBE作为抗爆剂已不能满足汽油发展的需要。因此，近年来涌现出关于MTBE作为汽油抗爆剂的专利多为复配型抗爆剂。本课题组依据与MTBE（属于有机无灰类抗爆剂）组合物质种类的不同，将检索到的关于MTBE的160项专利申请细分为MTBE的制备（72项）、金属与有机复配类抗爆剂（18项）以及有机复配类抗爆剂（70项）三个技术分支，并分别对三个技术分支的专利技术的发展进行了分析。

从国外与中国MTBE专利技术分支分布图3-2-8可以看出，全球MTBE的制备和有机复配类抗爆剂的专利申请量相当，金属与有机复配类抗爆剂的申请量最少，并且金属与有机复配类抗爆剂集中在早期，近几年涌现出的抗爆剂多为有机复配类抗爆剂。这可能是由于金属类抗爆剂会产生颗粒的污染影响环境，对发动机汽缸和排气系统也存在危害。因此科研工作者的研究方向转为有机复配类抗爆剂。

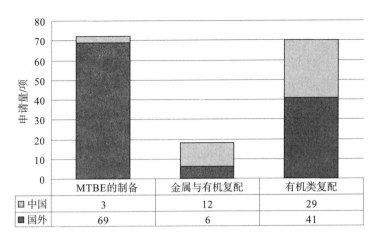

图 3 – 2 – 8　国外与中国 MTBE 专利技术分支分布

国外关于 MTBE 的制备的专利申请较多。中国关于 MTBE 的专利申请量中，有机复配类抗爆剂居多，其次为金属与有机复配类抗爆剂，关于 MTBE 的制备的专利申请最少。这说明在 MTBE 的制备方法比较成熟的情况下，中国致力于研究将其作为汽油抗爆剂组分，以期望更好地改善抗爆性能。

3.2.4.1　MTBE 的制备

由日本石油株式会社提出的 JPS5365307A 公开了强酸离子交换催化剂，催化异丁烯和甲醇，得到 MTBE，其为合成 MTBE 的早期专利。此专利申请进入的国家有日本、德国、法国、美国、英国、意大利，并在日本、意大利、德国获得授权。

20 世纪 80 年代，德士古提出的固体酸作为催化剂，催化叔丁醇和甲醇制备 MTBE 的专利（US4918244A），被引频率为 28 次。

埃克森美孚在 20 世纪 80 年代提出分子筛催化甲醇和异丁烯制备 MTBE 的专利（US4605787A），并在 1992 年进一步改进催化剂，使用包含铂或钯的分子筛作为催化剂（EP0573185A）。20 世纪 90 年代，US5210326A 的同族专利进入多个国家，并在日本、意大利和英国等国家获得授权。

进入 21 世纪后，US2007106098A 公开了异丁烯与醇在第一催化反应区发生反应，在蒸馏柱内分离反应混合物，得到第一轻组分和第一重组分醚部分；第一轻组分部分在第二催化反应区发生反应，在蒸馏柱内分离第二反应混合物，得到第二轻组分和第二重组分醚部分，轻组分和重组分在柱内底部和顶部分离。

MTBE 主要用途有两个方面，一方面用作汽油抗爆剂，提高辛烷值；另一方面是将其裂解用于制备异丁烯。MTBE 用作生成高纯度异丁烯，要求纯度在 99% 以上。当 MTBE 作为汽油调和组分用作提高汽油辛烷值，对于其纯度的要求较低，一般大于 95% 即可满足要求。现在约有 95% 的 MTBE 用作辛烷值促进剂和汽油中含氧剂。合成 MTBE 的工艺流程包括催化反应、精馏以及萃取，这些过程使用的都是常规的操作设备，整个流程的关键点在于催化反应的调整。而在专利申请中也可以看出制备 MTBE 需要改进的技术难点。

由以上专利公开的技术内容可以看出，制备 MTBE 的专利申请主要为所使用的催化剂、反应原料、制备工艺改进等方面。目前工业上 MTBE 一般是以甲醇和异丁烯为原料，在酸性催化剂（如大孔强酸性阳离子交换树脂催化剂）存在下反应制得，生产工艺已经成熟。目前的研究方向是寻找性能更加优异、再生容易的催化剂体系，用于制备 MTBE。

合成 MTBE 所用原料甲醇的资源相对充足，可以从煤、石油、天然气等多种原料制得，并且合成技术已经成熟，在工业上可以大量供应，但是异丁烯的来源受到乙烯和炼油厂催化裂化生产的限制，供给有限。因此在 MTBE 制备中也有一些非异丁烯的合成路线，比如对于甲醇和叔丁醇合成 MTBE 的研究，甲醇和叔丁醇脱水醚化合成 MTBE 由于原料相对便宜，既可以用于实验室合成，也可以推广至工业化生产。主要在于新型催化剂体系的开发，以提高活性叔丁醇的单程转化率和 MTBE 的选择性。

1973 年，意大利开发建成了世界上第一套生产 MTBE 的工业装置（年产 10 万吨）。在美国和西欧掀起了建设 MTBE 生产装置的热潮，其后，MTBE 大量作为无铅汽油添加剂而获得迅速发展。我国合成 MTBE 的技术研究和产业起步都较晚，从 20 世纪 70 年代末和 80 年代初开始进行 MTBE 合成技术的研究，到 20 世纪末，我国 MTBE 生产发展迅速，并拥有了自己的专利技术。目前，国内 MTBE 生产技术已基本实现国产化，以催化蒸馏为核心的组合工艺成为了技术主体。中国是世界上最大的 MTBE 市场，并且大部分 MTBE 是国产的，中石化和中石油在 MTBE 产量方面占有重要地位。

3.2.4.2 金属与有机复配类抗爆剂

1974 年德国人提出异丁烯和甲醇合成得到粗 MTBE，不需要分离甲醇，可以直接与含铅抗爆剂一起使用，提高汽油辛烷值，降低汽车废气排放（专利申请号 DE2419439A），此专利申请在德国获得授权。发展到 20 世纪 80 年代，美国提出汽油中加入增加辛烷值指标的添加剂——含氧烃（如甲醇、乙醇、MTBE 等）、有机锰（优选 MMT）、有机铅（优选 TEL），该专利优先权为美国，但是并没有在美国提出申请，其专利申请进入的国家为澳大利亚（专利申请号 AU2928689A、WO8905339A）。

20 世纪 90 年代后，雅富顿提出一种无铅航空汽油的专利申请（EP0609089A，最早优先权日为 1991 年），其添加剂的组分为体积分数 85%～92% 航空烷基化物、4%～10% MTBE（乙基叔丁基醚和/或甲基叔戊基醚）、0～10% 其他烃和 0.07～0.16g/L 的环戊二烯三羰基锰（CMT），该专利进入多个国家，并在美国、加拿大、墨西哥等国家获得授权。

中国专利申请 CN1123829A 公开一种汽油催化燃烧添加剂是由脂肪醚、过渡金属环烷酸盐、磺化琥珀酸二辛酯钠盐、环烷酸锌、碱土金属磺酸盐、芳烷烃、醋酸酯及溶剂油组成。其可以达到节油、降低废气排放、提高辛烷值的技术效果，长期使用这种汽油，可延长发动机的使用寿命。

进入 21 世纪后，中国的专利申请 CN1526798A 公开了无铅清洁环保汽油添加剂，其中使用工业乙醇、MTBE、工业甲醇和二甲苯作为助剂，辅助提高辛烷值和抗爆性能；邻甲苯胺、甲基环戊二烯三羰基锰、醋酸异丁酯可以大幅度提高辛烷值。

综上所述，从金属与有机复配类抗爆剂的发展路线来看，除了金属与 MTBE 复配以外，在添加剂中还会含有其他的有机类抗爆剂，比如醇类、除 MTBE 以外的其他醚类、酯类、以及烃类抗爆剂。随着对无铅汽油的要求，专利研究中停止加入含铅抗爆剂，继而加入的金属种类转为锰类、碱金属类。金属类抗爆剂具有加入量少，抗爆效果优良等优点，但是金属类抗爆剂会产生颗粒的污染影响环境，对发动机汽缸和排气系统也存在危害。此外中国的专利技术中油品添加剂的种类比较多，虽然达到了较好的技术效果，但是由于其组分的复杂性，若实际应用于市场，具有一定困难。

3.2.4.3　有机复配类抗爆剂

1972 年美国的专利 US3836342A（被引频率 7 次）提出 CH_3 取代的苯酚，如对甲苯酚和烃基醚（如 MTBE）产生协同作用增加辛烷值，这是较早的研究 MTBE 复配类抗爆剂的专利。

引用 DE2419439A 的 EP0049995A（1981 年英国专利申请）在其引用文献的基础上进一步改进技术方案，公开了甲醇、MTBE、异丙醇和 C_5 + 异构体作为添加剂，以天然气为原料获得，具有成本低、良好的水溶性和提高辛烷值等特点。

进入 13 个国家或地区的 EP0064253A（由德国人提出）公开了 MTBE、异丙基叔丁基醚和仲丁基叔丁基醚作为添加剂，它们的比例为 1:1:1。

俄罗斯从 1995 年对 MTBE 用作汽油抗爆剂研究开始增多，但是多为国内申请，并且申请人比较分散，没有形成垄断的专利申请形式。其中具有代表性专利为 RU2155793C，公开了高辛烷值添加剂为 N - 甲基丙氨酸、叔丁醇、清洁剂、乙酸乙酯和 MTBE。

进入 21 世纪后，美国对于 MTBE 的研究开始减少，少量专利申请主要集中在 MTBE 制备方法上，这与美国禁止在汽油中加入 MTBE 有密切关系。

近几年的有机复配类抗爆剂专利申请中，韩国的 KR20090066016A 公开了燃料组分包括烃化合物，如烯烃系列、芳香系列、甲苯、MTBE 和醇。但是有机复配类抗爆剂存在腐蚀性、毒性、经济性等问题。提供一种高辛烷值、安全、环保、经济的油品一直是科技工作者追求的目标。由于金属类抗爆剂对发动机的影响，有机无灰类抗爆剂吸引了科研工作者更多的注意力，而有机复配类抗爆剂存在腐蚀性、毒性、经济性等问题。目前有机无灰类抗爆剂的研究多是具有唯一功能，而一种理想的抗爆剂应具有充分燃烧、节油效果明显、降低尾气排放、环境影响小等多重功能，例如金属类会加剧发动机的磨损，MTBE 等含氧化合物又会造成汽车动力性能下降过多等。因此，需要避免加入影响发动机性能和危害环境的物质，如何取长补短、凸显优势降低缺点、更好的发挥抗爆剂的基本功能是未来研究的重点。

基于对上述 MTBE 的制备，金属与有机复配类抗爆剂以及有机复配类抗爆剂三个技术分支的详细分析，本课题组还绘制了 MTBE 的专利技术路线图，如图 3 - 2 - 9 所示。

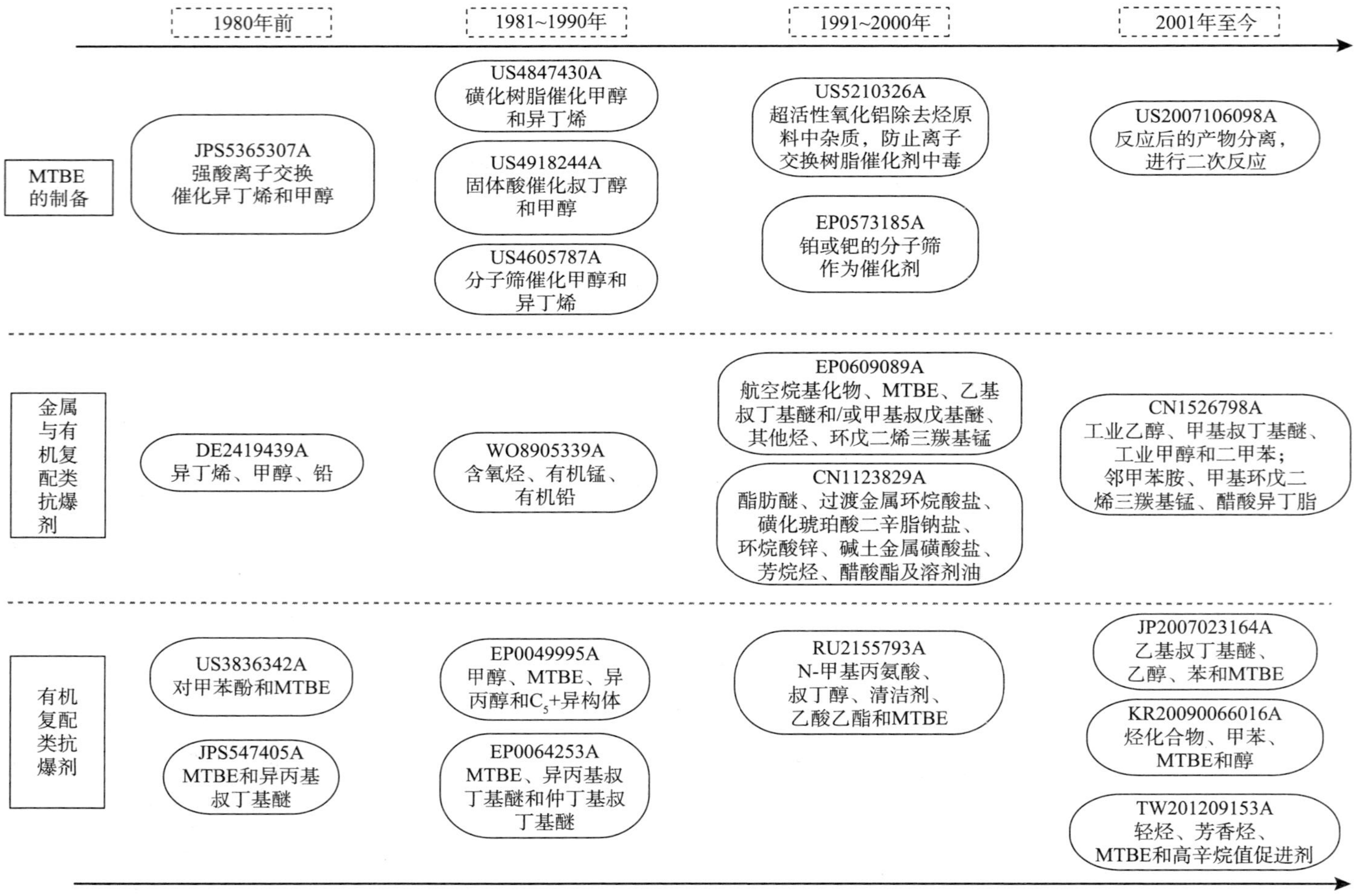

图 3-2-9　MTBE 专利技术路线分析

3.2.5　重要专利技术分析

本课题组从总共160项MTBE相关专利申请中挑选出20项重要专利技术，具体专利申请人、申请日、专利申请主要技术内容参见附录C，下面将对其中的12项专利技术进行逐项分析。如表3-2-1所示，筛选重要专利技术的主要考虑因素包括同族专利数量、被引用频率、重要申请人。

表3-2-1　MTBE重要专利（部分）

序号	公开号	最早优先权日	申请人	所属技术分支
1	US4847430A	1988-03-21	Elf France、法国石油公司	MTBE的制备
2	US4847431A	1988-03-21	Elf France、法国石油公司	MTBE的制备
3	US5210326A	1992-03-06	INTEVEP SA、MARQUEZ M A（美国）	MTBE的制备
4	JPS5365307A	1976-11-22	日本石油株式会社	MTBE的制备
5	JPS547405 A	1977-06-17	日本石油株式会社	有机复配类抗爆剂
6	JP2007023164A	2005-07-15	日本能源公司、日本石油株式会社	有机复配类抗爆剂
7	JP2007045858A	2005-08-05	日本能源公司、日本石油株式会社	有机复配类抗爆剂
8	EP0609089A1	1991-10-28	雅富顿	金属与有机复配类抗爆剂
9	CN1040360A	1989-06-28	齐鲁石油化工公司研究院（中国大陆）	MTBE的制备
10	CN1107134A	1993-10-08	法国石油公司	MTBE的制备
11	CN1297023A	1999-11-18	郭玉合（中国大陆）	金属与有机复配类抗爆剂
12	TW201209153A	2010-08-27	New Modern Co. Ltd（中国台湾）	有机复配类抗爆剂

有代表性的制备MTBE的专利包括法国石油公司和Elf France共同申请的US4847430A，被引频率44次，可见其在MTBE制备中的重要性。并提交了系列申请US4847431A，公开的技术方案是在磺化树脂催化甲醇和异丁烯的基础上进一步改进制备工艺条件，有效的蒸馏方式可以得到较好的MTBE产率。

US5210326A公开了商业多孔氧化铝经过惰性气氛吹扫，有机溶剂洗涤得到超活性氧化铝介质，可以除去烃原料中的含氮化合物、硫醇、水等，通过这种处理方式阻止离子交换树脂催化剂中毒，纯化后的烃原料（异丁烯）醚化得到MTBE。此专利有多个同族，并在日本、英国、意大利等国家授权。

JPS5365307A（1976年申请）是关于MTBE合成的专利申请，与JPS5365307A为

同一申请人（日本石油株式会社），并在 1977 年申请专利 JPS547405A，指出燃料中单独加入 MTBE 导致气封，单独加入异丙基叔丁基醚妨碍低温下点火。将 MTBE 和异丙基叔丁基醚混合，不但可以改善辛烷值，还改进氧化稳定性，在日本本国获得授权。日本石油株式会社的专利申请 JP2007023164A（最早优先权 2005 年）是以日本石油株式会社于 2003 年申请的 JP2004285204A、JP2004292511A、JP2005029762A，日本能源公司在 2004 年申请的 JP2006143833A、JP2006160772A 的专利作为引用基础。日本石油株式会社的专利申请 JP2007023164A 公开了乙基叔丁基醚、乙醇、苯和 MTBE，在日本授权。引用日本石油株式会社专利申请 JP2007023164A 的 JP2009073977A（日本能源公司 2007 年申请）公开了汽油含有体积分数 1%～20% 烯烃、芳香组分（小于 7 个碳与大于 8 个碳的芳香族体积比≤4.5）、含氧化合物（乙基叔丁基醚≥95%）。由专利的引用关系可以看出日本石油株式会社与日本能源公司的专利技术存在相互借鉴。日本石油株式会社的专利申请 JP2007023164A（系列申请为 JP2007045858A）公开除了加入乙基叔丁基醚、苯、MTBE，还加入少于 4 个碳的烃、大于 8 个碳的烃、少于体积分数 0.4% 的烯烃、少于体积分数 0.4% 的甲苯。作为日本最大的石油提炼、销售公司，日本石油株式会社从 20 世纪 70 年代开始一直致力于甲基叔丁基醚的制备以及作为汽油抗爆剂的研究。

雅富顿提出了一种无铅航空汽油的专利申请 EP0609089A1，该专利引用 EP0540297A1 和 US4812146A（UNION OIL CO. CALIFORNIA 于 1988 年申请的 US4812146A，公开一种高辛烷值的无铅燃料，其中加入甲苯、烷基化物，以及选自异戊烷、丁烷和 MTBE 中的至少两种）。EP0609089A1 在其引用专利的基础上作出技术改进。雅富顿的专利申请（EP0609089A1）连同其同族专利被引用频率共计 12 次。引用该专利的申请人为雅富顿本身、法国道达尔公司（TOTAL FRANCE）、英国石油（BP Oil Int.）等。其中法国道达尔公司在 2005 年提出的专利申请 FR2894976A 引用雅富顿的专利申请（EP0609089A1），公开了一种无铅航空汽油，加入单羧酸或多羧酸的酯、单元醇或多元醇、单羧酸或多羧酸酐、和/或芳香醚和酮提高辛烷值。法国道达尔公司的专利申请 FR2894976A 由法国提出并于 2012 年在法国授权，具有欧洲和美国同族，但其没有进入中国申请专利。将上述引用与被引用关系作出如图 3 - 2 - 10 所示（见文前彩图第 2 页）。

由齐鲁石油化工公司研究院在 1989 年提出的 CN1040360A 是中国制备 MTBE 的早期专利技术，该专利已在 2009 年因为专利权有效期届满而失效。

CN1107134A 涉及的技术方案为烯馏分与甲醇或乙醇在包括两个提取蒸馏步骤下生产叔醚。是唯一在华国外申请，由法国石油公司在 1994 年提出，2000 年获得授权，但因费用终止于 2003 已处于专利无效状态。

CN1297023A 是中国关于 MTBE 专利申请中，为数不多的处于专利保护状态的早期有效专利，其公开了在基础油中加入含氧添加剂、抗爆添加剂、助燃添加剂，含氧添加剂可以为 MTBE，抗爆添加剂是由五羰基铁与二茂铁组成。

TW201209153A 是近几年中国台湾的专利申请，公开了一种无醇、无金属高辛烷值促进剂，比如 1 - 甲基萘或长链氯化石蜡（C_{15} 以上），新型燃料包括轻烃、芳香烃、

MTBE 和高辛烷值促进剂。

3.2.6 产业现状

随着控制汽车废气排放和环境保护的需要，TEL 已退出抗爆剂的舞台。TEL 的替代品甲基环戊二烯三羰基锰（MMT），由于其在发动机燃烧室表面容易形成沉积物，使火花塞寿命缩短，并且会造成环境中锰含量上升，目前在美国等发达国家已经禁用。随着对汽油无铅化和环境锰含量的要求，MTBE 被广泛用作汽油抗爆剂，但MTBE作为抗爆剂也有其自身的缺点：

① 中国普遍使用的抗爆剂 MTBE 在汽油中添加比例为体积分数 10% 左右，添加量比较大，MTBE 自身热值低，大比例添加会增加车辆的运营成本，经济性差，同时动力性能无法得到完全发挥；

② MTBE 为含氧化合物，日本的一家研究机构的研究成果也表明，汽油中的 MTBE 的含量超过 7%，汽车排放中的氮氧化物会增加，对环境造成影响；

③ 如果加入的 MTBE 比例不加以控制，会使三元催化转化器的转化效率下降；

④ 添加 MTBE 的汽油容易吸收水分，在使用和储存过程中难以控制，并且由于水分的增多，使油品燃烧效率低下，更容易对发动机产生腐蚀；

⑤ MTBE 还会对地下水污染，MTBE 对地下水的污染主要来自地下储油罐和输油管道的泄漏，MTBE 渗透到地表下，对周围的土壤和地下水造成污染。并且由于 MTBE 比汽油中的其他组分具有更强的亲水性，它会很快地渗透到地下水中，并以辐射的方式向四周稳定扩散。1996 年，美国加利福尼亚州的地下输油管道和储油罐的泄漏污染了地下水。从水污染事件发生以后，要求禁用 MTBE 的呼声越来越高。美国加利福尼亚州自 2004 年起禁用 MTBE，亚利桑那州、康涅狄格州和纽约州等也于 2005 年起禁用 MTBE。2006 年起，美国汽油禁用 MTBE 进一步加速，2006 年 5 月起，美国已有 25 个州禁用 MTBE。美国于 2008 年全面禁用 MTBE。澳大利亚也在 2004 年起决定禁用 MTBE。欧洲委员会在 2001 年提出了 MTBE 危害性的评估报告，但还未采取限制措施。欧洲在内的一些国家和地区也在减少 MTBE 的使用量，但欧洲和亚洲尚无禁用 MTBE 的任何意向，2008 年，欧盟委员会确认 MTBE 对人体的健康不构成威胁，这表明MTBE 可继续作为提高汽油辛烷值的主要促进剂。这些地区将在一定时期内继续采用 MTBE 作为清洁汽油的主要添加组分。特别是亚洲 MTBE 需求量快速增加。目前中国还在继续大量使用 MTBE 作为汽油抗爆剂。随着国民经济的高速增长，汽车工业随之快速发展，在车用汽油质量标准不断提升的拉动下，国内 MTBE 需求仍将以较快速度增长。

美国逐步禁用 MTBE 以后，对含氧化合物调合之前的新配方汽油（RBOB）的需求增长，RBOB 是不含 MTBE 的新配方汽油，乙醇成为替代 MTBE 的主要含氧化合物。20 世纪 70 年代，国际上先后出现过含氧化合物作为汽油新的调合组分，甲醇、乙醇、丙醇和叔丁醇等低碳醇或其混合物都已用于汽油添加剂。其混合物用作汽油添加剂具有 MTBE 相似功能，还有价格优势，用作汽油调合剂具有较大的市场潜力。车用乙醇汽油是指在不含 MTBE、含氧添加剂的专用汽油组分油中，按体积比加入一定比例的由粮食及各种植物纤维加工成的燃料乙醇而成的新型替代能源。乙醇属可再生资源，用它替代部分汽油，其产生的意义也是深远的。用乙醇替代等量汽油，可降低汽车尾气有害物质排放，而且使用燃料乙醇汽油不会影响汽车行驶性能。

巴西是世界上最大的乙醇生产国，巴西也是使用车用乙醇最多的国家，生产乙醇主要的原料来自甘蔗。国外使用车用乙醇汽油的国家主要是美国和巴西，欧盟国家也使用车用乙醇汽油。我国在 1993 年后成为石油净进口国，受资源的影响，原油供求矛盾日益突出。《国民经济和社会发展第十个五年计划纲要》提出，要开发燃料酒精等石油替代品，采取措施节约石油资源。2001 年 4 月 18 日，原国家发展计划委员会和国家质量监督检验检疫总局联合举行了新闻发布会，宣布我国将全面推广使用乙醇汽油。同时宣布，由国家质量监督检验检疫总局负责制定的《变性燃料乙醇》（GB 18350—2001）和《车用乙醇汽油》（GB 18351—2001）两项强制性国家标准已于 2001 年 4 月 15 日开始实施。我国从 2001 年开始试用玉米、小麦等粮食作物制造燃料酒精，于数年前在部分省区开始试行推广使用车用乙醇汽油。但是车用乙醇汽油自身的缺点，乙醇的热值低于汽油，在不改变发动机结构的前提下，存在乙醇汽油燃油消耗量可能比普通汽油高的问题，这对推广乙醇汽油的应用带来一定阻碍，因此目前还不能被一部分使用者接受。

虽然 MTBE 对水资源具有一定的危害性，由于中国目前的客观实际情况，汽油中仍普遍添加 MTBE 作为汽油抗爆剂。但是随着未来中国机动车辆的进一步增长和无铅汽油的使用，排放于大气中的 MTBE 会不断积累，对环境以及水资源的污染会逐步的显现出来。为消除水中 MTBE 对环境的污染和人类健康的危害，近年来国内外开发了包括高级氧化分解和微生物降解在内的多种治理 MTBE 污染水质技术，已取得了较好的效果，这些技术进步会对 MTBE 的继续使用起到一些积极作用。

从 20 世纪 20 年代四乙基铅作为辛烷值促进剂开始在汽油中大量使用，到如今的停止生产、销售和使用含铅汽油，其在汽油抗爆剂历史存在了 80 多年。从 20 世纪 50 年代甲基环戊二烯三羰基锰开始作为四乙基铅的辅助添加剂进入了抗爆剂市场。并在 1974 年开始作为单独汽油抗爆剂应用于美国含铅汽油中。到至今的各国停止或限制甲基环戊二烯三羰基锰在汽油中的添加量，其经历了 50 多年的时间。

而对于 MTBE 作为汽油抗爆剂在美国的命运来说，1979 年，美国首先开始在汽油中使用 MTBE，在起初发现 MTBE 作为汽油抗爆剂的诸多优点后，美国一些地区的汽油中 MTBE 的含量曾经增至 10% ~ 15%，MTBE 的产量也随之空前地增加，仅在 1989 ~ 1995 年，世界 MTBE 的生产能力年均增长率达 30%，在美国，MTBE 从 1970 年有机化学品产量的第 39 位上升到 1999 年的第 4 位，达到 6000 万吨。然而在 2002 年美国加利福尼亚州开始禁止使用 MTBE，使全球的 MTBE 需求量与 2001 年持平。没有出现增长的趋势。从 MTBE 的开始使用到如今的美国禁用 MTBE，其在美国汽油抗爆剂的历史上仅仅存在了 20 多年的时间，这一方面是由于汽油集中大量地使用 MTBE 在美国出现的管道和油品泄漏造成的水污染引起人们的恐慌；另一方面也是由于随着科学的发展，科研能力的增强，汽油抗爆剂的更新换代更为频繁。从含铅汽油到无铅汽油，再到不含 MTBE 新配方汽油的转变这是需要经历的过程，但无论如何改进，一种优良的汽油添加剂应具有用量少、效果显著进而减少油耗、易溶于燃油而不溶于水、无毒害、对环境没有污染、降低废气排放等特点。

中国应吸取美国经验，防患于未然，及早制定相关法律法规，并尽快采取措施加强对汽油储罐的监管以防止泄漏，以保护我国水体免受 MTBE 污染。并且控制汽油中 MTBE 的加入量，同时应加大对新型汽油抗爆剂的研究，还可以加强对其他辅助抗爆剂与 MTBE 同时使用，达到降低汽油中 MTBE 的含量的同时提高抗爆效果。

MTBE 是继 TEL 和 MMT 之后在市场具有主导地位的抗爆剂。无论是 TEL、MMT 还是 MTBE 均对环境有非常大的威胁。目前醇类汽油抗爆剂是对环境影响是最小的，虽然有些性能不如以上三种抗爆剂，但其环保性能是最大的优势。

目前 MTBE 在美国已经被禁用，但却是中国的主流汽油抗爆剂。MTBE 的固有化学性质和自身特点犹如一把双刃剑，在作为抗爆剂存在诸多优点的同时，也存在其自身的缺点，如果能够找到一种有效的途径克服 MTBE 的诸多缺点，得到一种安全、无毒、环保、高效的 MTBE 汽油抗爆剂，则 MTBE 在汽油抗爆剂领域能继续占据其主导地位。

3.2.7 小 结

（1）申请量年度分布：全球关于 MTBE 作为汽油抗爆剂的专利申请始于 20 世纪 70 年代初，在 20 世纪 80 年代初出现专利申请的第一个高峰期，20 世纪 90 年代申请量相对稍多一些，但此时的一些专利申请集中在 MTBE 制备方法的改进。进入 21 世纪后，虽然出现关于 MTBE 专利申请的小高峰，但其中多是中国的专利申请，这说明在全球范围内整体减少对 MTBE 专利申请的同时，中国汽油抗爆剂领域由于还处于广泛应用 MTBE 时期，因而关于 MTBE 的专利申请相比其他国家多一些。

中国第一件关于 MTBE 的专利申请比全球申请的时间要晚一些。从 20 世纪 80 年代到现在，中国关于 MTBE 的研究一直没有出现热潮，每年的年均申请量一般在 5 项（含 5 项）以下，关于 MTBE 的专利申请量最多的年份出现在 2001 年和 2010 年，每年均为 5 件申请。

（2）区域分布：汽油抗爆剂专利申请的龙头老大——美国，其在关于 MTBE 方面的专利申请中也占有较大比重。美国主要集中在 MTBE 制备方法的研究。进入 21 世纪后，随着 MTBE 淡出美国汽油抗爆剂的舞台，美国在此方面的专利申请也逐渐减少。

从 MTBE 全球专利申请国别分布来看，美国和中国的专利申请量分别居于第一位和第二位，随后是日本和俄罗斯分别占全球专利总申请量的 8%。

从 MTBE 中国专利申请区域分布可以看出，广东、山东和上海的专利申请最多。

（3）主要申请人分布：全球专利申请量居前 6 位的中有 5 位属于美国的公司，可见美国关于 MTBE 的专利申请主要集中在较大的化学公司。美国德士古化学公司、美国埃克森美孚公司、美国亨斯迈化学公司、美国环球油品公司和美国飞利浦石油公司总的专利申请量占到美国 MTBE 的专利申请量的 65%。

从 MTBE 中国专利申请人分布可以看出，在关于 MTBE 的历年国内专利申请中，个人申请占到国内申请量的将近一半，没有形成规模的科研团队。关于中国 MTBE 专利申请的主要申请人为上海中茂新能源应用有限公司，其申请的 3 件专利或者处于授权后专利保护状态，或者获得专利权后由于未缴纳年费而终止专利权。多数申请人只有 1 件专利申请。中国石油化工股份有限公司、中国石油化工股份有限公司石油化工科学研究院对于 MTBE 作为汽油抗爆剂的技术并没有提出相关专利保护，其相关的专利是关于 MTBE 的合成工艺。

（4）技术分支分布：国外的专利关于 MTBE 的制备方法的专利申请较多。中国的专利中关于 MTBE 制备的相关申请较少，多数申请是将 MTBE 作为汽油添加剂的组分加入以改善汽油的性能。虽然在中国关于 MTBE 的专利申请授权率较高，但是处于有效法律状态的 MTBE 专利并不多（失效原因多为没有按时缴纳专利年费），这说明授权的 MTBE 专利在产业中应用并不理想。

制备 MTBE 的专利申请主要为所使用的催化剂、反应原料、制备工艺改进等方面。

对于金属与有机复配类抗爆剂的专利技术来说，除了金属与 MTBE 复配以外，在添加剂中还会含有其他的有机类抗爆剂，比如醇类、除 MTBE 以外的其他醚类、酯类以及烃类抗爆剂。随着对无铅汽油的要求，汽油抗爆剂中加入的金属种类转为锰类、碱金属类。

对于有机复配类抗爆剂多是具有单一功能，而一种理想的添加剂应具有多重功能，需要避免加入影响发动机性能和危害环境的物质，如何取长补短、凸显优势、更好地发挥抗爆剂的基本功能是未来研究的重点。

3.3 新型汽油抗爆剂研发动向

市场上常见的传统汽油抗爆剂，主要是 TEL、MMT 和 MTBE，TEL 合成工艺简单、成本低廉而且抗爆效率高，是迄今为止性价比最高的抗爆剂产品。但是 TEL 的缺点是有剧毒，严重危害人体健康和生态环境，也会污染汽车催化转换器内的催化剂，已在大多数国家停止使用。雅富顿研发出的 MMT 抗爆性能好、性价比高，是 TEL 的有效替代品，但 MMT 是非绿色抗爆剂，会增加大气重金属含量，长期暴露于 MMT 环境中可引起肝脏和肾脏损害。即将实施的中国车用汽油国 V 标准规定 Mn 含量≤2mg/L，这进一步限制了 MMT 的使用。MTBE 是有机无灰类抗爆剂，作为 MMT 和 TEL 的替代品在世界范围内广泛使用。优点是化学性质稳定，可与汽油以任意比例互溶，且有良好的调和效应，能显著改善尾气排放。虽然 MTBE 有诸多优点，但缺点是其在汽油中需要的添加量大，排放后会污染地下水质。美国加利福尼亚州等地已经准备禁用 MTBE。上述存在的问题以及各国日益严格的环保法规促使人们探索绿色环保的新型汽油抗爆剂，这种抗爆剂既能大幅度提高辛烷值，又不污染环境且成本较低。

本课题组将检索到 1990 年以后至今的汽油抗爆剂相关专利申请进行逐篇阅读、人工筛选，排除上述传统主要含 TEL、MMT、MTBE 的汽油抗爆剂，得到绿色环保的新型汽油抗爆剂专利申请，其中全球 252 项，中国 121 件，并将上述专利申请分为以下五类：复配类抗爆剂、醇类抗爆剂、酯类抗爆剂、胺类抗爆剂和降低 ORI（即 Octane Requirement Increase 辛烷值需求增加的缩写）类抗爆剂。

3.3.1　新型汽油抗爆剂专利申请概况

从图 3 – 3 – 1（a）中可以看出在全球 252 项绿色环保新型汽油抗爆剂专利申请中，复配类抗爆剂的全球专利申请量最多，共 157 项，涉及醇类抗爆剂 31 项、酯类抗爆剂 28 项、胺类抗爆剂 18 项、降低 ORI 类抗爆剂 18 项。在 157 项复配类抗爆剂专利申请中，有 97 项来自中国，是中国申请量高于国外申请量的唯一抗爆剂种类。在降低 ORI 类抗爆剂的 18 项专利申请中，仅有 1 项来自中国台湾的申请，中国大陆没有相关专利申请。从专利申请量的分布来看，申请量最多的是复配类抗爆剂，其次是醇类抗爆剂，第三位是酯类抗爆剂。经过课题组后期的调研也发现，复配类抗爆剂和醇类抗爆剂是国内外研发人员的研究重点，这与专利申请发展趋势一致。这是由于复配类抗爆剂可以采用不同高辛烷值物质复配，因此各组分间形成良性协同效应，能最大限度克服金属类抗爆剂和其他类抗爆剂的不足，且抗爆效能居于金属类抗爆剂和其他几类抗爆剂之间，展现了较为广阔的应用前景；对于醇类抗爆剂，其具有无毒害、可广泛获取或可再生的优点，能满足未来新型抗爆剂对于绿色环保、经济、高效的需求，因此也成了研发重点之一。

下面分别对复配类抗爆剂、醇类抗爆剂、酯类抗爆剂、胺类抗爆剂和降低 ORI 类抗爆剂的申请量态势分别进行分析。在图 3 – 3 – 1（b）中，复配类抗爆剂在 1994 年后每年均有申请，专利申请量平稳增长，数量最高未超过 12 项，表明复配类抗爆剂专利申请处在技术发展起步期，且中国申请所占比例呈增加趋势，特别从 2009 年开始每年的中国专利申请量均超过了国外专利申请量总和。这与我国的炼油工业现状紧密相关。汽车工业的发展，汽车发动机压缩比的提高，对汽油标号的要求逐渐提高，但是，目前我国炼油厂二次加工以催化裂化为主，催化重整配置偏低，这使汽油中高辛烷值组分偏少，从而引发了对抗爆剂的更多需求。

醇类抗爆剂，申请量并没有大幅变化，每年全球申请量均不超过 5 项。具体来说，醇类抗爆剂专利申请在 2000 年以前比较分散，2000 年以后申请相对集中，但每年均不超过 5 项，中国申请也是从 2001 年开始出现，这与醇类抗爆剂的功效早为人所知有关。在发现 TEL 的优良抗爆性能之前，TEL 的发现者小托马斯·米基利就发现了乙醇也有抗爆作用。1990 年美国颁布清洁空气法修正案要求在汽油中添加氧含量不高于 2.7% 的含氧化合物，目前美国约有 17 个州在新配方汽油中使用乙醇，其中乙醇添加量为 5.7% ~ 10%。除乙醇外，近 10 年来研发人员也对丁醇、混合醇作为抗爆剂进行了探索，如 2005 年美国标准醇公司开发出一种生物降解水溶性清洁燃料添加剂，它是直链 C_1 ~ C_8 燃料级醇混合物，辛烷值为 128，可代替 MTBE 用于汽油添加剂（WO2006088462A1）。2010 年沙特石油公司提出将选自 2 – 丁醇（即仲丁醇）、叔丁醇、异丁醇中的两种丁醇混合作为汽油抗爆剂（WO2011001285A1）。

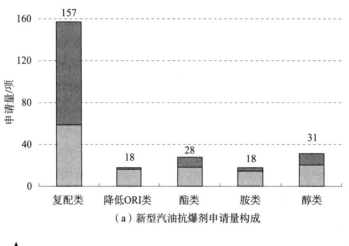

（a）新型汽油抗爆剂申请量构成

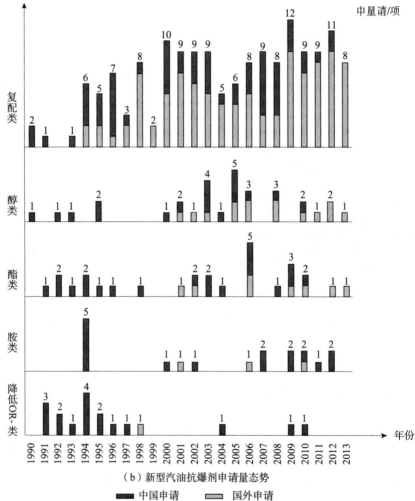

（b）新型汽油抗爆剂申请量态势

■ 中国申请　　■ 国外申请

图 3－3－1　新型汽油抗爆剂 1990～2013 年专利申请概况

酯类抗爆剂的专利申请比较连续，没有出现长时间的间断，每年全球申请量均不超过 5 项，中国申请出现时间较晚，从 2001 年才开始出现相关专利申请。这可能与中国直到 2000 年才停止生产含铅汽油有关，含铅汽油的禁用刺激了绿色环保替代品的发展。酯类抗爆剂专利主要集中在日本和中国，全球申请量的前 3 位均由日本大公司占据，分别是日本旭化成株式会社、日本独立行政法人产业技术综合研究所、日本日挥株式会社，且主要涉及典型酯类抗爆剂如碳酸二烷基的生产工艺，这表明碳酸二烷基酯如 DMC 作为抗爆剂使用在国外已开始进入工业化阶段，大公司力求找到更为经济的生产工艺。由于 DMC 会使发动机动力性能下降以及经济性能变差，国内外研发人员都在力图找到具有更佳性能且更少副作用的新型酯类抗爆剂。仅有少量国外申请涉及新型酯类抗爆剂，如 VEBA OEL AG 申请的 DE4344222A1 涉及使用包括戊内酯或丁内酯的内酯改进辛烷值，日本日东化学工业公司申请的 JPH0867884A 使用烷氧异丁酸酯或羟基异丁酸酯作为抗爆剂，壳牌申请的 WO2010136436A1 使用链烯酸的烷基酯作为抗爆剂。中国专利申请主要涉及新型酯类抗爆剂组成，关于酯类抗爆剂生产工艺的专利很少。国内研发人员尝试其他类型的酯如甲氧基异丁酸烷基酯类化合物、异丁烯基酰胺异庚脂组合物、乙酸仲丁酯或乙酸甲酯作为抗爆剂使用。

胺类抗爆剂在 1994 年有 5 项国外专利申请，此后出现了一段时间的中断，直到 2000 年才重新开始相关申请，但申请数量不大，每年均不超过 2 件。这可能是由于胺类抗爆剂虽然抗爆性能佳，但具有一定毒性且会增大燃烧室排出的 NO_x 量，同时由于价格较高，限制了其进一步的市场应用。德士古在 1994 年提出 3 项相关申请，分别涉及使用苯胺、聚芳基胺或多种胺的组合作为抗爆剂，但此后并未见相关申请。

对于降低 ORI 类抗爆剂，申请主要集中在 1991～1998 年，1998 年后，申请出现的年代比较分散，申请量也出现下滑。国外申请占据主导地位，仅有 1 项中国台湾地区的申请。申请主要集中于美国，申请人是壳牌、德士古、雅富顿和极性分子公司这些大公司，这些公司的研发方向各有不同，但大多具有连续性和相对固定的研究团队，且重视对重点专利在重要市场的布局。加入降低 ORI 类组合物可以使为保持发动机相同的性能需要的燃料辛烷值增加量减少，从而降低单一的提高辛烷值所带来的不利影响。行驶汽车的 ORI 是由汽油发动机燃烧室沉积物（CCD）和进气阀沉积物（IVD）引致的，但并非所有清净剂均有降低 ORI 的作用，如聚异丁烯胺是美国 20 世纪 80 年代广泛使用的进气系统沉积物（ISD）、电喷发动机喷油器沉积物（PFID）高效清净剂，但它存在的缺陷是能引发生成更多 CCD 而增大 ORI。从 1991 年起国外大公司进入该领域，该领域专利申请量开始增长，到 20 世纪 90 年代基本形成了成熟技术，在清净剂的基础上研发出了不同类型的降低 ORI 类抗爆剂，壳牌、德士古和雅富顿就是在这一时期开发出相关产品，并申请了一系列降低 ORI 类组合物的专利。1999 年开始，降低 ORI 类抗爆剂专利申请出现中断，这可能是因为随研发深入，降低 ORI 类抗爆剂的功效和应用已处于成熟阶段，各公司均是在清净剂的基础上进行研制，其研发方向与清净剂有所重叠，而清净剂是应用更为广泛且市场前景广阔的产品，因此大公司转战清净剂的研发，使降低 ORI 类抗爆剂的研发热度降低。另一方面，随着成品汽油加入清净剂和高清洁汽油的使用，降低 ORI 类组合物的技术功效有所降低。直到 2004 年才开始出现极性分子公司的专利申请 US2005268532A1，极性分子公司的研发思路发生改变，研究方向并不同于上述公司，并未在现有清净剂的基础上进行研发，而是在燃料中通过加入燃料调节剂组分，即极性含氧烃化合物和含氧相容剂，来降低 ORI 从而最少量使用 MMT，2009 年提出的 US2009158642A1 是 2004 年专利申请的部分延续申请，并在其基础上进行了改进，另外加入了清净剂。

3.3.2　复配类抗爆剂

复配类抗爆剂系采用不同高辛烷值物质复配，形成良性协同效应的复合类抗爆剂产品。抗爆效能较金属类抗爆剂弱，但比其他几类抗爆剂如酯类、醇类、胺类抗爆剂等更强，添加量不受限制，且不对其他质量指标产生负效应，为各类抗爆剂中最具前景的新型抗爆剂之一。

典型代表为北京石油化工学院开发的 F2－1 非金属无灰抗爆剂（现由灵智燎原节能环保技术研究院销售），天津众焱润滑油有限公司生产的卡凯尔无灰抗爆剂。其中 F2－1 非金属无灰抗爆剂属有机脂、卤代胺和酚类合成复配类抗爆剂，具有抗爆效率高、不含金属和协同效应强等特点，相较于目前市场上常见的抗爆剂具有成本低、效率高、安全性强的全面竞争优势。产品主要用于提升汽油的抗爆性能、提高其辛烷值和抗爆指数。卡凯尔无灰抗爆剂是天津众焱润滑油有限公司在优质的德国巴斯夫原液基础上研制出的无铅无毒高环保复配类抗爆剂，主要用于改善汽油燃料的抗爆性能，提高汽油辛烷值，能使直馏汽油、裂化汽油、石脑油等地标号汽油直接提高到 90# 以上，一般每加入 0.1%～1%（质量比）可提高 3～8 个辛烷值。

3.3.2.1　专利申请量趋势

首先看复配类抗爆剂的申请量态势。从图 3－3－2 中看出，从 1990 年开始，复配类抗爆剂的专利申请量缓慢增长，在 1994 年后的申请连续，每年均有涉及复配类抗爆剂的专利申请，大多数年份保持在 10 项左右，表明复配类抗爆剂专利申请处在技术发展起步期，这与新型抗爆剂行业的实际情况相吻合。从 1994 年开始出现相关领域的中

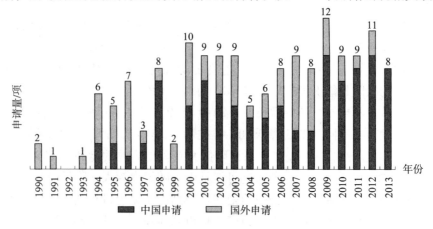

图 3－3－2　复配类抗爆剂申请量态势

国专利申请，除个别年份如 1999 年外，每年都有该领域的中国专利申请出现，且申请量逐渐增长，特别从 2009 年开始每年的中国专利申请量均超过了国外专利申请量总和。

3.3.2.2 专利申请主要申请国及主要申请人

下面是主要申请国及申请人排名，从图 3-3-3 中可以看出，复配类抗爆剂主要申请国有中国（97 项）、俄罗斯（29 项）、美国（9 项）、日本（7 项）和韩国（4 项），中国的专利申请占据了主导地位，这是唯一一种中国申请量超过国外申请量的新型抗爆剂。表明相对于其他类型的新型抗爆剂，国内对复配类抗爆剂的研发投入了更多的关注且具有一定优势。申请人的分布比较分散，申请人的最高申请量是 3 项，且申请量为 3 项的申请人有 6 个，包括公司、个人和研究院 3 种类型，分别是：雅富顿、日本科斯莫石油公司、济南开发区星火科学技术研究院、KORPORATSIYA NTL STOCK CO.、SHAPIRO A. L.（俄罗斯）和于涛（中国）。申请量为 2 项的申请人更多，达到了 11 个，没有出现占据垄断地位的大公司。这对于我国国内企业来讲是一个机遇，谁能在最具前景的复合类抗爆剂研发中取得创新性成果，就很有可能在未来的抗爆剂市场上占据垄断地位，成为行业领导者。

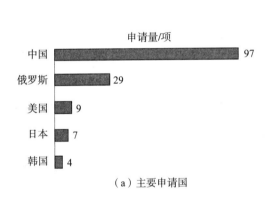

申请人	类型	申请量/项
雅富顿	公司	3
日本科斯莫石油公司	公司	3
济南开发区星火科学技术研究院	研究机构	3
KORPORATSIYA NTL STOCK CO.	公司	3
SHAPIROA.L.（俄罗斯）	个人	3
于涛（中国）	个人	3

（a）主要申请国 　　　　　　　　　　（b）主要申请人

图 3-3-3　复配类抗爆剂主要申请国及申请人排名

从复配类抗爆剂申请人类型图 3-3-4 上看出，中国申请人类型有个人、公司和

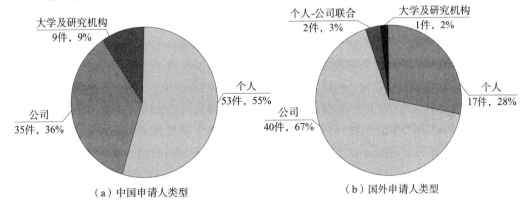

（a）中国申请人类型 　　　　　　　　　（b）国外申请人类型

图 3-3-4　复配类抗爆剂申请人类型

大学及研究机构3种，其中个人和公司是申请的主要类型，分别占55%和36%。国外申请人类型有个人、公司、大学及研究机构和公司-个人联合申请4种，其中个人和公司是申请的主要类型，分别占28%和67%。相比较而言，中国申请人中个人申请占多数，而国外申请人中公司的申请比例要高于个人。这表明在我国复配类抗爆剂的研发中，个人研发者参与度较高，表现活跃。

3.3.2.3 专利技术路线及重要专利

复配类抗爆剂全球专利申请共157项，通过逐篇阅读并结合现有技术分类情况，将涉及复配类抗爆剂的专利申请主要分为4个技术分支：金属有灰类抗爆剂与含氧有机物混合、金属有灰类抗爆剂与有机无灰混合类抗爆剂混合、金属有灰类抗爆剂与含氮有机物混合、有机无灰类抗爆剂混合。上述技术分支国内申请人和国外申请人均有研究。并根据各专利申请的引用频率和同族数目，提出各技术分支中的重要专利技术。

复配类抗爆剂技术路线如图3-3-5所示，可以看出，1990～1995年，由于使用金属有灰类抗爆剂会在发动机内部产生金属沉积物，导致汽缸磨损、火花塞点火不良、氧传感器和三元催化器中毒等严重故障，当前已被禁止或限制使用，因此各国研究者在20世纪90年代就从事了复配类抗爆剂的研究，例如向金属有灰类抗爆剂中加入醚、醇、酮等含氧有机物，在提高辛烷值的同时尽可能减少金属有灰类抗爆剂的使用量。1990年美国清洁空气修正法案要求重整汽油中必须加入含氧添加剂，这进一步刺激了含氧有机物类抗爆剂的研发。相关的主要专利申请有EP0609089A1、CN1139148A、RU2105041C1、US5316558A、RU2069687C1。

1996～2000年，由于有机无灰类抗爆剂整体抗爆性能有限，添加量一般较金属类抗爆剂大，成本也较高，因此，人们尝试加入一种含氮有机物即主要是有机胺类抗爆剂，并在将多种含氧有机物混合的同时，加入其他辅助物质或改变有机物的存在介质以求同时达到减少污染物的排放、提高辛烷值和降低成本。如IGEN INC.已授权的专利US6371998B1就公开了一种液体燃料，包含一种酯类囊泡，该酯类囊泡包含质量分数4%聚氧乙烯-10-硬脂醇、质量分数7.2%甘油二硬脂酸酯、质量分数5%大豆甲基酯、质量分数7.2%脱水山梨醇半油酸酯、质量分数78.8%的水，减少污染物的排放和提高辛烷值。其他相关的主要专利申请有RU2102437C1、CN1222560A、CN1186845A、RU2129141C1、RU2120958C1、CN1218096A、RU2102439C1、RU2139914C1、CN1198466A、CN1160077A。

2001～2005年，随着原油价格持续走高以及环保政策的日益严格，人们持续关注复配类抗爆剂的研发，力求使用可再生、少污染的资源作为复配类抗爆剂的组分。例如日本石油株式会社递交的专利申请JP2007023164A就公开了一种汽油组合物，包含体积分数1%～20% ETBE（乙基叔丁基醚）和乙醇，乙醇的含量是ETBE含量的0.01～0.45倍。该汽油组合物具有高辛烷值、低蒸气压和低沸点，抗腐蚀性能佳。其中使用的乙醇就是可再生、少污染的含氧有机物。中国专利申请人的申请数量逐渐增加。其他相关的主要专利申请有WO2005087901A2、CN1445341A、RU2263135C2、RU2241023C2、RU2184767C1、KR20030044969A。

类别	1990~1995年	1996~2000年	2001~2005年	2006年至今
金属有灰类+含氧有机物	EP0609089A1 (6) 雅宝顿 醚+镁有机物混合；CN1139148A 张卫东 铁+醇+酮混合	RU2102437C1 SHAPIROAL 酯+镁有机物混合；CN1222560A 包德睪 MMT+醇+苯+环烷酸盐混合；CN1186845A 西北新技术实业总公司 二茂铁+醇+苯混合	WO2005087901A2 (12) ASSOC OCTEL CO LTD 金属+醇混合；CN1445341A 中国船舶重工集团718研究所 二茂铁+异丙醇混合	CN101205492A 上海中茂新能源应用公司 CMT+DMC+表面剂混合；CN1900240A (2) 北京工业大学 醇+醚+二茂铁混合；CN101298573A 于洋 醇+MMT+MTBE混合
金属有灰类+有机无灰混合类	RU2105041C1 (6) ILIN A.P. 派萘+铁+樟脑混合	RU2129141C1 TSP RES PRODN FIRM CO LTD 胺+铁+醇混合	RU2263135C2 STANDART RES TECHN CO LTD 二茂铁+镁盐+含氧混合	CN101691510A 济南开发区星火科学技术研究院 铁+胺+船混合；CN101875871A 济南开发区星火科学技术研究院 锰+苯+醚+胺混合
金属有灰类+有机含氮		RU2120958C1 KM CO LTD 苯胺+镍混合；CN1218096A (2) 孙乐之等 MMT+胺混合	RU2241023C2 STANDART RES TECHN CO LTD 铁+胺+有机镁盐+劳族胺混合	EP2014745A1 雅睿顿 胺+金属化合物混合
有机无灰混合类	US5316558A (8) GONZALEZ F. 芳族胺+脂肪酮+醚混合；RU2102439C1 KORPORATSIYA NTL STOCK CO. 醇+胺+醚混合；RU2139914C1 (5) SHAPIRO A.L. MTBE+四丁基醇混合；RU206687C1 FLAGMAN STOCK CO 胺+醇+醚混合	US6371998B1 (2) IGEN INC 酯+醇+水混合在囊泡中；CN1160077A 刘民富 烯+烷+酮混合；CN1198466A 苏怡鹏 酯+醇+酯+酸酐+蓖麻油混合	RU2184767C1 (4) AVETISYAN V.E 芳族胺+含氧物混合；CN1664079A (2) 四川博雅能源科技公司 醚+醇+胺混合；JP2007023164A 日本石油株式会社 ETBE+乙醇；KR20030044969A BIOSOFT CO LTD 醇+醚+生物表活剂混合	US2009193710A1 催化蒸馏 醚+乙醇+烯烃+烷烃混合；JP2007246744A 日本科斯莫石油公司 乙醇+ETBE混合；US2010258071A1 壳牌 胺+戊二烯混合；JP2013079394A 日本科斯莫石油公司 乙基叔丁基醚+乙醇；CN102093919A 济南开发区星火科学技术研究院 苯酚+苯酚胺混合

图3-3-5 复配类抗爆剂技术路线

注：图中括号内数字为引用频次。

2006年至今，随着中国不断提高的环保标准，中国申请人对于复配类抗爆剂特别是金属有灰类抗爆剂与含氧有机物混合、有机无灰类抗爆剂混合这两个技术分支进行了持续的关注，并涌现了以济南开发区星火科学技术研究院为代表的主要申请人及其系列申请。例如济南开发区星火科学技术研究院2009年递交的专利申请CN102093919A就公开了一种汽油抗爆剂，其主要组分包括邻乙酰胺基苯酚、间羟基苯酰胺和2-甲基苯酚，用量的重量比例为3:5:2，抗爆实验结果表明，在汽油中添加体积分数3.0%~5.0%上述汽油抗爆剂，可使汽油的辛烷值提高，抗爆性能增强。同年提交的专利申请CN101691510A涉及一种新型汽油复合抗爆剂，其由下述重量配比的原料组成：二茂铁0.25%~0.75%、乙酸乙酯2.0%~5.5%、磷酸甲苯二苯酯10%~15%、2,6-二叔丁基对甲酚0.30%~0.70%、中碱值石油磺酸钙5%~13%、N,N'-二亚水杨丙二胺0.04%~0.08%、聚异丁烯丁二酸季戊四醇酯2%~6%、甲苯余量。以汽油重量为基准，按照0.5%的添加量将该复合类抗爆剂加至汽油中，结果证实，该新型汽油复合类抗爆剂不仅能显著提高汽油的辛烷值、改善汽油燃烧性能，而且能够有效清除燃烧残留、降低废气排放，具有良好的应用前景。

然而，一个不容忽视的问题是，在市场上可买到的新型复配类抗爆剂，大多没有申请专利，如F2-1非金属无灰抗爆剂，以及卡凯尔无灰抗爆剂。这是由多方面原因造成的。首先，复配类抗爆剂通常由多种具体物质混合而成，相对来说技术核心在专利申请说明书中不易隐藏，且容易模仿，如果专利想要获得授权就需要在说明书中适当的公开具体技术方案，而该公开的内容易被竞争对手借鉴甚至直接使用，直接导致了研发人员申请专利的积极性不高；其次，有些国内研发人员为了不公开自己的独特技术，在申请的专利中并不写明技术方案，这就会导致说明书公开不充分，不能满足专利授权条件，这就需要提高国内专利代理人员的撰写水平，帮助研发人员合理把握说明书公开的尺度，使其既能获得授权，又能保存技术秘密。例如某申请权利要求1要求保护一种醚—酯—轻烃清洁运输燃料油，其中向调和好的汽油组分中按比例加入助剂：

"Metal passivator   1201   0.1

Gasonline dassivator   BJ-001   0.1

Flow improvex   1804   0.03~0.1"

作为本领域技术人员，对其中的"Gasonline dassivator和Flow improvex"难以确定为何种物质，而且在说明书中也没有对上述物质进行说明，更没有具体的实施例证明上述物质为何物，作为本领域技术人员根据说明书的记载难以实施本发明的技术方案。因此，说明书公开不充分。因没有授权前景，本案最终视撤。

3.3.3 醇类抗爆剂

目前已有几种低碳醇，如甲醇、乙醇和叔丁醇作为汽油抗爆剂使用。醇类抗爆剂具有抗爆性能佳、原料来源广泛、降低污染物排放的优点，但存在腐蚀性、油耗增加、油品分层等问题。在甲醇、乙醇和叔丁醇这三种汽油抗爆剂中，甲醇和叔丁醇具有较大的毒性限制了它在汽油中的发展和应用。乙醇自身毒性小，是可再生的资源，可以玉米、小麦、薯类、甘蔗、甜菜等为原料制备，具有较大市场潜力。乙醇具有相当高的调和值，加入乙醇后的汽油具有良好的抗爆性能。但乙醇汽油同样存在腐蚀性、油耗增加、油品分层等问题需要解决。

3.3.3.1　专利申请量趋势

经过人工筛选，涉及醇类抗爆剂的专利申请共31项。首先看醇类抗爆剂的申请量态势。从图3-3-6中看出，2000年以前，申请出现的年代比较分散，2000年以后申请相对集中，中国申请也是从2001年开始出现。

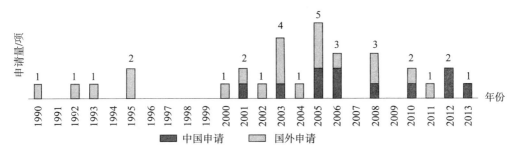

图3-3-6　醇类抗爆剂申请量态势

3.3.3.2　专利申请主要申请国及主要申请人

下面是主要申请国及申请人排名，从图3-3-7中可以看出，醇类抗爆剂主要申请国集中在中国、美国和日本。申请量排名前3位的申请人是日本石油株式会社（3项）、日本科斯莫石油公司（2项）和法国雷诺公司（2项）。正是日本的这两家企业占据了日本在醇类抗爆剂的全球申请量。在醇类抗爆剂专利申请中，中国申请人和美国申请人的申请量排名与中国和美国的申请量排名状况有所不同，作为主要申请国的中国和美国，申请人分布比较分散，没有申请量超过2项的主要申请人，这表明在其市场中存在多个申请主体，技术集中度较低。

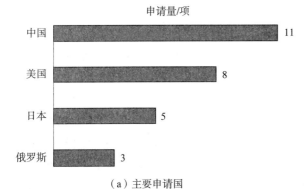

排名	申请人	申请量/项
1	日本石油株式会社	3
2	日本科斯莫石油公司	2
3	法国雷诺公司	2

（a）主要申请国　　　　　　　　　　　　（b）主要申请人

图3-3-7　醇类抗爆剂主要申请国及申请人排名

3.3.3.3　专利技术路线及重要专利

醇类抗爆剂的专利申请主要涉及四个技术分支：甲醇、乙醇、丁醇、混合醇。乙醇、混合醇和丁醇的技术手段国外申请人和中国申请人均有研究，但由图 3 - 3 - 8 的内容可以看出（见文前彩图第 3 页），国外公司，如日本石油株式会社和美国标准醇公司在这一领域的技术比我国企业有更早期和更成熟的研究，不过中国申请人也紧随其后，在其基础上作出了技术改进。在利用乙醇这一技术手段中，2003 年日本石油株式会社的同一发明人提交了系列申请，其涉及加入体积分数 1% ~ 10% 的乙醇提高汽油辛烷值。为了改进乙醇在汽油中的互溶性，2005 年美国 AAA 全球商业公司向汽油中同时加入蓖麻油酸和乙醇。而在 2005 年我国申请人上海中茂新能源应用有限公司则向轻烃中同时加入特定的离子型表面活性剂和乙醇，以提高轻烃燃料辛烷值。2006 年，北京中天醇能源技术有限公司为改善轻烃的综合性能，除加入乙醇作为抗爆剂外，还同时加入了稳定剂、清净剂、抗氧剂、防腐剂和助溶剂。在混合醇这一技术手段中，2005 年美国标准醇公司开发出一种生物降解水溶性清洁燃料添加剂，它是直链 C_1 ~ C_8 燃料级醇混合物，辛烷值为 128，可代替 MTBE 用于汽油添加剂，在美国、欧洲地区、加拿大、澳大利亚、日本、墨西哥、中国香港和中国内地这 8 个国家或地区已公开，并在美国、加拿大、澳大利亚和中国已授权。而 2005 年我国申请个人的专利中涉及将甲醇 + 异丙醇 + 丁醇的混合醇 + 防腐剂加入汽油中改进辛烷值，2006 年和 2010 年中国申请人涉及分别利用甲醇和丁醇的混合醇、低碳混合醇作为抗爆剂，虽然公开的技术方案与美国标准醇公司不同，但主要发明思路相似。表明中国申请人在进行技术开发时应进行科学系统的调研分析，避免研究别人早已申请专利保护的技术。在涉及丁醇的申请中，2010 年沙特石油公司提出将选自 2 - 丁醇（即仲丁醇）、叔丁醇、异丁醇中的两种丁醇混合作为汽油抗爆剂，在美国、加拿大、欧洲地区和日本已公开，而中国申请人珠海飞扬新材料股份有限公司 2013 年将仲丁醇加入汽油中提高辛烷值，具有低成本的优势。

作为醇类抗爆剂领域的代表性专利申请，美国标准醇公司 2005 年 2 月 18 日申请的公开号 WO2006088462A1 的发明专利申请，在美国（US2005144834A1、US2010024288A1、US2013019519A1）、欧洲（EP1853683A1）、加拿大（CA2598368A1）、澳大利亚（AU2005327583A1）、日本（JP2008530337A）、墨西哥（MX2007010015A）、中国香港（HK1119198A1）和中国大陆（CN101146896A）已公开，并在美国、加拿大、澳大利亚和中国已授权。该专利发明名称为"用于内燃机、加热炉、锅炉、窑和气化器的混合醇燃料"，内容主要涉及一种混合醇燃料，发明人为 JIMESON R. M.、RADOSEVICH M. C. 和 STEVENS R. R.。中国授权文本中共 15 项权利要求，其中独立权利要求 5 项。

该专利提供的混合醇制剂可用作汽油、柴油、喷气燃料、航空汽油、加热油、船用油、煤、石油焦中的燃料添加剂，或者本身作为净燃料。所述混合醇制剂可含有 C_1 ~ C_5 醇，或者 C_1 ~ C_8 醇，或者高级 C_1 ~ C_{10} 醇，以增加能含量。C_1 ~ C_5 混合醇含有的乙醇比甲醇多，并且含有量依次减少的丙醇、丁醇和戊醇。C_1 ~ C_8 混合醇情况相同，并且含有量依次减少的己醇、庚醇和辛醇。C_1 ~ C_{10} 混合醇情况相同，并且含有量依次减少的壬醇和癸醇。合成产生的混合醇制剂的特征是其辛烷值和能量密度比 MTBE 或发酵的谷物乙醇的辛烷值和能量密度高；具有更稳定的雷德蒸汽压混合性质；提高对冷凝水的溶解效应。混合醇的主要益处是提高了燃烧效率，减少了排放，降低了生产成本。

3.3.4　酯类抗爆剂

经过人工筛选，涉及酯类抗爆剂的专利申请共28项。其中国外申请19项，中国申请9件。

3.3.4.1　专利申请量趋势

首先看酯类抗爆剂的申请量态势。从图3－3－9中看出，从1991～2013年，酯类抗爆剂的专利申请比较连续，没有出现长时间的间断，申请量发展平稳，各年申请量均不高于5项。中国申请出现时间较晚，从2001年才开始出现相关专利申请。这表明新型抗爆剂的研发与该国采取的相关产业或环保政策息息相关，中国在1999年颁布《车用无铅汽油》国家标准，2000年禁止生产含铅汽油，由此才引发了新型抗爆剂的关注。而国外较早就禁止使用含铅汽油，如日本1975年最早停止使用含铅汽油，美国1986年停止使用，因此日本和美国在新型抗爆剂领域较早就开始了研发。

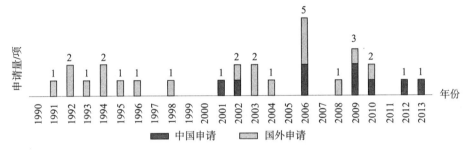

图3－3－9　酯类抗爆剂申请量态势

3.3.4.2　专利申请主要申请地及主要申请人

下面是主要申请地及申请人排名，从图3－3－10中可以看出，酯类抗爆剂主要申请国集中在日本和中国，分别是12项和9项。主要申请人中申请量前3位均由日本大公司占据，分别是日本旭化成株式会社（4项）、日本独立行政法人产业技术综合研究所（3项）、日本日挥株式会社（2项），上海中茂新能源应用有限公司（2项）、美国阿尔科公司（2项）与日本日挥株式会社（2项）并列第三。酯类抗爆剂的主要申请人为日本大公司。

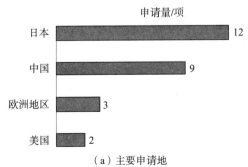

排名	申请人	申请量/项
1	日本旭化成株式会社	4
2	日本独立行政法人产业技术综合研究所	3
3	日本日挥株式会社	2
4	美国阿尔科公司	2
5	上海中茂新能源应用有限公司	2

（a）主要申请地　　　　　　　　　　（b）主要申请人

图3－3－10　酯类抗爆剂主要申请地及申请人排名

3.3.4.3 专利申请技术分析

从专利申请技术内容来看，如图3-3-11所示，在28件酯类抗爆剂专利申请中，涉及酯类生产的专利申请共15件，并且全部为外国申请，涉及酯类抗爆剂组成的专利申请共13件，其中中国申请9件，外国申请4件。在涉及酯类生产的专利申请中，主要申请人均为国外大公司，分别是日本旭化成株式会社、日本独立行政法人产业技术综合研究所、日本日挥株式会社和美国阿尔科公司，这表明酯类生产的主要技术被跨国公司垄断，中国公司涉及酯类生产的技术创新少。在涉及酯类抗爆剂组成的专利申请中，国外和中国申请人的分布均比较分散，没有出现超过2件的主要申请人，申请量最高（2件）的申请人是上海中茂新能源应用有限公司。这表明国外申请人在关注酯类抗爆剂组成的同时，更将研发重点放在酯类抗爆剂的生产方法上，为下一步的大规模市场应用进行技术储备。国内申请人对生产工艺关注很少，研发重点局限于酯类抗爆剂的组成。

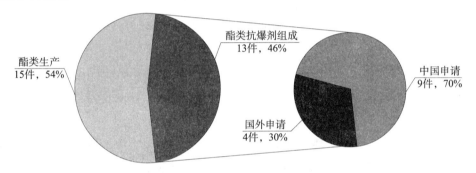

图3-3-11 酯类抗爆剂专利申请技术内容

酯类抗爆剂中，DMC最受关注，被认为是最具发展前途的辛烷值改进剂之一。DMC常温下是一种无色透明、微有甜味的液体，熔点4℃，沸点90.11℃，难溶于水，但可以与醇、醚、酮等几乎所有的有机溶剂混溶。DMC分子结构中含有CHO-、-CO-、-COOCH等官能团，具有较好的化学反应活性。DMC毒性很低，是一种符合现代"清洁工艺"要求的环保型有机化工原料，是重要的有机合成中间体。研究表明，加入DMC后，对汽油的饱和蒸气压、冰点和水溶性影响不大。DMC和MTBE相比，DMC的含氧量高。汽油中达到同样含氧量时，DMC的添加体积只有MTBE的40%左右，对于催化汽油，具有相同的调和效应，但对直馏汽油，DMC的敏感度比MTBE差。当各加入体积分类为3%的DMC和MTBE后，直馏汽油的基础辛烷值分别由51.0上升到52.5和53.1，由此可见，DMC更适合用于基础辛烷值大于80的汽油调合。但DMC调和汽油也有一些劣势，DMC/汽油掺混燃料会使发动机功率在不同负荷下均呈下降趋势，并且随着DMC比例加大，发动机燃料消耗率和能量消耗率在不同转速和不同负荷下均呈上升趋势，从而导致发动机动力性能下降以及发动机经济性能变差。

3.3.4.4 重要专利技术分析

美国阿尔科公司是全球重要的化工产品生产商，在1991年7月11日申请的公开号

EP0474342A1 的发明专利申请，发明名称为"不对称二烷基酯燃料添加剂"，引用频率为 8 次。涉及将不对称的二烷基碳酸酯与烃类液体燃料如汽油共混，以提供具有改进的辛烷值和抗爆性能的燃料组合物，不对称的二烷基碳酸酯可以是甲基叔丁基碳酸酯、乙基叔丁基碳酸酯、甲基叔戊基碳酸酯或乙基叔戊基碳酸酯。由于含有 DMC 或碳酸二乙酯的汽油组合物在长时间储存或暴露于酸性环境下时往往会降解至不可接受的程度，而碳酸酯水解将产生甲醇或乙醇，带来腐蚀等问题。加入所述的不对称二烷基碳酸酯不仅能显著增加燃料组合物的辛烷值、与烃类燃料高度相溶，而且不易水解，并使雷德蒸汽压降低，该蒸气压的降低意味着可以向燃料中掺入更多成本低、高挥发性燃料组分如丁烷。

美国阿尔科公司接着在 1992 年 5 月 21 日申请的公开号 US5206408A 的发明专利申请，发明名称为"在碱性铯催化剂存在下对称二烷基碳酸酯与醇的反应"，引用频率为 5 次。涉及通过对称二烷基碳酸酯的碱催化酯交换反应制备非对称的二烷基碳酸酯，以生产可作为燃料辛烷值改进剂的碳酸盐，如甲基叔丁基碳酸酯（MTBC）和甲基叔戊基碳酸酯。该技术方案包括在碱性铯催化剂和任选的一种助催化剂存在下，将对称的二烷基碳酸酯与选自 $C_1 \sim C_{20}$ 直链、支链和环状脂肪族和芳香族醇中的醇反应，生产非对称的二烷基碳酸酯。优选的醇为 $C_1 \sim C_{10}$ 脂肪族醇。特别优选的是叔 $C_4 \sim C_6$ 脂肪族醇。合适的醇包括，但不限于，甲醇、乙醇、异丙醇、叔丁醇、叔戊醇、正辛醇、环己醇、苄醇等。优选的醇是叔丁醇和叔戊醇。

国内申请人上海中茂新能源应用有限公司在 2006 年 11 月 6 日申请的公开号 CN101177637A 的发明专利申请，发明名称为"含有碳酸二甲酯的车用轻烃燃料"。公开的一种车用轻烃燃料包括轻烃 100 重量份、芳香烃 5～46 重量份、DMC 1～11 重量份、阳离子氟碳表面活性剂 0.004～0.4 重量份，是一种高辛烷值（RON）90～95、成本低、环保效果好、无腐蚀性、抗磨性好的汽车燃料。

上海中茂新能源应用有限公司接着在 2006 年 12 月 18 日申请的公开号 CN101205488A 的发明专利申请，发明名称为"车用燃料组成物及配法"。公开的一种车用燃料组成物包括轻烃 100 重量份、DMC 1～15 重量份、氟碳表面活性增标剂 0.001～30重量份，是一种高辛烷值（RON）＞90，无腐蚀性，抗磨损的汽车清洁燃料，并使燃料物的排放降至最低，是环境友好的汽车燃料产品。所述氟碳表面活性增标剂是非离子表面活性剂、阳离子表面活性剂和阴离子表面活性剂的混合物。

由于 DMC 会使发动机动力性能下降以及经济性能变差，国内外研发人员都在力图找到具有更佳性能且更少副作用的新型酯类抗爆剂。附录 D 列出了涉及除 DMC 之外的新型酯类抗爆剂的其他国内外专利申请。

3.3.5 胺类抗爆剂

采用有机胺类化合物，能使混合气的点火极限范围加宽，点火成功率提高，能够有效地提高汽油辛烷值。相关研究表明，由于氢与氮和氧结合的键能不同，脂肪族胺比相应的醇的抗爆性好。但胺类添加剂会增大燃烧室排出的 NO_x 量，对汽车排放达标不利，同时还严重污染大气环境，这些都在一定程度上阻碍了它们直接作为抗爆剂的广泛使用。N－甲基苯胺是胺类抗爆剂中的典型代表，其在德国曾以凯洛莫尔（Keromell）MMA 的商品名作为抗爆剂出售过，但并未得到大范围推广。N－甲基苯胺的抗爆效果较好，但由于含 N－甲基苯胺的调和汽油具有毒性且不稳定，易产生胶质，在使用上会给车辆带来损害，对长期接触的相关人员身体健康也会带来不同程度的伤害，所以实际上这类汽油在使用性能上是存在问题的，在一定程度上阻碍了它直接作为抗爆剂使用。

3.3.5.1 专利申请量趋势

从图 3－3－12 中看出，胺类抗爆剂在 1994 年有 5 项国外专利申请，此后出现了一段时间的中断，直到 2000 年才重新开始相关申请，但申请数量不大，每年均不超过 2 项。

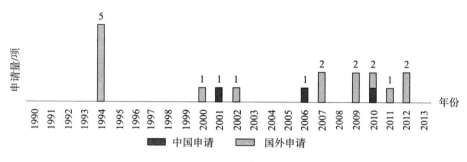

图 3－3－12　胺类抗爆剂申请量态势

3.3.5.2 专利申请主要申请地及主要申请人

下面是主要申请地及申请人排名，从图 3－3－13 中可以看出，胺类抗爆剂主要申请国是美国和俄罗斯。主要申请人有德士古（3 项）和壳牌（2 项）。其中，德士古在 1994 年连续添加申请了 3 项专利，分别涉及添加多种胺的组合（US5536280A）、聚芳基胺（US5468264A）和苯胺（US5558685A）。但此后该公司并未出现相关后续申请，显示在美国日益严格的环保政策下，该类抗爆剂由于具有危害环境及人体健康的非绿色环保的缺点，并未得到广泛持续的关注。在国外有研究表明，要控制汽车

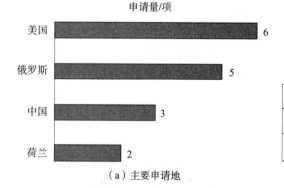

排名	申请人	申请量/项
1	德士古	3
2	壳牌	2

（a）主要申请地　　　　　　　　　　（b）主要申请人

图 3－3－13　胺类抗爆剂主要申请地及申请人排名

尾气排放中 NO$_x$ 量，就要控制汽油中胺类化合物不大于 17g/L，而在此范围内，胺类化合物一般所能提高辛烷值的范围为 1.2 ~ 2 个单位。所以减少抗爆剂中胺类化合物的含量，使其在环保范围内发挥最大的效能，是该类抗爆剂能否推广使用的一个难点。

3.3.5.3 重要专利技术分析

德士古在 1994 年连续提出了 3 项涉及胺类抗爆剂的专利申请。1994 年 9 月 19 日申请的公开号 US5558685A 的发明专利申请，发明名称为"非金属抗爆燃料添加剂"，涉及一种汽油燃料组合物，包括主要量的汽油和少量的二烷基二苯胺的混合物，该添加剂有效地增加了汽油组合物的辛烷值。

1994 年 11 月 1 日申请的公开号 US5468264A 的发明专利申请，发明名称为"非金属抗爆燃料添加剂"，涉及一种汽油燃料组合物，包括主要量的汽油和少量的多种聚芳基胺，该添加剂有效地增加了汽油组合物的辛烷值。

1994 年 12 月 1 日申请的公开号 US5536280A 的发明专利申请，发明名称为"非金属抗爆燃料添加剂"，引用频率为 4 次。涉及一种汽油燃料组合物，包括主要量的汽油和少量的二烷基二苯胺，该添加剂有效地增加了汽油组合物的辛烷值。

上述三项专利申请的发明人均是以 THOMAS F. D. 和 WILLIAM M. S. 为代表的研究团队。但该发明团队此后并未进行胺类抗爆剂的持续申请，可能与胺类抗爆剂在推广使用中碰到的如何控制汽车尾气排放中 NO$_x$ 的技术难题有关。

3.3.6 降低 ORI 类抗爆剂

汽车要求的辛烷值大小即不发生爆震的最低辛烷值，除取决于发动机压缩比、缸径、燃烧室形状和工作条件外，在实际中还随行驶距离增长而提出额外增加。行驶汽车的 ORI 就是汽油发动机在工作过程中，在其洁净的新机要求的辛烷值基础上须增加的额外辛烷值。ORI 是辛烷值需求增加的缩写，当发动机辛烷值需求增加，其不发生爆震所需要的辛烷值会相应增大，因此降低 ORI 同样能提高抗爆性能。

3.3.6.1 专利申请量趋势

首先看降低 ORI 类抗爆剂的申请量态势。从图 3 - 3 - 14 中看出，降低 ORI 类抗爆剂专利申请中，国外申请占据主导地位，中国申请仅有 1 项，申请时间主要集中在 1991 ~ 1998 年，这与 1990 年美国颁布清洁空气法修正案相关，该法案的颁布促使人们更为关注如何降低污染物的排放。

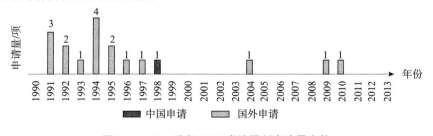

图 3 - 3 - 14　降低 ORI 类抗爆剂申请量态势

3.3.6.2 专利申请主要申请地及主要申请人

下面是主要申请地及申请人排名，从图 3 - 3 - 15 中可以看出，降低 ORI 类抗爆剂主要申请地集中在美国和欧洲地区。主要申请人有壳牌（6 项）、德士古（4 项）、雅富顿（3 项）和极性分子公司（2 项）。降低 ORI 类抗爆剂的主要申请人多为美国大公司，技术集中度较高。

（a）主要申请地   （b）主要申请人

图 3 - 3 - 15　降低 ORI 类抗爆剂主要申请地及申请人排名

3.3.6.3 专利技术路线及重要专利

下面对主要申请人的技术发展进行了分析，从图 3 - 3 - 16 中内容可知，各主要申请人的研发方向有所不同，但大多具有连续性和相对固定的研究团队，且重视对重点专利在重要市场的布局。壳牌的研究团队以 J. J. LIN 和 S. L. WEAVER 为代表，研究方向为烷氧化物和聚醚醇，1993 年壳牌提交的专利申请中将环酰胺烷氧化物加入燃料中降低 ORI，该申请已在 10 个国家或地区（US、EP、WO、AU、BR、KR、JP、DE、SG、CA）公开。在 1994 ~ 1995 年，壳牌连续提交了 4 项专利申请，内容涉及加入含芳族胺的苯酚烷氧化物、苯取代的五元芳族胺的烷氧化物、含乙内酰脲的聚醚醇，1996 年该研究团队提交的专利申请提出将单酰胺的聚醚醇化合物加入燃料中，在 8 个国家和地区（EP、CN、AU、WO、BR、KR、JP、DE）公开。1997 年提出的专利申请则在 1993 年提出的专利申请基础上作出了改进，除加入环酰胺烷氧化物外，还加入了清净剂和溶剂。壳牌的上述系列专利被引次数较高，在 1998 年中国台湾中油公司的专利申请和 2010 年美国的个人申请中也采用了相类似的技术方案构思。

德士古以 R. L. SUNG 为主的研究团队在 1991 年提交了 3 项专利申请，内容涉及加入羧酸酯和聚醚多元醇混合物、聚氧化烯酯、酰亚胺化合物以降低 ORI。在 1994 年提交的申请中加入氨基烷醇胺、烷基吗啉和烃基聚氧化烯胺，已在 9 个国家或地区（EP、NO、US、CA、JP、MX、DE、ES、NO）公开。

雅富顿没有固定的研究团队和研究方向，但同样重视对重要市场的专利布局，1992 年和 1996 年的专利申请均在 6 个国家或地区（EP、AU、CA、JP、DE、ES）公开。

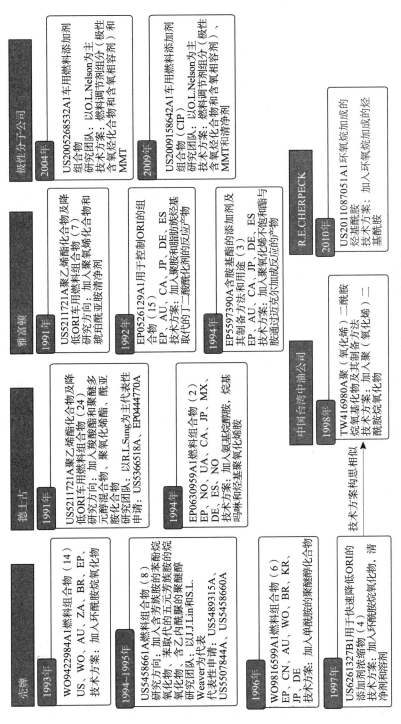

图 3-3-16 降低 ORI 类抗爆剂技术路线

注：图中括号内数字为引用频次。

极性分子公司的研究团队以 NELSON O. L. 为主，研究方向是在燃料中通过加入燃料调节剂组分（极性含氧烃化合物和含氧相容剂）降低 ORI 从而最少量使用 MMT，2009 年是 2004 年的部分延续申请，在 2004 年专利申请的基础上进行了改进，另外加入了清净剂。

降低 ORI 类专利申请只有 1 项在中国公开，即壳牌 1996 年提出的专利申请。表明中国并非 ORI 类抗爆剂的重要市场，这些公司尚未在中国进行布局。但据美国商业新闻 2003 年 11 月报道，极性分子公司已在寻求和中国大陆主要的石油公司的合作，在中国最终在整个亚洲建立起举足轻重的地位，并已与 Bayswater Ventures Partners，LLC 成立了一家各自控股 50% 的合资企业，利用极性分子公司专有的 DurAlt ® FC 技术发展与中国大陆、中国香港、中国台湾和亚洲的主要石油公司之间价值 12 亿美元的潜在燃料添加剂业务。该合资公司将在北京和香港设立办事处。极性分子公司拥有一系列专有 DurAlt ® FC 品牌的用于汽油、柴油、工业加热润滑油的燃料添加剂。注册专利的技术优化了引擎燃烧，因此增加了燃料使用寿命并减少了排放，其中有部分 DurAlt ® FC 系列产品的专利技术涉及申请 US2005268532A1 和 US2009158642A1。

对于国内减少 ORI 采用的技术手段，本课题组进行了检索，发现国内申请人倾向于通过改进发动机的结构来减少 ORI。通过添加剂减少 ORI 从而降低抗爆剂的使用量，这是不同于国内申请人的另一研发思路。

3.3.7　产业现状

新型抗爆剂行业的发展与各国环保政策、炼油工艺、检测标准以及汽油消费结构密切相关。

美国炼油厂主要使用轻质低硫的原油，2010 年美国页岩气革命以来，轻质低硫原油产量进一步增加，优质的原油在经过能够提高辛烷值的炼油工艺加工后，辛烷值得到了较大提升，并不需要加入大量抗爆剂即可满足相应标准。而我国原油特点是蜡含量高、轻质油收率低，且与美国等其他汽油消费大国不同，目前我国炼油厂二次加工以催化裂化为主，催化重整配置偏低，这使汽油中高辛烷值组分偏少，这是抗爆剂在我国广泛应用的基础，不可能在短期内有所改变。

国外主要是大公司在进行新型抗爆剂研发，中国则是中小企业占据了新型抗爆剂市场的主体，作为成品油的主要供应商，中石化和中石油重点关注通过改进生产工艺提高汽油辛烷值，并未把重点放在新型抗爆剂的研发上，这也客观上为中小抗爆剂企业的发展提供了市场空间。

中国汽油标号的测定方式也为国内新型抗爆剂行业的发展提供了机会。美国汽油标号测定用的是"马达法"，这种方法通过测定单位容积汽油燃烧做功的焦耳值来推断测定汽油中的异辛烷含量，从而确定汽油标号，十分接近于真实的辛烷值的大小。而中国汽油标号测定用的是"研究法"，判断最后调制出的汽油所达到的抗爆系数，中国无铅汽油的生产遵循的是 GB 17930—20061 国家标准，该标准承认添加抗爆剂的方式"是生产高标号汽油的主要手段"。因此，新型汽油抗爆剂在我国还将有不错的发展空间。

作为国内抗爆剂的最大用户，中石化外采汽油标准对国内新型抗爆剂行业具有重大影响。由于对于大部分新型抗爆剂应用的影响研究尚不明确，很容易造成终端用户的投诉。为保证销售油品质量，中石化对于新型抗爆剂的使用具有严格标准。其控制的关键点是将一些已开发出来的抗爆剂禁止使用，如苯胺类及其衍生物、DMC、甲缩醛等。添加以上种类抗爆剂的汽油不能进入中石化的终端销售系统，仅在地方炼油厂和其他社会加油站存在有限的市场。

一方面，汽车工业的发展，汽车发动机压缩比的提高，对汽油标号的要求逐渐提高；另一方面，国家标准车用汽油（Ⅴ）将锰含量指标限值降低为2mg/L，同时要求不得加入其他类型的含锰添加剂。国家标准车用汽油（Ⅴ）从2018年1月1日起全国开始执行，而北京、上海以及江苏部分地区已经率先执行。因此，日益严苛的环保要求使得既能大幅度提高辛烷值又不污染环境的新型抗爆剂成为市场广泛的需求。

鉴于国家环保要求和相关企业准入标准，醇类抗爆剂特别是乙醇是有可能替代MTBE的新型抗爆剂。醇类抗爆剂原材料广泛，成本相对较低，具有较大市场潜力。目前已有几种低碳醇，如甲醇、乙醇和叔丁醇作为汽油辛烷值改进剂使用，甲醇和叔丁醇自身有很大的毒性限制了它们在汽油中的发展和应用。乙醇自身毒性小，是可再生的资源，具有相当高的调和值，加入乙醇后的汽油具有良好的抗爆性能，同时尾气中的一氧化碳、碳氢化合物、氮氧化物等主要污染物的排放量显著减少。目前国外大量使用乙醇汽油的国家主要是美国、巴西、欧盟等国家，其中巴西是唯一销售乙醇汽油而不销售普通汽油的国家。中国的相关产业虽然起步较晚，但国家的优惠政策和财税扶持力度较大，推进速度可观。截至目前，我国黑龙江、吉林、辽宁、河南、安徽、广西全省区及湖北、河北、山东、江苏部分地区已经封闭推广使用车用乙醇汽油，内蒙古自治区是第11个推广使用车用乙醇汽油的省区。但乙醇汽油存在腐蚀性、油耗增加、油品分层等问题，行驶3万公里以上的汽车在使用前需要清洗燃油系统，给终端用户带来不便，需要研究开发出专属添加剂，不解决这些缺点，乙醇不易受到燃油业的广泛青睐。

复配类抗爆剂由于可以采用不同高辛烷值物质复配，使各组分间形成良性协同效应，能最大限度克服金属类抗爆剂和其他类型抗爆剂的不足，且抗爆效能居于金属类抗爆剂和其他几类抗爆剂之间，展现了较为广阔的应用前景，是目前我国中小企业的研发重点之一。目前已经开发出多种复配类抗爆剂，如北京石油化工学院开发的F2－1非金属无灰类抗爆剂（现由灵智燎原节能环保技术研究院销售），天津众焱润滑油公司生产的卡凯尔无灰类抗爆剂。但这些产品囿于中石化目前施行的严格的检测标准，均未能进入到中石化的采购体系，只在地方炼油厂和其他社会加油站中使用。由于中石化在油品销售终端中居于主导地位，对于国内各中小企业而言，只有生产的抗爆剂进入中石化的采购体系，才能真正占据市场的垄断地位，成长为具有较强实力的大型企业。

3.3.8　小　　结

抗爆剂无公害化大势所趋，不同于MMT、MTBE等传统抗爆剂的新型抗爆剂蓄势待发。新型抗爆剂主要分为复配类、醇类、酯类、胺类以及降低ORI类抗爆剂。根据抗爆剂发展的历史和现有抗爆组分存在的问题，探索既能使燃料完全燃烧、对人体无毒害作用、不污染地下水，又能提高抗爆性的无污染抗爆剂是目前抗爆剂的发展方向。

复配类抗爆剂是业内企业的一个研发重点，其申请量占据首位，是唯一一种中国申请量超过国外申请量的新型抗爆剂，国内企业具有一定优势，个人研发者参与度较高，表现活跃，没有出现占据垄断地位的大公司。目前，金属有灰类抗爆剂与含氧有机物混合、有机无灰类抗爆剂混合这两个技术分支受到持续关注。

醇类抗爆剂将会是未来新型抗爆剂的研发热点。目前市场中存在多个申请主体，技术集中度较低。主要涉及四个技术分支：甲醇、乙醇、丁醇、混合醇，鉴于低毒环保的要求，混合醇和乙醇是更有发展前景的醇类抗爆剂。

酯类抗爆剂也是一种有潜力成为未来广泛使用的绿色环保抗爆剂，主要申请人为日本大公司，从专利申请技术内容来看，国外申请人在关注酯类抗爆剂组成的同时，更将研发重点放在酯类抗爆剂的生产方法上，为下一步的大规模市场应用进行技术储备；国内申请人对生产工艺关注很少，研发重点局限于酯类抗爆剂的组成。

胺类抗爆剂只在1994年有5项国外专利申请，此后直到2000年才重新开始相关申请，但申请数量不大，主要申请人是德士古和壳牌。

中国大陆地区没有涉及降低ORI类抗爆剂的专利申请，通过添加剂减少ORI从而降低抗爆剂的使用量，这是不同于国内申请人的另一研发思路，而该技术由于要对发动机进行配套改变，实现产业化应用困难较大。

总之，复配类抗爆剂和醇类抗爆剂作为目前受到关注的新型抗爆剂，将会在未来的几年获得更多的重视，随着研发力量的不断投入和关键技术的突破，将为抗爆剂行业带来更为广阔的市场前景和更大的经济价值。

第4章　汽油抗爆剂重要专利技术申请人分析

在汽油抗爆剂领域，各技术分支均有代表性的专利申请人，他们在产业链的不同时代、不同环节发挥了重要作用，并根据自身优势在产业链的不同方向上进行了扩展或延伸，体现出各自不同的发展战略和专利战略。经过检索，发现美国雅富顿公司（以下简称"雅富顿"）在抗爆剂领域的专利申请量最多；且其研制的 MMT 抗爆剂在过去很长一段时间处于垄断地位，为很多国家所采用；未来 10 年我国油品市场对 MMT 的需求量将保持适度增长的趋势，而雅富顿基本占据了我国市场份额的约 50%。因此确定美国雅富顿为汽油抗爆剂重要专利技术申请人，对其专利布局、研发方向以及主要发明人进行重点分析。

4.1　雅富顿简介

雅富顿是一家世界领先的石油添加剂公司，开发和生产各种燃油和润滑油添加剂。雅富顿的前身为乙基公司，最初成立于 1923 年，经过不断发展以及并购，雅富顿目前已跻身于世界四大润滑油添加剂公司之一。

4.1.1　雅富顿的成立

1921 年查尔斯·凯特林先生（Charles Kettering）发现将化合物四乙基铅（TEL）加入汽油中能减少汽油发动机的"爆震"现象，1923 年查尔斯·凯特林成立了由通用汽车公司与新泽西标准油公司的合资公司——通用化学公司（General Motors Chemical Corporation）。一年之后，该公司更名为乙基汽油公司（Ethyl Gasoline Corporation），并于 1942 年最终定名为乙基公司。

1962 年位于弗吉尼亚州里士满市的雅宝（Albemarle）造纸公司购买了乙基公司并保留了其名称。在以后的几十年发展过程中，乙基公司经过多次业务调整，并陆续收购了一些润滑油添加剂公司来扩展产品线，逐渐成为全球主要的润滑油和燃料油添加剂供应商之一。

在 2004 年，为了发掘石油添加剂和 TEL 两大业务各自的市场潜力，乙基公司变更为 NewMarket 公司，成为雅富顿和乙基公司的控股母公司。雅富顿负责公司的石油添加剂业务，乙基公司仍以公司原有名称经营 TEL 业务。

雅富顿的研究和开发部位于美国弗吉尼亚州的里士满市和英国巴克郡的布瑞克内尔。里士满研发中心承担新产品开发、分析、研究和台架试验工作。此外，研究人员还开展与降低成本、改进质量和环境保护等相关问题的研究。2011 年，雅富顿新的研发中心在苏州工业园建成。

雅富顿通过位于亚太地区、欧洲/中东及非洲地区、拉美地区与北美地区的地区总部为其全球运营部门提供支持。目前，雅富顿在美国、加拿大、欧洲和南美以及新加坡都有生产设施，且在美国、加拿大、欧洲、澳大利亚、新加坡、中国和日本设有地区办事处。雅富顿亚太区总部设在新加坡，在中国设有贸易公司。

4.1.2 雅富顿收购史

每一个公司想做强做大，都必须拥有自己的核心技术和技术专长。为了达到这一目的，除了不断增大科研投入之外，还可以通过公司并购和专利收购来实现。收购的根本原则是有利于公司的发展，而收购的目的多种多样、方式也不尽相同。进入20世纪90年代，石油石化行业的收购和并购活动不断，市场竞争格局不断变化。石油公司的并购对石油添加剂行业的发展展示出强大的作用。雅富顿在并购中不仅获得了优秀的团队，还获得了伟大的技术，使得其在油品添加剂行业中不断发展，行业排名保持在世界前几名。图4-1-1是雅富顿自成立之初的几次大的收购活动。

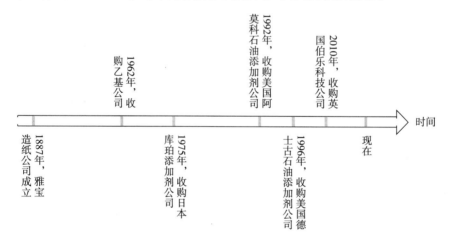

图4-1-1 雅富顿收购史

1887年，雅宝（Albemarle）造纸公司成立。1962年购买了乙基公司并保留了其名称。由于雅宝公司（Albemarle）的规模约是乙基公司的十分之一，人们把这一当时最大的并购事件称为"小鲸鱼吞没大鲸鱼"（Jonah swallows the whale）。这是美国历史上最大的融资买入。此次并购使得公司完全转型至生产石油添加剂。

乙基公司在1975年收购了日本的埃德温库珀添加剂公司（Nippon Cooper），该公司为润滑剂添加剂的全球生产商。乙基公司借此收购进一步扩张其在化学制品方面的市场，弥补了其在此方面的不足，也是乙基公司业务进军全球市场乃至亚太市场的重要标志。1984年，乙基公司不再使用埃德温库珀公司的商标，改为乙基石油添加剂公司。

在1992年，乙基公司收购了美国的阿莫科石油添加剂公司（Amoco Petroleum

Additives)，从而使其跃居润滑油添加剂销售额的第 3 位，约占全球销售额的 26%。随后，在 1996 年，乙基公司以 1.96 亿美元收购了德士古石油添加剂公司（Texaco Additives Inc.）。这些并购使乙基公司扩大了全球的份额，增强了研发和测试能力，扩宽了生产线，为其全球化进程铺平了道路。

2010 年，雅富顿收购英国伯乐科技（Polartech）公司，该收购包括伯乐科技公司的所有有形资产，其中包括总部、位于英国的研发和生产设施以及位于印度、中国和美国的制造厂，还包括约 130 名研发人员。伯乐科技公司是一家专注于供应金属加工添加剂的全球性企业，在中国苏州设有工厂及实验室。借助此次收购，雅富顿通过伯乐科技公司首屈一指的金属加工液体添加剂技术增强了工业产品组合，并且在包括中国在内的目标国际市场拥有更大的业务。此次收购代表着雅富顿扩展工业市场技术和专长战略的重要一步，也是进军中国市场的重要战略之一。

由雅富顿的专利和公司收购历史可以看出，雅富顿以收购转型发展油品添加剂业务，并不断通过收购扩大业务规模逐渐增强润滑油添加剂的研发能力、提高市场份额，此外通过收购顶尖公司增加业务优势、确保在金属加工液方面的专长。可见，有目的的收购是雅富顿做大做强的一种重要战略手段，也是其快速获取技术、进入市场的有效保障。

4.1.3　雅富顿的主要产品

雅富顿致力于开发和生产各种燃油和润滑油添加剂，提高机械、车辆及其他设备的使用性能。该公司提供的产品包括：

- 高性能燃料与精炼化学品，如汽油性能添加剂、柴油燃料添加剂、润滑性能改进剂与低温流动改进剂；
- 传动系统产品，如车辆齿轮油与汽车传动齿轮润滑油；
- 机油添加剂，如乘用车机油、重型柴油机机油、铁路与船舶柴油机机油；
- 工业产品，如抗磨液压油与 R&O 液压油、工业特种化学品、工业齿轮油与润滑脂。

雅富顿的产品线分布很有特色，其车用油添加剂产量约占总产量的 55%，驱动系用油添加剂约占 26%，其余为工业用油或是工业发动机用油添加剂。壳牌和英国石油是雅富顿的两大主要客户。

雅富顿生产的添加剂产品共有 170 多种，主要产品分类见表 4 - 1 - 1。

表 4 - 1 - 1　雅富顿添加剂产品分类

类　别	产品数量/种	种　　类
润滑油添加剂	95	齿轮油复合添加剂、变速箱油复合添加剂、发动机油复合添加剂、添加剂单剂、其他复合添加剂
燃料油添加剂	68	汽油添加剂、柴油添加剂、其他燃料添加剂
润滑脂添加剂	5	

4.2 雅富顿专利技术概况

雅富顿在抗爆剂领域的专利申请量最多，下面对其全球专利申请以及抗爆剂领域专利申请的整体态势作进一步分析，以了解该公司的技术发展态势和发展动向，从而有助于研究人员对其申请有一个整体认识。

4.2.1 雅富顿专利技术整体态势

图 4 - 2 - 1 是雅富顿全球专利申请以及抗爆剂领域专利申请随年份的申请趋势图。由全球专利申请趋势可以看出，雅富顿从 1952 年开始，申请量有一个较大的突破，年申请量从几十项迅速上升到 150 多项，并从 20 世纪 50 年代初到 20 世纪 70 年代初将近 20 年的时间内年申请量总体保持在 100 项左右，经过短暂的申请低谷后，在 20 世纪 80 年代初申请量回升并在 20 世纪 80 年代末 90 年代初达到 220 项左右的高峰，但在随后的几年后，申请量极度下滑至二三十项，随后申请量有所增加，并在 2007 年又达到了 100 多项，在随后的几年内都保持在一个较低的水平。

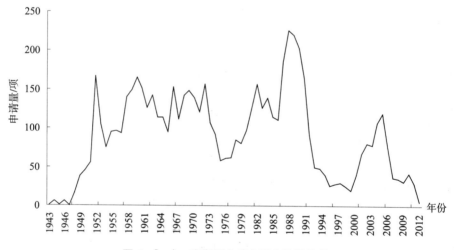

图 4 - 2 - 1 雅富顿全球专利申请量趋势

在雅富顿公司的主要产品一节中提到，雅富顿公司的主要产品包括各种燃油和润滑油添加剂，其中燃油添加剂又主要包括汽油添加剂和柴油添加剂。图 4 - 2 - 2 是 1990 年之后雅富顿润滑油添加剂、汽油添加剂、柴油添加剂以及抗爆剂的专利申请态势对比，与公司总体发展态势相同，润滑油添加剂、汽油添加剂、柴油添加剂领域的专利申请量在 1990 ~ 1994 年最大，随后经过申请低谷后，申请量在 2005 ~ 2009 年又达到较高水平，但在 2010 ~ 2014 年申请量又开始降低。从该图还可以看出，1990 年之后，雅富顿在润滑油添加剂方面的专利申请量远大于汽油添加剂和柴油添加剂的专利申请量，可见其近期的研发重点是润滑油添加剂，这与其自 1990 年之后几个大的收购活动相一致。预计今后很长一段时间内其研究重点不会有什么变化。

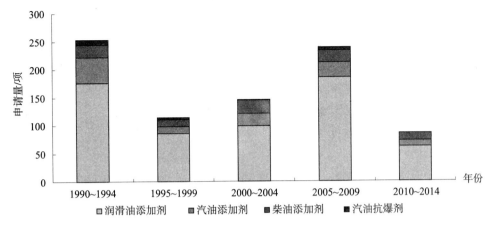

图 4 - 2 - 2 雅富顿各技术领域专利申请对比

4.2.2 雅富顿汽油抗爆剂专利技术整体态势

下面对雅富顿在汽油抗爆剂领域的专利申请趋势、专利申请地域分布以及专利技术构成进行具体分析。

4.2.2.1 专利申请量趋势

图 4 - 2 - 3 是雅富顿汽油抗爆剂领域的全球专利申请趋势图，由该图可以看出，雅富顿在汽油抗爆剂方面的专利申请在 20 世纪五六十年代最为鼎盛，年申请量达到 14 项，随后专利申请在 1980 年之后逐渐变少，期间会间断性的出现几个小的申请高峰，但年申请量也不大。

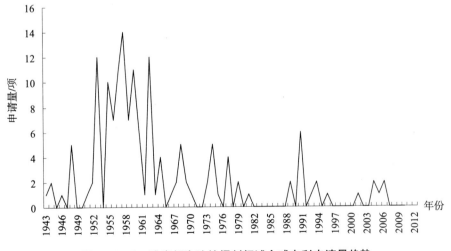

图 4 - 2 - 3 雅富顿汽油抗爆剂领域全球专利申请量趋势

由雅富顿全球专利申请趋势以及抗爆剂领域全球专利申请趋势图可以看出，二者在 20 世纪五六十年代的专利申请量都较高且比较稳定，这与雅富顿早期不断开发新产品、拓展研究领域的竞争意识极为相关。自 20 世纪 90 年代开始，雅富顿的全球申请量以及抗爆剂领域的专利申请量都有所减少，一方面与雅富顿不断进行企业并购、扩展销售市场有关；另一方面也体现出雅富顿在全球经济不景气环境下的后期研发能力的疲软，当然环境保护也对油品添加剂产品提出了更高要求。

4.2.2.2　专利申请地域分布

雅富顿从19世纪20年代就开始从事石油添加剂研制开发，经历了抗爆剂的从无到有，其抗爆剂专利申请涵盖金属有灰类、有机无灰类以及复合类抗爆剂，共计157项。基于这些数据，从地域分布进行分析，地域分布能反映雅富顿布局发展的重点区域和公司产品的市场分布状况。

对雅富顿申请的157项专利进行申请地域统计分析，统计结果见图4-2-4，由图可以看出，雅富顿在美国本土的专利申请量最多，高达48%。其次是英国、加拿大等欧美国家，仅在英国的专利申请量就达到了14%。这可能是因为在20世纪70年代之前，欧美的工业化程度较高，对油品添加剂的需求量较大；而在欧美等国，油品添加剂巨头较多，如埃克森美孚、雪佛龙、英国石油等，各巨头公司在技术研发、抢占市场等方面竞争激烈，因此都非常重视通过专利在目标国对研发成果进行保护。

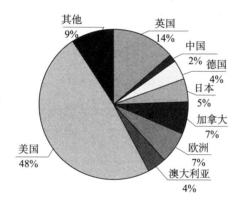

图4-2-4　雅富顿汽油抗爆剂专利地域分布

雅富顿在抗爆剂领域从20世纪70年代开始在亚洲申请专利，开始是日本，随后是中国、新加坡。仅在日本的申请量较多，而在中国的申请量仅有3~4项。这可能因为到了20世纪90年代，雅富顿已开发出了一系列成熟产品，其已抢占了中国的抗爆剂市场，因此并未考虑专利布局。此外由于MMT抗爆剂中锰对人体健康影响凸显，雅富顿对MMT研究也相应放缓。

从雅富顿的专利申请总体情况可以知道，其专利申请主要集中在20世纪五六十年代。然而随着世界经济的不断发展，雅富顿的战略重点和市场重点也可能会发生变化，因此对该公司1990年之后专利申请的目标国进行统计分析，有助于了解雅富顿当下专利布局发展的重点区域。

从雅富顿申请的157项专利中挑选得到21项1990年之后申请的专利，对其目标申请国进行统计分析，分析结果见图4-2-5。由图可以看出，雅富顿并未集中在某一国家或地区进行专利布局，专利申请目标国占比最大的地区是欧洲，达19%，其次是美国，为 16%，随后澳大利亚、德国、加拿大、日本都在 10% ~ 12%，而在中国大陆、中国台湾、西班牙、墨西哥申请量都不大，仅占 2% ~3%。对比 1990 年之后雅富顿抗爆剂专利申请的地域分布与雅富顿全部抗爆剂专利申请的地域分布，可以发现二者的差别很大，即雅富顿不再将美国本土作为其专利申请的重中之重。究其原因，随着全球经济化的趋势，雅富顿的发展也已面向全球，除了巩固其原有的市场，雅富顿也逐渐开拓新的市场。在此基础上，知识产权战略以及专利申请必须与公司的整体发展战略相符。从图 4 - 2 - 5 还可看出，雅富顿面向全球不断扩充市场的决心。

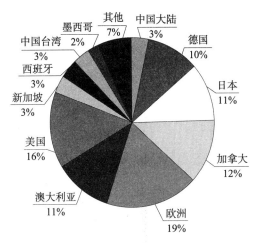

图 4 - 2 - 5　雅富顿 1990 年之后汽油抗爆剂专利地域分布

4.2.2.3　专利技术构成

雅富顿汽油抗爆剂专利申请同时覆盖金属有灰类、有机无灰类以及复合类抗爆剂。但在具体技术研发中强调重点突出、专攻某一方面。这也是雅富顿取得巨大成功的要诀之一。具体来说，雅富顿在石油添加剂方面以金属有灰类抗爆剂起家，在此方面独树一帜，处于完全垄断的地位。由图 4 - 2 - 6 可知，金属有灰类抗爆剂的专利申请占总专利申请量的 92%，由此可以看出雅富顿在抗爆剂方面的研发重点在于金属有灰类抗爆剂。但随着绿色环保抗爆剂的持续发展，复合类抗爆剂以及有机无灰类抗爆剂会越来越受到重视。

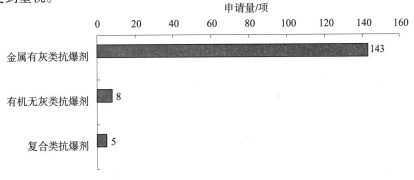

图 4 - 2 - 6　雅富顿汽油抗爆剂专利技术分布

雅富顿在1921年发现烷基铅作为抗爆剂使用，并提交了相关专利申请；随后在1952年提交了关于制备MMT的专利申请。这些专利的提交时间早已超出了专利制度的保护期限，但对汽油抗爆剂的研究却延伸并扩展至很多方向。

从图4-2-7各技术分支申请量的变化趋势可以看出，20世纪，雅富顿在汽油抗爆剂方面的专利申请先后集中在20世纪五六十年代，以及20世纪90年代初。在20世纪五六十年代、申请量集中且量大，主要涉及MMT汽油抗爆剂的申请。在20世纪90年代初，申请量主要集中在MMT的应用方面，在此阶段，MMT与其他添加剂的复合类

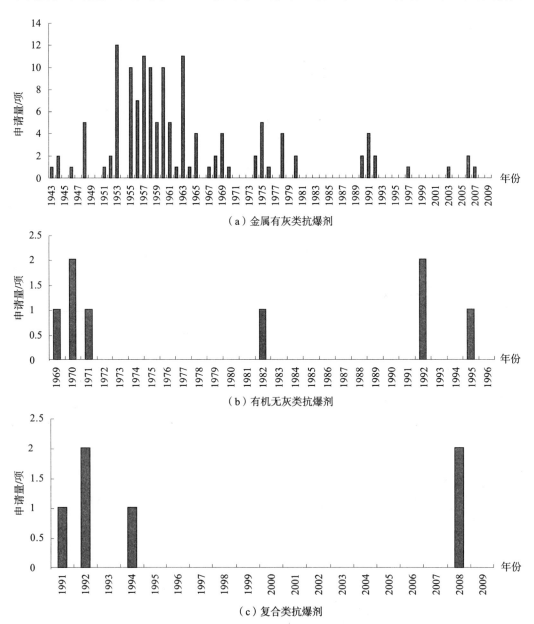

图4-2-7 雅富顿汽油抗爆剂领域各技术分支专利申请趋势

抗爆剂也开始进行研究。尽管有机无灰类抗爆剂也作为雅富顿的一个研究分支，但仅在 1969~1971 年集中有一些专利申请。

由于雅富顿的专利申请主要集中在金属有灰类抗爆剂方面，而就有机无灰类抗爆剂以及复合类抗爆剂的专利申请较少，因此在此重点剖析下金属有灰类抗爆剂的研究方向。在金属有灰类抗爆剂的专利申请中，雅富顿又以含铅抗爆剂和含锰抗爆剂为主，其中含铅抗爆剂的专利申请量为 58 项，含锰抗爆剂的专利申请量为 73 项。含锰抗爆剂的专利申请量大于含铅抗爆剂的专利申请量，多达约 26%，由此可见，在金属有灰类抗爆剂方面，雅富顿的研发重点又侧重于含锰抗爆剂。另外，含铅抗爆剂包括 TEL、四甲基铅以及用作抗爆剂的其他衍生物，而含锰抗爆剂包括环戊二烯基三羰基锰（MMT）、环戊二烯三羰基锰（CMT）及其作为抗爆剂使用的衍生物。

4.3　雅富顿汽油抗爆剂专利技术分析

在汽油抗爆剂研发方向上，雅富顿采取了重点技术重点研究、再层层包围、四面开花的研究态势。具体研究内容及研究时间段可参考图 4 - 3 - 1。由图可以看出，1921~1970 年的专利申请量主要集中为含铅化合物，1952 年至现在均在进行含锰化合物的研究，其中包括含锰复合类抗爆剂的专利申请。而有机无灰类抗爆剂的研究则分散在 1969~1995 年。下面本文就对有机无灰类抗爆剂作一简单介绍，重点介绍金属有灰类抗爆剂中的含铅抗爆剂和含锰抗爆剂。

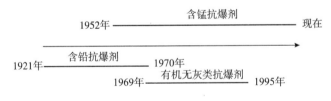

图 4 - 3 - 1　雅富顿主要研究内容年代

4.3.1　有机无灰类抗爆剂

尽管雅富顿就有机无灰类抗爆剂的专利申请比较少，但有机无灰类抗爆剂作为一种绿色抗爆剂，终究代表了抗爆剂发展的趋势，因此对此类抗爆剂进行分析，一则可以看出雅富顿在此方面研究的重点，二则也可以为后续其他添加剂的研究分析提供基础。表 4 - 3 - 1 列举了雅富顿所关注的有机无灰类抗爆剂的类型。

表 4 - 3 - 1　有机无灰类抗爆剂

有机无灰类添加剂	所达到性能	申请量/项
烯烃聚合物、多酯、聚氧烯烃	抑制沉积	3
亚硝胺或亚硝胺芳香物、苯胺衍生物	提高抗爆性	2
多胺与脂肪烃取代的琥珀酰化剂 + 聚烯烃	控制辛烷值增长需求	2

由表 4 - 3 - 1 可以看出，雅富顿有机无灰类抗爆剂的专利申请，主要集中在提高辛烷值和减少发动机、注射器或入口阀的沉积。抑制沉积的添加剂主要涉及烯烃聚合物和酯。提高辛烷值的添加剂则为胺化合物。这些物质在后来的研究中也可以作为其他添加剂，诸如复合类抗爆剂、分散剂、清净剂等使用。由此可以看出，有机无灰类物质的用途存在多样性，这是提高燃料油综合性能所必须考虑的。

US5597390A 是雅富顿于 1995 年申请的一项有关馏分燃料添加剂的专利，该添加剂如下式所示：

$$
\begin{array}{c}
\quad\quad\quad\quad\quad O \\
\quad\quad\quad\quad\quad \| \\
O\!-\!A\!-\!C\!-\!R^1\text{-amine} \\
E\!-\!R \\
O\!-\!D\!-\!C\!-\!R^2\text{-amine} \\
\quad\quad\quad\quad\quad \| \\
\quad\quad\quad\quad\quad O
\end{array}
$$

上式中，E 选自 H 或下式所示的单体：

$$
\begin{array}{c}
O \\
\| \\
-\!O\!-\!G\!-\!C\!-\!R^3\text{-amine}
\end{array}
$$

其中 R 是烃基，R^1、R^2、R^3 每个都独立地代表具有 2 ~ 5 个碳原子的亚烷基；而 A 为

$$
\left[\!\!\begin{array}{c} R^{12} \\ |\\ CH\!-\!CH\!-\!O \\ | \\ R^{13} \end{array}\!\!\right]_x
$$

E 为：

$$
\left[\!\!\begin{array}{c} R^{12} \\ |\\ CH\!-\!CH\!-\!O \\ | \\ R^{13} \end{array}\!\!\right]_y
$$

D 为：

$$
\begin{array}{c}
O \\
\| \\
-\!O\!-\!G\!-\!C\!-\!R^3\text{-amine}
\end{array}
$$

G 为：

$$
\left[\!\!\begin{array}{c} R^{12} \\ |\\ CH\!-\!CH\!-\!O \\ | \\ R^{13} \end{array}\!\!\right]_z
$$

使用该添加剂既能减少入口阀沉积，又能降低辛烷值增长需求，还能控制燃烧室内的沉积，此外，该物质还可用于润滑油添加剂中。可见，该物质属于典型的一剂多用型，适合未来添加剂的发展需求。

4.3.2 含铅抗爆剂

自 1921 年查尔斯·凯特林先生（Charles Kettering）发现将化合物 TEL 加入汽油中能减少汽油发动机的"爆震"起，烷基铅成为世界通用的辛烷值促进剂，并被广泛使用。图 4 - 3 - 2 为雅富顿在含铅抗爆剂方面的专利申请趋势。

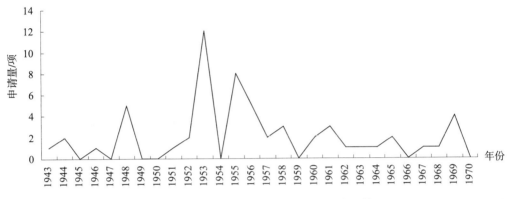

图 4 - 3 - 2　雅富顿含铅抗爆剂专利申请趋势

由图 4 - 3 - 2 所示雅富顿在烷基铅抗爆剂方面的专利申请趋势也可以看出，对烷基铅的研究主要集中在 20 世纪 50 年代。然而，TEL 自身为剧毒性物质，因此，从 20 世纪 80 年代起各国开始用无铅汽油逐渐取代有铅汽油。这一点也可从图中看出，在 1970 年之后雅富顿就烷基铅抗爆剂方面很少申请专利。尽管烷基铅作为抗爆剂已被禁用，但雅富顿公司在研发时采用了一些添加剂以提高燃料的各种性能，具体参见表 4 - 3 - 2。

表 4 - 3 - 2　与含铅抗爆剂混合使用的添加剂

所达到性能	添加剂
提高燃料稳定性	4 - 甲氧基 - 2，6 - 四 - 烷基酚、2 - 氨基二苯胺、丁酚
提供系统净化性能	三芳基膦酸酯、有机卤化物
减少燃料表面燃烧	氨基磷酸酯、环状五价磷化合物
减少污染物排放	苯亚甲基双酚酰化物、酚与烷基或芳香基反应所得树脂

目前，表 4 - 3 - 2 中所列很多添加剂都被证明通用于各种燃料并能与其他抗爆剂混配，也有很多物质被直接作为抗爆剂使用。尽管烷基铅抗爆剂本身已被禁用，但其很多成果成为后期进一步研究和发展燃油添加剂的研究基础。

实际上，烷基铅抗爆剂仍旧是目前为止最能有效提高辛烷值的抗爆剂，希望在未来的哪一天，铅粉的毒副作用能被有效遏制并解决，那么烷基铅又能在汽油抗爆剂领域发挥其强大的作用了。

4.3.3 含锰抗爆剂

1953 年，雅富顿研发 MMT 获得成功，1958 年，其开始作为 TEL 的辅助添加剂进入抗爆剂市场。1974 年开始作为单独抗爆剂应用于美国含铅汽油中。1996 年加拿大开始将 MMT 用作无铅汽油抗爆剂。雅富顿在含锰化合物抗爆剂方面的专利申请趋势如图 4 - 3 - 3 所示。

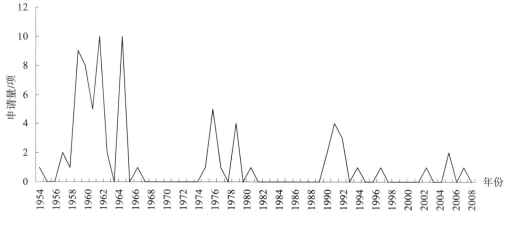

图 4 - 3 - 3　雅富顿含锰抗爆剂申请趋势

对图 4 - 3 - 3 的专利申请趋势进行分析，可以总结出，雅富顿就含锰抗爆剂的专利申请主要分三个阶段：

（1）第一阶段（1952～1967 年）

雅富顿在含锰抗爆剂的专利布局最早开始于 1952 年，所申请专利请求保护一种MMT，且该化合物可以作为燃料添加剂使用。在随后的十几年内，直至 1965 年，雅富顿一直致力于研究采用新的制备方法制备 MMT 以及与 MMT 相关的新物质，例如1959 年美国 DE WITT EARL G.、HYMIN SHAPIRO 和 BROWN JEROME E. 等申请的US2964547A，该专利使锰、一氧化碳和环戊二烯基化合物同时反应制备 MMT，所用步骤较少；又如，1963 年 JOHN KOZIKOWSKI 和 MICHAEL CAIS 申请的 US3330845A，该专利请求保护一种新的环戊二烯基三羰基锰衍生物——环戊二烯亚磺酸三羰基锰，该物质能用于汽油抗爆剂。这一阶段也是雅富顿在此方面申请专利的爆发期。

（2）第二阶段（1974～1980 年）

1977 年，由于清洁空气法案（Clean Air Act）提出使用 MMT 会引起新车排放系统故障而开始在美国禁用，这一举措极大限制了环戊二烯基三羰基锰的研究热情，雅富顿的专利申请量相对于第一阶段明显变少，这一阶段的专利申请主要集中于在 MMT 中添加其他化学物质，如酸、酯，以减少其对发动机中废气排放对催化剂的堵塞，并减少发动机废气的排放。例如，1976 年 NIEBYLSKI L. M. 和 RIFKIN E. B. 申请的专利US4005993A，该专利在 MMT 中添加醚类、二羧酸类，该组合物能减少净化内燃机废气所用催化剂的堵塞；又如，美国 NIEBYLSKI L. M. 在 1980 年申请的专利 US4266946A，该专利在环戊二烯羰基锰中添加多元羧酸的多元酯，在汽油中使用该添加剂组合物能减少发动机废气的排放。

（3）第三阶段（1990 年至今）

在此阶段，雅富顿在汽油抗爆剂方面的专利申请量相对于第二阶段又略有减少，每年最多有 2~3 项，这是由多方面原因造成的。首先，含锰化合物汽油抗爆剂在汽油中的功效和应用已经处于成熟阶段，对其进一步研究以深层次挖掘其新用途以及新制备方法对研发人员也是一个较大的考验；其次，尽管在 1995 年，美国上诉法院裁定美国环境保护局无权对 MMT 立法禁用，MMT 在美国属于合法的汽油添加剂，但在 2003 年，澳大利亚国家工业化学品通告评估报告指出 MMT 是一种高毒物质，且有其他研究结果也表明 MMT 对人体有毒害作用，这对于 MMT 的进一步研究无疑是雪上加霜；最后，雅富顿在 20 世纪 90 年代相继收购了润滑油领域的几大添加剂公司，拓宽了产品种类，提高了润滑油添加剂的市场份额。总体分析，雅富顿在此阶段就抗爆剂而言的专利申请主要集中在与 MMT 相关的新物质的制备、减少有毒气体的排放、降低发动机部件的沉积以及提高辛烷值。图 4-3-4 列出了雅富顿 1990 年之后的研发方向及专利申请。

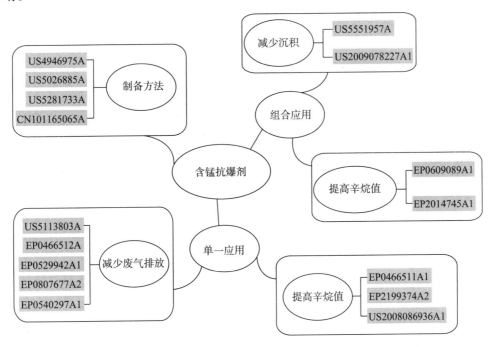

图 4-3-4　雅富顿 1990 年之后的研发方向及申请专利

由图 4-3-4 可以看出，雅富顿就含锰抗爆剂的研究进行了充分扩展和深入挖掘，力求做到全方位保护。下面就对其各个研究方向的典型专利逐一介绍。

（1）各种制备方法

雅富顿在 1990 年之后又相继就 MMT 的制备方法申请了 4 项专利，其中专利 CN101165065A 的申请日为 2006 年，发明名称为"烷基化的环戊二烯三羰基锰的生产方法"，发明人为新加坡的林诗健。

该发明的优点不仅在于羰基化反应过程快、产品的回收率高、生产周期短；而且所产生的烷基化的环戊二烯三羰基锰呈液体，增加了其作为抗爆剂和其他添加剂的溶解度和混合性，使得产品更加方便易用；此外，制得的烷基化的环戊二烯三羰基锰和环戊二烯三羰基锰的燃烧加强剂混合物对提高燃料的辛烷值具有意想不到的效果。

由于各国对车用汽油中锰的含量都作了限制，我国《车用汽油》国（Ⅳ）标准会于 2014 年全面执行，国（Ⅳ）标准规定国内汽油中锰含量将由目前国（Ⅲ）标准中的 16mg/L 降至 8mg/L。可见，雅富顿就含锰抗爆剂的研究逐渐适应这一现状，不断通过各种制备方法提高其辛烷值，从而降低使用量。

（2）在汽油燃料中使用 MMT 添加剂，能减少废气排放

为适应环保需求，车用汽油燃烧必须减少 NO_x、CO 以及废烃排放，并抑制臭氧形成。2003 年，雅富顿在欧洲专利局得到了一项授权专利，该专利分别在日本、加拿大、中国台湾、美国、新加坡等地申请。发明名称为"提高含烃燃烧器燃料的燃烧性能"，发明人为 ARADI A. 和 ARADI A. A.。该专利通过改善燃烧器燃料的燃烧性能，并添加 MMT，能减少燃料燃烧 CO 的排放，从而改善了燃烧器 CO 废气排放问题。

（3）MMT 与其他添加剂混合能提高汽油燃料的辛烷值

1996 年，雅富顿获得一项欧洲授权专利 EP0609089B1，该专利于 1994 年提交 PCT 申请，并随后进入加拿大、澳大利亚、美国等 6 个国家，发明名称为"不含铅航空汽油"，内容主要涉及汽油中 0.066 ~ 0.159g/L 锰的环戊二烯三羰基锰与 4% ~ 10% 的甲基叔丁基醚、乙基叔丁基醚和/或甲基书戊基醚组合使用，该组合物能使汽油的辛烷值提高到 130，满足了特定发动机的需求。

（4）MMT 与其他添加剂混合能减少发动机部件的沉积

2009 年，雅富顿在多国申请了一篇通过在燃料中添加添加剂控制内燃机钝化金属表面形成沉积物的方法，其授权号为 US7878160B2、CN101397658B 等，发明名称为"表面钝化和减少燃料热分解沉积物的方法"，发明人为 ARADI A. A. 和 ROOS J. W.。该专利的发明点就在于添加剂至少包括 MMT。该发明提供了一种使内燃机部件表面钝化、或在喷射器早期构造进行钝化以减少内燃机沉积的方法，该专利涉及含锰抗爆剂的进一步利用，属于典型的 MMT 延展专利。

1996 年，雅富顿在美国申请了 US5551957A，该专利申请涉及一种燃料组合物，该组合物含锰化合物抗爆剂与琥珀酰亚胺清净分散剂，二者能产生协同效应，能很好地减少发动机入口的沉积。该专利涉及金属抗爆剂与有机无灰类清净分散剂的组合。同样涉及含锰化合物的进一步利用。

4.4 雅富顿汽油抗爆剂研发团队分析

对雅富顿抗爆剂领域专利申请的发明人进行分析，发现在 157 项专利申请中，有

96 位发明人，其中有两项专利申请以上的发明人有 34 人。发明人之间的合作不是很多。

事实证明，雅富顿的历次新产品背后都有一个强大的研发团队支持。1923 年，ChARLES KETTERING 首次发现了烷基铅的抗爆作用，接着 GEORGE CALINGAERT 又在减少烷基铅引起的铅沉积方面、BARTLESON JOHN D. 在提高烷基铅的稳定性方面做了大量研究工作。1952 年，BROWN JEROME E. 等人发现了 MMT 可以作为抗爆剂使用，并开发出许多 MMT 的不同制备方法使得汽油抗爆剂无铅化成为可能。随着人们逐渐意识到锰对发动机部件的沉积影响，NIEBYISKI L. M. 以及 ADAMS M. W. 等人又逐渐转向减少污染物以及减少沉积等方面的研究。

4.4.1 研发团队概况

雅富顿在抗爆剂领域主要涉及金属有灰类抗爆剂、有机无灰类抗爆剂和复合类抗爆剂三大领域，其中金属有灰类抗爆剂是雅富顿的核心领域。图 4 - 4 - 1 是雅富顿在金属有灰类抗爆剂、有机无灰类抗爆剂和复合类抗爆剂领域中发明人与申请量的分布概况。可以看出，雅富顿在金属有灰类抗爆剂领域的发明人最多，共 62 位，相应地专利申请量为 135 项。下面分别介绍这三个领域的研发团队。

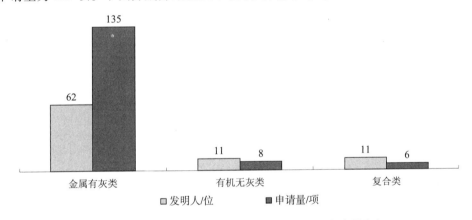

图 4 - 4 - 1 雅富顿在抗爆剂领域的发明人及申请量分布

雅富顿金属有灰类抗爆剂申请量较多的发明人分别是 JOHN KOZIKOWSKI、MICHAEL CAIS、BROWN JEROME E. 、DE WITT EARL G. 、HYMIN SHAPIRO、BARTLESON JOHN D. 、NIEBYISKI L. M. 、COFFIELD THOMAS H. 。除了 JOHN KOZIKOWSKI 的申请量有 15 项以外，其他几位发明人的申请量相差不多均在 10 项左右，在这几位发明人中，有的属于同一发明团队。其次，雅富顿复合类抗爆剂领域申请量较多的有 3 位发明人，他们分别是 THOMAS M. D. 、CUNNINGHAM L. J. 和 ARADI A. A. 。此外，雅富顿有机无灰类领域专利申请较多的 3 位主要的发明人为 CUNNINGHAM L. J. 、WILLIAMS KENNETH C. 和 SMITH MARTIN B. 。

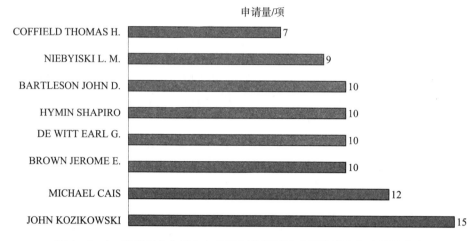

图4-4-2 雅富顿在金属有灰类抗爆剂领域的主要发明人及申请量分布

课题组还对雅富顿抗爆剂领域的重要发明人团队及其研究内容进行统计分析，统计结果见表4-4-1和图4-4-3。

表4-4-1 雅富顿抗爆剂领域的发明人研发团队

序号	发明人团队	核心发明人	研究内容
1	GEORGE ALINGAER WINTRINGHAM JOHN S.	GEORGE CALINGAERT	含烷基铅的抗爆剂组合物
2	BROWN JEROME E. HYMIN SHAPIRO DE WITT EARL G.	BROWN JEROME E.	含锰抗爆剂的制备方法以及提供新的含锰抗爆化合物
3	BARTLESON JOHN D.	BARTLESON JOHN D.	含烷基铅的抗爆组合物
4	KOLKA ALFRED J. ECKE GEORGE G.	KOLKA ALFRED J.	含烷基铅的抗爆剂组合物
5	JOHN KOZIKOWSK LARSON MELVIN L. MICHAEL CAIS	JOHN KOZIKOWSK	含锰抗爆剂的制备方法以及提供新的含锰抗爆化合物
6	COFFIELD THOMAS H. NORMAND HEBERT CLOSSON REX DEWAYNE	COFFIELD THOMAS H.	含锰抗爆剂的制备方法
7	NIEBYLSKI L. M. RIFKIN E. B.	NIEBYLSKI L. M.	抗爆组合物，减少废气处理催化剂堵塞、减少废气以及烃排放
8	CUNNINGHAM L. J. 等	CUNNINGHAM L. J.	提高汽油辛烷值，减少沉积与排放
9	ARADI A. A. THOMAS M. D. 等	ARADI A. A.	提高汽油辛烷值，减少沉积与排放

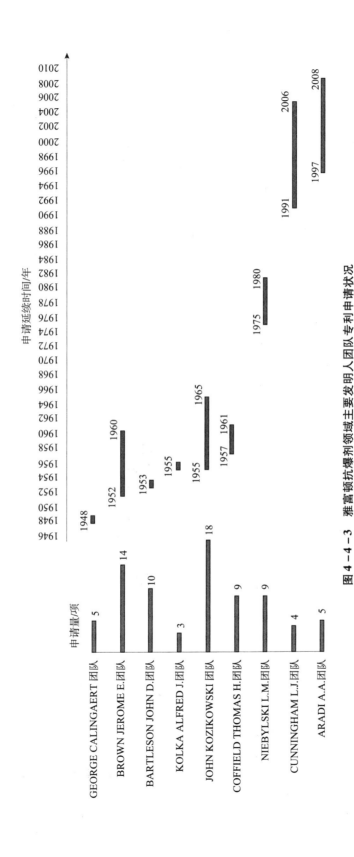

图 4－4－3 雅富顿抗爆剂领域主要发明人团队专利申请状况

由表 4 - 4 - 1 和图 4 - 4 - 3 可以看出，在 1948 ~ 1955 年，GEORGE CALINGAERT 团队、BARTLESON JOHN D. 团队和 KOLKA ALFRED J. 团队主要进行烷基铅抗爆剂组合物的相关研究，其研究集中在提高烷基铅的稳定性、减少铅沉积方面，这些研究在尽量减少铅的毒副作用方面进行了努力，但由于烷基铅毒性大的致命缺陷不能改变，因此在此之后雅富顿也未继续就含铅抗爆剂投入人力。当含铅抗爆剂还未退出雅富顿的研究舞台时，1952 年，BROWN JEROME E. 团队已经开始了含锰抗爆剂的研究，这对于雅富顿来说是一个重大的突破，这项研究一直持续到今天，由图 4 - 4 - 3 也可以看出，在 1948 ~ 1965 年这一段时间，雅富顿正处于新旧研发项目的更换时代、发明人比较密集，申请量也比较大。紧随 ROWN JEROME E. 团队，JOHN KOZIKOWSK 团队和 COFFIELD THOMAS H. 团队在这一时期，也开始进行含锰抗爆剂的研究，他们的研究都属于基础性的研究，主要集中在新含锰抗爆剂的制备以及如何利用高效、节能的方法生产含锰抗爆剂，这些研究为后面雅富顿在抗爆剂方面的研究和商业化提供了宝贵的资源。

从图 4 - 4 - 3 还可以看出，雅富顿在 1956 ~ 1990 年的发明人较少，比较突出的仅有 NIEBYLSKI L. M. 团队。这是因为 1977 年之前，清洁空气法案（Clean Air Act）一直就使用 MMT 会引起新车排放系统故障而展开调查，并在 1977 年开始在美国禁用，这无疑是对 MMT 抗爆剂发明人的重大打击，NIEBYLSKI L. M. 团队的研究也主要是对减少废气处理催化剂堵塞方面做了大量研究，这也是对禁用政策的一种抗争和挑战，同时 NIEBYLSKI L. M. 团队也开始从更环保的角度，研究含锰抗爆剂对减少废气以及烃排放的影响。如果说 BROWN JEROME E. 团队开拓了使用 MMT 抗爆剂的先河，那么 NIEBYLSKI L. M. 团队的研究则具有将 MMT 抗爆剂延续使用的里程碑作用，意义非凡。

尽管在 1995 年，美国宣布 MMT 在本国是合法的汽油添加剂。但 2003 年，澳大利亚国家工业化学品通告评估署报告又指出 MMT 是一种高毒物质。接连的不利因素导致发明人对含锰抗爆剂的研究热情不高，雅富顿的研发投入也较少。从 1991 年之后，仅出现了两个发明人团队，即 CUNNINGHAM L. J. 团队和 ARADI A. A. 团队，这两个团队的专利申请量也较少，只有 4 ~ 5 项。但这两个团队一直活跃在油品添加剂的研究舞台上。下面主要对这两个核心发明人进行重点介绍。

4.4.2 1990 年之后研发团队概况

1990 年之后，雅富顿专利申请主要集中在减少污染物排放，减少发动机部件沉积以及提高汽油辛烷值方面，致力于解决环境污染问题以及使用 MMT 所导致的副作用。由表 4 - 4 - 1 可知，这一时期的主要发明人为 ARADI A. A. 和 CUNNINGHAM L. J. ，其中 ARADI A. A. 在汽油抗爆剂方面有 5 项专利，而 CUNNINGHAM L. J. 有 4 项专利。本节对这两位发明人的专利申请进行重点分析，找出他们的研究重点以及所要解决的主要技术问题，寻找这些研究重点之间的关联性。窥一斑而见全貌，从这两位发明人的专利技术分析可以进一步得到雅富顿在油品添加剂方面的研究重点以及研究倾向。

4.4.2.1　发明人 ARADI A. A.

以发明人 ARADI A. A. 进行跟踪检索，发现其总共申请专利 48 项，对这 48 项专利申请的技术分支以及技术功效进行统计，可以得到发明人 ARADI A. A. 主要研究技术分支的申请时间分布图 4 - 4 - 4 与发明人 ARADI A. A. 的研究技术分支与技术效果的关系图 4 - 4 - 5。

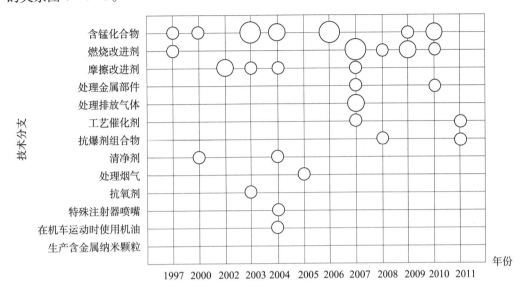

图 4 - 4 - 4　发明人 ARADI A. A. 主要研究技术分支的申请时间分布

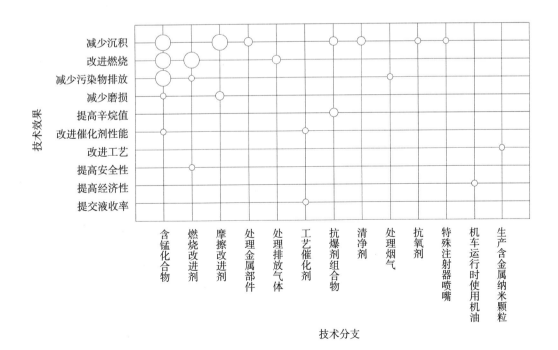

图 4 - 4 - 5　发明人 ARADI A. A. 研究技术分支与技术效果的关系

　　由图 4 -4 -4 可以看出，自 1997 ~2010 年，发明人 ARADI A. A. 的研发重点主要集于在燃料中使用含锰化合物、燃烧改进剂和摩擦改进剂，且对含锰化合物的研究一直没有中断。从该图还可以看出，发明人 ARADI A. A. 在 2004 年和 2007 年所从事的研究技术分支较多，分别包括 5 个方面，不仅涉及燃料添加剂的使用，还涉及对发动机金属部件的预处理、排放气体的处理、特殊注射器喷嘴的设计以及使用机油的情况，可见其研究思路较开阔，从发动机的不同方面寻找解决技术问题的途径。

　　由图 4 -4 -5 可以看出，发明人 ARADI A. A. 主要解决的技术问题，即达到的技术功效在于减少和控制发动机各部件产生的沉积、改进燃料的燃烧以及减少污染物的排放，而达到这些技术功效的主要手段是在燃料中使用含锰化合物、燃烧改进剂和摩擦改进剂，且使用含锰化合物还能减少磨损、改进所用催化剂的性能，并用于提高安全性。发明人 ARADI A. A. 向世人进一步证明，含锰化合物不仅用于提高汽油的抗爆性，同样还能解决其他很多问题。在此特别值得一提的是，在燃料中使用摩擦改进剂不仅能减少磨损，还能减少和控制发动机部件产生沉积，这为摩擦改进剂的用途拓展了研究思路。

　　在研究过程中，ARADI A. A. 跟 71 位发明人进行了合作，并同时申请了相关专利。仅考虑合作申请专利在 5 项以上的发明人。他们的主要合作关系见图 4 -4 -6。

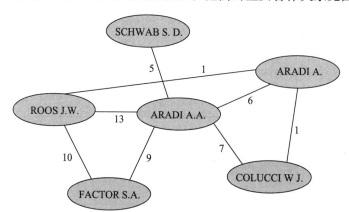

图 4 -4 -6　发明人 ARADI A. A. 合作关系

注：图中数字表示合作量，单位为项。

　　图 4 -4 -6 中，椭圆形内为合作发明人的名字，两个椭圆形之间的数字代表他们合作的专利申请，其中中央的椭圆形代表主要发明人 ARADI A. A. ，与之合作的是处于四周椭圆形内的发明人，以合作多少排序分别是 ROOS J. W. 、FACTOR S. A. 、COLUCCI W. J. 、ARADI A. 以及 SCHWAB S. D. 。由该图还可以看出，其他发明人除与 ARADI A. A. 有合作关系外，彼此之间合作也较多，尤以 ROOS J. W. 和 FACTOR S. A. 的合作最多。由上图还可以看出，在此发明人团队中，最主要的发明人是 ARADI A. A. 、ROOS J. W. 和 FACTOR S. A. 。另外，油品添加剂的研究方面发明人之间的合作较大，当一个行业中的竞争越激烈时，对一项发明的研究越来越依靠团队的合作，仅靠个人埋头苦干，很难在短时间内取得竞争性成果。

例如，ARADI A. A. 与其他 10 位发明人于 2001 年申请的 WO0142398A1 中，优选将 0.002 ~ 0.066g/L、尤其是 0.004 ~ 0.033g/L 的锰与曼尼希清净剂混合加入燃料中，能有效减少发动机沉积，使燃料流动损失减少至 2.91%。该专利为适应各国对含锰抗爆剂的含量限定，将含锰抗爆剂的添加量限定在了 0.002 ~ 0.066g/L，然而使用含锰抗爆剂仅能使燃料流动损失减少至 6.26%，因此将含锰抗爆剂与曼尼希缩合产物组合使得效果更加显著。尽管本专利并未指出曼尼希凝缩物对汽油辛烷值的影响，但雅富顿已经证明，其开发的 Hitec4975A 清净剂与常规的控制进气阀沉积物的清净剂相比，能提高辛烷值，还具有良好的燃烧室沉积物控制特性，该产品是一种曼尼希缩合产物与独特的载体油相互配合而组成的一种全合成的第 4 代清净剂，专门为控制燃料喷嘴、进气阀、燃烧室沉积物而研制的。由此可以看出，专利申请 WO0142398A1 中将含锰抗爆剂与曼尼希缩合产物相互配合，既能提高辛烷值，又能减少发动机沉积物。一方面弥补了减少含锰抗爆剂的不足；另一方面还能进一步减少沉积形成，具有很好的实用性。

另外，ARADI A. A. 等 3 位发明人于 2013 年申请的 US2013025513A1 涉及一种燃料添加剂浓缩物，该浓缩物包括环戊二烯三羰基锰（CMT）和 N - 甲基甲苯胺，该组合能协同提高研究法辛烷值（RON），且含锰化合物的添加量为 2 ~ 32mg/L 燃料。使用该添加剂浓缩物，不仅能提高辛烷值，还能提高燃料的经济性，同样还能减少碳沉积。该专利同样在确保锰含量在规定合法范围的同时，采用其他无灰类物质与之配合，不仅不影响锰含量减少所带来的辛烷值损失，还能解决使用有灰类化合物所带来的缺陷。另外，该专利使用了添加剂浓缩物的形式，有利于产品与其他附加添加剂混合打包，作为成品直接出售。雅富顿的 HiTEC ® 3140 就属于一种具有综合性能的汽油抗爆剂添加剂包，其典型特点就是在使用时不用添加单一添加剂以提高某一方面性能，在燃料中直接添加这种打包的添加剂不仅能提高单一性能如抗爆性，还具有清净改善性能、抗氧防腐性能等等。可见，专利申请 US2013025513A1 代表了一种燃料添加剂组合物的发展趋势。

4.4.2.2　发明人 CUNNINGHAM L. J.

对发明人 CUNNINGHAM L. J. 进行跟踪检索，发现其共申请专利 38 项，对这 38 项专利申请的技术分支以及技术功效进行统计，可以得到发明人 CUNNINGHAM L. J. 主要研究技术分支的申请时间分布图 4 - 4 - 7 与发明人 CUNNINGHAM L. J. 的研究技术分支与技术效果的关系图 4 - 4 - 8。

由图 4 - 4 - 7 可以看出，发明人 CUNNINGHAM L. J. 自 1986 年开始申请专利，其研发重点主要集于在燃料中使用清净剂、清净剂/分散剂（此处的清净剂/分散剂指同一添加剂即用作清净剂，又用作分散剂，也指燃料组合物中同时含有作为该申请发明点的清净剂和分散剂）以及含锰化合物。从该图还可以看出，发明人 CUNNINGHAM L. J. 在 1991 年、1992 年以及 2007 年的专利申请量较多，所从事的研究技术分支也比较多，分别包括 4 ~ 5 个方面，主要涉及燃料添加剂的使用以及将各种燃料添加剂浓缩在一起，制成添加剂包的形式，还涉及对设备部件的改进。值得注意的是，申请人在

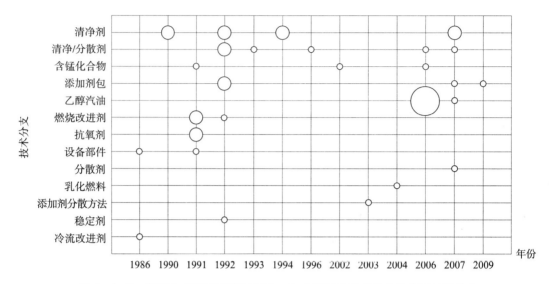

图 4 - 4 - 7　发明人 CUNNINGHAM L. J. 主要研究技术分支的申请时间分布

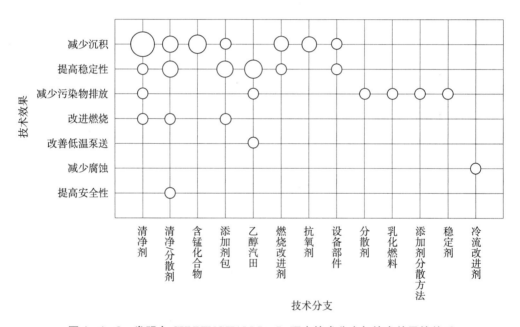

图 4 - 4 - 8　发明人 CUNNINGHAM L. J. 研究技术分支与技术效果的关系

2006 年就乙醇汽油申请了多项专利申请，发明人的这一反常举动（从图表分析可以得出）有可能受比尔·盖茨于 2005 年投资乙醇燃油有关，当然最初的诱导因素应该源于美国总统签署实施新的能源法案。

　　由图 4 - 4 -8 可以看出，发明人 CUNNINGHAM L. J. 主要解决的技术问题，即达到的技术功效首先在于减少和控制发动机各部件产生的沉积，其次为提高燃料的稳定性和减少污染物的排放，而达到这些技术功效的主要手段是在燃料中使用清净剂、清净/分散剂。与发明人 ARADI A. A. 研究的重点不同，发明人 CUNNINGHAM L. J. 不仅倾向于尝试使用各种添加剂改善燃料的各种性能，他还在不同的燃料类型如乙醇汽油、乳化燃料等方面做了很多研究。在面对如何提高已经非常成熟的金属抗爆剂的性能或提升其潜能的技术课题时，发明人 CUNNINGHAM L. J. 为研究者们提供了一个很好的思路。

CUNNINGHAM L. J. 在研究过程中，共跟 35 位发明人进行了合作，并同时合作申请了专利。仅考虑合作申请专利在 5 项以上的发明人。他们的主要合作关系见下图 4 - 4 - 9。

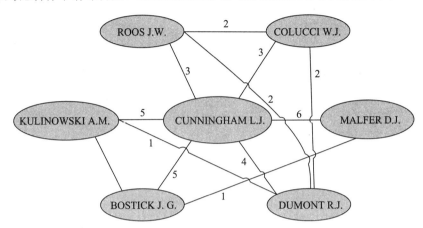

图 4 - 4 - 9　发明人 CUNNINGHAM L. J. 合作关系

注：图中数字表示申请量，单位为项。

椭圆形内为合作发明人的名字，两个椭圆形之间的数字代表他们合作的专利申请量，其中中央的椭圆形代表主要发明人 CUNNINGHAM L. J. ，与之合作的是处于四周椭圆形内的发明人，以合作多少排序分别是 MALFER D. J. 、KULINOWSKI A. M. 、BOSTICK J. G. 、DUMONT R. J. 、ROOS J. W. 以及 COLUCCI W. J. 。由上图还可以看出，在此发明人团队中，合作关系更加复杂，主要发明人是 CUNNINGHAM L. J. 、DUMONT R. J. 、MALFER D. J. 、KULINOWSKI A. M. 以及 BOSTICK J. G. 。

例如，CUNNINGHAM L. J. 与 DIMON R. J. 和 DUMONT R. J. 合作于 2007 年申请美国专利 US2008168708A1，涉及在醇类燃料中添加添加剂以降低发动机中的沉积物形成，所使用的添加剂包括腐蚀抑制剂、聚醚胺分散剂，腐蚀抑制剂由有机酸与胺制得。含该添加剂组合物的醇类燃料在使用时能有效减少发动机内沉积物的形成。此外，在该专利中，使用此添加剂组合物与选自油、燃料、汽油、醇类以及其他可在燃料中燃烧的稀释剂混合还可制得添加剂浓缩物。该专利在 FR、BR、CN、DE、NO、SE、SG、US、INCHE 9 个国家或地区申请了专利，并已在 5 个国家得到了授权。

曼尼希缩合产物是发明人 CUNNINGHAM L. J. 关注度比较高的清净剂物质，其通常由醛、胺和烷基酚反应得到，属于第 3 代汽油清净剂，并被证明在控制进气阀沉积物方面非常有效，然而其后来被证明在控制燃烧室沉积物方面也比较有效。CUNNINGHAM L. J. 将曼尼希缩合产物与特定液体烃载体、琥珀酰亚胺抑制发动机沉积或减少已生成的发动机沉积物。CUNNINGHAM L. J. 与其他 3 人于 2006 年申请的专利

US2007245621A1 涉及一汽油添加剂组合物，该组合物包括曼尼希碱分散剂以及由亚烷基琥珀酸酐和含聚亚烷基聚合物的胺形成的琥珀酰亚胺，与其他清净剂相比，该添加剂组合物极性较大，能更好地防止汽油发动机注射器产生污垢，并抑制阀上产生沉积。该专利在 US、DE、SG、CN、KR、INCHE、BRPI 7 个国家或地区申请了专利。目前，已在 KR 得到授权。

4.4.3　研发团队情况分析

雅富顿早期专利申请的发明人，诸如 BROWN JEROME E.、JOHN KOZIKOWSKI、NIEBYISKI L. M. 等，一直致力于含锰抗爆剂的研究，且研究团队人数较少、比较固定。诸如 BROWN JEROME E. 共申请专利 51 项，与其合作的发明人共 7 名，研究团队主要包括 DE WITT EARL G. 和 HYMIN SHAPIRO，而与其他 4 名发明人的合作专利申请分别各有一项。

但 1990 年之后雅富顿的专利发明人诸如 ARADI A. A.、CUNNINGHAM L. J.，他们并未仅从事抗爆剂方面的研究，他们在很多其他领域与很多发明人进行了合作，如 ARADI A. A. 与 71 位发明人进行了合作，其研发重点主要集于在燃料中使用含锰化合物、燃烧改进剂和摩擦改进剂，还涉及发动机部件等其他方面；CUNNINGHAM L. J. 与 35 位发明人进行了合作，研发重点主要集于在燃料中使用清净剂、清净/分散剂以及含锰化合物，还涉及乙醇燃料和乳化燃料。

当然，随着社会的发展，企业之间的合作越来越密切是一个客观因素，但探究其深层次原因，不难发现，在 20 世纪五六十年代，含锰抗爆剂作为雅富顿的最新、最热研究项目，其产生的经济效益和社会效益能够促使一代人为之奋斗，但 1977 年，由于清洁空气法案（Clean Air Act）提出使用 MMT 会引起新车排放系统故障而开始在美国禁用（当然在 1995 年，美国上诉法院裁定美国环境保护局无权对 MMT 立法禁用，自此 MMT 在美国成为合法的汽油添加剂）。且 2003 年，澳大利亚国家工业化学品通告评估署报告指出 MMT 是一种高毒物质。随后各国颁布法规限制车用燃料中 MMT 的使用量。一方面 MMT 的限制使用限制了 MMT 的研究热潮，使得 MMT 的研究局限于在添加有限量锰的情况下如何保证辛烷值不降低以及减少发动机沉积和减少污染物排放；另一方面 MMT 从 20 世纪 50 年代发展至今，产业上已经非常成熟，进一步延伸和扩展的空间有限。但 MMT 作为当前世界使用量较大、比较有效的抗爆剂，雅富顿暂时还不会放弃对 MMT 外围技术的研究，因此一些发明人尤其 ARADI A. A. 还在从事与此相关的研究，研究方向扩展至整个燃料添加剂及其配置方式。但从长远考虑，MMT 作为一种不可持续发展的抗爆剂，终究要被淘汰，因此这一部分发明人也在试图尝试从事其他方面油品添加剂的研究，因此与之合作的发明人较多，而这部分研究内容也许就是当前雅富顿的研发重点。

4.5　小　　结

雅富顿作为居于世界前列的跨国公司，以收购转型发展油品添加剂业务，并不断通过收购扩大业务规模逐渐增强润滑油添加剂的研发能力、提高市场份额，此外通过收购顶尖公司增加业务优势、确保在金属加工液方面的专长。可见，有目的的收购是雅富顿做大做强的一种重要战略手段。此外，雅富顿收购英国伯乐科技公司在中国的苏州实验室是其进军中国市场的一项重要战略部署。

由雅富顿全球专利申请趋势可以看出，雅富顿从1952年开始，申请量有一个较大的突破，并从20世纪50年代初到70年代初保持较高水平，经过短暂的申请低谷后，在20世纪80年代初申请量回升，并在2007年之后的几年内都保持在一个较低的水平。与公司总体发展态势相同，润滑油添加剂、汽油添加剂、柴油添加剂领域的专利申请量在1990～1994年最大，随后经过申请低谷后，申请量在2005～2009年又达到较高水平，但在2010～2014年申请量又开始降低，1990年之后，雅富顿的研发重点为润滑油添加剂。

雅富顿在汽油抗爆剂领域的专利申请在20世纪五六十年代最为鼎盛，在1980年之后逐渐变少，该公司在美国本土的专利申请量最多，其次是美国、加拿大和欧洲。雅富顿抗爆剂研究以金属有灰类抗爆剂为主、有机无灰类抗爆剂以及复合类抗爆剂为辅。而对金属有灰类抗爆剂的研究，早期主要集中在含铅化合物上，后来MMT的研制成功使无铅汽油成为可能。含锰抗爆剂因其能有效提高辛烷值、减少污染物排放给雅富顿带来了可观的经济效益。但随着人们就锰对人体毒副作用的深入研究，很多国家对锰的使用量上限均作了规定。在此基础上，雅富顿一方面研制新型的含锰抗爆剂，以期在少量使用的情况下能提高辛烷值；另一方面雅富顿寻求含锰添加剂与其他有机无灰类抗爆剂组合，以弥补减少使用含锰抗爆剂所导致的辛烷值下降；此外为了减少发动机的沉积，雅富顿还将含锰抗爆剂与其他添加剂，如清净剂等进行组合使用，而在减少沉积的同时，还选用适合的添加剂以适当提高辛烷值。而在产品的配置方面，越来越倾向于将抗爆剂与其他添加剂以浓缩物或添加剂包的形式销售，以提高添加剂的综合利用。

雅富顿的历次新产品背后都有一个强大的研发团队支持。早期，GEORGE CALINGAERT团队、BARTLESON JOHN D.团队和KOLKA ALFRED J.团队主要从事含铅抗爆剂的研究，BROWN JEROME E.团队、JOHN KOZIKOWSK团队和COFFIELD THOMAS H.团队则专注于MMT的制备及用于提高辛烷，随着金属锰所产生的堵塞废气净化催化剂的出现，NIEBYISKI L. M.团队研究了很多解决这一问题的方法。现在，以ARADI A. A.、CUNNINGHAM L. J.为主的发明人继续就减少发动机内产生沉积、减少污染物排放以及提高辛烷值方面进行深入研究。此外，他们还开始从事燃料油领域其他添加剂诸如清净剂、摩擦改进剂的研究，为减少发动机内沉积而将它们匹配以探寻预料不到的协同效应。除了在石油燃料中使用添加剂，雅富顿的发明人已经逐渐将已知添加剂用于替代燃料如醇类、生物燃料中，以最简单经济的方式提高替代燃料的综合性能。

第5章 产品与专利、转让与合作

专利技术的最终结果是要实现产业的应用、推向市场、为企业带来经济效益，从而反过来进一步推动技术的发展。因此，在本章中课题组对雅富顿目前投放市场的抗爆剂产品背后对应的专利技术进行了探究；此外还对抗爆剂专利技术主要输出国美国的抗爆剂相关专利技术的转让情况进行了考察；最后，还分别对国内外抗爆剂相关专利技术申请人的合作情况进行了详细的分析，以期能够为国内申请人将来的技术研究提供参考。

5.1 产品背后的专利

由于专利技术最终还是需要为市场应用服务的，通过前述章节对重要专利技术以及主要申请人的分析得出雅富顿在抗爆剂领域的专利申请量最多，且其研制的 MMT 抗爆剂在过去很长一段时间处于垄断地位，为很多国家所采用；未来 10 年我国油品市场对 MMT 的需求量将保持适度增长的趋势，而雅富顿基本占据了我国市场份额约 50%。因此确定对雅富顿实际投放市场的抗爆剂产品以及产品与该公司所拥有专利之间的关系进行重点分析。

5.1.1 雅富顿目前投放市场的抗爆剂产品

随着全球能源和环境压力日益增大，许多炼油厂在不断提高燃油品质以满足规定的辛烷值水平要求时面临着成本上升和工艺复杂的难题。雅富顿开发并投放市场的抗爆剂产品为含 MMT 的 HiTEC 3000 系列产品，可用于输送经济合规的汽油产品。

经过市场调研，该系列产品目前在市场上投放使用的具体产品型号为 HiTEC 3000 燃油添加剂、HiTEC 3062 燃油添加剂、HiTEC 3140 燃油添加剂三种。其中 HiTEC 3000 包含了雅富顿专利的全球公认的优良 MMT 技术；HiTEC 3062 更易处理，还能适应低温环境；HiTEC 3140 融合了 HiTEC 3000 以及专利汽油清净剂，用于售后市场服务。目前，仅前两者在中国市场上销售。

5.1.2 HiTEC 3000、HiTEC 3062 产品与专利

产品 HiTEC 3000 包含了雅富顿专利的全球公认的优良 MMT 技术，根据其公开的毒理报告，其成分为 60% ~ 100% 的 MMT 以及 1% ~ 4.9% 的环戊二烯三羰基锰；在此基础上，HiTEC 3062 其成分为 62% 的 MMT 以及芳香族和脂肪族溶剂，增加了其低温流动性，更易处理，还能适应低温环境，同时保持了良好的抗爆性能。表 5 – 1 – 1 给

出了 HiTEC 3000、HiTEC 3062 产品性能参数，图 5 - 1 - 1 是 HiTEC 3000、HiTEC 3062 产品效果图。

表 5 - 1 - 1　HiTEC 3000、HiTEC 3062 产品性能参数

主要性能参数	HiTEC 3000	HiTEC 3062
外观	清澈暗黄褐色液体	清澈暗黄褐色液体
20℃，密度，g/cm^3	1.38	1.15
密度，g/cm^3	1.16	0.97
闪点℃（PMCC）	82 min.	62 min.
凝固点℃	- 1	- 18
20℃，运动黏度，mm^2/s	5.2	2.2
20℃，蒸气压，mm Hg	0.05	0.19
锰 wt%	24.4min.	15.1min.

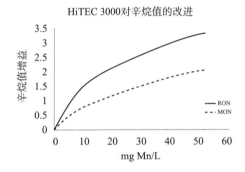
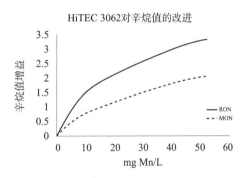

图 5 - 1 - 1　HiTEC 3000、HiTEC 3062 产品效果图示

注：摘自 HiTEC 3000、HiTEC 3062 产品手册。

经过产品组成与专利技术内容的比对，与 HiTEC 3000 最为相关的专利为 CN101165065A，发明名称为"烷基化的环戊二烯三羰基锰的生产方法"。该发明的技术方案如下：

一种生产烷基化的环戊二烯三羰基锰的方法，其特征在于：

（1）选择备有搅拌装置和介质加热套的反应釜，在该反应釜中并在惰性气氛中进行反应；

（2）将所要求数量的介质和金属钠注入釜内，而后，其生产过程在惰性气氛中进行；

（3）随后对反应混合物进行搅拌，加入烷基化的环戊二烯，当停止分解氢时，证明反应过程终止，并生成烷基化的环戊二烯钠；

（4）在室温条件下，加入氯化锰以及硫化二羰基铁或磷化二羰基铁，进行搅拌并加热，然后向反应釜加入 CO，并将反应釜在充满 CO 条件下加压至不少于 80~100 大气压，将反应介质加热至足够可完成反应的温度并加快搅拌速度；

（5）当 CO 不再被吸收时，表示反应过程的结束，停止加热，在持续搅拌的条件下冷却至室温，将反应物质从反应釜中卸料，得粗产品。

该发明制得的烷基化的环戊二烯三羰基锰和环戊二烯三羰基锰的燃烧加强剂混合物对提高燃料的辛烷值具有意想不到的效果。该技术效果可参考图 5 - 1 - 2。

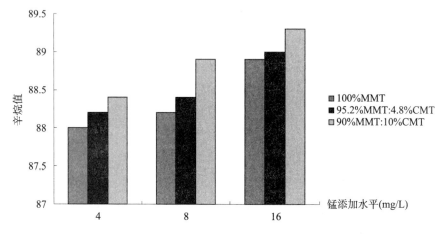

图 5 - 1 - 2　专利申请 CN101165065A 锰添加量对辛烷值的影响

此发明的优点还在于羰基化反应过程快，产品的回收率高，生产周期短；而且所产生的烷基化的环戊二烯三羰基锰呈液体，增加了其作为抗爆添加剂和其他添加剂的溶解度和混合性，使得产品更加方便易用。

由于 HiTEC 3000、HiTEC 3062 两产品的核心技术都是 MMT 的制备，支撑其技术的专利必然包括 MMT 的第 1 项专利申请。1955 年 7 月 11 日，雅富顿在美国递交了第 1 项 MMT 全球专利申请 US2818147A，该项专利申请请求保护一种分子式为 AMn（CO）$_3$ 的环戊二烯基三羰基锰，其中 A 是具有 5～17 个碳原子的环戊二烯基烃基团，其中环戊二烯基通过环戊二烯基环的碳原子与锰结合，该添加剂作为 TEL 的辅助添加剂加入汽油中；以及随后的 US2868816A 请求保护氢存在下有机锰与 CO 反应制备 MMT。在随后的十几年内，直至 1965 年，雅富顿从提高产量、减少副产物等方面研究采用新方法制备 MMT 的专利也必然对该产品存在技术支撑，例如 US2868816A、US2948744A、US2898354A、US2960514A、US2868700A、US2868698A、US2927935A、US2916505A、US2916504A、US2915539A 等。

由于各国对车用汽油中锰的含量都作了限制，雅富顿就含锰抗爆剂的研究逐渐适应这一现状，不断通过各种制备方法提高其辛烷值，从而降低使用量。在 1990 年之后，又相继就 MMT 的制备方法申请了 4 项专利：US4946975A、US5026885A、US5281733A、CN101165065A（上述提及的关键技术专利），其必然也是支撑上述产品的专利技术。该 4 项专利中的 US4946975A、US5026885A、US5281733A 在国内均无同族专利保护，仅 US4946975A、US5026885A 在美国以外的欧洲、日本、澳洲、加拿大等主要国家或地区有申请并获得专利权保护，US4946975A 涉及了有机锰在烷基铝存在下与醚反应制备 MMT，产率高；US5026885A 涉及了有机金属在还原气氛下在有机溶剂中与环戊二烯反应制备 MMT，原料易得。而上述提及的在中国的唯一一项申请 CN101165065A，目前处于专利失效状态。

除了上述已将技术转化为产品的专利以外，在 1990 年之后雅富顿在含 MMT 抗爆剂中致力于提高辛烷值方面还有以下专利申请：EP0609089A 公开了一种无铅航空汽油，其添加剂的组分为体积分数 85% ~ 92% 航空烷基化物、4% ~ 10% 甲基叔丁基醚（乙基叔丁基醚和/或甲基叔戊基醚）、0 ~ 10% 其他烃和 0.055 ~ 0.13g/L 的环戊二烯三羰基锰（CMT），该专利进入多个国家，并在美国、加拿大、墨西哥等国家获得授权，但其在中国并未申请专利；EP2014745A 公开了一种燃料添加剂浓缩物，其包括至少一种芳基胺和至少一种含金属的化合物，本燃料添加剂浓缩物可以协同增加辛烷值、燃料的经济性，同时还降低碳足迹，该专利在中国获得的专利权处于维持状态（CN101343578B）。上述两项提及的专利技术目前均未在雅富顿投放市场的抗爆剂产品中公开体现。

5.1.3 HiTEC 3140 产品与专利

进入 21 世纪，雅富顿发现 MMT 与清净剂混合，不仅能减少污染物排放，还能减少沉积，从而达到节油的目的。由此推出了 HiTEC 3140 产品。HiTEC 3140 融合了 HiTEC 3000 以及专利汽油清净剂，用于售后市场服务。表 5 - 1 - 2 给出了 HiTEC 3140 产品的性能参数，图 5 - 1 - 3 是 HiTEC 3140 产品在辛烷值方面的改进效果。

表 5 - 1 - 2　HiTEC 3140 产品性能参数

主要性能参数	HiTEC 3140
外观	清澈黄褐色液体
15℃时的密度（g/ml）	0.805
闪点℃（PMCC）	>56
流点（℃）	-59
40℃的运动黏度（mm²/s）	1.26
N%	0.046

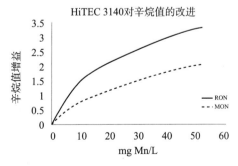

图 5 - 1 - 3　HiTEC 3140 产品效果图示

注：摘自 HiTEC 3140 产品手册。

通过对雅富顿关于含 MMT 的抗爆剂申请中致力于减少沉积物的专利进行筛选，该 HiTEC 3140 产品背后可能对应的相关主要专利申请有：WO0142398A 涉及了 CMT/MMT 与清净剂混合能减少喷油器上的沉积并减少废物排放，其在美国、欧洲等主要地区获得了专利授权，在中国无相关专利申请；EP2014745A 通过 MMT 与酰胺或有机金属混合使用，不仅节油，而且能减少碳沉积，其在美国获得了专利授权，并在中国获得了专利授权（CN101343578B）；US5551957A 使用清净剂、乙烯多胺以及三羰基锰，通过锰与琥珀酰亚胺的协同，减少发动机入口沉积，其仅在美国进行了专利申请，在中国及其他国家或地区均无相关专利申请。

另外，雅富顿拥有的多项关于清净剂的专利也是 HiTEC 3140 产品背后可能对应的相关专利，其在中国的相关专利申请主要有：

CN1076391B 公开了用于火花点燃用燃料中的新的高效清净剂/分散剂，它们是由以下（i）、（ii）、（iii）制得的一种曼尼希缩合产物：（i）1 摩尔份的至少一种取代的羟基芳族化合物，该化合物在环上具有（a）由数均分子量约 500 ~ 3000 的聚烯烃得到的脂族烃基取代基，和（b）C_{1-4} 烷基；（ii）0.8 ~ 1.5 摩尔份的脂族多胺，在其分子中具有一个和仅一个能够参与曼尼希缩合反应的伯或仲氨基，和（iii）0.8 ~ 1.3 摩尔份的至少一种醛；条件是醛与胺的摩尔比是 1.2∶1 或更少。载流体例如聚（氧化亚烷基）化合物进一步增强了这些曼尼希缩合产物在减少或降低进气阀沉积物和/或进气阀堵塞的功效，该项专利因费用终止而失效；

CN101210205B 公开了一种燃料清洁剂，其包括至少组分（a）高分子量羟基芳族化合物、（b）醛和（c）氨基羟基化合物反应的反应产物，该项专利因费用终止而失效；

CN101205491A 公开了在火花和压缩点火内燃机中为减少发动机沉积物而在烃燃料中使用新型高效且基本纯的曼尼希清洁剂。该曼尼希缩合反应产物由以下组分反应获得：（i）含有伯氨基的多胺，（ii）烃基取代的羟基芳族化合物，和（iii）醛，其中反应以（i）∶（ii）∶（iii）的摩尔比大约为 1∶2∶3 进行，该曼尼希清洁化合物可分散于液体载体中，为烃发动机燃料提供燃料添加剂浓缩物，其可有效控制进气阀、喷口燃料喷射器和燃烧室中的发动机沉积物生成，该项专利因驳回而失效；

CN101126039B 涉及一种清洁剂碱产品及其制备方法，该方法的一个实施方式包括：通过使下述物质进行反应形成双曼尼希中间化合物（i）至少一种羟基取代的芳环化合物，在该化合物的环上具有衍生自数均分子量为 500 ~ 3000 的聚烯烃的脂肪族烃基取代基，（ii）至少一种伯胺，和（iii）至少一种醛，由此产生的双曼尼希中间化合物然后与选自伯胺和仲胺的至少一种第二胺化合物反应以形成清洁剂碱产品，该项专利因费用终止而失效；

CN101407735A 涉及在烃燃料中使用的、新的、高效高纯度的曼尼希清洁剂能够降低火花或压缩点火内燃机的内燃机沉积。曼尼希缩合反应产品通过下述物质的反应得到：（i）具有伯胺基团的多胺，（ii）烃基取代的羟基芳香族化合物，和（iii）醛，其中反应是在（i）∶（ii）∶（iii）的摩尔比近似为 1∶2∶3 或 1∶1∶2 的情况下进行的，曼尼希清洁剂化合物可以分散在液态载体中来提供一种用于烃内燃机燃料的燃料添加剂浓缩物，该浓缩物可以有效地控制进气阀、端口燃料喷射器和燃烧室中内燃机沉积的形成，该项专利尚未授予专利权；

CN1704407A 公开了用于制备曼尼希产品的改进的方法使用中间体或者预先形成的三嗪，所述产品可在燃料组合物中用作清净剂，包含曼尼希产品的燃料组合物可用于控制发动机中进气阀沉积物，该项专利也处于失效状态。

由上述相关专利的分析可知雅富顿尽管在国内未销售该用于减少燃烧室沉积的 HiTEC 3140 产品，但其在中国目前仅存在一项可能相关的专利处有有效保护状态，这就给国内相关产业留下了较大的发展空间。

5.2　专利技术转让

研究联合体经过研发投入获得能降低产品生产成本的技术专利，研究联合体在自己具有生产能力的前提下，还想通过技术转让获得额外的经济收入。创新联盟专利授权模式的问题，受到越来越多的关注。

根据第 2 章对汽油抗爆剂全球专利概况中区域国别分布的研究结果发现全球汽油抗爆剂专利申请主要来自美国，占全球申请总量的 42%。因此考察抗爆剂领域的专利申请中美国专利转让情况非常有必要，同时也可以为国内抗爆剂领域相关人士提供有效的信息，下面就对美国在抗爆剂领域的专利转让情况进行分析。

5.2.1　美国重要专利技术转让

分析图 5-2-1 发现，在美国存在转让活动的专利共计 159 项，占总数的 28%，但是随着时间的增长，转让数量呈下滑趋势，这说明本领域技术发展到了一个瓶颈阶段，对于现有使用的抗爆剂技术，并未找到更好的解决办法。

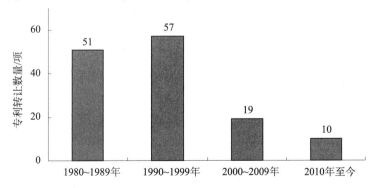

图 5-2-1　在美专利转让数量的年代分布情况

进一步对在美国的主要受让人受让的专利数量随着年代的变化进行深入分析发现，主要转让专利集中在 20 世纪的 90 年代，这是一个活跃期。主要活跃的受让人有美国 UOP 公司、美国 HUNTSMAN SPECIALTY CHEMICALS CORPORATION 和美国 PHILIPS

PETROLEUM COMPANY 公司，上述三位均是美国著名石油公司，受让专利均为18项。进入21世纪后各大主要受让人的受让专利数量急剧减少，受让专利均为5项以下。经过对比，这与抗爆剂领域的全球专利申请量年度变化趋势基本吻合，在20世纪90年代存在一个专利量申请的高峰，进入2000年后缓慢下降。这个情况也进一步证实了之前的推测：抗爆剂领域技术发展到了一个技术瓶颈阶段，对于现有使用的抗爆剂技术，并未找到更好的、可真正替代现有产品进入生产行业的产品，目前的最新技术还都处于测试研发阶段。

21世纪初至今，共有29项在美国存在转让活动的专利。

下面课题组对上述29项专利技术分为两大块内容介绍：各类化合物抗爆剂的使用方法研究以及抗爆剂化合物的制备。

各类化合物抗爆剂的使用方法研究占了这29项存在转让活动专利的大部分，其中重要专利有：US6514299B1 醚和醇类共同作为抗爆剂；US20020055663A1 异辛烷、甲苯、TEL等作为航空燃料油的抗爆剂；US20020045785A1 包含烃、饱和液态脂肪族烃和其他汽油添加剂的无铅汽油，用以提高辛烷值；US20040060228A1 二丁基氧化物、二戊基氧化物和/或丁基戊基氧化物的异构体作为提高辛烷值的汽油添加剂；US20030183554A1 汽车或航空非铅汽油中添加脂肪烃、饱和液态脂肪族烃和其他汽油添加剂，用以提高辛烷值；US5841014A 石蜡用异链烷烃进行烷基化制备用来提高汽油辛烷值的抗爆剂；US20030196371A1 添加包含可溶性铁化合物和镁基化合物至燃料油中以提高辛烷值；US4674447A 将锰基化合物作为辛烷值改进剂，在不使用含钠和钡化合物作为汽油添加剂的情况下，提高辛烷值；US20050268532A1 包含MMT和燃料调节剂组分作为汽油抗爆剂；US20050229479A1 一种组合物包含取代类的聚烷烃、聚醚、聚碳酸酯等衍生物，用以提高抗爆性能；US20090031614A1 环境友好类燃油添加剂；US20080134571A1 非铅汽油组合物，其包含烷基苯、芳香基胺、烷烃和/或异构烷烃；US20090107031A1 甲醇、乙醇等作为汽油抗爆剂；US6371998B1 包含聚氧乙烯–10–硬脂醇、甘油二硬脂酸酯、大豆乙基酯等作为汽油抗爆剂；US20050229480A1 芳香胺化合物用于含铅航空油提高辛烷值；US20120204480A1 包含纳米氧化锌和不含硫原子的表面活性剂的液体燃料油，以提高燃油的辛烷值，这是迄今为止最新一项存在转让活动的专利申请，其在抗爆剂领域引入了纳米材料，并对获得的专利权进行了成功转让，这也说明该技术值得相关技术人员关注。

由上述主要专利内容的分析可知，抗爆剂无公害化是大势所趋，不同于MMT、MTBE等传统抗爆剂的新型抗爆剂，如复配类、酯类、醇类、胺类等抗爆剂的使用蓄势待发，这类无公害抗爆剂的研发使用收到越来越多的关注，部分研发团队也已经通过专利授权转让的形式，获得了收益。这也从侧面说明了该类申请吸引着该领域大部分专利权购买者的眼球，抗爆剂领域迫切需要有机无灰类化合物的使用以减少日益增加的环境危害。

另一大部分申请主要涉及了抗爆剂作为化合物的制备，包括其制备方法、使用的催化剂等。其中重要专利有：US6583325B1 作为抗爆剂的叔醚化合物的制备；

US6323366B1 作为抗爆剂的芳基胺类化合物的制备；US4547603A 抗爆剂单烷基环戊二烯的合成；US5616217A 抗爆剂 MTBE 的合成；US20090112036A1 异丁烯低聚物的制备方法；US5026885A 抗爆剂过渡金属环戊二烯化合物的制备；US4946975A 抗爆剂环戊二烯三羰基锰化合物的制备；US20130131392A1 抗爆剂乙基叔丁基醚的制备。

由上述主要专利内容的分析可知，不同于抗爆剂使用领域中着重抗爆剂种类的开发，在抗爆剂的制备领域还是以目前实际常用的抗爆剂种类为主，这也说明了目前并未有很好的常用抗爆剂替代品，实际使用的抗爆剂种类还有一定的使用生命力，目前还是有一些申请人在进行这方面的研究。

在上述这 29 项在美国存在转让活动的专利中，处于续费后专利权有效期的共有 11 项：US20020055663A1、US6323366B1、US20030183554A1、US5841014A、US4547603A、US6371998B1、US20090112036A1、US7763164B1、US5026885A、US4946975A、US20090094885A1，占总数 29 项的 38%；最新的法律状态为转让的有 13 项：US20020045785A1、US20040060228A1、US4674447A、US20050268532A1、US20050284020A1、US20050229479A1、US20090031614A1、US20080134571A1、US20090107031A1、US20050229480A1、US20060196111A1、US20130131392A1、US20120204480A1，占总数的 45%；而失效的专利有 5 项，仅占 17%。这说明在这些存在转让活动的专利中绝大多数还是得到受让人的认可从而保持相应专利权的。

5.2.2 美国专利技术转让的主要受让人

由于 20 世纪 90 年代是抗爆剂领域专利申请量的高峰时代，相应的在 1990～1999 年专利技术转让共有 57 项，占在美国存在转让活动专利的近 1/3，是一个比较活跃的阶段，如图 5 - 2 - 2 所示，对不同年代在美主要受让人的专利内容进行深入分析。

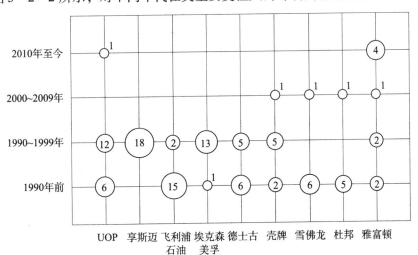

图 5 - 2 - 2 在美专利主要受让人分布情况

注：图中数字表示转让量，单位为项。

在该阶段受让专利数量占首位的是享斯迈，于1999年从BANKERS TRUST COMPANY处购买了共计18项专利，均涉及重要抗爆剂MTBE及其结构类似物的制备，并未提及其具体使用方式，这主要是由于该公司的研究主要偏重于常用含氧有机物抗爆剂作为一种化合物的制备方法，包括使用的催化剂等。上述专利公开号为US5741951A、US5716896A、US5792890A、US5705711A、US5179052A、US5003112A、US5214218A、US4822921A、US5220078A、US5183947A、US5162592A、US5387723A、US5254759A、US4925989A、US5387721A、US5386065A、US4918244A、US5059725A。

同一时期，受让专利数量占第二位是埃克森美孚，于1990~1993年获得专利权共计13项，分别从HARANDI MOHSEN N.和BELL WELDON K.处购得专利3项和10项，涉及的都属于各类有机无灰类抗爆剂的制备方法。上述专利公开号为US5108719A、US5225609A、US5095167A、US5144086A、US5208387A、US5221777A、US5258569A、US5326922A、US5239109A、US5405814A、US5324865A、US5414146A、US5324881A。

受让专利数量占第三位是UNIVERSAL OIL PRODUCTS COMPANY共计12项，分别从HOBBS SIMON H.和MARKER TERRY L.处购得专利各6项，涉及了各类有机无灰类抗爆剂的制备方法。上述专利公开号为US4945175A、US5210327A、US5283373A、US5324866A、US5365008A、US5399788A、US5371301A、US5326926A、US5504258A、US5473105A、US5600023A、US5621150A。

受让专利数量占第四位是壳牌，于1994~1996年获得专利共计5项，均从LIN JIANG-JEN处购得，涉及了环状酰胺烷氧基化合物（US5352251A、US5458660A）、包含聚醚醇化合物的乙内酰脲（US5489315A）、芳香胺类化合物（US5458661A、US5507844A）用于汽油添加剂，以提高汽油辛烷值。

受让专利数量同占第四位是德士古，于1991~1994年获得专利共计5项，4项从DEROSA THOMAS FRANCIS处购得，均涉及了在汽油中添加胺类有机化合物以提高汽油辛烷值（US5366518A、US5558685A、US5536280A、US5468264A）。另1项购自WEBSTER GEORGE HENRY JR.（US5413717A），涉及从废水中去除MTBE，以保护环境。

上述这些专利的转让充分说明了，抗爆剂的使用企业，主要通过专利技术转让的形式获得抗爆剂化合物的制备方法，结合前述的分析结构，其主要研发重点在于在汽油中添加何种抗爆剂以及如何添加以达到更好抗爆效果的领域。

5.3 专利技术合作

2010年全国"两会"和国家"十二五"规划进一步把增强企业创新能力作为科学技术发展的战略基点，作为调整产业结构、转变增长方式的中心环节，这为我国企业提高技术创新能力和建设创新型国家确定了明确的战略目标。因此，企业只有通过提高技术创新应变能力，提高产品创新效率，才能在不断变化的内外部环境中占有一席之地。

然而，随着技术的进步和经济全球化的到来，人们过去过分强调在企业内部开发新产品和新技术，由于企业自身能力的不足，企业自主创新的应变能力差，产品创新效率低，仅依靠企业内部有限的知识和资源进行研发将变得日益困难，因此，单个企业的自主创新模式由于受创新资源的局限很难实现重大突破，难以满足企业参与日趋残酷的市场竞争。同时，单个企业的创新活动也面临着日益加剧的创新风险。在高度不确定性的市场竞争环境与技术环境下，企业不能仅仅将目光集中在提升自身的研发开发能力上，越来越多的企业开始探索以技术创新联盟为组织形式的企业合作创新模式。

研究联合体是一种常见的高效的创新联盟形式，是在研发阶段共同投资、共同研发、共享成果，在产品生产和市场开发阶段进行合作的一种组织形式，并且完成研发后在产出阶段竞争，是为反垄断法所推崇的一种合作创新组织形式。研究联合体是由多家企业或者研究机构、大中专院校等其他组织在研发阶段共同控制形成的合作创新组织形式，是一种非实体性研发合约或研发联盟、企业或其他类型的组织共同投入资源，协调相互行为，以承担共同的研发项目。和企业传统的自主技术创新相比，研究联合体的创新具有明显的优势，创新组织联合起来从事研究开发，可以有效降低创新投资风险，整合各方面资源，提高创新效率，缩短创新投资回收周期等。

5.3.1 国外申请人间的合作

在全球抗爆剂领域734项专利申请中，两个以上的申请人之间共同申请的专利有104项，占专利总量的14.2%，其中国外申请人合作的有83项；国内申请人合作的有21项。下面分别对国外申请人和国内申请人的合作情况进行研究。

从图5-3-1看出，国外83项合作申请中有近一半的专利申请出现在2000~2010年这10年间。详细地从1960年抗爆剂领域的第一项申请开始，经过10年的发展，到1972年出现了第一项由KAWAGUCHI CHEM. IND. CO.和MITSUBISHI GAS CHEM. CO. INC.等公司合作在日本申请的专利JPS4937905A，其涉及通过在含胺类汽油中添加2-巯基苯并噻唑和烷基酚提高辛烷值。然而在后续的30年中，其合作数量激增，到了21世纪初的10年达到了43项，可见在世界范围内的各大公司和组织都迅速加强了合作力度，联合对抗爆剂这一技术领域进行了开发。

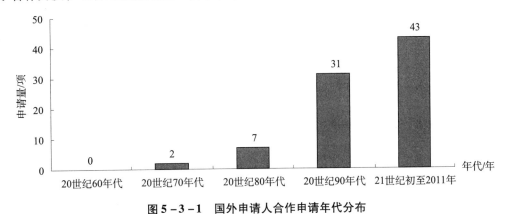

图5-3-1 国外申请人合作申请年代分布

从本领域国外申请的合作情况看，由于共同申请人往往为 2 个以上，这也充分说明了该领域的国外申请之间的合作已经非常密切。下文为了便于分析与说明，以主要申请人说明这些合作申请的具体情况。

在这共同开发的 83 项专利中，作为第一申请人参与合作申请数量排名前五位公司的专利申请都集中在 20 世纪 90 年代至 21 世纪初的 10 年中，从图 5-3-2 对比可知，主要集中在含氧有机物类中，并且可以发现，所有合作项目涉及的抗爆剂都属于有机无灰类抗爆剂，这与日益关注的环境中重金属排放量的控制密切相关。

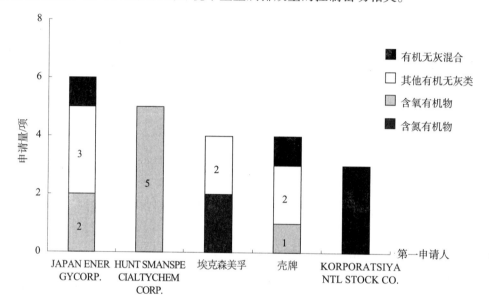

图 5-3-2　国外合作申请专利技术领域分布

在上述共同开发的 83 项专利中，作为第一申请人参与合作申请数量排名前五位的公司依次为：

（1）排名第一位的是 JAPAN ENERGY CORP. 共有 6 项，其主要合作伙伴为 NIPPON OIL CO. LTD.（共 4 项），集中于 2006 年和 2007 年，均仅申请了日本专利，其中 JP2006143833A 和 JP2006160772A 的发明人中均有 BABA H.，技术分别涉及了含氧有机物类以及苯和烷烃类抗爆剂，解决的技术问题都是使汽油组合物具有较高的辛烷值、较低的二氧化碳排放量；JP2007023164A、JP2007045858A 的发明人中均有 MATSUMOTO K. 和 TANAKA E.，技术分别涉及了添加乙基叔丁基醚和乙醇作为抗爆剂以及添加乙基叔丁基醚和芳香烃作为抗爆剂，使汽油组合物具有较高的辛烷值、较低的蒸气压和低沸点等优点，两者都是将常用乙基叔丁基醚作为抗爆剂的主要成分，添加其他有机物，达到降低辛烷值的目的；

JAPAN ENERGY CORP. 的共同 6 项申请中，另一主要合作伙伴为 KYOSEKI SEIHIN GIJUTSU KENKYUSHO KK.，其在 2006 年前后有两项合作申请，均仅申请了日本专利：JP2006077255A、JPH09302359A，两项申请的发明人都为 AKASAKA Y. 和 YAMADA T.，两者都涉及了添加甲基环戊烯以获得较高的辛烷值。

从上述 JAPAN ENERGY CORP. 与其他公司进行的合作情况来看，该公司主要涉及了抗爆剂的添加领域，属于研发如何对抗爆剂进行合理使用以最大程度提高抗爆性能的领域。

（2）排名第二位的是享斯迈共有 5 项申请，其合作伙伴均为德士古（共 4 项），申请集中于 1993 ~ 1996 年，在美国、欧洲、加拿大、日本都申请了专利保护，其中 US5387721A 和 US5386065A 的发明人均为 BENAC B. L.、KRUSE C. J. 和 PRESTON K. L.，涉及的主题内容均为常用抗爆剂 MTBE 的制备，EP0661257A1、US5387723A 的主要发明人为 DAI P. E. 和 KNIFTON J. F.，主题内容分别涉及了可作为抗爆剂的异丙基叔丁基醚的制备和一步法合成烷基叔丁基醚，EP0759418A1 涉及了 MTBE 的制备，发明人有 BENAC B. L.、KRUSE C. J.、PRESTON K. L.，其中 PRESTON K. L. 就参与了前期同样涉及该公司 MTBE 制备的两项申请 US5387721A 和 US5386065A 的研发工作，这说明了该公司在 1993 ~ 1996 年持续关注了作为最常用抗爆剂化合物的 MTBE 的制备研发工作。

由上述专利申请涉及的领域可知该公司主要偏重于常用含氧有机物抗爆剂作为一种化合物的制备方法，包括使用的催化剂等，因此其并未出现在汽油抗爆剂领域主要国外申请人的行列中。而作为抗爆剂使用的国外重要申请人德士古，作为共同申请人参与了上述专利的申请保护，这就成为了上游化合物研发企业与下游使用者——大型汽油公司形成研究联合体共同开发抗爆剂新技术的具有代表性的案例。

（3）排名第三位的是埃克森美孚共有 4 项申请，最早的一项专利申请是 20 世纪 90 年代的 WO9719041A1，涉及在所述催化剂的作用下制备烷基化异构烷烃得到用于提高汽油辛烷值的抗爆剂，合作伙伴为 MOBI，其也是汽油抗爆剂领域全球重要申请人之一，该申请属于两大巨头之间的强强联合，在美国、欧洲、加拿大、日本、澳大利亚等国家都申请了专利保护，并且在美国具有多项优先权，这说明了该公司利用本专利在 20 世纪 90 年代已在世界各主要国家进行了专利布局；ESSO 又于 2004 年申请了两项专利 US2005229480A1、WO2006060364A2，在美国、欧洲、加拿大、日本、澳大利亚等国家都申请了专利保护，其合作伙伴分别为 BELL T. M.、BLAZOWSKI W. S. 等和 GAUGHAN R. G.、HOSKIN D. H. 等，都属于航空用油领域，分别具体涉及在含铅航空油中添加芳香类胺以提高其辛烷值，以及在不含铅航空油中添加芳香类化合物以提高其辛烷值，两者分别适用于不同类型的发动机；之后，埃克森美孚又于 2007 年，与 CHENG J. C. 等合作仅在美国本土申请了 US2009112036A1，涉及制备一种有机无灰类抗爆剂所用的催化剂。

由此可见作为抗爆剂领域重要申请人的埃克森美孚，从 20 世纪 90 年代到 21 世纪一直采用了研发联合体的形式与其他公司合作进行新技术的开发。

（4）共同排名第四位的是壳牌也有 4 项申请，分别与不同的公司进行了合作，时间跨度较大——从 1992 年一直延伸到 2010 年，依次有 JPH05302090A、US2008134571A1、WO2010136436A1、EP2365048A1，除了早期的 1992 年的申请仅在日本申请保护外，其余的 3 项分别在美国、欧洲、加拿大、日本、澳大利亚等国家都申请了专利保护。

JPH05302090A 涉及了具有低芳香烃含量高性能的汽油，其包含了不仅含有环己胺的脂环（族）化合物；US2008134571 A1 涉及了在无铅汽油化合物中添加烷基苯、芳族胺和异链烷烃以提高汽油的辛烷值；WO2010136436A1 涉及了在无铅汽油化合物中添加具有 $R_1 - C（O）- O - R_2$ 结构式的烷基酮化合物，其中 $R_1 = C_{3 \sim 5}$、$R_2 = C_{1 \sim 6}$ 的直链或支链烷基，以提高汽油的辛烷值；EP2365048 A1 涉及了在汽油中添加三环烯以提高汽油的辛烷值。

由此可知，作为抗爆剂使用的汽油公司 SHELL，与他人合作的研究重点也集中在抗爆剂的种类选择以及使用上。

（5）排名第五位的是 KORPORATSIYA NTL STOCK CO.，共有于 1996 年提出的 3 项申请，合作伙伴均为 REGUL TM. STOCK CO.，依次有 RU2101327 C1、RU2102440 C1、RU2102439 C1，其发明人均为 NIKITIN N. A.、NIKONOV A. M. 和 POPOVICH P. R.，3 项申请均只有在俄罗斯申请了保护，都属于有机无灰混合类抗爆剂的添加，具体依次涉及了在汽油中添加有机硅液体、四氮六甲圜、$C_{10 \sim 16}$ 脂肪酸、戊醛、甲基异丙酮等以提高汽油的辛烷值；在汽油中添加三苯基胺、二丙基酮、甲基丙醇等添加剂以提高汽油的辛烷值；在汽油中添加 $C_{10 \sim 16}$ 脂肪酸、α - 萘酚、四甲基乙烯乙二醇、甲基苯胺等添加剂，以提高汽油的辛烷值。

由此可知，该公司与其固定的伙伴形成的研发联合体主要研发上述有机无灰混合类抗爆剂的添加。

通过上述对作为第一申请人参与合作申请数量排名前五位的公司以及其专利申请涉及的领域、内容的分析可知，其中的大多数公司同样也是整个抗爆剂领域专利申请的主要申请人，其余的也是与这些主要申请人进行的合作申请，涉及的主要领域还是集中在抗爆剂的种类选择以及使用上。

5.3.2　国内申请人间的合作

图 5 - 3 - 3 为中国专利申请合作情况。在中国专利申请的抗爆剂领域的共计 177 件申请中，合作申请的为 21 件，占总申请量的 12%，均为国内申请人之间的合作，未有跨国合作的申请。

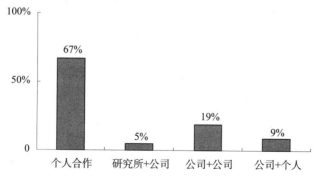

图 5 - 3 - 3　中国专利申请合作情况

在这些共同申请的申请人类型方面，个人申请人合作最多，共11件，研究方向的分布比较散，涉及了抗爆剂的各个分支技术，例如，金属化合物、含氧有机物、有机无灰混合类、金属化合物＋含氧有机物等，其解决的目标问题主要为减少污染、节油以及降低成本。

合作数量占据第二位的是公司之间的合作，共4件，参与合作的公司分别有：

深圳市日研科技有限公司和深圳市日研油公汽车技术开发有限公司。CN 1530428A该申请具体涉及了一种车用轻烃油，该轻烃油及其混合燃料作为汽车燃料使用，具有清洁高效的特点。

黄河三角洲京博化工研究院有限公司和山东京博控股股份有限公司共有2件申请。CN102746919A提供了具体涉及一种能够大幅度提升汽油燃料的抗爆性能的汽油辛烷值改进剂组合物；该添加剂包含有汽油抗爆剂甲基环戊二烯三羰基锰（MMT）、醇类辛烷值促进剂、胺类促进剂、酰胺类促进剂、烷基酚类辛烷值改进剂、金属引出添加剂以及助溶剂组成；采用本发明的汽油辛烷值改进剂能提高汽油的辛烷值2.0～10.0个单位，同时该辛烷值改进剂具有防止发动机沉积物增加的特点，不会对汽车发动机造成损坏；CN102643691A涉及一种能够降低油耗、减少尾气排放物污染的汽油多功能复合添加剂；该添加剂包含有汽油清净剂、助燃剂、低温启动提高剂、抗爆剂、抗氧防胶剂和金属腐蚀抑制剂；采用本发明的汽油复合添加剂能够改善汽油清净性、抗氧化性和防腐蚀性能，同时提高燃油燃烧性能、降低油耗，以及降低汽车尾气污染物，所述的抗爆剂为甲基叔丁基醚。两件申请均成功获得专利授权，并且迄今为止专利权仍处于有效状态，这说明这两件专利对于该研究联合体存在进一步的使用价值。

珠海飞扬新材料股份有限公司和深圳市飞扬骏研技术开发有限公司。CN103409179A具体涉及一种仲丁醇汽油，仲丁醇汽油由汽油和仲丁醇组成，在不使用添加剂和不需改装发动机的情况下，可有效降低汽车尾气的污染问题，且我国的仲丁醇产能过剩，仲丁醇的价格成本低，因此仲丁醇汽油的成本更具优势。

从上述公司之间合作申请的共同申请人可以发现，公司之间的合作目前基本还停留在同属某一集团下属的多个子公司之间的合作。

另外，公司与研究所之间的合作尽管只有1件（CN1294129A），其共同申请人为中国科学院兰州化学物理研究所和宜兴市创新精细化工有限公司，这也说明了国内大型研究所也正在加入抗爆剂的研发领域，但是由于该技术领域的成熟度很高，进一步创新的难度和成本均较高，因此研究所或大学等参与的共同开发项目较少。该申请具体涉及了一种无铅汽油添加剂甲基环戊二烯基三羰基锰的制备方法，属于金属化合物类抗爆剂，其优势在于能够得到较高产量的甲基环戊二烯三羰基锰，并获得专利授权。

进一步对中国专利申请的合作领域进行分析发现，如图5-3-4所示，金属化合物及有机物混合类的专利申请数量居第一位，该类属于复合类抗爆剂，是20世纪90年代后显著发展起来的新型抗爆剂，由于该复合抗爆剂中有机物的种类繁多，添加后的效果差别较大，因此也为各个合作申请人提供了较好的研发空间。

但是，这与下文分析得知国外合作申请都集中在有机无灰类抗爆剂这一现状存在较大的差别。这可能与国外对环境重金属含量的关注度更高有关系，同时这也给国内研发企业、组织指出了进一步合作研究的方向。

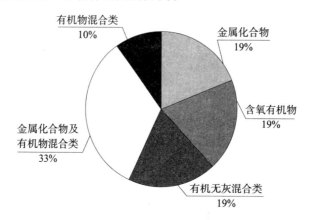

图5－3－4 中国专利申请共同申请技术领域分布情况

从目前的合作专利申请的申请人情况来看，第2章中分析得到的国内抗爆剂领域专利的主要申请人，一方面，上海中茂新能源应用有限公司、济南开发区星火科学技术研究院等均未在该领域与其他团队或个人合作形成研究联合体，进行新技术的共同开发；另一方面，在中国专利申请的这21件合作申请中，除了上述的黄河三角洲京博化工研究院有限公司和山东京博控股股份有限公司拥有2件共同申请之外，还未有其他任何申请人有2件或2件以上的与他人合作的申请。

上述两方面都说明了在国内抗爆剂领域，申请人在新技术的开发研究方面还是处于"单打独斗"的状态，然而随着技术的进步和经济全球化的到来，由于企业自身能力的不足，企业自主创新的应变能力差，产品创新效率低，仅依靠企业内部有限的知识和资源进行研发将变得日益困难，因此建议国内申请人探索以技术创新联盟为组织形式的企业合作创新模式，以有效降低创新投资风险、整合各方面资源、提高创新效率、缩短创新投资回收周期。

第6章　主要结论和政策建议

6.1　主要结论

6.1.1　从整体上看全球

汽油抗爆剂全球专利申请量分别在 1980 年、1994 年和 2002 年三次出现较明显的增长。自 2005 年至今专利申请量较稳定，一直保持在年申请量 20 项左右，专利申请总量并不大，并不是全球热点研究领域。

全球汽油抗爆剂专利申请主要来自美国，其次是中国和日本。

全球汽油抗爆剂专利申请量排名前 13 位主要专利申请人为：雅富顿、埃克森美孚、德士古、壳牌、飞利浦石油、日本石油株式会社、UOP、日本科斯莫石油公司、法研院、亨斯迈公司、日本能源公司、中国上海中茂新能源有限公司和济南开发区星火科学技术研究院，其中美国有 6 位，日本有 3 位，荷兰有 1 位，法国有 1 位，中国仅有 2 位申请人入选。可以发现，国外专利申请人全部为国际知名跨国公司，中国的两位申请人为中小型企业和研究院，中国传统大型石油公司和企业中石油、中石化等表现并不突出。

全球汽油抗爆剂专利技术主要集中在有机无灰类抗爆剂技术，其次是复合类抗爆剂技术，金属有灰类抗爆剂申请量最少。进一步讲，有机无灰类抗爆剂专利技术中的含氧有机物类专利申请量最多，其次是有机无灰混合类；复合类抗爆剂中专利申请量最多的是金属化合物与含氧有机物混合类；金属有灰类抗爆剂中金属化合物类的专利申请量最多。

6.1.2　从整体上看中国

中国汽油抗爆剂专利申请量在整体上一直保持着震荡上升的态势，年度专利申请量并不大，即使在申请量最多的一年 2009 年，也仅有 17 件。

中国相关专利申请中有 71 件视撤，60 件授权，11 件被驳回，35 件处于在审状态。从中可以看出，该技术领域的视撤率较高，大约为全部专利申请的 40%；授权率只有 34%，有效保护的专利占全部中国专利申请的 15%。

中国汽油抗爆剂专利申请中仅有 14 件专利申请是国外在华申请，分别来自美国、荷兰、法国、英国、日本和韩国，可以看出，国外申请人并不重视汽油抗爆剂在中国的专利布局，中国并未成为国外申请人关注的市场，仅占中国专利申请总量的 8%，其余92%的专利申请均为国内申请人，主要来自山东、北京、陕西、辽宁和上海。

中国汽油抗爆剂专利技术的主要申请人是上海中茂新能源应用有限公司、济南开发区星火科学技术研究院和山东东明石化集团有限公司；国外来华主要申请人是壳牌和雅富顿。中国的主要申请人都是中小企业，而国外来华主要申请人都是著名跨国公司。汽油抗爆剂领域个人申请量占比较高，个人申请和公司申请的比例几乎各占一半。而合作申请也非常少，仅有21件。

中国汽油抗爆剂专利技术也主要集中在有机无灰类抗爆剂，其次是复合类抗爆剂，金属有灰类抗爆剂的申请量最少，有机无灰类抗爆剂中有机无灰混合类和含氧有机物两大类是专利技术的研究重点，复合类抗爆剂中金属化合物与有机无灰混合类的专利申请较多，其次是金属化合物与含氧有机物混合类抗爆剂。

6.1.3 MMT 重点技术

从专利申请量来看，全球 MMT 专利技术申请量一直稳定在较低的水平，申请量最多的年度是1975年，有6项专利申请。中国 MMT 专利技术申请量未呈现出明显的增长趋势；专利申请的连续性较差，年度专利申请量也一直稳定在较低的水平，年均申请量维持在2件左右；即使在申请量最多的2006年也仅有4件专利申请。

从区域分布开看，全球专利技术研发国涉及5个国家，分别是美国、中国、英国、俄罗斯和加拿大。专利技术的研发主要来源于美国，其次是中国。其中美国的表现最抢眼，其专利技术申请量占 MMT 技术总申请量的68%，其次是中国，为26%。美国的专利技术除了在本国请求保护以外，还注重对周边国家的渗透，例如加拿大、欧洲、澳大利亚等；中国专利技术研发相关人员尚未有效利用专利对其研发成果进行相应的保护。国外申请人未在中国进行布局，仅有3件是通过《巴黎公约》渠道进入中国的国外在华专利申请，均是雅富顿的在华申请，中国国内申请人的专利来自北京、甘肃、广东和山东。

从专利集中度来看，专利申请的集中度非常低。中国只有3位个人申请人同时拥有2项专利申请。

从法律状态来看，中国专利申请中有效专利非常少，视撤率较高，授权率较低。

从主要专利申请人来看，MMT 专利技术的申请人主要是企业，占整个 MMT 专利申请的59%，其次是个人，专利申请量最少的是大学和科研院所。雅富顿是该领域主要专利申请人。

6.1.4 MTBE 重点技术

从申请量年度分布来看，全球关于 MTBE 作为汽油抗爆剂的专利申请始于20世纪70年代初，在20世纪80年代初出现专利申请的第一个高峰期，20世纪90年代申请量相对稍多一些，但此时的一些专利申请集中在 MTBE 制备方法的改进。进入21世纪后，虽然出现关于 MTBE 专利申请的小高峰，但其中多是中国的专利申请，这说明在全球范围内整体减少对 MTBE 专利申请的同时，中国汽油添加剂领域由于还处于广泛应用 MTBE 时期，因而关于 MTBE 的专利申请相比其他国家多一些。中国第 1 件关于 MTBE 的专利申请比全球申请的时间要晚一些。从 20 世纪 80 年代到现在，中国关于 MTBE 的研究一直没有出现热潮，每年的年均申请量一般在 5 件（含 5 件）以下，关于 MTBE 的专利申请量最多的年份出现在 2001 年和 2010 年，每年均为 5 件申请。

从区域分布来看，汽油抗爆剂专利申请的龙头老大——美国，其在关于 MTBE 方面的专利申请中也占有较大比重。美国主要集中在制备 MTBE 方法的研究。进入 21 世纪后，随着 MTBE 淡出美国汽油抗爆剂的舞台，美国在此方面的专利申请也逐渐减少。从 MTBE 全球专利申请国别分布来看，美国和中国的专利申请量分别居于第一位和第二位，随后是日本和俄罗斯分别占全球专利总申请量的 8%。从 MTBE 中国专利申请区域分布可以看出，广东、山东和上海的专利申请最多。

从主要申请人分布来看，全球专利申请量居前 6 位的中有 5 位属于美国的公司，可见美国关于 MTBE 的专利申请主要集中在较大的化学公司。德士古、埃克森美孚、亨斯迈化学公司、UOP 和飞利浦石油总的专利申请量占到美国 MTBE 的专利申请量的 65%。从 MTBE 中国专利申请人分布可以看出，在关于 MTBE 的历年国内专利申请中，个人申请占到国内申请量的将近一半，没有形成规模的科研团队。关于中国 MTBE 专利申请的主要申请人为上海中茂新能源应用有限公司，其申请的 3 件专利或者处于授权后专利保护状态，或者获得专利权后由于未缴纳年费而终止专利权。多数申请人只有 1 件专利申请。中石化、中石化石油化工科学研究院对于 MTBE 作为汽油抗爆剂的技术并没有提出相关专利保护，其相关的专利是关于 MTBE 的合成工艺。

从技术分支分布来看，国外的专利关于制备 MTBE 的方法的专利申请较多。中国的专利中关于 MTBE 制备的相关申请较少，多数申请是将 MTBE 作为汽油添加剂的组分加入以改善汽油的性能。虽然在中国关于 MTBE 的专利申请授权率较高，但是处于有效法律状态的 MTBE 专利并不多（失效原因多为没有按时缴纳专利年费），这说明授权的 MTBE 专利在产业中应用并不理想。制备 MTBE 的专利申请主要为所使用的催化剂、反应原料、制备工艺改进等方面。对于金属与有机复配抗爆剂的专利技术来说，除了金属与 MTBE 复配以外，在添加剂中还会含有其他的有机类抗爆剂，比如醇类、除 MTBE 以外的其他醚类、酯类以及烃类抗爆剂。随着对无铅汽油的要求，汽油抗爆剂中加入的金属种类转为锰类、碱金属类。对于有机复配类抗爆剂多是具有单一功能，而一种理想的添加剂应具有多重功能，需要避免加入影响发动机性能和危害环境的物质，如何取长补短、突显优势降低缺点、更好地发挥抗爆剂的基本功能是未来研究的重点。

6.1.5 新型汽油抗爆剂重点技术

抗爆剂无公害化是大势所趋，不同于 MMT、MTBE 等传统抗爆剂的新型抗爆剂蓄势待发。新型抗爆剂主要分为复配类、醇类、酯类、胺类以及降低 ORI 类抗爆剂。根据抗爆剂发展的历史和现有抗爆剂组分存在的问题，探索既能使燃料完全燃烧、对人体无毒害作用、不污染地下水，又能提高抗爆性的无污染抗爆剂是目前抗爆剂的发展方向。

复配类抗爆剂是业内企业的一个研发重点，其申请量占据首位，是唯——种中国申请量超过国外申请量的新型抗爆剂，国内企业具有一定优势，个人研发者参与度较高，表现活跃，没有出现占据垄断地位的大公司。目前，金属有灰类抗爆剂与含氧有机物混合、有机无灰类抗爆剂混合这两个技术分支受到持续关注。

醇类抗爆剂将会是未来新型抗爆剂的研发热点。目前市场中存在多个申请主体，技术集中度较低。主要涉及四个技术分支：甲醇、乙醇、丁醇、混合醇，鉴于低毒环保的要求，混合醇和乙醇是更有发展前景的醇类抗爆剂。

酯类抗爆剂也是一种有潜力成为未来广泛使用的绿色环保抗爆剂，主要申请人为日本大公司，从专利申请技术内容来看，国外申请人在关注酯类抗爆剂组成的同时，更将研发重点放在酯类抗爆剂的生产方法上，为下一步的大规模市场应用进行技术储备；国内申请人对生产工艺关注很少，研发重点局限于酯类抗爆剂的组成。

胺类抗爆剂只在 1994 年有 5 项国外专利申请，此后直到 2000 年才重新开始相关申请，但申请数量不大，主要申请人是美国德士古化学公司和荷兰壳牌石油公司。

中国大陆没有涉及降低 ORI 类抗爆剂的专利申请，通过添加剂减少 ORI 从而降低抗爆剂的使用量，这是不同于国内申请人的另一研发思路，而该技术由于要对发动机进行配套改变，实现产业化应用困难较大。

总之，复配类抗爆剂和醇类抗爆剂作为目前受到关注的新型抗爆剂，将会在未来的几年获得更多的重视，随着研发力量的不断投入和关键技术的突破，将为抗爆剂行业带来更为广阔的市场前景和更大的经济价值。

6.1.6 雅富顿

雅富顿作为居于世界前列的跨国公司，以收购转型发展油品添加剂业务，并不断通过收购扩大业务规模、逐渐增强润滑油添加剂的研发能力、提高市场份额，此外通过收购顶尖公司增加业务优势、确保在金属加工液方面的专长。可见，有目的的收购是雅富顿做大做强的一种重要战略手段。此外，雅富顿收购英国伯乐科技有限公司在中国的苏州实验室是其进军中国市场的一项重要战略部署。

从雅富顿全球专利申请趋势可以看出，雅富顿从大约 1952 年开始，申请量有较大的突破，并从 20 世纪 50 年代初到 70 年代初保持较高水平，经过短暂的申请低谷后，在 20 世纪 80 年代初申请量回升，并在 2007 年之后的几年内都保持在一个较低的水平。与公司总体发展态势相同，润滑油添加剂、汽油添加剂、柴油添加剂领域的专利申请量在 1990～1994 年最多，随后经过申请低谷后，申请量在 2005～2009 年又达到较高水平，但在 2010～2014 年申请量又开始降低，1990 年之后，雅富顿的研发重点为润滑油添加剂。

雅富顿在汽油抗爆剂领域的专利申请在 20 世纪五六十年代最为鼎盛，在 1980 年之后逐渐变少，该公司在美国本土的专利申请量最多，其次是美国、加拿大和欧洲。雅富顿抗爆剂研究以金属有灰类抗爆剂为主、有机无灰类抗爆剂以及复合类抗爆剂为辅。

而对金属有灰类抗爆剂的研究，早期主要集中在含铅化合物上，后来 MMT 的研制成功使无铅汽油成为可能。含锰抗爆剂因其能有效提高辛烷值、减少污染物排放给雅富顿带来了可观的经济效益。但随着人们就锰对人体毒副作用的深入研究，很多国家对锰的使用量上限均作了规定。在此基础上，雅富顿一方面研制新类型的含锰抗爆剂，以期在少量使用的情况下能提高辛烷值；另一方面，雅富顿寻求含锰添加剂与其他有机无灰类抗爆剂组合，以弥补减少使用含锰抗爆剂所导致的辛烷值下降。此外，为了减少发动机的沉积，雅富顿还将含锰抗爆剂与其他添加剂，如清净剂等进行组合使用，而在减少沉积的同时，还选用适合的添加剂以适当提高辛烷值。而在产品的配置方面，越来越倾向于将抗爆剂与其他添加剂以浓缩物或添加剂包的形式销售，以提高添加剂的综合利用。

雅富顿的历次新产品背后都有一个强大的研发团队支持。早期，GEORGE CALIN-GAERT 团队、BARTLESON JOHN D. 团队和 KOLKA ALFRED J. 团队主要从事含铅抗爆剂的研究，BROWN JEROME E. 团队、JOHN KOZIKOWSK 团队和 COFFIELD THOMAS H. 团队则专注于 MMT 的制备及其提高辛烷的用途，随着金属锰所产生的堵塞废气净化催化剂的出现，NIEBYISKI L. M. 团队研究了很多解决这一问题的方法。现在，以 ARADI A. A. 、CUNNINGHAM L. J. 为主的发明人继续就减少发动机内产生沉积、减少污染物排放以及提高辛烷值方面进行深入研究。此外，他们还开始从事燃料油领域其他添加剂诸如清净剂、摩擦改进剂的研究，为减少发动机内沉积而将它们匹配以探寻预料不到的协同效应。除了在石油燃料中使用添加剂，雅富顿的发明人已经逐渐将已知添加剂用于替代燃料如醇类、生物燃料中，以最简单经济的方式提高替代燃料的综合性能。

6.2　政策建议

综合本课题研究成果，结合汽油抗爆剂领域全球专利分析、中国专利分析和三个重点专利技术分析的实际情况，提出以下建议：

① 关注复配类抗爆剂检测标准的建立。复配类抗爆剂组分众多，对各组分应用的影响研究尚不明确，囿于油品终端销售企业严格的检测标准，国内相关企业并不能进行全面的市场推广。未来一段时间内，中国企业能否加大对复配类抗爆剂的研发力度，在应用的同时注重理论研究，理清解决爆震应抓住的主要矛盾，全面考虑汽油发动机体系的综合指标，根据我国汽油的特点，开发和筛选满足石化相关检测标准的新型复配类抗爆剂，将成为其增强市场力的关键。

② 发展醇类抗爆剂。醇类抗爆剂领域中，基于各种醇及混合醇作为抗爆剂的改进已日趋完善，研究重点已经转移到如何解决腐蚀性、油耗增加、油品分层等问题，进而大幅提升车主的使用体验和降低使用成本。考虑到国家对乙醇汽油积极的财税扶持政策，中国企业可以积极研发解决上述问题的专属添加剂，加快其技术改进和应用，争取在该领域部署更多的专利。

③ 加强监管，避免水体污染。应采取措施加强对汽油储罐的监管以防止泄漏，以保护我国水体免受 MTBE 污染。MTBE 自身热值低，大比例添加会增加车辆的运营成本，经济性差，同时动力性能无法得到完全发挥。控制汽油中 MTBE 的加入量，还可以加强对其他辅助抗爆剂与 MTBE 同时使用，达到降低汽油中 MTBE 的含量的同时提高抗爆效果。

④ 把握机会积极参与。从中国主要申请人分析结果可以看出，中国的主要申请人都是中小企业，而国外来华主要申请人都是著名跨国公司。中国传统大型石油公司中石油、中石化并不关注此领域的专利申请，这为中小企业的发展提供了很大的发展空间。由于中小企业的发展受限，可以通过寻求合作者发展也可以关注国外大企业发展近况进行技术跟踪。中国汽油抗爆剂专利技术的主要申请人是上海中茂新能源应用有限公司、济南开发区星火科学技术研究院和山东东明石化集团有限公司；国外来华主要申请人是壳牌和雅富顿。

⑤ 提高专利申请文件的撰写水平。在对中国汽油抗爆剂技术法律状态进行分析的过程中发现，该领域视撤率达到 40%，驳回率达到 6%，授权率仅有 34%。视撤的案件中有 24% 的案件是由于说明书公开不充分，多数是由于前期撰写不规范导致出现后期无法通过修改而克服，例如，仅给出物质的大类名称未给出具体物质，仅公开物质的生产企业未具体记载产品名称和批号，仅给出物质的缩写，而其代表的物质并不唯一或者记载的名称在现有技术中没有所述物质。因此，有必要对企业的专利申请撰写进行指导，使企业的专利申请既能够满足专利法意义上的公开，又能有效保护专利权人的利益。

关键技术二

加氢脱硫

目 录

第1章　研究概况 / 127

　　1.1　汽油加氢脱硫技术现状 / 127

　　1.1.1　产业需求 / 128

　　1.1.2　行业现状 / 129

第2章　加氢脱硫催化剂 / 132

　　2.1　全球专利态势分析 / 132

　　2.1.1　全球专利申请趋势 / 132

　　2.1.2　技术集中度及技术功效 / 133

　　2.1.3　全球专利申请分布国家或地区 / 135

　　2.1.4　全球主要国家/地区申请趋势分析 / 136

　　2.1.5　主要国家的专利布局 / 138

　　2.1.6　全球申请人分析 / 139

　　2.1.7　全球重要专利 / 140

　　2.2　汽油加氢脱硫催化剂在华专利 / 142

　　2.2.1　专利申请年度分布状况 / 142

　　2.2.2　申请人类型分析 / 142

　　2.2.3　主要国家/地区在华申请分布状况 / 143

　　2.2.4　专利法律状态 / 143

　　2.3　加氢脱硫催化剂技术功效分析 / 144

　　2.3.1　活性组分的技术功效分析 / 144

　　2.3.2　载体的技术功效分析 / 145

　　2.3.3　技术路线图 / 145

　　2.4　重要申请人分析 / 146

　　2.4.1　法研院（IFP） / 146

　　2.4.2　中石化 / 151

　　2.5　本章小结和建议 / 155

第3章　加氢脱硫原料的预处理 / 157

　　3.1　全球专利申请分析 / 157

　　3.1.1　全球发明专利申请的趋势分析 / 157

　　3.1.2　技术输出/输入地区差异明显 / 158

　　3.1.3　主要申请人来自中、法、美三国 / 160

3.1.4　预处理技术和功效发展趋势 ／ 161

3.2　在华专利申请状况分析 ／ 163

3.2.1　发明专利申请量显著增长 ／ 163

3.2.2　申请人地域分布高度集中 ／ 165

3.2.3　授权率、维持率均较高 ／ 167

3.2.4　申请量省市分布 ／ 167

3.2.5　申请人排名中石化居第一位 ／ 169

3.3　催化蒸馏公司 ／ 169

3.3.1　专利申请量年代变化 ／ 169

3.3.2　发明人 PODREBARAC G. G. ／ 171

3.3.3　其他发明人 ／ 173

3.4　抚研院 ／ 173

3.4.1　国内申请量年代变化 ／ 174

3.4.2　核心发明人 ／ 174

3.5　重点专利技术分析 ／ 175

3.5.1　高引用率专利文献 ／ 175

3.5.2　早期专利文献技术 ／ 178

3.6　结论和建议 ／ 178

第 4 章　选择性加氢脱硫工艺 ／ 180

4.1　技术概要 ／ 180

4.2　全球专利申请状况分析 ／ 181

4.2.1　全球专利整体态势 ／ 181

4.2.2　加拿大炼油市场潜力大 ／ 182

4.2.3　主要专利申请目标国历年专利申请分布 ／ 183

4.2.4　美、法专利技术顺差明显 ／ 184

4.2.5　主要申请人技术自成体系 ／ 185

4.2.6　切割馏分为当前主流方向 ／ 187

4.3　在华专利申请状况分析 ／ 188

4.3.1　在华专利申请波动中增加 ／ 188

4.3.2　美国是在华专利最大外来技术国 ／ 189

4.3.3　在华专利申请的法律状态分析 ／ 189

4.3.4　北京——主要技术原创地 ／ 190

4.3.5　中石化技术优势明显 ／ 191

4.3.6　专利技术构成分析 ／ 192

4.4　重要申请人 ／ 193

4.4.1　重要申请人的全球申请情况 ／ 193

4.4.2　法研院简介 ／ 193

4.4.3　专利申请趋势 ／ 194

4.4.4 法研院注重全球布局 / 195

4.4.5 专利技术发展路线 / 195

4.5 重要专利技术分析 / 197

4.6 结论和建议 / 202

第5章 埃克森美孚 / 204

5.1 埃克森美孚简介及企业动态 / 204

5.2 主要工艺及催化剂 / 206

5.3 汽油加氢脱硫催化剂 / 207

5.3.1 全球专利申请趋势 / 207

5.3.2 全球国家/地区的专利布局 / 211

5.3.3 研发力量 / 211

5.3.4 技术路线分析 / 212

5.3.5 重要研发团队 / 214

5.3.6 研发团队分析 / 216

5.3.7 在华专利 / 220

5.4 汽油加氢脱硫工艺 / 221

5.4.1 专利申请总体情况 / 221

5.4.2 专利布局及保护状况 / 222

5.4.3 技术路线 / 223

5.4.4 研发团队 / 225

5.5 结论和建议 / 227

第6章 清洁汽油的未来 / 228

6.1 一只50亿的螃蟹引出的话题 / 228

6.1.1 汽油的组成 / 229

6.1.2 世界各国汽油标准的发展 / 231

6.1.3 我国烷基化油的产能需求 / 231

6.2 烷基化技术及我国发展烷基化的建议 / 232

6.2.1 固体酸烷基化技术 / 232

6.2.2 改进液体酸烷基化技术 / 234

6.2.3 间接烷基化技术 / 236

6.2.4 我国发展烷基化的建议 / 237

6.3 烷基化技术的相关专利分析 / 237

6.3.1 先于产业应用的专利布局 / 237

6.3.2 围绕核心的立体式专利布局 / 239

6.3.3 双赢的专利引进模式 / 240

6.4 结论及建议 / 241

6.4.1 结　　论 / 241

6.4.2 建　　议 / 242

第1章 研究概况

油品中的有机含硫化合物燃烧后生成 SO_x，这是形成酸雨的主要来源，会造成环境污染，损害人类健康，作为发动机燃料的油品，其燃烧后所产生的 SO_x 对汽车尾气中的 NO_x 和颗粒物（PM）的排放具有明显的促进作用，还可能使汽车尾气转化器中的贵金属催化剂中毒，从而导致污染排放物的增加。鉴于油品含硫的危害，世界主要国家或地区包括我国都相继提高了燃料油品的含硫标准，而如何实现油品的清洁脱硫，满足日益严格的油品标准，则成为了炼油厂及其相关企业所面临的严峻问题。

2013年《能源发展"十二五"规划》重点任务之一是推动能源的高效清洁转化，炼化业务的主要任务之一是油品质量升级。国务院发布的《大气污染防治行动计划》，出台10条措施力促空气质量改善。措施的第1条就要求加快提升燃油品质。

国内用于燃料的油品中绝大部分的硫来自于催化裂化（FCC）油，直馏柴油和直馏汽油都是直接分馏得到，很少直接使用。用于燃料的油品脱硫主要涉及催化裂化燃料油的脱硫。因此，脱除FCC燃料油品中的含硫化合物成为了清洁油品的主要研究方向。

催化裂化脱硫技术作为油品清洁的重要过程一直被广泛的研究，并获得了一些较为成熟并可广泛应用的方法，也开发了一些具有较好应用前景的新技术，这些方法大致分为加氢脱硫（HDS）和非加氢脱硫两种，加氢脱硫方法因其技术比较成熟而被广泛采用。

1.1 汽油加氢脱硫技术现状

FCC汽油中主要的含硫化合物包括硫醇、二硫化物、硫醚、苯硫酚、噻吩、四氢噻吩和苯并噻吩等，其分布为硫醇和二硫化物的含量较少，占总硫含量的15%左右；硫醚含量中等，占总硫含量的25%左右；噻吩类的含量最多，占总硫含量的60%以上，且噻吩及其衍生物细分多达20多种。加氢脱硫就是在氢气存在条件下，使油品与加氢脱硫催化剂接触反应，将油品中的有机硫化物转化为硫化氢而除去。噻吩及其衍生物中的硫是FCC汽油中较难脱除的部分。

然而，FCC汽油中还存在一部分烯烃，在加氢脱硫的同时不可避免地会发生烯烃的加氢饱和反应（HYD），且加氢脱硫产物中的硫化氢还会与烯烃反应生成硫醇，影响脱硫的深度。研究发现，噻吩加氢脱硫与烯烃加氢饱和反应发生在催化剂的不同活性位。

FCC汽油加氢脱硫催化剂的核心问题是在满足深度脱硫的条件下尽可能地降低烯

烃饱和所带来的辛烷值损失，这就要求其在具有高脱硫活性的同时具有高的 HDS/HYD 选择性。

1.1.1 产业需求

（1）车用汽油排放标准日益严格

石油作为世界主要能源之一，已成为当今世界经济发展的"血液"。随着全球经济的快速发展，石油需求不断攀升，作为国民经济支柱产业之一的汽车工业发展迅猛，汽车燃料消耗成为世界石油消耗增长的主要动力，但由此造成的大气污染也日益严重。随着环保意识的不断加强，世界各国纷纷制定日益严格的汽车尾气排放标准及燃油质量标准。车用汽油中的硫燃烧生成的硫酸盐等物质会占据催化剂的活性位，导致催化剂中毒失效。尤其是汽油发动机采用稀燃技术之后，其后处理器的催化剂对硫极为敏感。因而，车用汽油标准对硫含量的限制也不断加严。

如前文引言表 1-1（见正文第 1 页）所示，车用汽油的标准不断提高，美国 Tier Ⅱ规范要求从 2006 年起汽油中硫含量要小于 $30\mu g/g$；美国加利福尼亚州第Ⅲ阶段从 2002 年要求硫含量小于 $15\mu g/g$；欧盟于 2005 年要求汽油中硫的含量小于 $50\mu g/g$；多数欧洲国家 2005 年就执行了欧Ⅳ排放标准（DIN EN228—2004），要求汽油中硫含量小于 $50\mu g/g$，2009 年欧盟要求汽油中硫含量小于 $10\mu g/g$；日本于 2007 年将车用汽油中硫含量限定到 $10\mu g/g$ 以下。

我国车用汽油标准对硫含量的限制也不断加严。自 2009 年 12 月 31 日起在全国范围内执行国Ⅲ清洁汽油新排放标准（硫含量小于 $150\mu g/g$），2012 年 5 月 31 日起，北京开始实施京Ⅴ排放标准（硫含量小于 $10\mu g/g$）。由国家质量监督检验检疫总局、国家标准化管理委员会组织制定的第五阶段车用汽油国家标准（GB 17930—2013）于 2013 年 1 月 1 日起正式实施，国Ⅴ汽油标准要求硫含量小于 $10\mu g/g$。

（2）国内油品质量差，含硫量高

炼油厂的汽油调合组分有催化裂化汽油、重整生成油、烷基化油、异构化油和酸化油等，炼油装置结构特点决定了汽油的组成，我国汽油中催化裂化汽油比例超过 70%，美国却只有 36%。我国催化裂化汽油烯烃含量和硫含量高，除了与原油品种、工艺条件有关外，一个很重要的因素是多年来催化裂化装置始终是我国炼油工业加工渣油第一位的深度加工装置，一直是我国加工重油、提高轻油收率最为重要的手段。我国催化裂化除少数外大都掺炼渣油，属重油催化裂化。渣油原料的特点可归纳为"一重四高"，即原料馏分重、残炭高、重金属含量高、硫含量高、芳烃含量高，增加了催化裂化装置加工操作的难度，造成原料和催化剂接触不好。另外，我国除少数几套重油催化裂化采用渣油加氢脱硫原料外，沿海沿江炼油厂大多数装置掺炼中等含硫原油未经精制的渣油，再加上原料中大量的未精制的焦化蜡油和含硫减压蜡油，使得催化裂化进料质量低劣，硫、氮、重金属含量高和残炭增高，造成催化汽油硫含量升高，催化裂化汽油的硫含量一般都满足不了新的汽油规格标准。

在我国成品汽油构成中，FCC 汽油超过 70%，重整汽油约占 10%，烷基化油仅占

1%不到，致使汽油中的硫和烯烃大部分来自 FCC 汽油，且使我国汽油烯烃和硫含量明显偏高，而一些发达国家的汽油构成基本满足"三三三"制，即催化重整汽油和 FCC 汽油各占 1/3，异构化油、烷基化油及 MTBE 等占 1/3。显然，解决我国汽油烯烃含量、硫含量偏高的问题迫在眉睫。

由于我国在炼油装置构成和汽油调和组分的比例上与国外的差异，使得我国汽油性质有如下特点：

① 烯烃含量高，比欧、美、日等国家高出 1 倍以上；

② 硫含量高。平均在 290μg/g 以上，最高达到 800μg/g；

③ 辛烷值分布不均匀，而且极度缺乏高辛烷值组分；

④ 汽油干点一般在 185℃左右，饱和蒸气压偏高；

⑤ 含氧化合物基本达到要求。

由此可见，降低 FCC 汽油组分中的烯烃和硫含量是达到未来汽油较高质量指标要求的关键。

（3）我国当前加氢脱硫现状

我国催化汽油在汽油池中比例远远高于国外，同时催化汽油质量也较差。其原因在于，一方面，我国催化原料明显比国外重质化、劣质化，导致我国催化裂化装置的掺渣率和加工苛刻度较高；另一方面，加氢技术是目前有效脱硫的主要手段，国外炼油厂的加氢能力占原油一次加工能力的比例要远远高于我国，我国对催化裂化原料的加氢预处理能力低于国外水平。这些都导致了我国催化裂化汽油的烯烃含量远高于国外，同时硫含量较高，芳烃含量较低。因此，我国生产满足国Ⅲ、国Ⅳ及以上排放标准的车用汽油的关键是解决催化裂化汽油中的硫及烯烃含量较高的问题。但是，由于芳烃、烯烃和异构烷烃是汽油的高辛烷值组分，传统的加氢技术虽可轻易地降低硫、烯烃甚至芳烃含量，但同时也造成较大的辛烷值损失。考虑到我国汽油高辛烷值组分生产手段不足的现状，开发和应用既可深度降低催化裂化汽油中的硫和烯烃含量、又能避免辛烷值过度损失的技术，是解决我国清洁燃料生产问题的关键。❶

1.1.2 行业现状

经过半个多世纪的建设和经营，我国的炼油工业已形成具有相当规模的完整的工业体系，到 2010 年底，原油一次加工能力已达到 528 百万吨/年，居世界第二位。由于我国国内原油的特点是密度大、含蜡量高、轻馏分含量少，因此所有早期建设的国内炼油企业的二次加工能力都是以催化裂化为主，从表 1-1-1 可以看出，2010 年催化裂化占原油加工能力比例达 28.4%，催化重整比例仅为 9.5%，MTBE 和烷基化合计不足 1%。可以预计在未来的一段时间内催化汽油作为国内汽油池主要调和组分的格局不会有重大突破。❷

❶ 郭莘. 中国汽油质量升级现状分析及发展建议 [J]. 石油商技, 2013 (3)：6.

❷ 姚昱晖. 催化汽油降烯烃降硫技术在高桥石化的应用 [D]. 中国优秀硕士学位论文全文数据库, 2013：4-7.

表 1-1-1　2000~2010 年我国炼油装置结构变化对比　　　单位：百万吨/年

装置名称	2000 年		2010 年		2010 年较 2000 年能力增长/%
	加工能力	占原油加工能力比例/%	加工能力	占原油加工能力比例/%	
常减压	253.51	100.0	403.05	100.0	59.0
催化裂化	90.45	35.7	114.61	28.4	26.6
延迟焦化	21.14	8.3	65.55	16.3	210.1
催化重整	15.58	6.2	38.20	9.5	145.2
加氢处理	11.47	4.5	45.56	11.3	297.2
加氢精制	37.71	14.9	151.79	37.7	302.5
烷基化	1.26	0.5	0.96	0.2	-23.5
MTBE	1.08	0.4	2.83	0.7	161.9

（1）国内催化剂市场现状

我国炼油催化剂已拥有自己的独特技术和生产体系，各类炼油催化剂品种已形成系列化，技术含量与国外催化剂相差无几，有的还具有自己的优势。与国外厂家的差距主要体现在规模效益和价格两个方面，国内催化裂化催化剂的总产量还不及国外一家大公司的生产能力，价格比国外同类产品进口完税价低 20% 左右，而加氢催化剂、重整催化剂高 30% 左右。

20 世纪 80 年代中期以来，我国炼油催化剂研究进入了一个快速发展阶段，开发出大量催化剂新产品，国内所用催化剂的 80% 以上都可以自己生产。国内从事炼油催化剂研究的单位主要是中国石油化工股份有限公司石油化工科学研究院（以下简称"石科院"）、中国石油化工股份有限公司抚顺石油化工研究院（以下简称"抚研院"，FRIPP）和中国石化上海石油化工研究院（SRIPP），其他实力较强的还有中石油兰州炼化公司、中石化北京燕山石油化工公司研究院和中石化齐鲁石油化工公司研究院。

（2）国外市场情况

随着低硫燃料油标准实施，全球劣质原油加工量增加和炼油产能不断提高，世界炼油催化剂市场正在强劲增长，加氢精制催化剂的增势最猛。快速增长的主要原因是发达国家低硫燃料油标准进入最终实施阶段，同时中国、印度和墨西哥等国也开始对燃料中的硫含量进行限制，以及炼油厂高硫原油的加工量日益增加。催化裂化催化剂市场需求的年均增速为 2.7%，其主要动力是来自发展中国家汽油消费量的增加。

中东、中国和印度等地新建 FCC 装置受陆续投产的影响，未来几年全球 FCC 催化剂市场的需求前景看好。未来几年全球加氢催化剂市场需求将以年均 3%~5% 的速度快速增长。其原因有个 3 个方面：一是劣质原油加工量的增加；二是炼油产品消费量的增加；三是实施更为严格的燃料标准。使用油砂生产超低含硫柴油燃料所需的催化剂量，要比以常规原油生产超低含硫柴油燃料所需量高 20~30 倍。

美国宾夕法尼亚州的催化剂集团公司（TCG）首席执行长克莱德·佩恩估计，为适应燃料标准，2030 年前全球炼油业需要新增高达 2000 万桶/年~2400 万桶/年的加氢精制能力。而且如果航海燃料脱硫标准被采纳的话，那么加氢精制能力的需求将更加强劲。

巴西国家石油公司 Petrobras 表示，2016 年前公司对加氢精制催化剂的需求将增加 5 倍，公司已经于 2010 年底与雅宝公司签署一份谅解备忘录，计划在巴西圣克鲁兹新建一座加氢精制催化剂工厂。巴西国家石油公司计划 2020 年前在巴西国内新建 8 座炼油厂。雅宝公司和巴西国家石油公司计划在巴西的 FCC 催化剂和添加剂工厂内新建一套世界级加氢处理催化剂（HPC）装置，该工厂已经运营 25 年。新建 HPC 装置主要将满足南美地区对 HPC 增长的需求，尤其是巴西市场，巴西燃料中硫含量将从 500ppm 大幅下调至 10ppm。

第2章 加氢脱硫催化剂

为分析汽油加氢脱硫催化剂，本章重点从全球和中国两个方面研究了汽油加氢脱硫催化剂专利申请态势，全球专利申请分析包括全球专利态势、专利区域分布、主要国家申请趋势、申请人排名以及重要申请人分析等，简要分析了加氢脱硫催化剂专利技术的集中度、研发重点和热点。中国专利申请分析包括专利申请年度分布状况、申请人类型、国家/地区及省市申请人年度分布状况等几个方面。通过将中国和全球专利的数据进行对比，尤其是重点申请人专利技术分析，以期对国内申请人的研究。

本章检索到中国专利申请 476 件，全球专利申请 1541 项，中文数据的查全率、查准率均在 90% 以上，全球数据的查全率、查准率均在 85% 以上。

2.1 全球专利态势分析

为分析汽油加氢脱硫催化剂专利申请态势，本节重点研究了汽油加氢脱硫催化剂专利申请全球申请趋势，并对全球申请人进行排名，从专利申请数量的角度比较各国在汽油加氢脱硫催化剂上的专利技术实力。

2.1.1 全球专利申请趋势

截至 2014 年 3 月 10 日，汽油加氢脱硫催化剂的全球专利申请数量为 1541 项。图 2－1－1 表示汽油加氢脱硫催化剂全球专利申请趋势。汽油加氢脱硫催化剂领域专利申请量总体呈现增长态势。

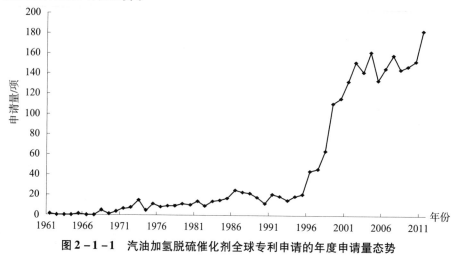

图 2－1－1 汽油加氢脱硫催化剂全球专利申请的年度申请量态势

从图 2 - 1 - 1 可以看出，在 1961 ~ 2011 年的 50 年，涉及汽油加氢脱硫催化剂的专利申请数量总体上呈上升趋势，在 1995 年附近开始呈现一个明显增长的态势，到 2011 年达到峰值。由此可以看出，关于加氢脱硫催化剂的创新步伐不断加大。这种发展情况也与人们的环保意识不断增强、车用汽油的标准不断严格有关。

自 1961 年开始，汽油加氢脱硫催化剂开始得到研究人员的关注。1965 ~ 1996 年，该领域专利申请量的增长较为缓慢，属于技术萌芽期。随后在 1996 ~ 2003 年，专利申请量呈快速增长趋势，属于技术成长期。在 2003 年之后，申请量经历了降低—增加—降低这样的波动，但在近几年，申请量总体呈增长态势，该技术仍处于技术全面发展期。

2.1.2　技术集中度及技术功效

工业上使用最多的汽油加氢脱硫催化剂是多相固体催化剂。这类催化剂一般不是单一物质，而是由多种单质或化合物组成的混合体，其中各组分根据其在催化剂中的作用可分为主催化剂、助催化剂及载体三大类。对加速化学反应起主要作用的成分为主催化剂，它是催化剂中最主要的活性组分，没有活性组分，催化剂就显示不出催化活性或难以进行所需要的催化反应，因而活性组分是催化剂的核心，选择催化剂的活性组分也是研制催化剂的首要环节。众所周知，以过渡金属硫化物为活性组分的催化剂广泛应用于各种加氢处理过程。加氢脱硫催化剂的活性组分一般为过渡金属钼（Mo）或钨（W）的氧化物，为了提高催化剂活性，常在其中加入钴（Co）或镍（Ni）作为助剂，Co/Ni - Mo/W 催化剂是使用最广泛的汽油加氢脱硫催化剂。从图 2 - 1 - 2 可以看出，以 Co/Ni - Mo/W 作为活性组分以及对上述金属的使用配比进行调整的专利申请量最多。在较为早期的申请中，使用贵金属如钯（Pd）、铂（Pt）等作为活性组分的申请也比较多，但由于使用贵金属的成本较高，尤其是工业应用中用量大，因而近年以贵金属作为活性组分的研究在逐渐减少。通过添加其他第Ⅵ族或第Ⅷ族过渡金属如 Fe、Cu、Zn 等和稀土元素作为助剂与 Co/Ni - Mo/W 活性组分制备汽油加氢脱硫催化剂的专利申请也比较多。使用有机添加物作为改性剂与传统活性组分结合制备汽油加氢脱硫催化剂的研究逐渐增多。

载体是催化剂的重要组成部分。传统的加氢脱硫催化剂的活性组分一般都负载在载体上，载体不仅要担载活性组分，起分散、稳定、支撑等作用，也要与活性组分相互作用，提供活性中心。载体的作用是增大催化剂的比表面积和分散活性组分，载体也能够提高催化剂的机械强度。催化剂的加氢脱硫性能受活性组分和载体相互作用的影响。对于加氢脱硫催化剂来说，活性组分确定后，载体的种类及性质不同往往会对催化剂的活性及选择性产生很大的影响。助剂也是影响催化剂性能的重要因素之一，通过添加助剂可以使得催化剂进行选择性加氢脱硫性能。此外，根据活性组分前体和成品催化剂的物理化学性质、活性相结构及结构稳定性等因素选择合适的催化剂制备方法也是催化剂研究的重点之一。

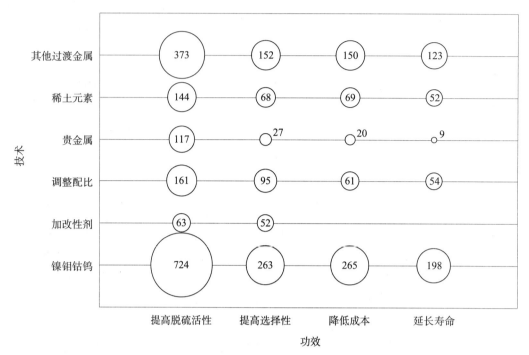

图 2 - 1 - 2　汽油加氢脱硫催化剂活性组分技术功效

注：图中数字表示申请量，单位为项。

工业上使用的汽油加氢脱硫催化剂载体主要是 $\gamma - Al_2O_3$，许多研究表明，在 Al_2O_3 载体中加入一些氧化物可以提高催化剂的 HDS 反应活性，如 TiO_2、SiO_2、B_2O_3、MgO 等。从图 2 - 1 - 3 可以看出，全球对汽油加氢脱硫催化剂载体的研究主要集中在氧化铝和其他氧化物如氧化钛、氧化硅、氧化锆等耐热无机氧化物。氧化铝、氧化钛、氧化硅、氧化锆等属于酸性物质，常被用作加氢脱硫催化剂的载体，合适的表面酸性中心可以催化 FCC 中的烯烃发生双键异构化或骨架异构化反应，从而降低因烯烃直接加氢饱和造成的辛烷值损失。但较强的表面酸性容易引起催化剂失活，影响催化剂的使用寿命。以氧化镁为代表的碱性载体也被用于加氢脱硫催化剂中。碱性载体有利于酸性前体 MoO 和 WO_3 的分散，且可抑制结焦，延长催化剂的寿命。所有的载体中，氧化铝因其便宜、性能稳定、容易再生在工业上应用最广泛，因而其相关专利申请量也最多。沸石中含有高的酸性和 β 酸位，能够提高较难脱除的 4，6 - DMBT 加氢脱硫活性。当前研究较多的沸石有 MeY、USY 等，它们均是硅铝型 Y 型沸石，其孔径一般低于 1nm。一般说来，深度加氢脱硫过程中脱除的主要含硫化合物是 β 位烷基取代的二苯并噻吩。介孔材料不但具有大比表面积，而且孔径较大，这对深度加氢脱硫中难脱除的芳香大分子硫化物具有固体载体不可拟的优势。因此，随着对汽油深度加氢脱硫要求的不断提高，使用各种沸石或介孔分子筛作为载体的研究越来越多。

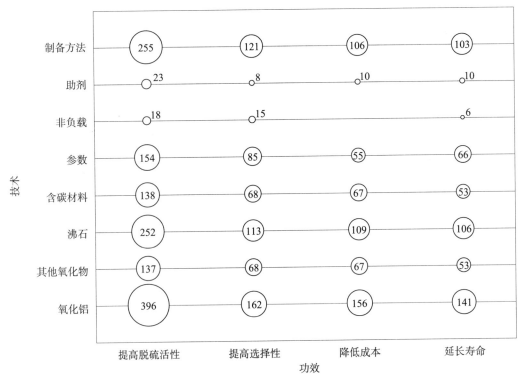

图 2 - 1 - 3　汽油加氢脱硫催化剂载体及制备方法技术功效

注：图中数字表示申请量，单位为项。

与 Al_2O_3 相比，碳载体和 Mo 的相互作用较弱，因此负载的 Co - Mo - S 催化剂具有更高的有机硫化物加氢脱硫活性。然而，传统的活性炭（AC）因孔径较小而容易被担载的金属堵塞，不利于反应物和产物的扩散。介孔碳（CMC）具有较大的孔径，用作催化剂载体可以提高催化剂活性。

非负载型催化剂是近年发展起来的一种较有潜力的新型加氢脱硫催化剂。由于其较高的活性引起了人们的关注，对其研究也越来越多。通过加入适当的助剂也可以改变载体的酸碱性，从而提高脱硫性能。P 和 F 以及第 VIA 族和第 VIIA 族金属是常见的加氢脱硫催化剂助剂❶。工业催化剂的性能主要取决于其化学组成和物理结构，同时与制备方法也密不可分。在制备过程中添加有机相或是对催化剂前体进行改性等通过制备方法改进催化剂活性是研究的关注点。

2.1.3　全球专利申请分布国家或地区

汽油加氢脱硫催化剂专利申请共计包含 30 个国家或地区，其中申请量排在前 4 位的是美国、中国、日本和法国。图 2 - 1 - 4 表示汽油加氢脱硫催化剂全球专利申请量分布情况。从图 2 - 1 - 4 中可以看出，在全球汽油加氢脱硫催化剂专利申请中，美国

---

❶ 魏妮. 磷化物催化剂的制备及其加氢脱硫反应性能的研究［D］. 中国博士学位论文全文数据库，2011.

以 575 项位居榜首，占全球申请总量的 35%。中国的申请量也很大，共计 534 项，仅次于美国居第二位，占全球申请总量的 32%。日本和法国分列第三位和第四位，分别有 202 项和 131 项，各占全球申请总量 12% 和 8%。由此可知，虽然很多国家都积极加入了汽油加氢脱硫催化剂的研究队伍，但从专利申请的集中度可以看出，汽油加氢脱硫催化剂的关键技术相应地集中在这些主要申请国。

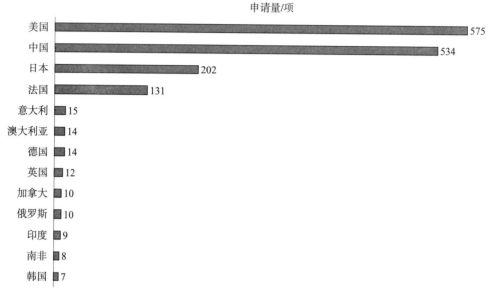

图 2 - 1 - 4　汽油加氢脱硫催化剂全球专利申请量分布

2.1.4　全球主要国家/地区申请趋势分析

由于美国、中国、日本和法国的专利申请量总和超过全球申请总量的 90%，因此本小节以全球申请量排名前 4 位的上述国家为研究对象。

图 2 - 1 - 5 表示汽油加氢脱硫催化剂主要国家的申请趋势。由图 2 - 1 - 5 可知，美国、法国和日本从 20 世纪 60 年代就开始在该领域申请专利。中国自 1985 年 4 月 1 日开始施行《专利法》，因而中国在该领域的专利申请比其他国家，尤其是美国晚了将近 20 年。

美国、法国和日本关于汽油加氢脱硫催化剂的申请量从 2004 年开始放缓，之后总体呈下降趋势，而中国虽然在 2004 年左右出现下降，但之后申请量一直呈上升趋势。这很大程度上是受不同汽油标准的实施影响。美国和欧盟 2000 年和 2005 年分别对清洁汽油的硫含量进行了规定。美国的标准分别为 140 ~ 170ppm 和平均 30ppm，欧盟的标准分别为 150ppm 和 50ppm，2009 年是 10ppm。

针对世界环保要求的大趋势以及我国环境污染严重的事实，我国在提高汽油质量和标准制定上是跳跃式前进的，2005 年 6 月 1 日开始实行国家 II 号汽油排放标准，2010 年 1 月 1 日开始实行国家 III 号汽油排放标准，2014 年开始实行国家 IV 号汽油排放标准。越来越严格的汽油质量标准，促进了我国对汽油加氢脱硫催化剂研究的不断改进和创新。

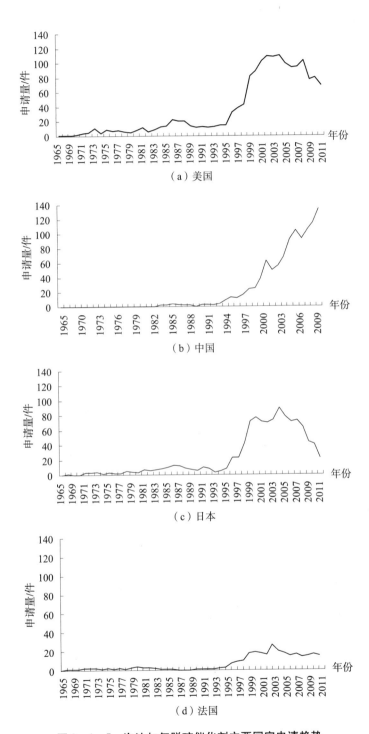

图 2-1-5　汽油加氢脱硫催化剂主要国家申请趋势

2.1.5 主要国家的专利布局

图2-1-6、图2-1-7和图2-1-8分别表示美国、法国和中国大陆有关汽油加氢脱硫催化剂的专利布局。由图2-1-6可知，欧洲国家、日本、澳大利亚、加拿大、中国大陆、韩国、印度等是美国加氢脱硫催化剂的主要技术输出目的地。

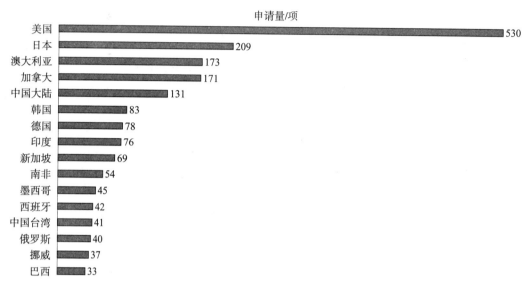

图2-1-6　美国汽油加氢脱硫催化剂专利布局

由图2-1-7可知，法国主要在美国、日本、韩国、德国、中国大陆以及印度等进行了专利布局。

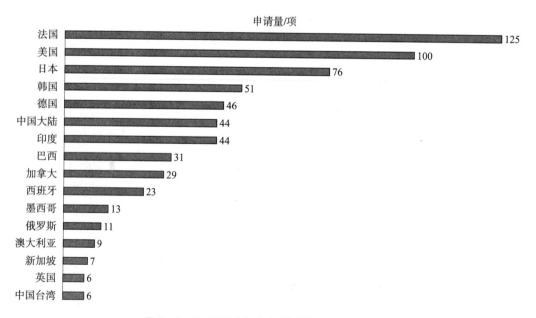

图2-1-7　法国汽油加氢脱硫催化剂专利布局

由图 2-1-8 可知，中国主要在美国、欧洲国家、日本和韩国等进行了专利布局。中国有关加氢脱硫催化剂的专利申请共 534 项，其中在其他国家公开的仅有 38 项。美国有关加氢脱硫催化剂共 575 项，在日本、澳大利亚、加拿大以及中国公开的分别有 209 项、173 项、171 项、131 项。法国有关加氢脱硫催化剂共 125 项，在美国公开的就有 100 项，在日本、韩国、德国、中国和印度公开的分别有 88 项、76 项、51 项、46 项和 44 项。由上述数据可以看出，相对美国和法国而言，中国有关加氢脱硫催化剂专利技术输出极少，占有世界市场的份额也很少。

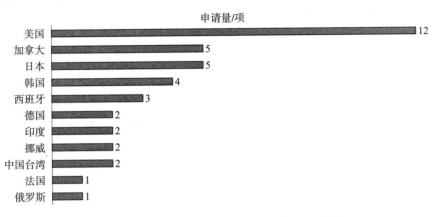

图 2-1-8　中国汽油加氢脱硫催化剂专利布局

2.1.6　全球申请人分析

如图 2-1-9 所示，排在前 10 位的申请人分别是中石化、埃克森美孚（Exxon Mobil）、法研院、日本石油公司、环球油品公司（以下简称"UOP"）、催化蒸馏、壳牌（Shell）、中石油、中国石油大学以及雪佛龙。中国的中石化为排名第一的申请人，中国申请人进入前 10 位的还有中石油和中国石油大学。在前 10 名中，美国公司最多，如埃克森美孚、UOP、催化蒸馏和雪佛龙。

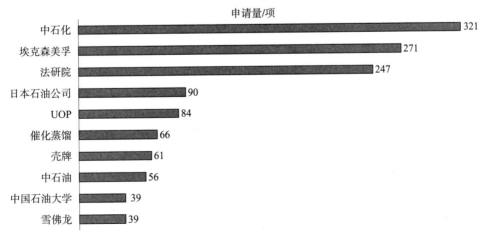

图 2-1-9　汽油加氢脱硫催化剂主要申请人排名

2.1.7 全球重要专利

"重要专利"是个相对性概念。汽油加氢脱硫催化剂的重要专利，应当是在汽油加氢脱硫领域具有一定开创性或取得重要突破，或是研发投入大、受重视程度高，或应用于加氢脱硫技术能产生较大经济价值的专利申请。

2.1.7.1 汽油加氢脱硫催化剂重要专利的筛选过程

根据专利被引频率并考虑申请年份对引用频率的影响，按照2000年之前和2000年至今两个时间段对专利进行筛选。2000年之前，该领域共有15项专利被引用20次以上，这些专利全部为国外主要石油公司拥有。

对于2000年以后的专利，由于距今时间较短，所以选择被引用次数达10次以上的专利10项，这些专利全部为国外主要石油公司拥有。

2.1.7.2 代表性重要专利

按照上述的重要专利筛选过程，经筛选得到2000年之前的15项专利，列于表2-1-1中。US5597476A是引用频率最高的FCC汽油加氢脱硫方面的专利申请，其申请人是化学研究及许可公司（CHEM RES & LICENSING CO.），申请日是1996年7月12日，优先权日是1995年8月28日，该专利的同族专利申请共有15件，其中在美国、日本、中国、欧洲、德国、墨西哥、韩国和俄罗斯都得到了授权，且在中国仍为授权有效的法律状态。

表2-1-1 汽油加氢脱硫催化剂代表性专利目录

序号	公开号	公开日	引证次数	申请人	国家
1	US5597476A	1997-01-28	49	化学研究及许可公司	美国
2	US5705052A	1998-01-06	41	埃克森美孚研究与工程公司	美国
3	US4243519A	1981-01-06	30	埃克森美孚研究与工程公司	美国
4	EP0430337A1	1991-06-05	29	壳牌	荷兰
5	US4344840A	1982-08-17	25	烃研究公司	美国
6	US5047142A	1991-09-10	25	德士古	美国
7	US4548709A	1985-10-22	23	美孚石油公司	美国
8	US4619759A	1986-10-28	23	飞利浦石油	美国
9	US3898153A	1975-08-05	22	太阳石油公司	美国
10	US4741819A	1988-05-03	22	雪佛龙	美国
11	EP0832958A1	1998-04-01	22	法研院	法国
12	EP0271264A1	1988-06-15	21	美孚石油公司	美国
13	US4789457A	1988-12-06	21	美孚石油公司	美国
14	EP0755995A1	1997-01-29	20	三菱石油公司	日本
15	US4925549A	1986-05-09	20	雪佛龙	美国

该申请涉及汽油脱硫方法，其中权利要求 1 为从石脑油沸程烃物流中除去硫的方法，该方法包括步骤：

（a）将含有烯烃、二烯烃、硫醇及噻吩的石脑油沸程烃物流与有效量的氢气加入到第一蒸馏塔反应器中，进入加料区；

（b）沸腾含有硫醇、二烯烃和大部分所述烯烃的所述石脑油沸程烃物流馏分向上进入第一蒸馏反应区，所述反应区含有第Ⅷ族金属加氢催化剂，以使部分所述硫醇与部分二烯烃进行反应形成硫化物和具有低硫醇含量的塔顶馏出物产品，所述催化剂制备成某种形态使其能在反应条件下用作催化蒸馏结构；

（c）将所述硫化物、噻吩以及重硫醇与高沸点馏分一起作为塔底馏出物，从所述第一蒸馏塔反应器中除去；

（d）将所述塔底馏出物和氢气加入到具有第二蒸馏反应区的第二蒸馏塔反应器中，所述反应区含有加氢脱硫催化剂，以使部分所述硫化物、噻吩及重硫醇与所述氢气反应生成硫化氢，所述催化剂制备成某形态使其在反应条件下用作催化蒸馏结构；

（e）从所述第二蒸馏塔反应器的塔顶馏出物中以气体形式除去硫化氢；

（f）从所述第二蒸馏塔反应器中回收石脑油产品。

该专利申请的汽油脱硫方法将原料进行轻、重馏分分离，对重馏分使用第Ⅷ族金属加氢脱硫催化剂进行脱硫。这为很多汽油加氢脱硫技术提供了技术参考，例如我国中石化的 FCC 汽油选择性加氢脱硫催化剂和工艺技术，在 FCC 汽油加氢脱硫催化剂领域具有重要的地位。

按照上述的重要专利筛选过程，经筛选得到 2000 年至今的 10 项专利，列于表 2 - 1 - 2 中。

表 2 - 1 - 2　汽油加氢脱硫催化剂代表性专利

序号	公开号	公开日	引证次数	申请人	国家
1	US6190535B1	2001 - 02 - 20	19	UOP	美国
2	WO02066580A1	2002 - 08 - 29	19	催化蒸馏	美国
3	US6228254B1	2001 - 05 - 08	18	雪佛龙	美国
4	US6231753B1	2001 - 05 - 15	16	埃克森美孚研究与工程公司	美国
5	EP0854901A	2002 - 05 - 08	14	化学研究及许可公司	美国
6	WO0041810A1	2000 - 07 - 20	14	阿克苏诺贝尔公司	美国
7	US2005040080A1	2005 - 02 - 24	13	埃克森美孚研究与工程公司	美国
8	JP3387700B2	2003 - 03 - 17	12	三菱石油公司	日本
9	EP1733787A	2006 - 12 - 20	11	日本科斯莫石油公司	日本
10	FR2958656A1	2011 - 10 - 14	10	法研院	法国

2.2 汽油加氢脱硫催化剂在华专利

本节从专利申请年度分布状况、申请人类型、国家/地区及省市申请人年度分布状况等几个方面对本领域的在华专利申请情况进行了分析。

2.2.1 专利申请年度分布状况

图2-2-1显示了在1986～2013年的28年，中国涉及加氢脱硫催化剂改进的专利申请总体上呈上升趋势，在2000年附近开始呈现一个明显增长的态势，到2011年达到峰值。从1986年开始，汽油加氢脱硫催化剂开始在我国得到研究人员的关注。1986～1998年，专利申请量比较少，增长较为缓慢，属于技术萌芽期。随后在2001～2007年，越来越多的研究人员加入加氢脱硫催化剂的研究队伍，专利申请的数量呈快速增长趋势，属于技术成长期。在2007年之后，申请量经历了波动，但申请量仍存在增长，该技术仍处于技术全面发展期。由于距申请日未满18个月，部分申请在2013年并未公开。

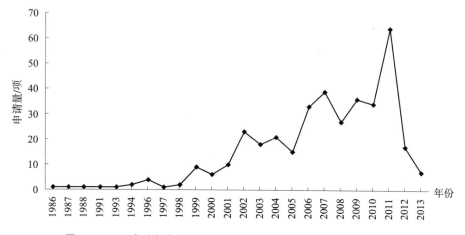

图2-2-1 汽油加氢脱硫催化剂中国专利申请的年度申请量变化

2000年后，我国车用汽油标准对硫含量的限制也不断加严，这是促进汽油加氢脱硫催化剂创新的最主要因素。

2.2.2 申请人类型分析

从图2-2-2中可以明显地看出，在汽油加氢脱硫催化剂领域，企业申请人占绝对优势，其次是大学，而研究机构和个人申请占比较少，其中企业申请人主要为中石化和中石油。中石化和中石油作为中国主要的石油炼制商和石油产品生产商，它们独立研究、开发汽油加氢脱硫催化剂，或者与各高校合作研究开发汽油加氢脱硫催化剂，加氢脱硫催化剂的创新能够为中石化和中石油带来更为直接的效益，也是保证我国汽油达到国家标准的保障力量。

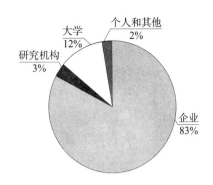

图 2-2-2　汽油加氢脱硫催化剂申请人类型分布

2.2.3　主要国家/地区在华申请分布状况

在华专利申请中，中国申请人的申请量占据了主导地位，而其余只有发达国家包括美国、欧洲各国和日本在中国提出了相关申请。这一方面表明了我国在加氢脱硫催化剂领域寻求技术突破的迫切需求；另一方面，结合石油化工领域的特点也可以发现，我国在该领域具有较高程度的自主知识产权。表 2-2-1 列出了在华申请的主要申请人。

表 2-2-1　各主要国家在华汽油加氢脱硫催化剂专利申请排名及主要申请人

序号	国别	申请量/项	主要申请人
1	美国	40	催化蒸馏、埃克森美孚研究工程公司、UOP
2	法国	30	法研院
3	日本	10	新日本石油株式会社
4	荷兰	9	壳牌、雅宝公司
5	意大利	4	阿吉佩罗里股份公司、埃尼里塞奇公司

从表 2-2-1 给出的各主要国家在华申请量排名及主要申请人可以看出，美国、法国、日本、荷兰和意大利等国家是汽油加氢脱硫催化剂专利申请的主要国家，其中美国和法国的申请量比较大，最主要的申请人都是各国主要的石油公司，美国主要的申请人是催化蒸馏、埃克森美孚研究工程公司和 UOP，法国最主要的申请人是法研院。可见，石油巨头比较重视在中国的汽油加氢脱硫催化剂布局，这与这些国家的汽油加氢脱硫技术是否被中国使用有很大的关系。

2.2.4　专利法律状态

如图 2-2-3 所示，在华专利申请中，授权后有效和未决的申请所占数量最多。授权后有效的专利共 203 件，未决专利申请共 119 件。

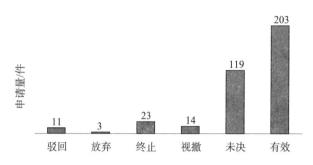

图 2 - 2 - 3　在华汽油加氢脱硫催化剂申请专利法律状态

2.3　加氢脱硫催化剂技术功效分析

对国内汽油选择性加氢脱硫催化剂专利进行技术功效分析，通过关注技术功效图中相对薄弱的技术方向，分析今后汽油选择性加氢脱硫催化剂技术发展的方向。

2.3.1　活性组分的技术功效分析

中国关于加氢脱硫催化剂的研究重点集中在提高催化剂的脱硫活性和选择性方面，也证明了这两种性能是加氢脱硫催化剂研发的主要需求。从图 2 - 3 - 1 中可以看出，目前主要还是依靠传统的活性组分提高脱硫活性和选择性效果。调整活性组分的配比不仅对取得上述功效具有重要的意义，同时也是容易操作的技术手段。对于通过加入稀土金属和其他过渡金属改性传统的活性组分方面的申请也比较多，这方面的研究也比较受关注。

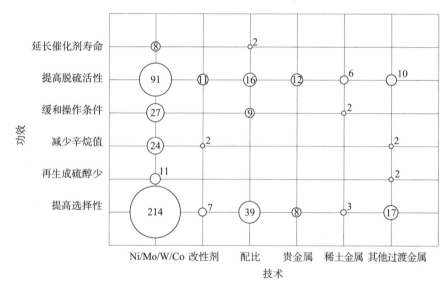

图 2 - 3 - 1　催化剂活性组分技术功效

注：图中数字表示申请量，单位为项。

相对的，涉及贵金属和稀土元素提高脱硫活性和选择性方面的专利申请较少，但是从成本角度考虑，出现这种结果是容易理解的。采用其他过渡金属代替传统元素的技术手段在提高选择性、控制硫醇再生、减少辛烷值损失和提高活性方面均有表现，也表明了这一技术手段具有发展的潜力。

2.3.2　载体的技术功效分析

从图2-3-2中可以看出，对于单一载体的研究仍然集中在传统的氧化铝载体上。氧化铝载体在提高选择性和脱硫活性方面有较好表现，同时也对降低能耗、延长催化剂寿命、减少再生硫醇副反应发生以及降低辛烷值损失具有贡献。但是，单组分氧化物作为载体存在比表面积低、强度不高的缺陷，且与活性组分间相互作用力较弱。因此，复合氧化物载体是载体的重要发展方向。

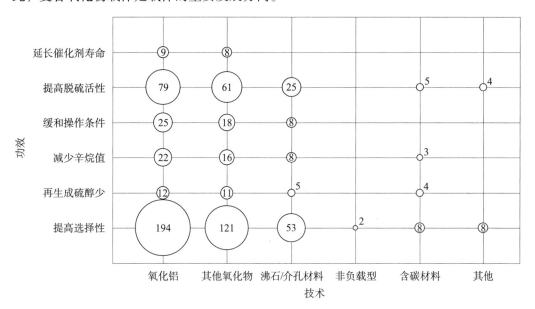

图2-3-2　催化剂载体技术功效

注：图中数字表示申请量，单位为项。

沸石/介孔材料具有高度有序的结构和大比表面积、大的孔径等特点，是单组分载体和复合氧化物载体难以具备的，因此，介孔材料将成为加氢脱硫催化剂载体研究的发展方向。

2.3.3　技术路线图

本节通过对加氢脱硫催化剂的专利信息进行技术发展路线分析，找到催化剂的技术演进情况，以便了解技术发展脉络，为企业技术开发提供信息基础，为政府提供决策依据。

图2-3-3（见文前彩图第4页）显示了1977～2013年加氢脱硫催化剂的重要技术发展路线，通过对关键申请人的追踪及对专利文献的详细阅览可知，1999年以前，加氢

脱硫催化剂的发展相对独立，各公司对活性组分、载体、助剂的研究各有所长，直到 1999 年埃克森美孚提出两段加氢脱硫技术并申请了专利技术之后（US5985136A），很大部分研究都是以该技术为基础进行的。我国相关的研究起步相对较晚，2002 年，抚研院基于美国专利 US5985136A 提出了 OCT－M 技术，石科院也相应开发了 RSDS 技术并都对相应技术配套有加氢脱硫催化剂，此后国内技术发展主要以上述两项技术为基础进行，研究方向主要是活性组分及载体的改进，也包括对催化剂制备过程的改进，即在催化剂中间体引入硫，以制备硫化型催化剂。2011 年，抚研院对载体氧化铝进行了改性，制备出的催化剂提高了催化剂的选择性加氢脱硫能力，而且改善了催化剂的稳定性。石科院则对活性组分的改进投入了更多的精力。

2.4　重要申请人分析

本节对重要申请人埃克森美孚、法研院和中国重要申请人关于汽油加氢脱硫催化剂的专利申请历年增长趋势、技术输出目的地、技术路线图以及重要专利进行详细介绍。

2.4.1　法研院（IFP）

法研院成立于 1944 年。主要的研究开发领域有油气勘探、油藏工程、油田开发、提高采收率、石油炼制、石油化工、发动机优化设计、环境保护及能源利用等。法研院拥有炼油化工催化过程、天然气处理、CO_2 封存、过程模拟、培训、地球科学咨询及软件开发、能源和环境投资等领域的各类全资、合资子公司 16 家。截至 2013 年，法研院共有 1661 名员工，其中研究人员 1139 人，46% 的管理人员获得博士学位，2013 年有 112 名博士在读学生，21 名博士后研究人员。2013 年投入约为 2.899 亿欧元，其中 2.385 亿欧元为科研直接研发支出。法研院在 2013 年有 174 项基础专利申请（主要在法国），拥有 12000 余项有效专利，2013 年在法国国家专利申请人排名第 15。

法研院是在里昂研发中心进行炼油技术的研发。该研发中心于 1967 年建设，共 670 人，其中 85% 的员工从事研发工作。里昂研发中心目前设有催化与分离、分析与表征、工艺模型与设计、工艺实验 4 个炼油技术研发部门，共有 180 个实验室、170 套半工业化的中试装置、30 套冷模实验装置、30 套台架设备，并拥有标志性的高通量合成及评价设备。能源多样化方面，重点开发第 1 代和第 2 代生物燃料生产技术、天然气和煤制合成气技术、氢气生产技术；清洁炼油方面，重点开发重质原油、渣油、馏分油转化技术，高品质燃料生产技术，化工产品中间体生产技术。

2001 年法研院全资子公司 Axens 成立，全面负责法研院炼化领域（炼油、石油化工、生物燃料、气体加工）的新技术工业化、对外技术转让及催化剂供应，并提供技术服务。总部设在法国巴黎，在休斯敦、北京、莫斯科等 7 个城市设有代表处，在美国 Calvert、Savannah、Willow Island 和加拿大 Brockville 等地设有 5 家催化剂生产企业。

根据 2010 年 7 月法国法律要求一些公司对环境责任的承诺—新环境法（Grenelle2），法研院改变名称为 IFP 新能源公司（Energies nouvelles，IFPEN）。法国生态、能源、可持续发展与海洋部（MEEDDM）表示，法研院新的名称更能反映增加新能源技术为重点的研究实质。并认定法研院是涉足可再生能源和化石能源领域的主要参与者。2000 年时法研院的活动主要集中在石油和天然气领域，目前其研发活动比例的 50% 已致力于 NETs（提高燃料效率、混合动力和电动汽车、生物燃料和绿色化学、二氧化碳捕获和封存等）。

在炼油方面，法研院主要通过 Axens 对外转让多套 IFP 专利工艺——残留物转化和蒸馏物加氢处理。在残留物转化方面，法研院提供的技术包括固定床加氢转化和相应的催化剂、沸腾床加氢转化和相应的催化剂、液态催化裂化、溶解去除沥青、减粘裂化和上述工艺的程序使用；在蒸馏物加氢处理和转化方面，法研院提供的技术包括新一代催化剂产品、深度脱硫和脱氮、芳烃的加氢处理、FCC 原料的预处理、FCC 汽油的深度脱硫。

Axens 公司在 FCC 汽油加氢处理、催化重整、烷烃异构化和加氢处理/加氢裂化催化剂领域的业务快速发展，2003 年签署了用于 FCC 汽油脱硫的 Prime - G⁺ 催化剂技术转让项目 19 个，大多项目在北美，2005 ~ 2007 年该业务在中东和亚洲得以拓展。

2.4.1.1　申请趋势

法研院涉及汽油加氢脱硫催化剂相关的申请总共 115 项。法研院对汽油加氢脱硫催化剂相关领域的研究始于 1971 年。从图 2 - 4 - 1 可以看出，1971 ~ 1995 年，法研院的申请量比较少，属于技术萌芽期。1996 ~ 2003 年，申请量增加明显，进入技术快速成长期。2003 年至今，申请量增长虽然有所下降，但每年的申请量比较稳定，属于技术成熟期。

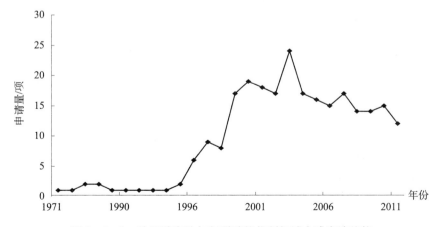

图 2 - 4 - 1　法研院汽油加氢脱硫催化剂领域全球申请趋势

2.4.1.2 技术输出目的地

如图2-4-2所示，法研院的技术输出目的地主要为美国、日本、韩国、印度、德国、巴西、加拿大、西班牙、墨西哥、俄罗斯以及澳大利亚等27个国家或地区，可见，除在公司所在地法国的申请量最高之外，其在美国、欧洲、日本、韩国和中国大陆的申请量所占比例分别为18%、15%、13%、9%和7%。

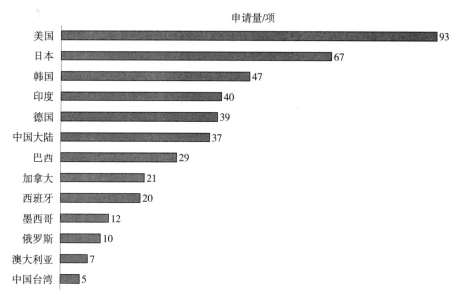

图2-4-2 法研院汽油加氢脱硫催化剂领域技术输出目的地分布

2.4.1.3 技术发展分析

1993年，法研院开发了Prime-G技术，该技术采用双催化剂对FCC重汽油进行选择性加氢脱硫，工艺条件缓和，不发生芳烃饱和及裂化反应。为了满足燃料中硫含量更为苛刻的要求，法研院对Prime-G技术进行了改进，推出了Prime-G⁺技术，并在2000年实现工业化。Prime-G技术的推出，促进了汽油加氢脱硫催化剂的研究。图2-4-3和图2-4-4分别是法研院的Prime-G和Prime-G⁺技术工艺流程图。

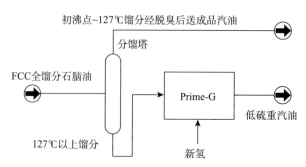

图2-4-3 法研院Prime-G工艺流程

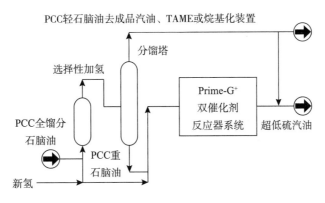

图2-4-4　法研院 Prime-G⁺工艺流程

图2-4-5是法研院的技术路线图。根据其技术路线图可知，法研院对汽油加氢脱硫催化剂的专利申请始于1973年，其使用 Co-Mo 为活性组分，氧化铝为载体。法研院早期也同样采用了浸渍法制备汽油加氢脱硫催化剂，在 GB 1314288 中，采用浸渍法制备，并在煅烧后加入了第ⅥA族元素。

2000~2005年，法研院对活性组分的研究开始多元化。EP1038577A1 中，以第ⅣB族金属为活性组分。EP1380343A1 中，在活性组分中加入了含氮有机物。FR2843050A1 中，在活性组分中加入了杂多阴离子化合物。在这一时期，法研院选择使用氧化钛、Y分子筛以及二氧化硅碳化物等作为载体。

2006~2007年，FR2889539A1 使用贵金属和 Ni 为活性组分，EP1661965A1 直接使用活性组分的硫化物形态。在载体方面，EP1661965A1 使用传统氧化硅-氧化铝作为载体，但对氧化硅的含量作了具体限定。WO2006114510A1 使用磷酸改性的氧化硅作为载体。

2008~2009年，活性组分的研究集中在对传统第ⅣB族、第Ⅷ族金属的含量选择上。载体方面，对载体的具体结构进行了选择，如 EP1892039A1 选择特定比表面积的无机氧化物，WO2009144413A1 选择中孔二氧化硅，FR2904243A1 使用非结晶硅铝分子筛，FR2909012B1 对载体孔隙率进行选择。上述通过对具体结构的进一步选择，促进载体与催化剂的相互作用，从而提高汽油加氢脱硫催化剂的脱硫活性和选择性。

2010年以后，法研院开始研究使用金属磷酸盐、多缩金属氧酸盐等金属活性组分的其他形式。载体方面，选择使用中孔氧化铝、氧化铝和二氧化硅以及碳化硅的复合载体。

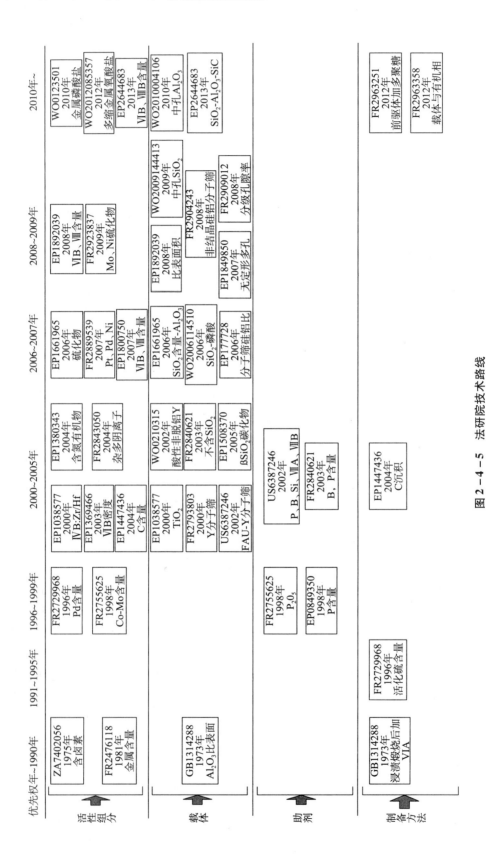

图 2－4－5　法研院技术路线

2.4.2　中石化

中石化是中国最大的石油炼制商和中国最大的石油产品生产商，其石油炼制能力位居世界第三。现有分公司 30 家。主要产品有汽油、煤油、柴油、润滑油、化工轻油、燃料油、溶剂油、石蜡、沥青、石油焦、液化气、丙烯、炼油苯类等。

中石化不断加大炼油工艺的技术投入，提高高硫油加工能力，在多创经济效益方面也取得较大进展。自 2000 年以来，新增高硫油加工能力 3857 万吨，2007 年加工高硫原油同比增长 22.92%。另外，中石化坚持以技术进步为支撑不断提高炼油企业的综合配套能力，随着在建的洛阳 140 万吨/年延迟焦化、220 万吨/年催化原料预处理、武汉 120 万吨/年延迟焦化和 190 万吨/年煤柴油加氢、齐鲁 140 万吨/年延迟焦化、安庆 220 万吨/年蜡油加氢处理、金陵 260 万吨/年蜡油加氢处理、茂名 180 万吨/年蜡油加氢处理、上海石化 100 万吨/年连续重整、广州 100 万吨/年连续重整、塔河 350 万吨/年稠油改质工程、天津 1250 万吨/年改扩建、高桥 800 万吨/年进口高硫原油适应性改造、青岛 1000 万吨/年炼油工程、福建 1200 万吨/年炼油化工一体化等项目的陆续投产，炼油企业的综合配套能力日趋完善。所属炼油企业中，年加工能力 500 万吨以上的企业共 17 家，其中，1000 万吨以上的企业 8 家。❶

2.4.2.1　申请趋势

依靠自身的技术优势求发展，中石化已经拥有了一支在炼油生产、科研和设计方面具有丰富经验的强大队伍，拥有了成套的重油催化裂化、催化重整、高压加氢裂化、中压加氢裂化、加氢精制、渣油加氢脱硫、润滑油加氢改质等主要炼油技术，以及相应的催化剂开发。其与汽油加氢脱硫催化剂相关的申请总共 314 件。中石化对汽油加氢脱硫催化剂相关领域的研究始于 1985 年。20 世纪 80 年代以来，我国汽油加氢脱硫催化剂研究进入快速发展阶段。从图 2-4-6 可以看出，从 1985~2000 年，中石化的申请量比较少，属于技术萌芽期。2000 年之后，每年的申请量增加明显，进入技术快速成长期。尤其是 2005 年和 2010 年两个节点后，申请量都有很明显的增加，这与我国在 2005 年 6 月 1 日开始实行国Ⅱ号汽油排放标准，2010 年 1 月 1 日开始实行国Ⅲ号汽

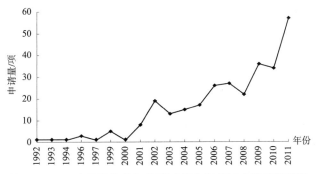

图 2-4-6　中石化汽油加氢脱硫催化剂领域全球申请趋势

---

❶　[EB/OL]．[2015-01-21]．http://baike.baidu.com/item.

油排放标准有密切的关系。

炼油催化剂需求的增长与炼厂排气污染和汽车排放规范密切相关。对于炼油催化剂21世纪前期的市场趋势，中国与发达国家有所不同，如环保对炼油催化剂市场趋势的影响，中国近20年来工业发展中，环保欠账较多，在加入WTO后的10年内，对环境保护采取跳跃式的政策，如炼油行业有关的环保指标到2010年要基本与国际接轨，因而在2000年以后，环保对国内炼油催化剂的影响特别突出，促进了我国对汽油加氢脱硫催化剂研究的不断改进和创新。中石化在这一时期对FCC汽油加氢脱硫催化剂的研究进入快速增长期。

2.4.2.2　技术输出的目的地分析

与埃克森美孚和法研院在全球众多国家申请专利，进行有重点和针对性的专利布局不同，中石化绝大多数的专利申请仅在中国进行申请。如图2-4-7所示，中石化只有很少一部分到其他国家或地区进行了申请，在美国的申请量最多，数量仅为7项。

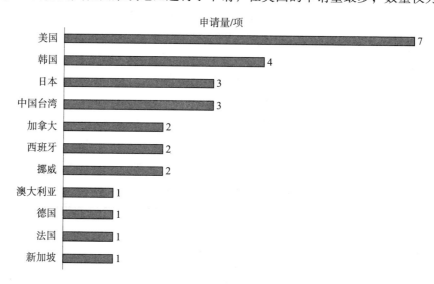

图2-4-7　中石化汽油加氢脱硫催化剂领域技术输出目的地分布

2.4.2.3　中石化主要技术发展分析

中石化从事汽油加氢脱硫催化剂研究的单位主要是石科院、抚研院和中石化上海石油化工研究院。中石化主要研究单位如石科院和抚研院的汽油加氢脱硫技术发展促进了FCC汽油加氢脱硫催化剂的研究。

石科院开发了FCC汽油选择性加氢脱硫催化剂和工艺技术。图2-4-8是石科院的RSDS工艺流程图。根据FCC汽油中硫和烯烃分布特征，将汽油全馏分切割成轻馏分和重馏分，重馏分采用选择性加氢脱硫进行脱硫。其中重馏分选择性加氢脱硫的技术核心是采用高性能的加氢脱硫催化剂RSDS-1，该催化剂具有高加氢脱硫/烯烃饱和及低芳烃饱和活性。在成功开发第1代工艺的基础上，石科院又开发了第2代催化裂化汽油选择性加氢脱硫技术RSDS-II，RSDS-II技术使用的催化剂是RSDS-21和RSDS-22。

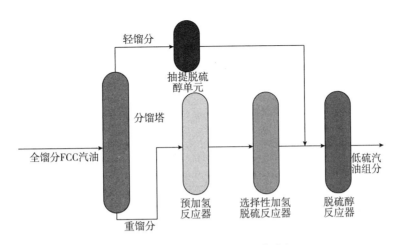

图 2 - 4 - 8　石科院 RSDS 工艺流程

　　针对我国 FCC 汽油的特点，抚研院开发了 OCT - M 催化裂化汽油选择性加氢脱硫催化剂及工艺成套技术。OCT - M 工艺技术的主要原则，是选择适宜的 FCC 汽油轻馏分、重馏分切割点温度，然后对其分别进行脱硫处理。重馏分的硫含量较高，富含噻吩硫，采用专门的 FGH - 20/FGH - 11 组合 HDS 催化剂，在较缓和的工艺条件下对其进行深度加氢脱硫处理。催化裂化汽油全馏分汽油加氢脱硫技术（简称 FRS）是抚研院在 OCT - M 技术上开发的全馏分 FCC 汽油选择性加氢脱硫技术。FRS 技术使用的催化剂与 OCT - M 技术使用的相同，也是使用 FGH - 20/FGH - 11 催化剂，主要对低烯烃含量、较高硫含量的 FCC 汽油进行适度的加氢脱硫。图 2 - 4 - 9 是抚研院 OCT - M 技术的工艺流程图。

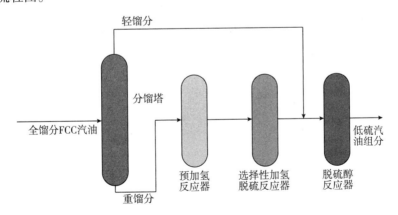

图 2 - 4 - 9　抚研院 OCT - M 工艺流程

　　针对各自 FCC 汽油加氢脱硫技术的特点，中石化从事汽油加氢脱硫催化剂研究的单位通过对催化剂活性组分和载体的改进，研究出了一系列的新催化剂。

　　图 2 - 4 - 10 是中石化的典型技术路线图。从 1985 年开始，中石化申请了以 Ni - W 为活性组分、Al_2O_3 为载体，F 为助剂并以浸渍法制备的汽油加氢脱硫催化剂相关专利，该催化剂对 Ni - W 的使用比例进行了调整，获得了较高活性的加氢脱硫活性。随后，中

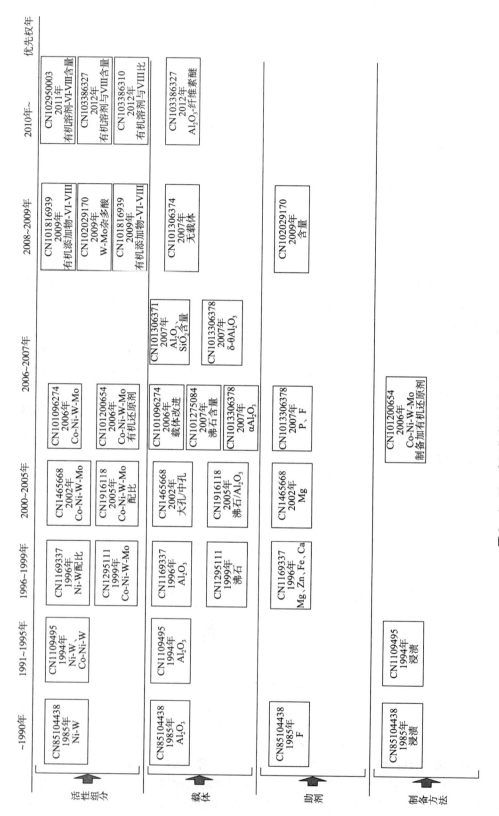

图 2 - 4 - 10 中石化汽油加氢脱硫催化剂技术路线

石化的研发重点仍在对催化剂活性组分的选择和配比方面，使用 Ni/Mo 和 Co/W 为活性组分，对它们的配比进行调整以改进催化剂的活性。1999 年以后，中石化逐渐开始对载体进行改进，如选择使用中孔/大孔沸石分子筛作为载体，或使用沸石和 Al_2O_3 的复合载体。2006 年，在活性组分的改进方面，加入有机还原剂与 Ni/Mo 和 Co/W 结合作为活性组分，使得催化剂的选择性提高。2008 年以后，开始研究无载体的加氢脱硫催化剂，并对催化剂的载体改进，研究以纤维素醚改性的 Al_2O_3 为载体，提高了加氢脱硫催化剂的脱硫活性和选择性。

2.5　本章小结和建议

1）结论

通过对汽油加氢脱硫催化剂领域全球和中国专利申请的分析，本章主要研究了其申请量变化趋势、主要国家的技术流向、重要申请人及其技术路线等内容，得到以下结论。

（1）从申请量变化趋势来看，目前汽油加氢脱硫催化剂领域全球和中国专利申请量都呈上升的趋势，2011 年的专利申请量均处于历史最高。这意味着目前对汽油加氢脱硫催化剂领域的相关技术研究将继续深入，汽油加氢脱硫催化剂的性能将不断提升，汽油加氢脱硫技术整体处于行业景气周期中。

（2）从全球和中国专利申请国分布来看，美国、中国、日本和法国是该领域重要的专利申请国，汽油加氢脱硫催化剂的主要研究区域，同时也是汽油加氢脱硫催化剂的主要应用市场。美国和中国的专利申请量远大于其他国家的申请量，中国与美国的专利申请量差距较小，这意味着中国在汽油加氢脱硫催化剂产业中已占据一席之地。

（3）从全球技术集中度及技术功效分析来看，对于开发使用新的活性组分的可能性比较小，活性组分的研究仍主要集中在以 Co/Ni – Mo/W 为主，通过调整各元素之间的配比方面。虽然对载体的研究仍集中在传统的氧化物和分子筛等，但随着烷基化要求的提升，以介孔材料为载体的研究越来越多。此外，非负载型催化剂的研究比较少，是一种较有潜力的新型加氢脱硫催化剂。

（4）从中国技术功效分析来看，中国关于加氢脱硫催化剂的研究重点集中在提高催化剂的脱硫活性和选择性方面，也证明了这两种性能是加氢脱硫催化剂研发的主要需求。活性组分的研究仍主要集中在以 Co/Ni – Mo/W 为主，通过调整各元素之间的配比方面，说明我国对汽油加氢脱硫催化剂的研究热点与全球的研究热点一致。我国对非负载型催化剂的研究很少，未来汽油加氢脱硫催化剂的创新可能会出现在非负载型催化剂。

（5）从专利申请法律状态分布来看，在我国具有有效专利权的专利占比重最大，放弃专利权的专利很少，其中中石化的专利有效量最多，这有利于中国企业形成自身专利池，为参与市场的竞争和产品外销提供有力的保障。

2）建议

（1）中国的专利申请仍以在国内申请为主，应当借鉴国外石油龙头企业的专利布局经验，重视对国际市场或潜在市场的专利布局。

（2）可以拓宽对催化剂的研究思路，不仅仅局限于对活性组分和载体的研究，非负载型催化剂的研究比较少，是一种较有潜力的新型加氢脱硫催化剂。

（3）重视专利池的形成，提升我国加氢脱硫催化剂的利用率，为参与市场的竞争和产品外销提供了有力的保障。

第3章 加氢脱硫原料的预处理

催化裂化汽油中一般含有二烯烃，含量可以达到重量分数 1% ~ 5%。由于选择性加氢脱硫催化剂多采用 Al_2O_3、氧化钛、二氧化硅等酸性载体，载体酸性过强会使得原料中不稳定的大分子烯烃和二烯烃发生聚合反应形成胶质，这种胶质组分在催化剂表面沉积进而掩盖活性中心，导致催化剂逐渐失活，降低催化剂的稳定性。严重时还会使反应器入口和出口之间产生较大的压力差，缩短装置的运转周期。如果在原料与主催化剂接触之前首先进行预处理，脱除原料油中的二烯烃等有害物质，将能够提高主催化剂的工作效率和使用寿命，保证装置长周期安全稳定操作。

在本章中，检索截止日期为 2014 年 7 月 6 日，通过检索共获得了全球专利申请190 项，在华专利申请 128 件。全球专利申请检索结果的查全率为 90%，查准率为100%。在华专利申请检索结果的查全率为 95%，查准率达到 100%。

3.1 全球专利申请分析

对二烯烃进行加氢是一种降低不饱和度的有效手段，而对二烯烃的氢化应该是选择性的，即应该限制单烯烃的氢化反应，以便限制辛烷值的损失。由法研院开发的催化裂化汽油超深度脱硫技术 Prime – G$^+$ 工艺，就是先把全馏分 FCC 汽油进行加氢预处理，使二烯烃饱和，双键异构化，轻硫化物变成重硫化物，然后将汽油分馏为烯烃含量高的轻馏分和硫含量高的重馏分，最后对重馏分进行深度加氢脱硫。该方法脱硫率大于 98%，且辛烷值损失小，氢耗低，处理后的汽油硫含量可小于 $10\mu g/g$。[1]

硫醚化技术是在缓和的操作条件下使催化裂化汽油中的二烯烃与硫醇通过催化剂的作用发生硫醚化反应形成高沸点的硫醚，并在随后的分馏过程中进入重汽油组分（HCN），得到无硫且富含烯烃的轻汽油（LCN），也避免了 LCN 直接进入加氢脱硫单元发生烯烃饱和反应引起辛烷值的损失。同时，在这一反应过程中，二烯烃也可以发生选择性加氢反应生成单烯烃。

砷、氮、磷、硅等物质都可以对加氢脱硫催化剂产生不利的影响。

3.1.1 全球发明专利申请的趋势分析

预处理技术相关的全球发明专利申请在 1994 年之前处于萌芽阶段，从 1995 年开始出现增长的趋势，在 2011 年出现申请量的最高峰值，如图 3 – 1 – 1 所示。主要发达国

---

[1] 曹赟，等. FCC 汽油精制脱硫技术研究与应用进展 [J]. 山东化工，2013 (4)：57 – 62.

家或地区，例如美国、欧洲和日本等，在 2005～2006 年分别提出了燃料油含硫量从 2001 年的 100～150μg/g 降低到 30～50μg/g，随后又提出在 2008～2011 年达到 10～15μg/g 的更低标准。2002 年出现的较高申请量主要来自于国外申请人，这表明，在发展加氢技术提高脱硫深度的过程中，对原料进行预处理受到了研究者的重视。2001～2006 年是发达国家申请量较高的时期，同时也是其含硫量标准降低最显著的时候。

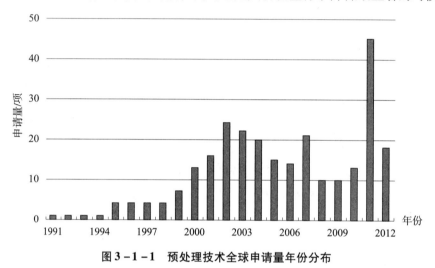

图 3 – 1 – 1   预处理技术全球申请量年份分布

在这一时期，中国的车用汽油含硫量标准仍然高达 500～1000μg/g，对汽油脱硫技术的开发还没有迫切的需求。然而，油品清洁化是大势所趋，随着北京在 2008 年承办奥林匹克运动会，车用汽油硫含量的标准也从 2005 年的 500μg/g 降到了 2007 年的 150μg/g，以及 2008 年的 50μg/g，一个数量级的变化对于技术的发展提出了要求。随后，北京又领先于其他地区在 2012 年要求实现 10μg/g 的低硫含量标准，这更是对加氢技术发展的重要挑战，中国申请人的专利申请迅速增加，在 2011 年出现了申请量最高峰。2008～2012 年是中国申请人申请量较高的阶段，同样也是中国、特别是北京硫含量标准迅速降低的时期。

3.1.2 技术输出/输入地区差异明显

申请人期望通过在不同国家/地区进行专利申请而获得保护。多数情况下，申请人取得原创技术后即在所属国家进行首次申请，并以此作为优先权再在其他国家/地区提出申请，从而将专利技术输出。

（1）专利技术原创地

对发明专利的首次申请国进行统计后可以看出（参见图 3 – 1 – 2），中国在申请数量上排名第一，超过了排名第二位的美国将近 1 倍，而美国又超过了排名第三位的法国将近 1 倍。数量上的优势虽然不能完全体现出实际技术上的优势，但是可以看出各国对于相关技术的关注程度。其他国家在预处理相关技术的原创专利申请数量上较少，表明这些国家对于相关技术的关注度不高。

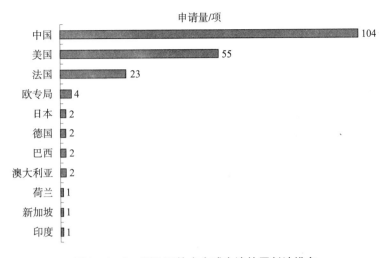

图 3 – 1 – 2 预处理技术全球申请的原创地排名

全球专利申请的公开号统计可以显示出申请人希望在哪些国家/地区使得其专利技术获得保护，或进行公开，同时也能够表明该国家/地区受到申请人重视的程度。从发明专利公开数量的统计结果中可以看出（参见图 3 – 1 – 3），中国仍然高居榜首，超出第二名美国近 1 倍，美国超出了排在第三位的日本 1 倍以上，第四位、第五位的法国和澳大利亚与日本在数量上差别不大。对比专利的原创地与公开地可以明显地发现，日本和澳大利亚在原创地中排名第五位，仅拥有 2 项相关的申请或优先权，然而，在日本和澳大利亚的相关专利公开数量却分别达到了 36 项和 27 项，排名第三位和第五位。韩国、加拿大、墨西哥和俄罗斯没有相关专利的原创申请，但是，公开专利的数量却进入排名的前 10 名。

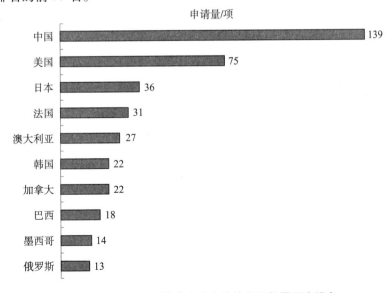

图 3 – 1 – 3 预处理技术全球申请的公开数量国家排名

（2）专利技术输入地

专利公开数量与原创专利数量在不同地域之间的显著差异提示我们，从发明专利申请公开的数量中除去相关国家/地区的首次申请数量，其结果将能够体现出从该地区外部的申请人向该地区输入的专利申请情况，也就是专利申请的布局情况。从图3-1-4的统计结果中可以看出，亚洲、澳洲和北美洲是相关技术的主要输入地，这些地区对技术输入的依赖性比较强。

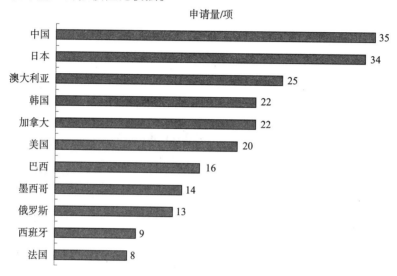

图3-1-4　预处理技术全球专利申请输入地排名

3.1.3　主要申请人来自中、法、美三国

图3-1-5显示了预处理技术相关的全球专利申请重要申请人的排名。来自中国的主要申请人包括中石化和中石油，还有北京安耐吉能源工程技术有限公司以及中国石油大学。国外申请人主要有来自美国的催化蒸馏和埃克森美孚。欧洲申请人主要是法研院。法研院的申请数量总数超过了法国作为原创国的申请，说明一些申请最早是在其他国家提交的。

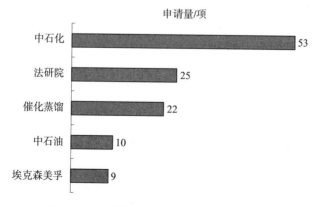

图3-1-5　预处理技术全球重要申请人排名

3.1.4　预处理技术和功效发展趋势

（1）技术发展趋势

通过对预处理技术发展随年代的变化趋势进行分析，本课题组可以看出研究者对于不同处理技术关注程度的变化情况。如图3-1-6所示，在预处理阶段，使用最多，也是越来越受到重视的是加氢技术，同样受到关注的还有硫醇氧化。硫醚化和噻吩烷基化手段在2001~2004年的阶段使用较多，但是近年来却越来越少涉及在预处理阶段使用这些技术。吸附手段出现在2001~2004年，随后减少，吸附不再单独作为预处理手段，而是常常与加氢过程相结合来脱除原料中的杂质。

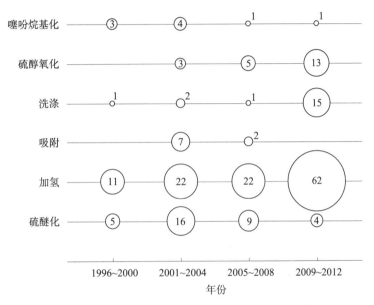

图3-1-6　预处理技术全球申请的技术年份发展趋势

注：图中数字表示申请量，单位为项。

（2）预处理功效变化趋势

对预处理技术获得的功效随着年代发展的变化趋势进行分析，如图3-1-7所示，在加氢脱硫之前对催化裂化汽油实施预处理，主要就是针对脱除二烯烃和硫醇这两种物质。其他对加氢脱硫催化剂具有不利影响的杂质包括氮、砷和焦质。

图3-1-7中的"除焦"，指的是抚研院在2011年提交的9件申请涉及的除焦技术，公开号分别为CN201110095275、CN201110095286、CN201110095287、CN201110095290、CN201110095292、CN201110095293、CN201110095294、CN201110095296、CN201110217565，这些申请主要涉及石脑油加氢反应装置，包括进料系统、加热炉、固定床加氢反应器和加氢反应产物分离系统，还包括除焦系统，以及使用所述装置进行的石脑油加氢反应方法。这些申请主要针对的问题是加氢反应器催化剂上部床层结焦导致反应器的压降上升，结焦主要是由于原料中的二烯烃等不饱和烃类的聚合以及上游装置带入的机械杂质或杂质前身物转化为沉积物后沉积在催化剂床层上部导致的。由于石脑油来源的

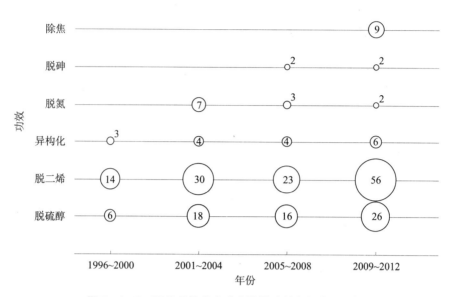

图3-1-7 预处理技术全球申请的功效年份发展趋势

注：图中数字表示申请量，单位为项。

多种多样，原料的生产、储存、运输中可能引入无法通过过滤等一种或几种简单方法去除的杂质，因此需要设置通用的、有效的除杂质设备。所述除焦系统设置焦粉洗涤罐，洗涤罐中设置在使用状态下为液相的洗涤液，一般可使用煤油、柴油、减压馏分油、润滑基础油或渣油等，洗涤罐采用鼓泡床或喷淋操作方式。设置焦粉分离罐作为液固分离装置，分离罐内部设置筒体结构分离组件，分为内层筛网和外层筛网，之间填充积垢剂，填料包括氧化铝、氧化硅、陶瓷或（废）催化剂。石脑油原料经过除焦系统除焦后再进行加氢精制反应。

图3-1-7中的"脱砷"，指的是法研院提交的申请号为CN200580034169、CN200810191127和CN201210560533的3件申请，以及埃克森美孚研究工程公司提交的申请号为CN200980162707的专利申请中涉及的脱砷技术。法研院的申请CN200580034169为PCT国际申请，申请日为2005年10月4日，具有法国优先权FR0410558，优先权日为2004年10月6日，其同族申请在中国和美国都已经获得了授权。该申请的技术方案使用捕获物质来捕获在烃原料中所含的有机金属杂质，如重金属、硅或磷，特别是砷，该捕获物质包括沉积在多孔载体上的至少一种金属元素，选自铁、钴、镍、铜、铅或锌，优选呈大于70%硫化度的硫化物形式，多孔载体选择矾土、硅石、硅石—矾土、单独使用或与矾土或硅石—矾土混合使用的钛或镁的氧化物。捕获物质加入到原料的加氢脱硫装置上游的反应器中，或加入加氢脱硫所用反应器的头部，与所要处理的原料和氢气进行接触，从而脱除催化裂化汽油中痕量的砷（10ppb～1000ppb）。

专利CN200810191127的申请日为2008年11月19日，具有法国优先权FR0708155，其对捕获物质作出了改进，限定了捕获物质含有硫化形式的钼和镍，以硫化前氧化物计，含镍重量分数10%～28%、含钼重量分数0.3%～2.1%，多孔载体选自氧化铝、二氧化硅、二氧化硅—氧化铝、氧化钛和氧化镁。反应条件仍然是使烃馏分与氢气接触捕获物质,脱砷后的馏分再进行加氢脱硫反应。相对于前一申请,该申请对金属组分进行了选择,从多种金属元素中优选出了钼和镍。

在申请号为 CN201210560533、申请日为 2012 年 12 月 21 日、拥有法国优先权 FR1104000 的申请中,申请人又将捕获物质改进为具有催化和吸附双功能的材料,该催化吸附剂包括沉积在多孔载体上的至少一种来自第 VIB 族的金属 M1 和至少两种来自第 VIII 族的金属 M2 和 M3,其中金属的摩尔比(M2 + M3)/M1 在 1~6 范围内,还进一步包括磷,以氧化物计,M1 含量为重量分数 3%~14%,M2 为重量分数 1%~20%,M3 为重量分数 5%~28%,磷为重量分数 0.2%~6%。催化吸附剂在进行加氢脱硫工艺之前先经过煅烧和硫化处理,在烃进料与所述催化吸附剂接触后再与其他加氢脱硫催化剂接触。双功能催化吸附剂具有至少三种金属组分,并使用磷进行改性。根据进料中的硫浓度不同,在与催化吸附剂反应后,残余的含硫化合物还可能需要进一步进行补充加氢脱硫步骤。

另外,埃克森美孚的申请号为 CN200980162707 的 PCT 国际申请,申请日为 2009 年 12 月 1 日,虽然也在其独立权利要求第 1 项中记载了石脑油沸程进料与砷捕获催化剂接触,但是并没有对这种催化剂进行限定,因此,脱砷仅仅是其选择性加氢处理石脑油进料方法中的一个步骤,其在说明书中记载了,砷捕获催化剂需要具有足以捕获(吸附)砷的活性,但是同时要对加氢脱硫具有降低的影响,典型的是相对低活性负载型镍基催化剂,例如负载于氧化铝载体上的重量分数 5%~20% Ni,市售实例包括 Haldor Topsoe 的 TK - 47。说明书中还指出,与砷捕获催化剂的常规用途相反,其使用砷捕获催化剂以保持或增强脱硫石脑油产物的辛烷值,这可通过降低加氢脱硫催化剂的量实现。通过使用较少的催化剂,可以提高反应的运转起始温度和空速。

从以上申请中记载的技术方案的变化可以看出,预处理催化剂的改进朝着非贵金属化、多功能化以及掺杂改性的方向发展。同时,将传统的催化剂开发出新的用途也是一种有益的尝试。

3.2 在华专利申请状况分析

在预处理领域,中国申请人虽然起步较晚,但是发展迅速,已经在申请数量上超过了国外申请人。美国和法国申请人比较重视中国市场,在中国保持了相关申请数量的稳定。

3.2.1 发明专利申请量显著增长

在已获得的检索结果中,中国专利申请全部属于发明专利申请,并没有涉及实用新型专利申请。从申请量分布的整体趋势来看(参见图 3 - 2 - 1),预处理技术相关的在华申请最早始于 1996 年,之后稍有间断,从 2001 年开始有所增长,并在之后的十年间保持了申请量的基本稳定。申请量在2011年出现了一个峰值，达到43件，随后又逐渐恢复到原来的申请量水平。

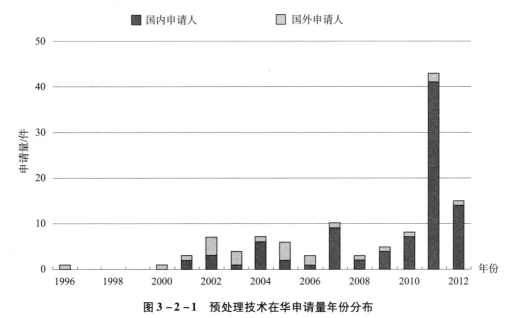

图3-2-1　预处理技术在华申请量年份分布

对国内外申请人申请量的分布情况进行比较，早期的两件申请都来自国外申请人，国内涉及预处理的申请始于2001年。国外的申请集中在2002～2006年，之后虽然也有关注，但是数量明显减少了，保持了稳定。国内申请人在这一时期尚处于起步阶段，申请数量少，在随后的几年中申请量逐渐增长，体现出对该领域的重视程度在不断提高。

这种申请量随年代的变化情况与各国的相关政策规定是息息相关的。美国和欧盟都提出了在2000年达到燃料汽油的含硫量低于150μg/g的标准，并在之后继续提高标准到低于10μg/g或15μg/g。因此，欧美国家在2000年之前就已经出现了对于相关技术的研究，并将专利技术布局到了中国。2006年我国重新修订了《车用汽油》标准（GB 17930—2006），而在2007年之后，国内申请人对预处理技术的关注程度有了大幅度的提高。

北京早在2005年就已经执行了国Ⅲ标准，这与2008年北京承办奥林匹克运动会有着直接的关系。相关政策规定出现的时间与专利申请的时间相吻合，这也体现出了国家政策对于本行业技术发展方向的重要影响。

较早的预处理相关在华申请是来自化学研究及许可公司的申请号为CN96196515的发明专利申请，申请日为1996年7月12日，发明人为HEARN D. 和HICKEY T. P.。该申请的技术方案是使催化裂化石脑油中的二烯烃与硫醇和硫化氢进行反应形成硫化物，并从低沸点部分中分离出来，使用的反应器为反应蒸馏塔，该塔具有催化蒸馏结构，装填了两种催化剂，上部为钯催化剂，以重量分数0.4%含量负载在氧化铝小球上，标号为G-68C，下部是在氧化铝小球上负载了重量分数58%镍的催化剂，标号为

E-475-SR。反应过程中消耗氢气来保持催化剂处于还原的"氢化物"状态。该发明专利目前仍处于有效阶段，但是已经接近了 20 年的专利保护期限。该申请具有优先权，为美国申请 US08/519736，其同族文件涉及的国家/地区包括日本（JP3691072B2 和 JP2001519834A）、韩国（KR100403895B 和 KR19990044253A）、墨西哥（MX211415B 和 MX9801657A1）、西班牙（ES2176474T3）、德国（DE69621141E）、欧洲专利局（EP0854901B1 和 EP0854901A1）、俄罗斯（RU2149172C1）、澳大利亚（AU6491296A）以及美国（US5597476A）。

另一件较早的相关在华申请是申请号为 CN00812936 的发明专利申请，申请日为 2000 年 7 月 3 日，为 PCT 国际申请，申请人为催化蒸馏，发明人为 PUTMAN H. M.。该申请的技术方案涉及将硫醇和二烯烃从全沸程石脑油中除去的方法，特点是使全沸程裂化石脑油进入蒸馏塔反应器，使硫醇和二烯烃发生硫醚化反应生成较重的硫化物，并随着高沸点物质一起从塔底去除。该反应同样也使用了 E-475-SR 催化剂。该发明专利已经于 2009 年 9 月 2 日失效。该申请拥有美国优先权 US09/398373，同族文件涉及的国家和组织包括罗马尼亚（RO120775B1）、俄罗斯（RU2229499C2）、欧洲专利局（EP1218469A1）、巴西（BR0014027A）、澳大利亚（AU6070400A）、美国（US6231752B1）以及 WIPO（WO0121734A1）。

值得注意的是，在华申请中最早涉及运用催化蒸馏技术进行汽油加氢脱硫的发明专利申请是申请号为 CN96195011、发明名称为加氢脱硫方法的申请，申请日为 1996 年 6 月 27 日，申请人为化学研究及许可公司，其专利权仍然有效。该申请的技术方案包括在蒸馏塔反应器中使石脑油与氢气在以催化蒸馏结构形式的加氢脱硫催化剂存在下接触，发生加氢脱硫反应。该申请的发明人为 PUTMAN H. M. 和 HEARN D.，他们恰好分别是前述两件相关在华申请的发明人。

3.2.2　申请人地域分布高度集中

相关在华申请的申请人国家分布显示出高度集中的特点，参见图 3-2-2，国内申请人占有超过 80% 的份额，另有 17 件申请来自美国，8 件申请来自法国。

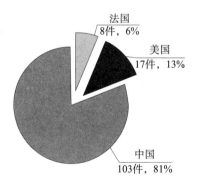

图 3-2-2　预处理技术在华发明专利申请人国家/地区分布

　　法国申请人为法研院，已经有4件审结并且都获得了授权，参见表3－2－1；从技术来看，主要涉及二烯烃的选择性加氢和捕获杂质砷。另外，值得注意的是，在其最新的申请中涉及在捕获砷的同时进行催化加氢脱硫反应。显然，这样的多功能催化剂可以使得原来需要两个加氢步骤的预处理和主反应可以同时进行，带来工艺的简化和成本的降低。

表3－2－1　法国申请人的预处理技术相关在华发明专利申请

申请号	发明名称	预处理工艺	法律状态
CN01112305	包括由至少三馏分精馏的重馏分和中间馏分脱硫的汽油脱硫方法	二烯烃和乙炔化合物选择性加氢	有效
CN03147690	硫和氮含量低的烃的生产方法	脱氮；二烯选择性氢化；转化轻含硫化合物	有效
CN200580034169	在富含硫和烯烃的汽油中的砷的选择捕获方法	捕获砷	有效
CN200680014120	烯烃汽油的脱硫方法	烯烃原料低聚生产支化烯烃，与汽油混合	有效
CN200710307175	低辛烷值损失的裂化汽油深度脱硫方法	硫醇转化为重含硫化合物	未决
CN200810191127	用于含砷的烯烃汽油脱硫的两步法	捕获砷	未决
CN201010214591	高辛烷值和低硫含量的烃级分的生产方法	二烯选择性加氢	未决
CN201210560533	捕获砷并对催化裂化汽油选择性加氢脱硫的催化吸附剂	捕获砷同时催化加氢脱硫反应	未决

　　美国申请人的17件申请中有15件都来自催化蒸馏，另有最早的一件申请来自化学研究及许可公司，另一件来自埃克森美孚。

　　美国申请人更早地进行了在华专利布局（参见图3－2－3）。联系之前提到过的国家政策问题，美国早在2002年就要求燃料含硫量低于$15\mu g/g$，而欧盟要求在2009年达到低于$10\mu g/g$，因此美国的相关技术起步更早。这也再次体现了无论在国内还是国外，国家政策都影响着技术的发展。

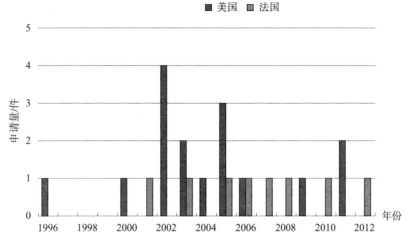

图 3 − 2 − 3　预处理技术在华申请法国和美国申请人的申请量年份分布

3.2.3　授权率、维持率均较高

在华申请的申请人类型以企业为主，占比高达 86%，其次是高校和研究所，个人申请仅有 2 件。可以看出，在石油化工领域，企业掌握了最多的科研力量，大型公司都拥有自己独立的研究机构，也体现出石油化工领域对技术研发的重视。

在 128 件相关在华发明专利申请中尚有 70 件处于未决状态，而已经审结的 58 件申请中，处于专利权维持阶段的发明高达 48 件（参见图 3 − 2 − 4），比例超过了 80%。同时，有 5 件发明专利权已经终止，另有 5 件申请没有获得授权。在已经审结的申请中，授权率超过了 90%，体现出相关专利申请技术含量较高的特点。

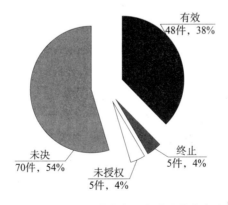

图 3 − 2 − 4　预处理技术在华申请法律状态分布

3.2.4　申请量省市分布

省市的申请量分布显示出高度集中的特点（参见图 3 − 2 − 5），这与在华申请的申请人国别分布具有相似的特点，说明石油化工领域的技术集中度比较高。北京的申请

量高达 74 件，超过 70% 份额，其中有 54 件来自中石化，而这其中有 44 件来自抚研院，由于中石化总部设立在北京，而抚研院作为共同申请人，因此统计过程中将这些申请计入了北京的申请量范围。湖北的申请全部来自于武汉，而辽宁的 6 件申请中有 4 件来自大连。

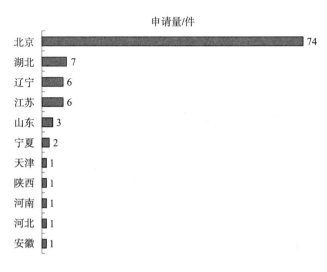

图 3 - 2 - 5　预处理技术国内省市申请量分布

天津的 1 件申请来自天津大学，申请号 CN200810052270，其技术方案是采用离子交换树脂对催化裂化汽油进行预处理，再使噻吩类硫化物烷基化，之后将硫化物转移到催化裂化柴油中，再对柴油进行加氢脱硫。该申请已经视撤。

陕西的申请属于陕西延长石油（集团）有限责任公司炼化公司与中国科学院大连化学物理研究所的合作申请，在这里计入了陕西省的申请量。申请号为 CN201210339817，目前还未审结，其在权利要求书 1 中记载了"步骤（1）以全馏分 FCC 汽油和氢气为原料，在适当操作条件下在脱二烯烃反应器中依次与保护剂 1、保护剂 2 以及选择性脱二烯烃催化剂接触，脱除 FCC 汽油原料中的大部分二烯烃"，并在权利要求 4、5 和 6 中对保护剂作了进一步限定，包括活性金属种类、载体的化学组成和物理参数等。

河南的申请来自中国石油化工集团公司洛阳石油化工工程公司，申请号为 CN200910065758，其汽油改质的方法包括将汽油切割成轻馏分、重馏分，轻馏分碱洗脱硫醇，重馏分进行预加氢处理脱除二烯烃，然后进行加氢异构和选择性脱硫，最后与脱硫醇的轻馏分混合。该申请已被驳回。

河北的 1 件申请来自个人申请人，申请号为 CN201310581366，目前还在未决状态，其在权利要求 1 中记载了对汽油馏分进行溶剂抽提脱硫的方法，并在权利要求 8 中记载了一种催化裂化汽油的深度脱硫方法，包括将汽油切割为轻馏分、中馏分、重馏分三部分，然后对轻馏分进行脱硫醇处理，对中馏分按照权利要求 1 所述的溶剂抽提脱硫方法进行处理，最后将重馏分与处理过的轻馏分、中馏分一起进行选择性加氢脱硫，得到硫含量在 10ppm 以下的脱硫重馏分。权利要求 9 进一步限定了在切割之前经无碱脱臭或 Prime－G⁺预加氢工艺将催化裂化汽油中的小分子硫醇转化成大分子高沸点硫化物。

安徽的 1 件申请也来自个人申请人，申请号为 CN200810007929，权利要求 1 请求保护一种生产超低硫汽油的方法，包括在第一加氢反应器中，在加氢反应条件下进行反应，将催化裂化汽油原料中的一部分烯烃加氢饱和异构化，并将催化裂化汽油原料中的一部分硫化物、氮化物、氧化物加氢转化成硫化氢、氨气和水，然后将反应流出物分割成轻馏分、重馏分，并使重馏分进一步加氢脱硫。该申请已被驳回。

3.2.5　申请人排名中石化居第一位

将申请量较大的几个申请人列于表 3－2－2 中，可以看出，无论是国内还是国外，本领域主要的研发力量集中在大型石化企业。同时，这些大型企业也是本领域全球申请量的主要贡献者。

表 3－2－2　预处理技术在华重要申请人排名

排　名	申请人	申请量/件
1	抚研院	45
2	催化蒸馏	15
3	法研院	8
4	石科院	8
5	中石油	8
6	湖北金鹤化工有限公司	6
7	江苏佳誉信实业有限公司	6

3.3　催化蒸馏公司

催化蒸馏公司由化学研究及许可公司和 ABB Lummus Global Inc. 合资组建而成，是一个专门从事催化蒸馏技术开发和推广的公司。❶

3.3.1　专利申请量年代变化

截至 2012 年，催化蒸馏公司在全球的发明专利申请量共计 225 项，最早始于 1993年（参见图 3－3－1），在 2002～2006 年出现一个显著的增长阶段，随后发展减缓。

---

❶ 黎元生. 催化蒸馏技术在馏分油加氢中的应用 [J]. 工业催化，2002（5）：1－6.

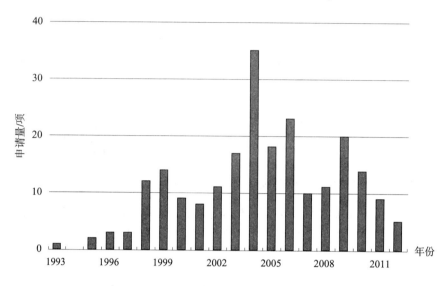

图 3-3-1　催化蒸馏公司全球申请量变化趋势

截至 2012 年，催化蒸馏公司的在华专利申请共有 89 件（参见图 3-3-2），最早始于 1997 年，表明该公司很早就开始关注中国市场。在 2003 年和 2006 年出现两个申请量的峰值，随后发展趋缓，这与该公司的全球申请量变化趋势吻合。

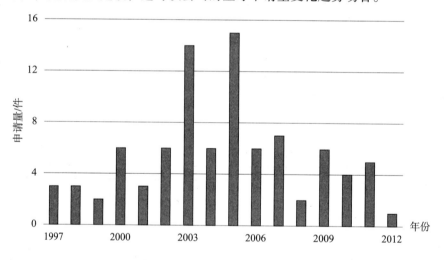

图 3-3-2　催化蒸馏公司在华申请量变化趋势

催化蒸馏公司在华申请中有 15 件涉及催化裂化汽油加氢脱硫反应的原料预处理工艺，这些申请都具有同族申请，并没有单独的在华申请。

催化蒸馏公司虽然全球申请量不大，但是专利覆盖的国家或地区却非常广泛（参见图 3-3-3），从其专利申请公开的地区分析来看，其专利主要布局在亚洲、欧洲和美洲。

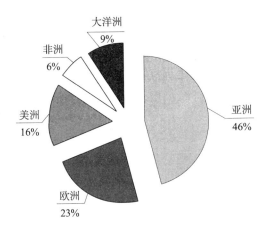

图 3 - 3 - 3　催化蒸馏公司全球专利布局

3.3.2　发明人 PODREBARAC G. G.

催化蒸馏公司拥有一位重要的发明人，PODREBARAC G. G.，该发明人参与了上述 15 件相关申请中的 10 件（参见表 3 - 3 - 1），有 3 件是其独立完成的，申请号为 CN02818420、CN200510004256 和 CN201310359298，其余的除了一件申请 CN200580048056 之外，他都是第一发明人，但是并没有固定的合作研究者。

在该发明人的 10 件申请中，有 7 件是在其权利要求 1 中就明确提出了对原料进行预处理，申请号为 CN02805032、CN02818420、CN03805535、CN200510004256、CN200580048056、CN201110356890 和 CN201310359298。在权利要求 1 中对原料预处理步骤进行限定，表明了其对于解决技术问题和实现技术效果是必须存在的，足以体现出预处理步骤的重要性。

这里涉及的预处理工艺主要是硫醇与二烯烃发生硫醚化反应生成较重的硫化物，以及二烯烃的选择性氢化形成烯烃，其中 CN200510004256 还涉及吸附脱氮步骤。

硫醚化反应所使用的催化剂主要包括 G - 68C（7 ~ 14 目氧化铝载体，重量分数 0.34% 钯）、G - 68C - 1（7 ~ 14 目氧化铝载体，重量分数 0.4% 钯）、C46 - 7 - 03RS（氧化硅/氧化铝，重量分数 52% 镍）、E - 475 - SR（8 ~ 14 目氧化铝，重量分数 54% 镍）和美国专利 US5595643 公开的钯和/或镍或双床（dual bed）。优选用于二烯烃选择性氢化的催化剂是氧化铝负载的钯催化剂。

上述 10 件申请中，已经审结的 7 件均获得了授权，除申请号为 CN02818420 的专利已于 2012 年 11 月 14 日失效，其余均处于专利权有效状态。

表 3 – 3 – 1　发明人 PODREBARAC G. G. 预处理相关在华申请

申请号	申请日	同族公开号国家/地区	发明名称	预处理工艺	法律状态
CN02805032	2002 – 01 – 08	US、WO、AU、MX、IN	减少石脑油物流中硫的方法	硫醚化	有效
CN02818420	2002 – 08 – 28	US、EP、WO、KR、AU、RU、TW、EP、DE、MX、CA、SG、AT、BR、ZA	FCC 石脑油的脱硫工艺	硫醚化	终止 2012 – 11 – 14
CN03805535	2003 – 02 – 06	WO、AU、US、BR、MX、ZA	中间沸程汽油馏分选择脱硫的方法	硫醚化	有效
CN03824928	2003 – 09 – 16	US、WO、AU、EP、RU、PL	处理轻石脑油碳氢化合物流的方法	硫醚化、二烯加氢	有效
CN200510004256	2005 – 01 – 04	US、BR	石脑油加氢脱硫的方法	硫醚化、吸附脱硫	有效
CN200580048056	2005 – 12 – 08	US、WO、IN、RU、MY、UA	处理裂化粗汽油流的方法	硫醚化、二烯加氢	有效
CN200680040788	2006 – 04 – 13	US、WO、EP、AU、KR、ZA、CA、TW、AR、RU、SG、UA	FCC 石脑油的加工	硫醚化	有效
CN201110356890	2011 – 11 – 11	US、WO、CA、MX	FCC 汽油的选择性脱硫	硫醚化、二烯加氢	未决
CN201180017305	2011 – 03 – 17	US、WO、ZA	用于降低硫醇型硫的汽油加氢脱硫和膜装置	硫醚化、二烯加氢	未决
CN201310359298	2013 – 08 – 16	US、WO	FCC 汽油至低于 10PPM 硫的选择性加氢脱硫	硫醚化、二烯加氢	未决

3.3.3 其他发明人

除了上述由发明人参与完成的申请之外，催化蒸馏公司在华还有 5 件相关专利申请（参见表 3 - 3 - 2）。这 5 件申请都获得了授权，但是除了申请号为 CN200510056213 仍然在专利权有效状态，其余 4 件都已失效。其中 CN00812936 为最早的申请，申请日为 2000 年 7 月 3 日，主要涉及通过硫醚化作用将石脑油中的硫醇转化为较重的硫化物而除去，硫醇含量为 285ppm（w/w）、二烯烃含量约为重量分数 0.40wt% 的全沸程裂化石脑油原料进入催化蒸馏塔，塔下部装填有催化剂作为蒸馏结构，在一定条件下进行反应，反应结束后硫醇去除率达到 92%。对该反应合适的催化剂为 Calcicat 的 E - 475 - SR。另外 4 件申请中，有 3 件申请 CN02818142、CN02824613 和 CN200480005061 只是在从属权利要求中提到了硫醚化预处理。

表 3 - 3 - 2　催化蒸馏公司没有 PODREBARAC G. G. 参与的预处理技术相关在华申请

申请号	申请日	同族公开号国家/地区	发明名称	预处理方法	法律状态
CN00812936	2000 - 07 - 03	US、AU、BR、EP、RU、RO、WO、CN	去除硫醇的方法	硫醚化	失效
CN02818142	2002 - 07 - 11	US、AU、WO、CN	轻 FCC 石脑油的脱硫方法	硫醚化	失效
CN02824613	2002 - 11 - 04	AU、US、MX、ZA、RU、IN、RO、WO、CN	减少石脑油物流中硫的方法	硫醚化	失效
CN200480005061	2004 - 03 - 02	US、MX、WO、CN	轻石脑油烃料流同时进行加氢处理和分馏的方法	硫醚化	失效
CN200510056213	2005 - 03 - 31	US、AU、JP、ZA、MX、TW、MX、RU、WO、CN	生产低硫低烯烃汽油的方法	硫醚化，二烯氢化	有效

从以上分析可以看出，催化蒸馏公司的技术体系主要采用硫醚化反应和二烯烃的选择性氢化除去二烯烃，同时保留单烯烃，达到保护脱硫催化剂和防止辛烷值损失的目的。预处理技术发展相对稳定，没有出现重大的突破。

3.4　抚研院

抚研院创建于 1953 年，是国内最早建立的石油研究机构。拥有中小型炼油及化工试验装置 300 余套，其中具有当今世界先进水平的加氢试验装置 60 多套。❶

---

❶　[EB/OL]．[2014 - 11 - 15]．http：//www. fripp. com. cn/0101000000. htm.

3.4.1 国内申请量年代变化

抚研院提交的专利申请中涉及预处理步骤的共有45 件，位居在华申请主要申请人排名的榜首。如图3－4－1 所示，其在2011 年的相关申请数量达到24 件。已审结的、申请日在2011 年之前的13 件申请均已获得授权。

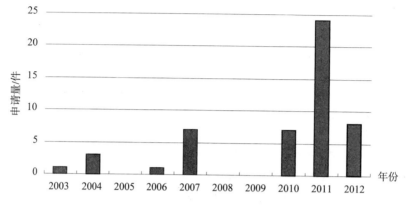

图3－4－1　抚研院预处理技术在华申请量变化趋势

抚研院在2003 年9 月15 日提交的、申请号为CN03133992、发明名称为一种劣质汽油的加氢改质方法中记载了脱除汽油中双烯烃的步骤，以全馏分FCC 等劣质汽油为原料，首先在较低温度下（反应温度160℃～220℃）与加氢精制催化剂接触形成第一反应区，主要脱除双烯烃；反应流出物在较高温度下（反应温度180℃～300℃）与选择性加氢脱硫催化剂接触，主要脱除有机硫化物及部分烯烃；最后在升高的温度下（反应温度380℃～480℃）与改质催化剂接触，进行芳构化、异构化和苯烷基化等改质反应，提高汽油辛烷值。第一反应区使用加氢精制催化剂FH－98，含有WO_3、MoO_3和NiO 分别为20.2%、9.3% 和4.2%，孔容0.30ml/g，比表面积为140m^2/g。通过对比发现，第一反应区对提高改质催化剂的活性稳定性具有重要作用。

申请号为CN200710011424 的专利申请中记载了以下方案：实例5，劣质FCC 汽油氧化脱硫醇，以70℃为切割点分离为轻馏分、重馏分，重馏分进行烯烃芳构化和加氢脱硫，最后与轻馏分混合。该方法可将FCC 汽油的硫含量由660μg/g 降低到8.5μg/g，硫醇硫含量由44.6μg/g 降低到5.5μg/g，烯烃含量由31.0% 降低到16.8%，研究法辛烷值RON 损失1.0 个单位，C5＋汽油收率98.5%。

3.4.2 核心发明人

通常专利申请的第一发明人是对专利技术作出主要贡献的研究者，在团队中具有重要地位。表3－4－1 中对于第一发明人的年度分布情况进行了统计。可以看出，抚研院拥有强大的研发团队，在本领域的研究工作具有延续性，近十年内始终拥有核心发明人。

表 3 - 4 - 1　抚研院预处理领域部分第一发明人的申请量年度分布　　　　　　　　　单位：件

年份	李　扬	赵乐平	方向晨	尤百玲	关明华	彭德强	徐大海	张　龙	陈　光
2003	1								
2004	2	1							
2006		1							
2007	3	2	1						
2010				1					
2011			2	2	2	5	8	2	
2012									6

3.5　重点专利技术分析

本节介绍了该领域被引用频率较高的专利文献，并追溯了早期文献中涉及的二烯烃选择性加氢技术。

3.5.1　高引用率专利文献

通过引用关系的分析，将在全球的预处理相关文献中被引用最多的前 10 项专利列于表 3 - 5 - 1 中。美国专利 US5599441 涉及 FCC 汽油中噻吩类硫化物与烯烃在固体酸催化下发生烷基化反应的过程，生成的较高沸点硫化物在分馏塔中随塔釜液一起送到选择性加氢装置进行加氢脱硫。来自美国石油公司的专利 US5863419A 在其权利要求 1 中记载了硫醇和芳香硫化物与烷基化试剂在固体酸催化剂存在下发生反应，生成高沸点硫化物，并同时进行分馏分离。美孚石油公司的专利 US5320742A 涉及利用铁族金属螯合物作为催化剂将硫醇氧化为二硫化物，还进一步包括通过加氢脱硫除去硫醇硫，说明书中还记载了二烯烃饱和催化剂包括 Pd、Pd/Pt、Ni 或 Ni/Mo 催化剂。催化蒸馏公司有 4 项相关专利申请都引用了该文献。

美国化学研究及许可公司的申请（公开号 US5597476A）记载了硫醚化步骤，其中文同族（申请号 CN96196515）也就是上文介绍过的最早的在华专利申请，该专利文献最早的优先权为美国 US19950519736（优先权日 1995 年 8 月 28 日），其在多个国家或地区被公开，包括美国（US）、澳大利亚（AU）、欧洲专利局（EPO）、中国（CN）、韩国（KR）、墨西哥（MX）、俄罗斯（RU）、日本（JP）、德国（DE）、西班牙（ES）以及 WIPO。该专利文献已经被三十多项专利申请引用，在催化裂化汽油加氢脱硫预处理相关领域被 7 项专利申请所引用（参见表 3 - 5 - 2）。沙特石油公司的专利 US7780847B2 在其权利要求 1 中记载了使用吸附剂除去噻吩类化合物的方法，虽然引用了上述专利文献，但是其技术方案中并没有使用硫醚化方法。美国专利 US7959793B2 涉及利用选择性加氢方法将二烯烃、乙炔、丙炔和丙二烯转化为单烯烃的方法，并使硫醇与二烯烃反应生成硫化物，再对产物进行分馏，并进一步进行加氢脱硫处理。

表 3-5-1　预处理技术全球专利被引用次数排名

公开号	申请日	同族公开号国家/地区	发明名称	申请人	预处理技术	被引频次
US5599441A	1995-03-31	US	Alkylation process for desulfurization of gasoline	美孚石油公司 [US]	噻吩烷基化	40
US5863419A	1997-08-18	WO、EP、JP、DE、CA、US、ES、AT	Sulfur removal by catalytic distillation	AMOCO CORP [US]	含硫化合物烷基化	22
US5320742A	1992-10-19	WO、US、AU、EP、JP、DE、CA	Gasoline upgrading process	美孚石油公司 [US]	硫醇氧化	15
US5171916A	1991-06-14	US	Light cycle oil conversion	美孚石油公司 [US]	含杂原子物质烷基化	14
US5597476A	1995-08-28	WO、US、AU、EP、CN、KR、MX、RU、JP、DE、ES	Gasoline desulfurization process	化学研究及许可公司 [US]	硫醚化	14
US7267761B2	2003-09-26	US	Method of reducing sulfur in hydrocarbon feedstock using a membrane separation zone	GRACE W R & CO [US]	膜分离	10
US3234298A	1961-09-27	US、DE、GB、NL	Selective hydrogenation	壳牌 [NI]	二烯加氢	10
US6495030B1	2001-09-28	WO、US、EP、KR、AU、CN、MXPA、RU、DE、CA、SG、AT、BR、TWI、ZA	Process for the desulfurization of FCC naphtha	催化蒸馏公司 [US]	硫醚化	10
WO9814535A1	1996-09-30	WO、AU、EP、KR、JP、MX、CA	Alkylation process for desulfurization of gasoline	美孚石油公司 [US]	噻吩烷基化	10
WO9830655A1	1998-01-09	WO、AU、EP、JP、DE、ES、CA、US	Sulfur removal process	美国石油 [US]	含硫化合物烷基化	10

表 3 - 5 - 2 引用了 US5597476A 的预处理技术相关申请

公开号	申请日	同族公开号国家/地区	发明名称	申请人
US7780847B2	2007 - 10 - 01	WO、US、EP	Method of producing low sulfur, high octane gasoline	SAUDI ARABIAN OIL CO [SA]
US7959793B2	2006 - 09 - 27	US	Optimum process for selective hydrogenation/hydro - isomerization, aromatic saturation, gasoline, kerosene and diesel/distillate desulfurization (HDS). RHT - hydrogenationsm, RHT - HDSSM	REFINING HYDROCARBON TECHNOLOG [US]
US6984312B2	2003 - 11 - 03	WO、US、INDELNP、CA、EA、	Process for the desulfurization of light FCC naphtha	催化蒸馏公司 [US]
US6881324B2	2003 - 03 - 06	WO、US、CN、RU、MXPA	Process for the simultaneous hydrotreating and fractionation of light naphtha hydrocarbon streams	催化蒸馏公司 [US]
US7090766B2	2002 - 09 - 30	WO、US、AU	Process for ultra low sulfur gasoline	JOHNSON K. H. [US]、MOSELEY R. L. [US]
US6413413B1	1999 - 12 - 29	WO、US、EP、JP、AU、BR、CA、CN、MXPA、RO、RU、ZA	Hydrogenation process	催化蒸馏公司 [US]
US6090270A	1999 - 01 - 22	WO、US、AU、ZA、TW、AR	Integrated pyrolysis gasoline treatment process	催化蒸馏公司 [US]

由此可以看出，预处理技术具有通用性，对于不同的石油原料可以使用相似的工艺进行预处理；对于同一种原料，当其作为不同类型反应的原料时也可以进行相似的预处理。

3.5.2 早期专利文献技术

实际上，对烃馏分中的二烯烃进行选择性加氢使其形成单烯烃，再对烃馏分进行加氢脱硫的反应在更早的专利文献中就报道过，只是这些文献中并没有明确指出该烃馏分是催化裂化汽油，但是从技术角度看，这些方法对于催化裂化汽油脱二烯技术的发展具有参考价值。例如壳牌的专利 US3234298A，拥有荷兰优先权 NL19600257123，其在权利要求书 1 中记载了：对含有二烯烃的、沸程范围在 C3 烃到终馏点不超过 375℃的烃油进行选择性加氢工艺，使烃油、含氢气体和硫化氢与选择性加氢催化剂接触，将二烯烃转化为单烯烃，催化剂选自氧化铝负载硫化镍和氧化铝负载硫化钼。

专利 US3310592A，拥有日本优先权 JP19640022643，优先权日 1964 年 4 月 23 日，申请人为三菱石油化工公司，虽然该申请涉及的是制备高纯苯的方法，但是在其权利要求 1 中记载了：在一定反应条件下对沸程为 60℃ ~200℃的石油烃蒸气裂化产物油进行催化加氢，使馏分中含有的二烯烃转化为单烯烃和/或链烷烃，之后再对加氢产物进行脱烷基化等处理；其在说明书中记载了优选的催化剂活性组分为 Pd 或 Co－Mo。

拥有美国优先权 US19670644337 的专利 US3494859A 来自 UOP，优先权日为 1967 年 6 月 7 日，其涉及一种含有二烯、单烯和硫化物的芳香烃的两步加氢方法，在其权利要求 1 中记载了：在较低温度条件下，利用含有锂的钯氧化铝催化剂对二烯值低于 30 的原料进行加氢处理，使得二烯烃转化为单烯烃，并抑制单烯烃发生饱和，产物气液分离，分离出芳香烃的液体部分作为汽油调和组分。来自 UOP 的专利 US3969222A申请日为 1970 年 7 月 27 日，在其权利要求 1 中记载了使用催化剂将二烯烃选择性氢化为单烯烃的方法，该催化剂的组分包括（1）铂或钯、（2）铱、（3）氧化的锗、（4）碱金属或碱土金属，以及（5）多孔氧化铝载体，之后再对产物进行单烯加氢和加氢脱硫反应等；从属权利要求 2 和 3 还分别对催化剂组分的含量和加氢反应条件进行了限定。

早期专利文献中记载的二烯烃选择性加氢催化剂更多的使用贵金属如铂或钯，其原料油中多含有芳香烃，反应条件较温和，但催化剂成本较高。

3.6 结论和建议

1）结论

（1）硫含量是车用汽油中最关键的环保指标，多个国家或地区对汽油含硫量的标准一再提高，促使了生产者改进技术来获得符合标准的汽油产品。国家政策对于石油化工领域的技术发展具有重要影响。

（2）二烯烃、焦炭、重金属等会给反应系统带来各种各样的问题。预处理步骤针对原料中杂质物的消除，目的在于防止催化剂结焦、中毒，保证装置长周期稳定运行。加氢处理是最重要的预处理手段，也越来越受到重视。

（3）国内外大型化工企业拥有强大的研发力量，人才济济，并且掌握着本领域中大部分专利技术。

2）建议

（1）原料的预处理对选择性加氢脱硫催化剂的保护意义毋庸置疑，加氢技术仍然是预处理步骤的重要手段，预处理步骤作为一项重要的保障性辅助手段，稳定可靠是重要的指标，因此在原有技术基础上进行改进，提高生产的稳定性、降低运行成本是目前常规的研究方向。

（2）随着环保要求的日益严格，进一步降低污染，特别是减少生产过程中的大气污染物和水污染物排放将是符合国家发展需要的重要方向。

（3）企业应当维护研发队伍的稳定性，培养核心发明人，保持技术发展的持续性。

第4章 选择性加氢脱硫工艺

催化加氢技术的工业应用虽然较晚，但在现代炼油工业中，催化加氢技术已经成为炼油工业的支柱技术，究其原因，一方面是原油变重、变差，炼油厂加工含硫原油和重质原油的比例逐年增大，而随着经济的发展，对轻质油品的需求持续增长；另一方面，汽车尾气对人类的生存与发展构成了严重威胁，为了实现可持续发展，需要使用清洁燃料。长期以来，催化裂化汽油是成品汽油的主要来源，但是，即使加工低硫原油，催化裂化汽油的含硫量也不能符合清洁燃料的质量要求，为此，多种脱硫技术应运而生，并迅速应用于炼油厂中。

降低 FCC 汽油中硫含量主要有三种途径，FCC 原料预处理脱硫、FCC 过程脱硫和 FCC 汽油脱硫。FCC 汽油加氢脱硫具有投资抵、操作简便的特点，是当今世界主要的生产低硫催化裂化汽油的加工手段之一，得到了各国石油化工企业的关注和重视。

本章从全球和中国两个方面研究了汽油加氢脱硫工艺，结合各数据库的特点，利用 WPI 数据库、EPODOC 数据库以及 CNABS 和 CNTXT 数据库的数据，对汽油加氢脱硫工艺的全球及在华专利进行检索，检索时间范围为从数据库的最早收录日期至 2014 年 5 月公开的全部专利申请。得到全球有效专利申请 776 项，在华专利申请 380 件（其中仅有 7 件为实用新型专利，其余全部为发明专利）。经验证，全球专利申请查全率、查准率均在 80% 以上，在华专利申请查全率、查准率均在 90% 以上。

本章将对上述专利申请进行细致分析，并通过分析梳理加氢脱硫工艺技术构成和发展路线，以期为相关领域技术人员的研究工作提供参考依据。

4.1 技术概要

FCC 汽油含有大量的烯烃（40% ~50%）和较高的硫含量，由于 FCC 轻汽油中支链化程度低的烯烃极易被加氢饱和成低辛烷值的烷烃，传统的加氢精制会导致加氢后汽油辛烷值急剧下降。如 FCC 汽油中烯烃由 49.3% 降低到 0 时辛烷值将损失高达 23.5 个单位。为避免辛烷值的大量损失，现有的 FCC 汽油加氢脱硫工艺主要采用两条技术路线：一是深度加氢脱硫后再通过烷烃的异构化来恢复辛烷值；二是根据 FCC 汽油硫化物的分布特点，选择性加氢脱硫来尽量降低辛烷值的损失。❶

第一条技术路线的典型工艺主要有埃克森美孚的 Oct‑Gain 工艺和 UOP 的 ISAL 工艺，两个工艺流程比较相似，都采用固定床反应器，第一个催化剂床层为 HDS 反应区，

---

❶ 刘笑，等. FCC 汽油加氢脱硫工艺研究进展 [J]. 当代化工，2011，40 (4).

有机硫化物在此转化为硫化氢和对应的烃类，同时烯烃几乎全部被加氢饱和；第二个催化剂床层为辛烷值恢复反应区，烷烃在催化剂的作用下发生裂化及异构化等反应恢复一部分辛烷值。此类工艺由于在辛烷值恢复过程中不可避免会造成一部分汽油馏分裂化成小分子产物如气体等，从而使液体收率降低，同时由于烯烃加氢饱和过程中会消耗大量的氢气，造成此类工艺氢耗也很大，国内相关工艺有石科院的 RIDOS 工艺、抚研院的 OTA 技术以及中国石油大学（北京）的 Gardes 技术。

　　第二条技术路线的典型工艺主要有法研院的 Prime – G$^+$ 工艺、埃克森美孚和阿克苏·诺贝尔联合开发的 SCANfining 工艺、催化蒸馏开发的 CDHDS 工艺、石科院开发的 RSDS 工艺以及抚研院的 OCT – M/OCT – MD 工艺。

4.2　全球专利申请状况分析

　　全球专利申请分析包括全球专利态势、专利区域分布、主要国家申请趋势、申请人排名以及重要申请人分析等，下面将从上述几个方面对检索到的专利申请进行细致分析，以期得到有效的技术发展信息。

4.2.1　全球专利整体态势

　　为了了解加氢脱硫工艺发展的整体趋势，首先按照年代进行统计分析，得到图 4 – 2 – 1 所示的加氢脱硫工艺全球申请量趋势图。从图中可以看出，从 1960 ~ 2013 年的 53 年，加氢脱硫工艺发展经历三个阶段：缓慢发展期、快速增长期以及稳定增长期。

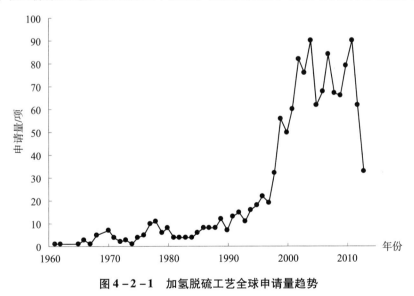

图 4 – 2 – 1　加氢脱硫工艺全球申请量趋势

　　第一阶段：1962 ~ 1997 年，全球专利的年申请量从 1 项缓慢增长至 21 项，技术发展相对平稳。

　　第二阶段：1998 ~ 2004 年，随着世界原油变重，硫和重金属含量明显上升，同时各国的环保法规日趋严格，要求炼油企业采用清洁生产工艺和生产清洁燃料的呼声越来越迫切，加氢脱硫工艺和技术受到世界各大石油公司的普遍重视，加氢装置建设和技术开发明显加快，一些经典工艺过程或开始研发，或已经初步投入使用。由1994年12月19日和2000年12月18日美国油气杂志的统计数据可知，2000年加氢精制和加氢处理能力较1995年提高了14.08%，从图4-2-1也可以看出，2004年加氢脱硫工艺相关申请已经达到88项，约为1998年申请量的3倍。

第三阶段，2005年至今，该工艺发展处于短期波动的相对平稳增长期，以适应新的汽油标准的要求。

4.2.2 加拿大炼油市场潜力大

对全球各国家在加氢脱硫工艺方面公开的专利申请进行统计分析，可以直接了解全球专利申请的总体分布情况，与此同时，通过分析这些公开的专利申请的优先权国家，可以了解这些专利技术的主要来源及分布，间接获取各国在该技术上对其他国家的专利布局。图4-2-2是公开的专利排名前10位的国家分布情况，以及专利申请的主要来源国家。

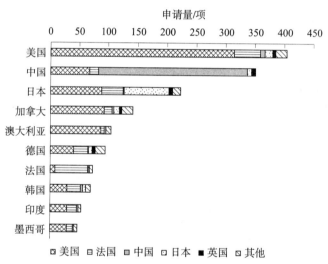

图4-2-2 公开的专利申请排名前10位的国家分布情况及专利申请来源国

由图4-2-2可知，美国公开的专利申请量为403项，位居榜首，占总的专利申请量的51.9%，其中以美国本国专利为主（占78.1%），法国进入美国的专利申请有44项，占公开的专利申请量的13.9%，数量可观，而中国进入美国享有公开号的专利申请只有8项；在加氢脱硫工艺方面，中国公开的专利申请量有351件，占全球专利申请量的45.23%，其中72.3%的专利申请为源自本国，美国输入专利量达19.4%，法国也占据一定比例。

整体而言，源自美国的申请在各国都占据相当的比重，这一方面与美国的专利保护意识以及环境保护要求有关，另外一方面是其拥有多个大型跨国石油公司，例如埃克森美孚、催化蒸馏、UOP 等，加氢脱硫技术在这些公司中都得到了重视，多个公司有专门的研发团队在开发自有的催化剂及工艺路线。同样，以法研院为代表的法国石油相关公司及科研单位也在全球主要国家做了较多的专利布局。

值得关注的是，加拿大作为重要的石油输出国（截至 2012 年，已探明储量 1736 亿桶，仅次于沙特和委内瑞拉），其本国在加氢脱硫工艺方面并没有专利布局，所有公开的 141 项专利申请中，源自美国的专利申请有 93 项（占其公开的专利申请量的 65.9%），源自法国的专利申请有 14 项（约占 10%）。

加拿大有着丰富的油砂矿藏，油砂沥青密度大、硫含量高、金属含量高，油品的这种性质决定了其不易输送和在常规炼厂加工，其出路有三种形式：商品沥青、稀释沥青和改质合成原油，改质成合成原油采用的技术有脱氮技术、加氢技术以及这两种技术的组合。❶ 虽然加拿大政府基于环境保护及外交等原因，在过去多年里主张"宁出口不炼化"，但是基于能源经济因素、油气价格变化、油气开发和利用相关的政策变化，不能将加拿大方面的"掩门"之辞视为一成不变，应当继续努力提高我国油气公司在国际层面的核心竞争力，同时通过技术研发等方式，尽早将加拿大油砂沥青加工技术的研究成果以专利技术输出的方式，在该国进行技术布局，将对我国油气公司的市场发展有所裨益。

4.2.3　主要专利申请目标国历年专利申请分布

为了进一步了解加氢工艺在一些重要的石油国家的发展过程，分析了各主要专利申请目标国的专利量变化趋势及所占比例（参见图 4-2-3），由图可知，美国、中国、欧洲、日本、加拿大是主要的专利申请目标国家。从各国家的专利申请量变化趋势图可以看出，加氢脱硫工艺总体起步相对较晚，最早的专利来自美国，此后多年专利申请量保持低位，20 世纪 80 年代初期，日本和欧洲陆续出现相关专利申请，从 1998 年

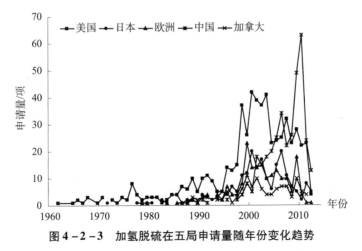

图 4-2-3　加氢脱硫在五局申请量随年份变化趋势

❶　江茂修. 我国西部稠油资源利用可借鉴加拿大油砂沥青改质经验 ［EB/OL］. ［2006-10-01］. http://www.docin.com/p_547063390.html.

前后这些主要国家的专利申请量出现了较为快速的增长，以美国总量最多，且相对平稳，在华专利申请量自 2002 年以后才出现快速增长的趋势，至 2011 年出现峰值（63 件），这与我国汽油质量排放标准中对硫含量的要求日趋严格十分相关，此外，也体现了相关企业对加强知识产权保护重要性的逐步认识情况。

4.2.4 美、法专利技术顺差明显

为了分析加氢脱硫工艺方向全球专利的主要技术来源，首先对专利技术原创国进行了统计分析（参见图 4 - 2 - 4）。

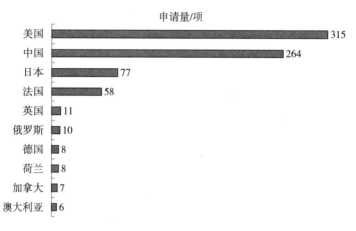

图 4 - 2 - 4 加氢脱硫技术排名前 10 位的原创国

由图 4 - 2 - 4 可以看出，美、中两国排名遥遥领先，日本、法国稳居第三位、第四位。一方面，美国专利制度起步较早，另一方面，美国石油工业历史悠久，早在 1859 年德洛克上校在宾夕法尼亚州打出的第一口油井，不仅拉开了美国石油工业的序幕，也标志着现代石油工业的开始，此后，作为世界第一大石油消费国，随着石油工业的发展，美国本土产生了埃克森美孚、UOP、康菲石油等多个大型跨国石油公司，而这些公司十分重视技术研发及专利保护，使得美国成为加氢脱硫工艺技术的首要原创国家；随着专利制度在中国的不断推进，自 2002 年以来，中国企业日益重视专利技术的保护，专利申请量迅速增长，在加氢脱硫工艺方向，中国已成为世界排名第二位的技术原创国家。

随后对排名前 5 位原创国的专利申请流向进行分析，绘制了 5 个国家原创专利技术流向图 4 - 2 - 5，如图 4 - 2 - 5 表明了 1962 ~ 2013 年五国/地区的技术输出流向，其中每个数据柱状图表示以该国优先权文件为基础向其他各地区输出专利的比例，由图可见，美国、法国、英国三个国家向外申请专利的比率相对较高，美国、法国处于专利技术输出顺差地位，而中国和日本大部分技术都留在本国国内，向外输出比率相对较低，处于专利申请逆差的状况，专利技术的具体输出比例参见表 4 - 2 - 1。

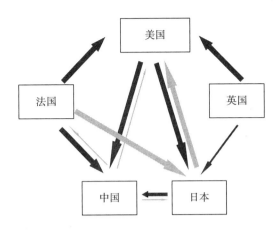

图 4 - 2 - 5　加氢脱硫技术五个原创国的专利流向

表 4 - 2 - 1　五个原创国专利技术流向比例

技术输出国 ＼ 原创国	美国	中国	日本	英国	法国
美国	96%	3%	17%	36%	76%
中国	62%	100%	9%	0	29%
法国	3%	0	1%	18%	98%
加拿大	93%	1%	12%	36%	24%
日本	28%	1%	99%	55%	62%
英国	2%	0	3%	73%	10%
澳大利亚	28%	0	0	18%	12%
德国	13%	0	8%	55%	41%

4.2.5　主要申请人技术自成体系

对申请人进行分析，可以明确加氢脱硫工艺方向技术主要集中地，更有利于锁定目标，跟踪技术的发展脉络，图 4 - 2 - 6 是全球排名前 10 位的主要申请人排名及申请量分布情况，由图可见，中石化作为中国最主要的石油加工企业，其在加氢脱硫工艺技术方向的专利申请量为 166 项，全球排名第 1，其次是埃克森美孚（84 项）和法研院（51 项）。目前，三家公司都已形成各自的工艺体系，抚研院开发了 OCT - M 技术、石科院开发了 RSDS 工艺，埃克森美孚开发了 SCANfining 系列以及 Octgain™ 工艺；法研院的 Prime - G 及 Prime - G⁺ 工艺在加氢脱硫方面都占有广泛的市场，并且各公司目前都致力于自有工艺技术的优化，通过不断的研发，进行技术的革新。此外，UOP、催化蒸馏、中石油、日本石油公司、壳牌、雪佛龙等大型石油公司在加氢脱硫技术方面也都有技术研发投入，以开发 Gardes 技术为代表的中国石油大学也占有一席之地。

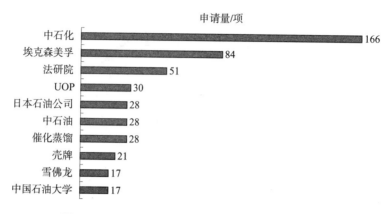

图 4-2-6　汽油加氢脱硫技术方向申请人排名情况

　　此外，通过对 8 个主要申请人在各国的专利申请比例进行分析，以期了解各主要石油公司在全球的专利布局情况。由图 4-2-7 可以看出，除了中石化、中石油外，埃克森美孚、法研院几个重要的申请人进行了大量的专利布局，这为其向外输出技术、占有市场奠定了坚实的基础。其中，埃克森美孚在加拿大和澳大利亚的专利申请量分别占其原创专利的 52% 和 44%，主要以 PCT 国际申请的方式进入各国，而法研院在日本和韩国的申请量较多，分别达到 63% 和 44%。

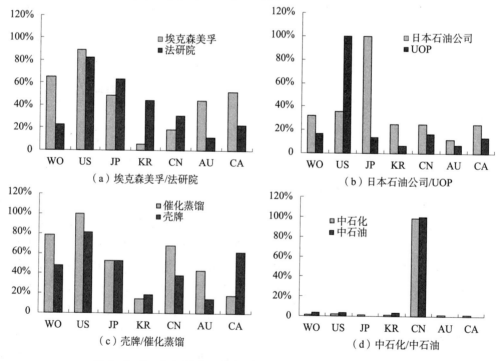

图 4-2-7　加氢脱硫 8 个主要申请人在各地的专利布局比例

　　催化蒸馏和壳牌原创专利虽然没有埃克森美孚量大，但它们在中国、日本、加拿大和澳大利亚都进行了较多专利布局，只是侧重点不同，前者主要借助 PCT 国际申请的方式进入中国、日本和澳大利亚，后者则在加拿大和日本布置更多申请，以充分保护其技术。日本石油公司和 UOP 对外申请相对较少，但也有一定程度的布局。我国两大石油巨头中石油和中石化的相关技术基本都驻足在国内，有向外迈步的潜力和空间。

4.2.6 切割馏分为当前主流方向

将汽油加氢脱硫工艺领域的专利按照技术内容划分，并分析各个分支随着年代发展的申请量，可初步了解各分支在该领域的发展程度及地位（参见图4-2-8）。其中，"切割馏分"具体是通过将汽油切割为轻馏分和重馏分，使含硫化合物集中到重馏分中，进而对重馏分进行加氢脱硫处理，根据数据统计结果可知，这种方式发展由来已久，较早期典型的专利有埃克森美孚的 US3957625A（公开日 1976 年 5 月 18 日）和 US4062762A（公开日 1977 年 12 月 13 日），前者是加氢脱硫工艺方向早期基础专利，其公开了将汽油产品在 82℃～149℃切割，并将高沸点产品进行加氢脱硫，并给出了使用钴－钼－氧化铝催化剂。这种技术自 20 世纪 90 年代逐步发展成熟，目前仍是加氢脱硫工艺的主流方式，其优点是可提高脱硫效率，避免加氢过程中辛烷值的损失。当前国内外主要典型的工艺有：石科院的 RSDS－Ⅱ、抚研院的 OCT－MD 技术，法研院开发的 Prime－G 工艺，值得一提的是，在 Prime－G 工艺的基础上，Axens 公司开发了采用固定床双催化剂的加氢脱硫工艺（Prime－G⁺ 工艺），该工艺是迄今为止使用最为广泛的 FCC 汽油脱硫工艺，具有很强的操作灵活性，根据装置苛刻度的不同可以有多种组合模式，满足超低硫汽油标准。从目前来看，主要是各公司在现有工艺技术基础上进行相关结构、参数的调整或与催化剂的开发相结合。

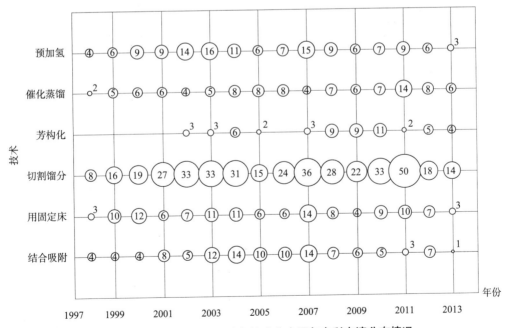

图 4-2-8 加氢脱硫工艺各技术分支历年专利申请分布情况

注：图中数字表示申请量，单位为项。

　　加氢脱硫与催化蒸馏结合的方法自1998年以来一直有相关研究，前者以催化蒸馏公司的CDhydro/CDHDS工艺为代表，该工艺最早的基础专利包括：US6303020B1（公开日2001年10月16日）、US2004055935A1（公开日2004年3月25日）、US6444118B1（公开日2002年9月3日）、US6495030B1（公开日2002年12月17日）、US2004000506A1（公开日2004年1月1日）。后3项专利分别以PCT国际方式在包括中国在内的十多个国家进行了布局，该工艺将催化蒸馏技术与加氢脱硫反应组合在一座塔内，以脱除汽油中的硫醇，降低二烯烃含量，同时实现轻馏分、重馏分的分割，由于采用了催化蒸馏，可有效地去除催化剂床层的污染物，提高催化剂寿命，催化剂主要包括Co/Mo催化剂。该技术目前已经趋于成熟，能够满足国内汽油升级换代的需要。

　　加氢脱硫及芳构化工艺是近些年出现的一些处理方式，该方向专利技术主要源自中国，该技术目前正处于起步研发阶段，以中石化洛阳工程有限公司开发的FCC汽油加氢脱硫及芳烃化工艺（Hydro-GAP工艺）为代表，其稳定性及可靠性还有待进一步验证，其潜力有待于进一步挖掘。

4.3　在华专利申请状况分析

　　在华专利申请分析包括专利申请年度分布状况、申请人类型、国家/地区及省市申请人年度分布状况等几个方面，本节将从以上几个方面对检索到的专利申请进行详细分析。

4.3.1　在华专利申请波动中增加

　　首先了解加氢脱硫工艺在华申请随年份变化趋势图，如图4-3-1所示，在华专利申请同样经历了缓慢发展期和快速增长期，随着中国汽车工业的快速发展，以及国内对环境保护的日益重视，生产低硫清洁汽油的需求日渐明显，国内相关企业和研究机构在采用加氢脱硫处理技术处理汽油的技术领域投入了较多的精力，也取得了一定的技术成果，并将成果转化为专利申请，虽然在2010～2011年申请量有波动下降的现象，但是总体上在华专利呈现波动上升的状态。

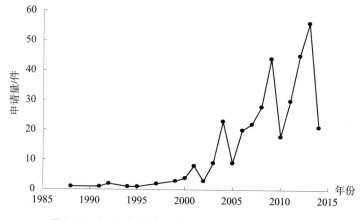

图4-3-1　加氢脱硫工艺领域专利在华申请量趋势

4.3.2 美国是在华专利最大外来技术国

进一步分析在华申请的技术来源，本课题组统计分析了在华申请的原创国家，由图 4 - 3 - 2 可知，除了中国作为最主要的申请来源外，源自美国的专利有 72 件，占较大比重 19%，此外，法国和日本也在中国做了一定程度的布局（分别占 4% 和 2%），美国在华的专利布局主要来自埃克森美孚、雪佛龙以及 UOP 等重要石油公司，通过进行相关的专利布局，对这些企业进入中国市场有重要的作用。

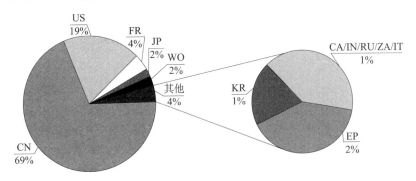

图 4 - 3 - 2　加氢脱硫工艺领域在华申请中原创地分布比例

随后进一步分析美国、法国以及中国作为原创国的专利逐年变化趋势图，由图 4 - 3 - 3 可以看出，虽然当前中国专利申请以本国为主要来源，但是本国的起步相对较晚，1994 年才出现了第 1 件专利申请（CN94102955.7），在此之前，美国的埃克森美孚、雪佛龙以及 UOP 成为国外专利技术进入中国的主要来源。

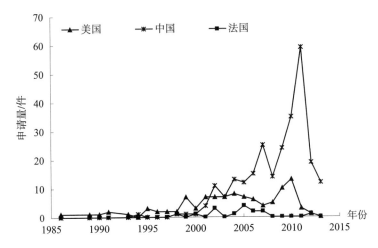

图 4 - 3 - 3　美、中、法 3 个原创国加氢脱硫工艺领域在中国的专利申请分布情况

4.3.3 在华专利申请的法律状态分析

对中国专利申请的法律状态进行分析，由图 4 - 3 - 4 可见，42% 的专利申请处于未决

状态，而236件已结案专利中，其中有47%的专利处于有效状态，视撤和驳回的专利数量很少（分别占4%和2%）。可见加氢脱硫工艺技术申请已结案件中，技术创新度相对较高。催化蒸馏公司为在华授权专利的主要国外申请人，目前有效专利有16件。

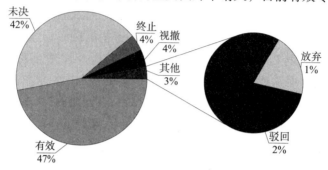

图4-3-4 加氢脱硫技术在华申请的法律状态

4.3.4 北京——主要技术原创地

对在华专利申请的省市、地区分布进行统计分析得到图4-3-5，北京的申请量位居全国首位，一方面原因是许多高校及研究院所集中在北京，另一方面，中石油、中石化等龙头企业的总部设在北京，其下属公司的专利申请常常将总部作为共同申请人，在加氢脱硫工艺方向有重要贡献的企业单位有：石科院拥有相关专利技术62件、中石油拥有相关专利28件、中国石油大学拥有相关专利17件。

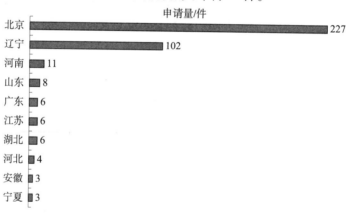

图4-3-5 加氢脱硫技术主要省市申请量排名

由于抚研院是国内加氢脱硫方面的主要研究单位，技术实力雄厚，目前拥有专利申请87件，已授权专利43件，该单位拥有OCT-M/OCT-MD工艺的专利权，并开发了全馏分FCC汽油选择性加氢脱硫技术（FRS工艺）。目前，以赵乐平、方向晨等为主要发明人的研发团队，一直致力于该工艺及催化剂的改进研发工作；此外，中国科学院大连化学物理研究所（以下简称"大连化物所"）也申请了5件发明专利，因而，辽宁在加氢脱硫工艺技术方面的专利申请量排名位列全国第二，可见，辽宁在加氢脱硫工艺方向的研发能力较强。河南以11件的申请量排名第三，其专利主要由中石化洛阳石油化工工程公司贡献，共5件。

4.3.5　中石化技术优势明显

对在华专利的申请人类型进行分析，如图4-3-6所示，公司、公司与公司间的合作、公司与科研院所的合作占绝大多数，其次高校也占据一定的比例。对在华专利申请人进行分析，如图4-3-7所示，中石化排名稳居第一位，这与我国国有企业处于相对垄断的地位不无关系，也体现了中石油和中石化在石油化工方面的侧重，高校方面以中国石油大学为代表，科研院所以中国科学院为代表。

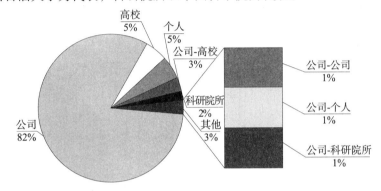

图4-3-6　加氢脱硫技术在华专利申请人类型分布

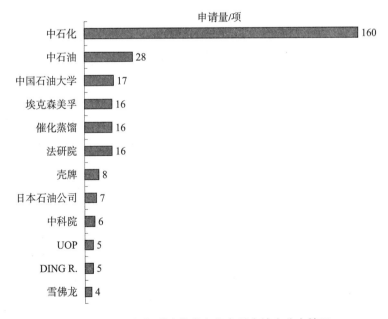

图4-3-7　加氢脱硫技术在华专利申请人分布情况

在华专利申请中，虽然当前公司与高校合作的比例相对于公司申请量差距很大，但是随着当前社会不断倡导和推进产学研相结合的综合模式，充分利用不同社会分工在资源优势上的协同与集成化，实现技术创新上游、中游、下游的对接与耦合，发挥各自的优势，将有利于技术的研发和应用。其中，中国石油大学（北京）和中石油石油化工研究院兰州化工研究中心共同开发了 Gardes 工艺技术，得到了业界的一致认可，值得其他高校及科研院所借鉴。

4.3.6 专利技术构成分析

通过对各分支专利申请随年份变化情况进行分析，得到图 4-3-8，切割馏分同样是在华专利申请的最重要的技术分支。

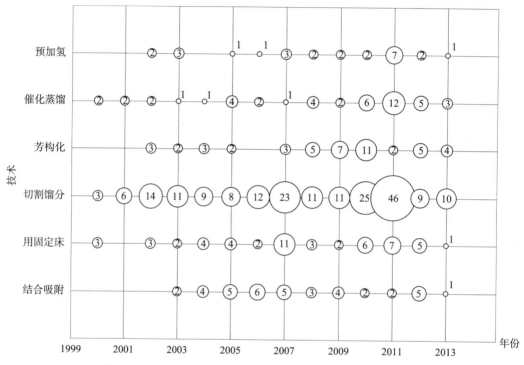

图 4-3-8　加氢脱硫工艺各技术分支历年在华申请专利情况

注：图中数字表示申请量，单位为件。

加氢脱硫及芳构化工艺方向专利技术主要源自中国，以中石化洛阳工程有限公司为主，同时大连化物所以及中国石油大学也有部分专利技术，该技术目前正处于起步研发阶段，以中石化洛阳工程有限公司开发的 FCC 汽油加氢脱硫及芳构化工艺（Hydro-GAP 工艺）为代表，整个工艺分为预分馏、反应、汽提三部分。FCC 汽油进入预分馏塔，塔顶汽油部分出装置，塔底重汽油进入预加氢反应器，预反应产物进料到加热炉加热至反应温度后进入 Hydro-GAP 反应器进行加氢芳构化反应。该工艺具有脱硫、降烯烃同时保持辛烷值的优点，但是目前该工艺正在开发及初步应用阶段，其稳定性及可靠性还有待进一步验证，其潜力有待于进一步挖掘。

催化蒸馏以及预加氢处理在近几年有逐年增加的趋势，前者技术主要来自催化蒸馏技术公司，结合吸附的方向主要来自 S-Zorb 工艺技术。

4.4 重要申请人

申请人是最重要的创新主体，通过对重要申请人的分析，可以了解该行业领先技术的最新研发动态，跟踪技术发展。本节将对加氢脱硫工艺方面全球专利申请中主要的申请人进行分析，以期为我国企业提供参考。

4.4.1 重要申请人的全球申请情况

汽油加氢脱硫工艺领域全球专利申请中排名前 10 位的申请人的申请量排名情况如表 4 - 4 - 1 所示。

表 4 - 4 - 1 汽油加氢脱硫工艺领域申请人的全球申请量排名

排 名	申请人	申请量/项	国 籍
1	中石化	166	中 国
2	埃克森美孚	84	美 国
3	法研院	51	法 国
4	UOP	30	美 国
5	日本石油公司	28	日 本
6	中石油	28	中 国
7	催化蒸馏	28	美 国
8	壳牌	21	荷 兰
9	雪佛龙	17	美 国
10	中国石油大学	17	中 国

从表中可以看出，中石化、埃克森美孚以及法研院是该领域主要的申请人，为了进一步了解国外在加氢脱硫工艺技术方向的技术发展趋势，将对埃克森美孚和法研院作重点分析，其中埃克森美孚的相关分析将在第 5 章进行，此处分析重要申请人之一——法研院，该单位在加氢脱硫工艺方面有较为深入的研究，并且十分注重在国外进行专利技术布局，因此，本课题组将对其进行详细的分析，为国内申请人提供借鉴。

4.4.2 法研院简介

法研院成立于 1944 年。主要的研究开发领域有油气勘探、油藏工程、油田开发、提高采收率、石油炼制、石油化工、发动机优化设计、环境保护及能源利用等。法研院在里昂研发中心进行炼油技术的研发。该研发中心目前设有催化与分离、分析与表征、工艺模型与设计、工艺实验 4 个炼油技术研发部门，拥有标志性的高通量合成及评价设备。

法研院主要通过 Axens 集团公司对外转让多套法研院专利工艺——残留物转化和蒸馏物加氢处理。在残留物转化方面，法研院提供的技术包括固定床加氢转化和相应的催化剂、沸腾床加氢转化和相应的催化剂、液态催化裂化、溶解去除沥青、减粘裂化和上述工艺的程序使用；在蒸馏物加氢处理和转化方面，法研院提供的技术包括新一代催化剂产品、深度脱硫和脱氮、芳烃的加氢处理、FCC 原料的预处理、FCC 汽油的深度脱硫。

Axens 公司在 FCC 汽油加氢处理、催化重整、烷烃异构化和加氢处理/加氢裂化催化剂领域的业务快速发展，2003 年签署了用于 FCC 汽油脱硫的 Prime – G⁺催化剂技术转让项目 19 个，大多项目在北美，2005～2007 年该业务在中东和亚洲得以拓展。

4.4.3 专利申请趋势

在加氢脱硫工艺方面共申请专利 51 项，其中，按年限划分申请量趋势如图 4 – 4 – 1 所示。

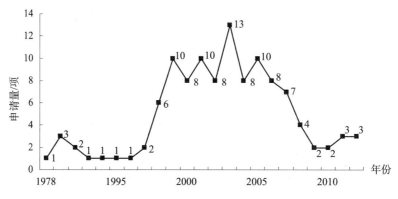

图 4 – 4 – 1　法研院在加氢脱硫工艺方面历年申请专利趋势

法研院开发的汽油选择性加氢脱硫技术 Prime – G 于 1995 年投入工业应用。自此，研究院投入大量精力于该工艺的相关研发，专利申请量也随之逐年增多，其中涉及的重要专利有：EP0832958A1、EP0850688A1、FR2810334A1、WO02072740A1 等。该技术采用双催化剂体系对 FCC 汽油进行选择性加氢脱硫的工艺技术，可处理全馏分 FCC 汽油，但因轻馏分（LCN）含硫低而富含烯烃，可以先从 FCC 汽油全馏分中分离出 LCN，以便在满足低硫含量的同时尽量保持辛烷值。

随着汽油质量标准的不断提高，需要进一步降低汽油中的硫含量，进而要求降低轻馏分的切割点并对其进行更彻底的脱硫，同时需要提高重质馏分的脱硫率。法研院对 Prime – G 技术进行改进，开发了 Prime – G⁺技术，与 Prime – G 工艺相比，Prime – G⁺工艺在分馏塔前面增加 1 个选择性加氢反应器以脱除原料中的二烯烃和把硫醇转化为更重的硫化物，第一套使用 Prime – G⁺技术的装置于 2001 年在德国成功投入运转，Prime – G⁺工艺技术在中石油大港石化公司的应用结果表明，FCC 汽油的硫含量从处理前的 148μg/g 降至处理后的 23μg/g（混合汽油），烯烃体积分数只降低 2%，芳烃体积分数没有变化，混合汽油的研究法辛烷值仅下降了约 0.5，马达法辛烷值几乎没有变化，达到了脱硫率较高而辛烷值较少损失的设计目标。Prime – G⁺技术流程示意图如图 4 – 4 – 2 所示。❶

---

❶　张为国，等. Prime – G⁺工艺技术在催化汽油加氢脱硫装置上的应用［J］. 齐鲁石油化工，2009，37（1）：11 – 13.

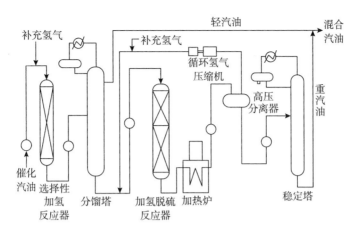

图 4 – 4 – 2　Prime – G⁺工艺流程

4.4.4　法研院注重全球布局

法研院十分重视技术输出以及在全球的布局，在加氢脱硫工艺方向现有专利 51 项，对其在各国的专利申请数量进行统计，得到图 4 – 4 – 3，其中，绝大部分（92%）的专利进入到美国，65% 的专利在日本进行了布局，40% 以上的专利在韩国和德国都有同族（分别占到 45% 和 41%），31% 的专利技术在中国有布局。至今，Prime – G⁺工艺技术已在全球 200 余套工业装置上应用，该技术已经陆续引入中石油大港石化公司、锦西石化以及兰州石化，工业实验表明，可以直接生产国 IV 清洁汽油调和组分，具有很好的脱硫选择性和保辛烷值性能。

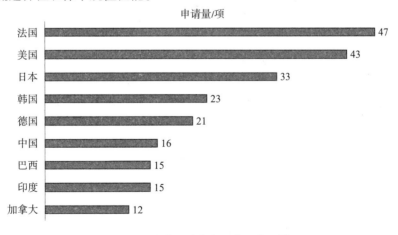

图 4 – 4 – 3　法研院在各国专利布局情况

4.4.5　专利技术发展路线

为了深入分析法研院技术发展情况，通过阅读其专利申请，分析并绘制了法研院的技术发展路线图，如图 4 – 4 – 4 所示。

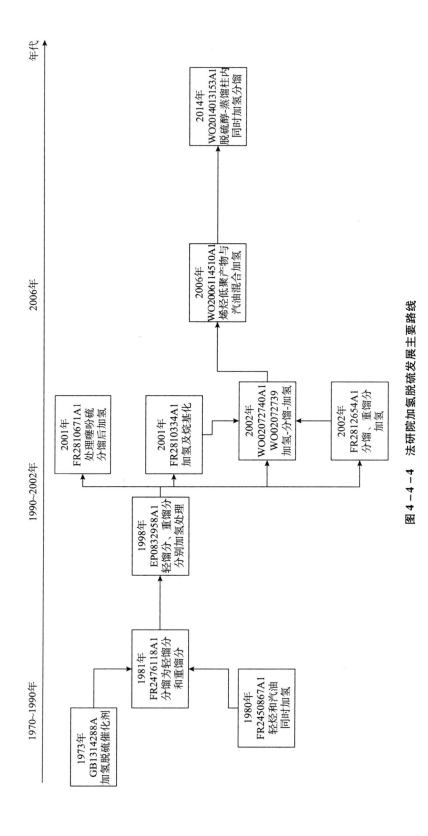

图 4 - 4 - 4　法研院加氢脱硫发展主要路线

早期加氢脱硫技术更多地注重催化剂的开发，以 1973 年公开的 GB1314288A 为例，其主要重点在于催化剂的生产，使用 Co/Ni 催化剂用于含硫醇硫的烃选择性加氢处理。此时的加氢处理方法有 FR2450867A1 公开的轻烃和汽油同时加氢，并将部分汽油循环处理，1981 年，COSYNS JEAN 团队开发了汽油分馏后加氢脱硫技术，申请的专利以 FR2476118A1 为代表，特点是进行轻馏分、重馏分切割，首先将催化裂化流出油按照沸程分为轻馏分和重馏分，重馏分与氢气混合后，将混合物完全汽化后送入加氢脱硫反应区，加氢脱硫后流出物冷却并分馏，分离出汽油沸程范围内的馏分与上述轻馏分合并。

自此开始，加氢脱硫工艺技术大多转向轻馏分、重馏分切割方法。EP0832958A1 公开了生产催化裂化汽油低硫产品的方法及装置。同样将粗原料切割成两个馏分，轻馏分选择性烯烃加氢、中间加氢处理并汽提，轻馏分在中间加氢处理步骤之前使用含 0.1%～1% 的铂负载催化剂脱硫醇，或在中间加氢之后进行萃取脱硫步骤，或使用含有碱基和氧化剂的催化剂。重馏分在加氢处理单元选择性脱硫。脱硫并除臭的轻汽油加入汽油池直接或间接与脱硫的重馏分混合。该专利申请被引用次数高达 22 次，成为较为重要的基础专利申请。同一发明人团队的 DIDILLON BLAISE，经过研究进行了改进，提交了专利 FR2812654A1，主要对含噻吩或噻吩化合物的物流进行脱硫，主要改进在于分馏后含噻吩或噻吩化合物的轻馏分进行烷基化处理，产品返回蒸馏区，通过蒸馏进入重馏分中，重馏分进行加氢脱硫处理。

2000 年以后，以 PICARD F. 及 UZIO DENIS 为代表的发明人团队对上述两项专利进行了深入的研究和改进。提交了一系列申请，包括 WO02072739A1、WO02072740A1、EP1661965A1、EP1972678A1、EP2072607A1，主要改进在于先进行全馏分选择性加氢，而后进行分馏，重馏分选择性加氢脱硫；根据油品的性质、催化剂效果等条件，可以调整装置，各步骤可以有多种组合模式。

4.5 重要专利技术分析

基于同族专利数量、被引用频率、重要申请人等多方面因素考虑，对全球专利进行筛选，得到 35 项重点专利，如表 4-5-1 所示。

（1）埃克森美孚技术起源早，引证频率高

埃克森美孚于 1975 年 2 月 7 日申请的美国专利 US3957625A（公开日 1976 年 5 月 18 日）在全球专利被引用次数排名中位列第一位（被引用次数为 54 次），该发明的发明名称为：一种降低汽油产品中硫含量的方法，其具体公开了一种降低裂化汽油产品中硫含量的方法，该方法使需要的烯烃加氢程度最小，该方法是将汽油产品分馏，切割点在 82℃～149℃，将分馏获得的高沸点汽油产品在钴-钼-氧化铝脱硫催化剂的存在下进行加氢脱硫，催化剂还包含钡、锰、镉和稀土。然后将脱硫的产品与分馏过程中切割出的低沸点富含烯烃的汽油产品混合，以生产所需的低硫含量和高辛烷值脱硫汽油产品。

表 4 - 5 - 1　加氢脱硫工艺重点专利

序号	公开号	最早优先权日	同族分布	申请人	原创国	技术要点
1	US3492220A	1962 - 06 - 27	JP	帕尔公司	美国	多级加氢处理，第一级在相对低温下进行，第二级温度较高
2	GB1301477A	1969 - 09 - 23	US、DE、BE、NL、ZA、FR、CA、JP、CS	英国石油	英国	不饱和汽油加氢，强调反应条件和催化剂
3	FR2118309A	1970 - 12 - 16	GB、NL、DE、JP、US	法研院	法国	加氢脱硫催化剂
4	US3891539A	1971 - 12 - 27		德士古	美国	将重烃转化成硫化汽油，加氢裂化后分离排出物，而后进行进一步加氢脱硫
5	US3779897A	1971 - 12 - 29		德士古	美国	特定反应条件下加氢脱硫
6	US3957625A	1975 - 02 - 07		美孚石油公司	美国	a）将汽油进行分馏；b）高沸点馏分脱硫处理；c）脱硫产品与低沸点馏分混合
7	US4062762A	1976 - 09 - 14		HOWARD K. A. 等	美国	将石脑油分成低沸点馏分、中间馏分和高沸点馏分，中间馏分用碱金属脱硫，高沸点馏分用 H_2 和催化剂脱硫，从后两者中回收脱硫产品，与低沸点馏分混合
8	US4049542A	1976 - 10 - 04		切夫里昂研究公司	美国	沸点小于300℃的石脑油与 Cu 金属催化剂及 H_2 在特定的温度压力下反应，加氢脱硫
9	US4210521A	1977 - 05 - 04	EP、CA、DE	美孚石油公司	美国	（A）加氢处理；（B）加氢裂化脱金属；（C）回收高辛烷值汽油
10	FR2410038A	1977 - 11 - 29	US、BE、DE、GB、NL、BR、JP、CA、SU、IT	法研院	法国	两个催化剂床，处理噻吩脱硫，分馏后加氢

续表

序号	公开号	最早优先权日	同族分布	申请人	原创国	技术要点
11	FR2476118	1980-02-19	JP、US	法研院	法国	汽油分馏为轻分和重馏分，重馏分进行加氢脱硫反应
12	US5041208A	1986-12-04	EP、AU、JP、FI、PT、CN、ZA、CA、DE、ES	美孚石油公司	美国	在单级过程中将原料与催化剂在特定条件下接触反应
13	US5290427	1991-08-15		美孚石油公司	美国	分馏，固定床加氢脱硫，在第二反应区恢复辛烷值
14	US5409596	1991-08-15		美孚石油公司	美国	FCC石脑油先进行加氢处理；后用酸性催化剂恢复辛烷值
15	US5308471A	1991-08-15	WO、AU、JP、EP、AU、CA	美孚石油公司	美国	含硫石脑油经加氢脱硫并用酸性催化剂处理得到低硫相对高辛烷值的汽油
16	US5321163A	1993-09-09	EP、AU、CA、BR、JP、CN、DE、ES、RO、MX、RU	化学研究及许可公司	美国	上下两段反应器，LCN进入蒸馏塔反应器；硫醇与双烯在第一反应区反应形成较重的硫化物；剩余的双烯和乙炔进行加氢；硫化物与 C_5 分离，向反应区加入甲醇，形成共沸物，而后进入第二反应区
17	JPH0940972A	1995-07-26	EP、CA、KR、TW、US、SG、DE	日石三菱株式会社	日本	两步脱硫，第二步脱硫的原料包括供应硫化氢含量不超过0.05%
18	US5597476A	1995-08-28	WO、AU、EP、CN、KR、MX、RU、JP、DE、ES	化学研究及许可公司	美国	将石脑油进入第一蒸馏塔反应器，大部分烯经和硫醇的轻馏物质进入第一蒸馏反应区，硫醇与二烯经反应形成硫化物与高沸点硫化合物从塔底排出。在第二蒸馏塔反应区进一步加氢脱硫，含有大部分烯经的轻馏分不用经受苛刻的加氢反应条件

续表

序号	公开号	最早优先权日	同族分布	申请人	原创国	技术要点
19	EP0832958A1	1996-09-24	US, EP, JP, KR, DE	法研院	法国	粗汽油分馏，轻馏分选择性双烯加氢，而后除臭，重馏分可选地在加氢处理单元脱硫
20	EP0832958	1996-09-24		法研院	法国	轻馏分、重馏分可选择分别加氢处理
21	US5985136A	1998-06-18	WO, AU, NO, EP, JP	埃克森美孚研究和工程公司	美国	两阶段加氢脱硫工艺，反应器入口温度低于原料石脑油的露点，使得石脑油在催化剂床中全部汽化
22	US6190535	1999-08-20		UOP	美国	加氢脱硫、脱氮同时进行，而后进入加氢裂化反应区
23	US6231753B1	1999-11-24	WO, AU, NO, EP, JP, CA, ES	埃克森美孚研究和工程公司	美国	两段深度脱硫
24	FR2812654A1	2000-06-13	WO	法研院	法国	分馏，重馏分加氢
25	WO02072740A1	2001-03-12	WO, US, EP, KR, BR, AU, JP, MX, DE, ES, IN, CA	法研院	法国	A）选择性加氢；b）增加轻的含硫产物的分子量；c）烷基化处理；d）分馏出轻馏分和重馏分；e）重馏分至少部分加氢处理
26	US2003106839A1	2001-11-30	WO, AU, EP, NO, JP, CA, SG	埃克森美孚研究和工程公司	美国	加氢脱硫而后进行分馏，重馏分进入第二脱硫阶段以除去有机硫
27	US2005029162A1	2003-08-01	WO, NO, AU, EP, JP, CA, SG	埃克森美孚研究和工程公司	美国	三段，先与酸性材料接触，而后在第二催化剂作用下加氢处理，之后与第三催化剂接触
28	US2005252831A1	2004-05-14	WO, EP, NO, AU, JP, SG, CA	埃克森美孚研究和工程公司	美国	三步脱硫：1）加氢处理；2）除硫醇步骤；3）活性金属吸附

续表

序号	公开号	最早优先权日	同族分布	申请人	原创国	技术要点
29	US20060278567A1	2004-12-27	WO、EP、JP、DE、CA	埃克森美孚研究和工程公司	美国	烯烃石脑油在第一加氢脱硫阶段选择性脱硫，流出物进入第一分离区，其中低沸点石脑油进入第二分离区，较高沸点石脑油含有最多的硫杂质，送往第二加氢脱硫阶段
30	US20060151359A1	2005-01-13	WO、IN	埃克森美孚研究和工程公司	美国	原料与催化剂及含硫化氢的氢处理气体接触，并将第一阶段反应产品送往第二阶段，在此将硫醇硫至少部分除去或转化，得到第二阶段产品
31	FR2885137A1	2005-04-28	WO、EP、IN、CN、KR、JP、BR、US	法研院	法国	烯烃进料的低聚反应，产生的支化烯烃与富含硫和烯烃的汽油混合，混合汽油进行加氢脱硫反应并分离形成的H₂S
32	EP1661965A1	2004-11-26	FR、JP、US、BR、KR、	法研院	法国	选择性加氢脱硫步骤，增加部分含硫化合物的分子量；分馏成轻馏分、重馏分；重馏分加氢脱硫
33	US2011132803A1	2009-12-01	WO、CA、AU、EP、CN、JP、SG	埃克森美孚研究和工程公司	美国	塔内间隔，两级加氢
34	US20123187122A1	2011-06-16	WO、CA	埃克森美孚研究和工程公司	美国	加氢裂化反应器中包含具有加氢脱硫活性的金属组分。原料进入第一加氢裂化反应器与第一加氢裂化催化剂接触，分馏出第一液相和第一未转化馏分，将后者作为第二原料加入第二加氢裂化反应器
35	FR2993570A1	2012-07-17	WO	法研院	法国	a）与第一种催化剂接触脱硫醇；b）在蒸馏柱内，在第二催化剂存在下加氢，步骤b的条件选择为可以将汽油分馏成轻馏分和重馏分，同时促进噻吩的反应以及二烯烃的选择性加氢

该专利提出将汽油产品分馏切割后，再将重馏分进行加氢脱硫处理，从而防止汽油中烯烃在加氢脱硫过程中与氢气反应，导致辛烷值损失的技术效果，该方法作为基础专利，成为后续汽油加氢脱硫技术发展的一个发展重要方向，时至今日，仍有许多典型的工艺技术是在此基础上发展起来的。

（2）法研院技术自成体系

法研院的 FR2476118A1、EP0832958A1、WO02072740A1 以及 EP1661965A1 等系列专利同样依托分馏后重馏分加氢的路线，发展了先全馏分选择性加氢、分馏、再加氢的路线，对含噻吩或噻吩硫的汽油馏分脱硫效果明显。

（3）各公司更加注重专利布局

从同族专利分布情况可见，早期专利申请大部分单独在重要国家进行布局，甚至不进行同族申请，自 1999 年起，各公司都对重点专利进行同族申请，并且基本都以 PCT 国际申请的形式进入各个国家。

各重点专利的具体信息，参见表 4 – 5 – 1，其中 2000 年以前专利 23 项。

4.6　结论和建议

1）结　论

通过对加氢脱硫工艺现有专利申请进行统计分析，本课题组发现：

（1）美、中、日三国申请量排名前三位

全球数据中，美国和中国专利申请数量较大，原创专利同样分列前两名，但是中国的专利技术主要停留在本国的保护范围之内，而美国能更加注重国外市场的布局，以埃克森美孚为首的美国石油企业和以法研院为代表的法国研究单位分别将其特有的加氢脱硫工艺在重要的国家进行了相应的布局。催化蒸馏公司、UOP 公司也对美国现有专利输出作了重要的贡献。同样，以法研院为代表的法国申请人也十分注重国外市场。分别在几个重要的石油国家进申请了专利保护，当前，只有美国和法国处于专利技术输出顺差状态。

（2）加拿大炼化潜力大

值得注意的是，加拿大作为重要的产油国以及石油输出国，是加氢脱硫工艺技术专利布局的潜在目标国，在加氢脱硫工艺方面，加拿大目前已公开的专利申请最主要来自美国和法国，其中美国专利主要源自埃克森美孚这一跨国石油企业；今年我国三大石油公司在加拿大都有一定的投资，如果能在技术研发过程中及早进行专利布局，将对市场的占有发挥重要作用。

（3）产学研结合有利于技术研发及推广

本章对在华申请进行了梳理和分析，国内专利申请量存在申请量大，但输出少、技术垄断的特色，申请量最多的中石化中以石科院以及抚研院为主要的技术主导。高校和科研院所也有一定的申请比例，但技术应用相对较少，中国石油大学（北京）和中石油石油化工研究院兰州化工研究中心共同开发了 Gardes 工艺技术，充分利用不同社会分工在资源优势上的协同与集成化，发挥各自的优势，得到了业界的一致认可，值得其他高校及科研院借鉴。

此外，还对重要加氢脱硫工艺领域重要专利进行了总结和分析，以方便相关技术人员参考和查阅。

2）建　议

根据分析，得到如下建议：

（1）加拿大作为重要的产油国以及石油输出国，炼化发展潜力大，但鉴于当前其政府对炼化有限制，我国企业可先将前沿技术在其国家布局，以期打开市场或等待市场开放后及早获益。

（2）以 PCT 国际申请的形式进入各国，实现专利技术在全球的分布，这也是值得我国企业借鉴的一种方式。

（3）企业、高校、科研院所的产学研结合将有利于专利技术的研发及应用。

第 5 章　埃克森美孚

　　本章对重要申请人埃克森美孚关于汽油加氢脱硫催化剂的专利申请历年增长趋势、技术输出目的地、技术路线以及重要专利进行详细介绍。

5.1　埃克森美孚简介及企业动态

　　埃克森美孚是世界领先的石油和石化公司，总部设在美国得克萨斯州爱文市。19世纪70年代，美国人洛克菲勒在美国俄亥俄州创建股份制的标准石油公司，此后石油公司的发展进入一个新的时代，同时洛克菲勒也开创了美国历史上的一个独特时代——垄断时代，直到1911年5月美国联邦最高法院依据《谢尔曼反托拉斯法案》判决标准石油公司为垄断机构，予以拆散，这些拆散后的公司便形成了历史上有名的"石油七姐妹"：英国石油、埃克森石油、美孚石油公司、雪佛龙、德士古、海湾石油公司和壳牌。1911～1999年这段历史时期，埃克森石油和美孚石油公司分别是两家相互独立的石油公司。其中埃克森石油公司原名新泽西标准石油公司，成立于1882年5月，是洛克菲勒于同年组建标准石油托拉斯后新成立的一批子公司中的一个，而且是托拉斯标准石油的总部。1911年标准石油公司解散，该公司独立，并且继承了原公司的大部分财产，1972年公司改名为埃克森石油公司。美孚石油公司的前身也是托拉斯标准石油公司的一个子公司，早在1882年，它就在英国销售石油，是标准石油公司的主要出口机构，它和埃克森石油公司一样在1911年从标准石油托拉斯中独立出来，此后公司经过多次收购和兼并，在1966年更名为"Mobil Oil Corporation"（美孚石油公司），直到1999年，埃克森石油公司和美孚石油公司合并，两家石油公司的名称合并为"埃克森美孚石油公司"。

　　埃克森美孚通过其关联公司在全球大约200个国家或地区开展业务，拥有8.6万名员工，其中包括大约1.4万名工程技术人才和科学家，是世界最大的炼油商之一；同时也是世界最大的非政府油气生产商和世界最大的非政府天然气销售商，分布在25个国家的45个炼油厂每天的炼油能力达640万桶；在全球拥有3.7万多座加油站及100万个工业客户和批发客户；每年在150多个国家销售大约2800万吨石化产品。❶

　　埃克森美孚的企业徽标变迁参见图5-1-1。❷

---

❶　埃克森美孚［EB/OL］.（2013-04-04）［2014-05-15］. http://www.docin.com/p-629031571.html.
❷　张春政. 标志的发展变迁与比对研究［J］. 大众文艺，2011（7）：61.

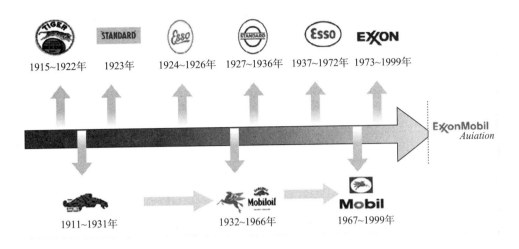

图5-1-1 埃克森美孚发展过程

对埃克森美孚的专利申请总量进行了统计分析，得到发展趋势图5-1-2，从该图中可以看出，该公司的专利申请自20世纪50年代开始，随后经历快速增长期、波动期，20世纪90年代后专利申请量有明显的下降趋势，2000年后进入平稳发展期。

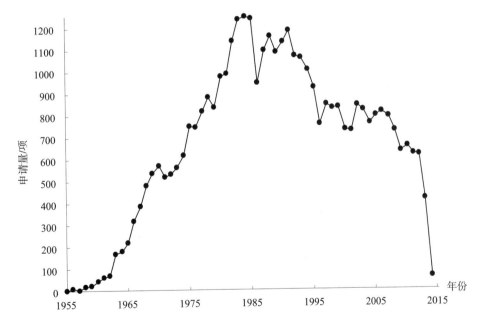

图5-1-2 埃克森美孚全球专利申请趋势

图5-1-3给出了埃克森美孚在加氢脱硫催化剂及工艺的专利申请趋势图，从图中可以看出，自20世纪60年代初期，公司在该领域的研究呈现逐年增长的趋势，尤其

是 1995 年以后增长趋势明显，直至 2004 年才有放缓下降的趋势，这与公司总体的发展趋势是不同的，虽然 1995～2004 年公司的整体专利申请量已经呈现下降的趋势，但是由于 SCANfining 和 Octgain™ 技术的研发成果，使得在加氢脱硫工艺及催化剂方向上的研究投入更多，收效显著。

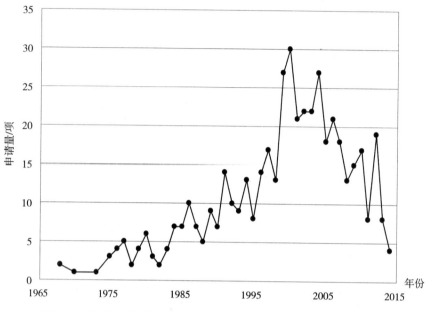

图 5-1-3　埃克森美孚在加氢脱硫工艺及催化剂方向专利申请趋势

5.2　主要工艺及催化剂

1. FCC 技术发展与埃克森美孚

19 世纪末 20 世纪初，生产汽油主要靠原油蒸馏技术。此时的原油炼制估计和现在的土炼油技术差不多，汽油产率不到 20%，辛烷值也只有 50 左右。1913 年，世界上第一套热裂化工业装置投产，汽油产量有所增加，但辛烷值依然很低。所以在 1925 年就已经大规模使用四乙基铅来提高辛烷值。到 1930 年石脑油热重整技术应用后，汽油产率才大幅提高，汽油的 RON 也提高至 71～79。此时由于汽油发动机广泛使用，汽油在数量和质量上都无法满足要求，增产汽油的工艺成为迫切需要。

早在 1890 年，GULF 公司的 AFEE M. 就在实验室中发现了无水三氯化铝催化剂可以促进裂化反应。但是直到 20 年以后，这一过程对汽油增产的重要意义才被认识到，但也仅仅是认识到，实现工业化是相当困难的。虽然 GULF 公司做了一套装置并运行了 14 年，但无法推广。因为那时候铝是贵金属，且催化剂基本无法回收。此时，法国工程师 HOUDRY 和一个法国药剂师研究煤气合成燃料，但法国政府未采用此技术。后来德国人也开发了此种技术并投入应用。因此 HOUDRY 转而研究固体酸催化裂化工艺。1927 年，HOUDRY 选中了白土催化剂，并用空气烧掉积炭的办法来恢复活性。这个技术，很快引起了一些石油公司的注意。VACCUM 公司请 HOUDRY 到美国来，以他的名字组建了 HOUDRY PROCESS CO.，进行试验。VACCUM 公司后来就发展为大名鼎鼎的 MOBILE。1936 年，HPC 制造出了一套由热裂化装置改造的固定床催化裂化装置。这一固定床模式经过攻关革新，把催化剂由固定在反应器中改成在反应—再生系统循环成为移动床。VACCUM 公司设计了第一套移动床并命名为 TCC。1948 年，HPC 才开发出液相进料工艺。实际上，流化催化裂化工艺的起步是从发现废白土有裂化作用开始的。人们把卸出的废白土加到热裂化原料中，经过加热炉，能多产一些汽油，这种工艺叫 SPC—悬浮床裂化。1940 年，人们研究出了气力输送固体颗粒的方法。不久，设计出上流式流化床反应器和带松动的立管和滑阀。这就为 FCC 的诞生铺平了道路。

　　1942 年，由 4 位新泽西标准石油公司的研究人员提出的世界上第一台流化催化裂化装置投产，成为汽油生产的工业标准。[1]

　　2. 主要催化剂及重要成果

　　1972 年，美孚石油公司开发成功 ZSM - 5 分子筛，可增加催化裂化汽油产率 35%，辛烷值也有所提高。美孚石油公司开发了以 ZSM - 5 为代表的高硅三维交叉直通道的新结构沸石分子筛，即第 2 代分子筛，如 ZSM - 5、ZSM - 11、ZSM - 12 等，这些高硅分子筛水热稳定性高，亲油疏水，绝大多数孔径在 0.6nm 左右。

　　1993 年，埃克森石油公司的研究所（ER&E ResearchLaboratories，ER&E）开发了新催化剂。以此为开端，开发了 SCANfining 工艺。之后，ER&E 和阿克苏·诺贝尔共同开发的选择性加氢脱硫催化剂 RT - 225 推进了商业化进程。SCANfining 工艺可最大限度地抑制烯烃的加氢，所以辛烷值损失少。采用 RT - 225 催化剂的同时对设备进行改造，开发了第 2 代工艺。以硫含量高的 FCC 石脑油为原料可生产硫含量为 10 ~ 50μg/g 的汽油，与第 1 代工艺相比辛烷值损失减少 50%。

5.3　汽油加氢脱硫催化剂

　　对埃克森美孚涉及汽油加氢脱硫催化剂的专利申请进行系统的分析，以期对国内申请人以启示。

5.3.1　全球专利申请趋势

　　美国对专利保护的重视可以追溯到 200 多年前，美国政府和产业界认为，美国在全球经济中的优势是科技和人才，这是创造知识产权的关键要素。20 世纪 70 年代，美国开始将保护知识产权作为抵御国外竞争、保住经济霸主地位的战略手段，并从法律

---

　　[1]　海川化工论坛：催化裂化发展简史［EB/OL］.（2007 - 06 - 21）［2014 - 05 - 02］. http://blog. sina. com. cn/s/blog_ 579aba3a0/000boc. html.

和政策层面进一步完善知识产权制度，为在国内外有效保护美国的知识产权采取了一系列措施。此后，美国企业每年申请专利的数量急剧增加，专利运用、保护和管理的力度不断提升。

埃克森美孚对专利制度的重视程度和专利管理水平，都深受美国专利制度环境的影响。埃克森美孚是目前世界石油工业中拥有专利最多的公司，每年公开的基本专利申请量稳定在350项左右。相比之下，埃克森美孚更重视下游技术领域的专利申请，其中催化剂是下游领域专利申请的重点。

在这样的专利制度环境下，埃克森美孚积累了大量的专利，培育了较高的专利运用、保护和管理能力。

埃克森美孚与汽油加氢脱硫催化剂相关的申请总共175项。埃克森美孚从1973年开始进行相关领域的专利申请。如图5-3-1所示，埃克森美孚的申请分为三个阶段：技术萌芽期、快速震荡增长期和技术稳定期。

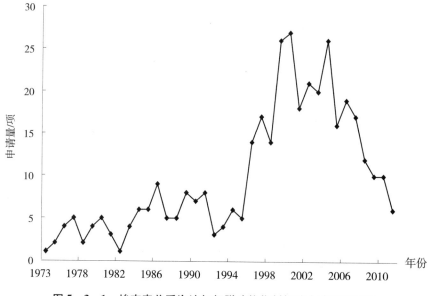

图5-3-1　埃克森美孚汽油加氢脱硫催化剂领域全球申请趋势

（1）第一阶段：技术萌芽期（1973～1995年）

为防止和控制美国的空气污染，美国国会于1963年制定了洁净空气法案（*The Clean Air Act*，CAA）。1990年通过清洁空气法修正案，美国环境保护局为了减少美国空气污染，颁布了有关汽油成分与排放物的新条例（以下简称"汽油条例"），提出了使用新配方汽油（RFG）的要求。RFG规定的指标为：氧含量不小于2%，芳烃含量不大于25%，苯含量不大于1.0%，蒸气压（南/北）为50kPa/56kPa，硫含量、烯烃含量不超过1990年的平均值。[1] 1973～1995年，埃克森美孚总体的申请量较少，申请总

---

[1] 针对21世纪世界各国清洁汽油的发展趋势［EB/OL］.（2014-06-02）［2012-11-10］. http：//www.docin.com/p-522939288.html.

量变化较小。本阶段埃克森美孚共申请涉及汽油加氢脱硫催化剂相关专利98项。在此阶段，汽油加氢脱硫催化剂研发的主力是埃克森美孚研究和工程公司、美孚石油公司。早期的一批发明人开始进行专利申请，例如发明人 ROBERT J.、ANGEVINE P. J. 等开始大量申请专利。美孚石油公司在分子筛的研究开发方面居世界领先地位。1973年，美孚石油公司开发成功 ZSM - 5 分子筛，可增加催化裂化汽油产率35%，辛烷值也有所提高。1990年美孚石油公司又开发出 MCM - 22 双通道分子筛，并将其成功用于增加催化裂化汽油产率。

（2）第二阶段：快速震荡增长期（1996～2001年）

自1995年1月1日起，汽油条例只允许在美国污染严重的地区销售法定清洁汽油，在其余地区，只能销售不比在基准年1990年所售汽油清洁度低的汽油。汽油条例适用于全美所有汽油炼油厂、合成厂和进口商（美国修订汽油标准案）。1998年第三届世界燃料会议上，美国汽车制造商协会（AAMA）、欧洲汽车制造商协会（ACEA）和日本汽车制造商协会（JAMA）联合发表了《世界燃油规范》，提出世界范围的汽油和柴油标准。其中汽油分三个等级，Ⅰ、Ⅱ、Ⅲ各级硫含量分别为1000/ppm、200/ppm 和30/ppm。随着美国对环境问题的重视，减少汽车尾气中有害物质，最关键的是严格控制汽油中硫、烯烃、芳烃、苯的含量，尤其是减少硫和烯烃的含量。为此，大力推进和发展清洁汽油生产技术是生产清洁汽油的关键。相应地，埃克森美孚对于生产清洁汽油关键的汽油加氢脱硫催化剂的研究也加大了力度。本阶段埃克森美孚共申请涉及汽油加氢脱硫催化剂相关专利98项。在该阶段，埃克森美孚的汽油加氢脱硫催化剂进入快震荡增长期。1999年美孚石油和埃克森石油合并为埃克森美孚，成为世界第一大石油公司。埃克森美孚利用其强大的经营效益，严格的资本投资计划和稳健的财务管理，建立起一个举世无双的财力殷实的企业。在该阶段，埃克森美孚取得了若干个基础性技术的突破。2001年，埃克森美孚研究与工程公司推出了催化汽油脱硫 SCANfining 工艺和催化剂，将汽油中95%以上的硫脱除且辛烷值损失最小。

（3）第三阶段：技术稳定期（2002年至今）

2001年之后，申请总量呈波动下降趋势，该时期属于埃克森美孚的技术稳定期。此外，埃克森美孚与汽油加氢脱硫催化剂相关申请的总量变化与美国清洁汽油含硫量的标准推出和改变有密切的关系。美国于2000年和2005年分别对清洁汽油的硫含量进行了规定，标准分别为140～170ppm 和平均30ppm，标准的变化无疑是对汽油加氢脱硫催化剂技术改进和创新的最大促进动力。

结合图5-3-2所示，埃克森美孚在关于汽油加氢脱硫催化剂的活性组分、载体、助剂以及制备方法等4个重要技术分支的专利申请变化趋势，与其整体技术的发展趋势基本一致。上述4个重要技术分支均在1999年之后达到峰值，可见随着埃克森美孚的合并成立，公司的综合经济实力提升，加大了对各个技术的基础研究。

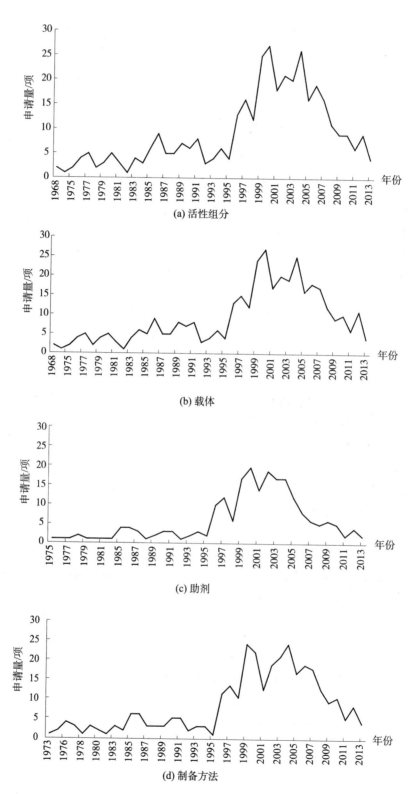

(a) 活性组分

(b) 载体

(c) 助剂

(d) 制备方法

图5-3-2　埃克森美孚汽油加氢脱硫催化剂各技术构成的专利申请发展趋势

5.3.2 全球国家/地区的专利布局

作为国际化大石油公司,埃克森美孚非常重视在全球范围尤其是其重点市场的专利布局,为其业务发展提供有力的支撑和保障。

埃克森美孚对下游领域专利保护的重视程度以美国本土为最,但作为世界最大的炼油商之一,优先占领主要技术市场是埃克森美孚的重要战略之一。20世纪70年代以前,埃克森美孚的基本专利申请主要在美国,20世纪80年代,除在美国本土提出专利申请外,主要通过欧洲专利局提出专利申请。进入20世纪90年代后,随着PCT的影响范围扩大,埃克森美孚开始把大部分的专利申请通过PCT途径提出,而通过欧洲专利局和其他国家提出的专利申请量明显减少,近些年埃克森美孚已经有近一半的专利通过PCT途径提出申请,从而实现其在全球主要市场及目标市场的专利保护。专利申请的重点国家除美国本土外,还有日本、加拿大、澳大利亚、挪威、比利时、中国大陆、德国、韩国、西班牙、印度、南非、巴西、中国台湾等国家或地区。

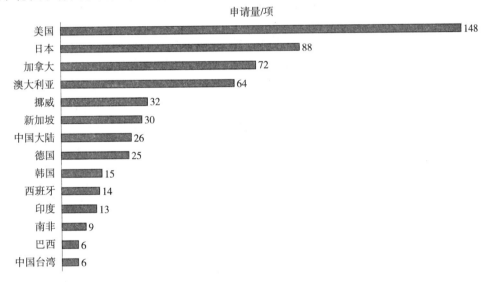

图 5-3-3 埃克森美孚汽油加氢脱硫催化剂领域技术输出目的地分布

5.3.3 研发力量

埃克森美孚拥有的专利申请机构主要有4类:一是研发组织,包括下游研究机构—埃克森美孚研究和工程公司,上游研究机构—埃克森美孚上游研究公司和埃克森美孚生产服务公司;二是美孚石油公司和埃克森美孚石油公司;三是专利管理公司——埃克森美孚化学专利公司;四是埃克森美孚下属的太阳能、核能等子公司或全球各地的子公司。专利申请量最多的是负责埃克森美孚下游技术研发的埃克森美孚研究与工程公司,其次是埃克森美孚石油公司,然后是埃克森美孚化学专利公司、埃克森美孚生产服务公司和埃克森美孚上游研究公司的专利申请量相对较少。图 5-3-4 给出了埃克森美孚的组织架构。

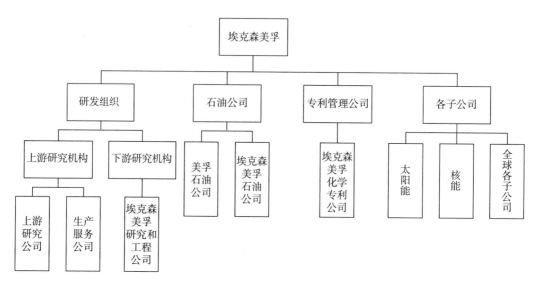

图 5 - 3 - 4　埃克森美孚组织架构

埃克森美孚在下游（包括处理、裂化、重整，通过聚合、烃化、异构化等汽油的制备）的基本专利申请相对较多。催化剂是下游领域专利申请重点。在汽油加氢脱硫催化剂领域，埃克森美孚主要的专利申请机构是埃克森美孚研究与工程公司、美孚石油公司、埃克森美孚石油公司和埃克森美孚化学专利公司（EXXON CHEM PATENTS INC.）。如图 5 - 3 - 5 所示，由于汽油加氢脱硫属于石油下游生产环节，作为埃克森美孚最重要的下游研究机构——埃克森美孚研究与工程公司的申请量最多为 110 项，占总数的 60%，其次是美孚石油公司，申请量为 53 项，占总数的 29%。

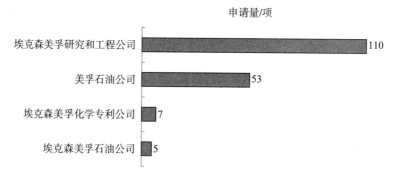

图 5 - 3 - 5　埃克森美孚主要研发组织申请量

5.3.4　技术路线分析

作为推出世界上第 1 台流化催化裂化装置并成为汽油生产的工业标准的石油公司，埃克森美孚在汽油加氢脱硫领域的研究从未间断。对于汽油加氢脱硫催化剂的研究，通过改进载体与催化剂的活性组分以改善催化剂的性能是该领域的主要研究方向。图 5 - 3 - 6 为埃克森美孚的技术路线。

活性组分

~1980年	1981~1990年	1991~1999年	2000~2005年	2006~2009年	2010年至今	优先权年
1970年 GB1186A Co-Mo	1988年 US4792541A Mo-W-多配位基体	1992年 GB2250929A 贵金属-ⅧB-ⅥB	2001年 WO0162872A1 Co-Mo-Cu/Sn/ⅡB	2006年 US2006052235 ⅥA-Ⅷ/A/Co/Mo	2010年 US20100206775 Co/Mo含量	2012年 US2012241360 直接硫化物混合
1980年 US4216078A 苯醌		1996年 US5543036A Zr/Ti经W改性	2002年 US2002179498 Co/V/Zn/Fe/Ge-Ce	2006年 US2006050A1 双金属含有机试剂	2011年 WO2011068488 Ni含量	
			1999年 US5985136A Co/Mo原子比	2006年 WO2006036610 Ni-Mo-W有机载剂	2012年 US2012241360 Co/Mo含量	

载体

~1980年	1981~1990年	1991~1999年	2000~2005年	2006~2009年	2010年至今	优先权年
1970年 GB1186A Al_2O_3	1988年 EP0271264A1 高硅沸石	1992年 US5106484A 非酸性大孔沸石	1996年 US5482617A SiO_2-Al_2O_3 酸性大中孔分子筛	2006年 US2006052235 SiO_2得自硅树脂 低酸性有序中孔载体	2010年 US20100206775 SiO_2与沸石黏结	
1972年 US3702886 $AZSM_5$	1988年 US4781817A SiO_2含青铜	1993年 EP0543529A 约束指数1-12分子筛	1996年 WO9602612A 改性多微孔ZSM	2007年 WO2007084440 SiO_2含量	2010年 US2010320123 SiO_2含量, 多参数	
1979年 US4171258A 高表面积Al_2O_3, Fe-Cr氧化物		1995年 US5413698A SiO_2-Al_2O_3 大中孔分子筛	1999年 WO9602612A 中值孔径等多参数	2009年 US2009321320 高温Al_2O_3		
			2000年 GB2341191A 活性金属在大孔分子筛内			
			2001年 US6245221A γAl_2O_3			
			2005年 US2005023190 载体中含杂质			

助剂

~1980年	1981~1990年	1991~1999年	2000~2005年	2006~2009年	2010年至今	优先权年
	1988年 US4792541 AFe-Ni /Co/Zn/Cu/Mn	1996年 US5543036A IA/IIA		2009年 US2009166263 MgO, IA	2011年 WO2011068488 P, IA	

制备方法

~1980年	1981~1990年	1991~1999年	2000~2005年	2006~2009年	2010年至今	优先权年
1970年 GB1186A 浸渍	1986年 US4632747A 前驱体加有机物	1992年 US5086027A 前驱体加有机配位体	2005年 US2005023190 杂质引入载体	2006年 US2006052235 硅树脂与中孔载体煅烧	2010年 US20100206775 有机配合体浸渍加入	2013年 WO2013033575 V族加入
			2005年 US200540080 活性组分质子溶剂中形成沉淀	2009年 US2009321320 浸渍时加有机物	2010年 US2010320123 有机配位体参与	

图5-3-6　埃克森美孚技术路线

早在 1970 年，埃克森美孚使用以 Co – Mo 为活性组分的汽油加氢脱硫催化剂。随后，20 世纪 80 年代初期，通过加入有机试剂使其与 Co – Mo 形成多配位基体以改进活性组分活性。20 世纪 90 年代，研究主要集中在使用贵金属或是加入其他过渡金属作为助剂，以及通过进一步调整和确定 Co – Mo 原子比提高催化剂活性。2000 ~ 2005 年，通过添加稀土元素以及 Cu、Sn 或第 IIB 族金属元素改进催化剂活性。2006 ~ 2009 年，通过加入有机试剂或使用双金属与有机试剂的复配改进催化剂活性组分。2010 年以后，埃克森美孚对活性组分的研究主要集中于对活性组分含量的进一步调整和限定，并开始通过改变活性组分前体的形态如不再使用氧化物形态而直接使用硫化物形态提高催化剂性能。

对于载体的研究，埃克森美孚早期使用了氧化铝作为载体。从 20 世纪 60 年代初起，美孚石油公司的科学家们致力于分子筛的合成，并成功合成一批富硅分子筛。美孚石油公司在分子筛的研究和开发方面居世界领先地位，并成功地将其作为载体用于汽油加氢脱硫催化剂。1972 年，美孚石油公司合成了 ZSM – 5 分子筛，随后 20 世纪 80 年代的研究主要集中于使用高硅沸石作为汽油加氢脱硫催化剂的载体。20 世纪 90 年代，随着 MCM – 22 的合成，载体研究主要集中于用大中孔分子筛以及改性后的大中孔分子筛。2000 年以后，研究集中于复合载体如将二氧化硅与沸石黏结、改进二氧化硅含量、得自硅树脂的低酸性有序中孔二氧化硅载体、γ 氧化铝或是将活性组分负载于大孔分子筛内等。

在制备方法方面，埃克森美孚的研究主要集中于在浸渍过程中将有机配合体加入、在前驱体中加入有机物再进行浸渍以及将质子溶剂加入活性组分中以形成沉淀，或是将硅树脂与中孔载体煅烧等对制备方法的改进。

对于助剂的研究并不是很多，主要集中于使用 Fe、Ni、Zn、Cu、Mn 等过渡金属以及 P 和第 IA 族、第 IIA 族元素。对于助剂种类的选择和加入并不是埃克森美孚的研究重点。

5.3.5　重要研发团队

埃克森美孚研究与工程公司和美孚石油公司是埃克森美孚最重要的下游研究机构，同时二者也是埃克森美孚进行汽油加氢脱硫催化剂有关研究的主要研究机构，二者关于汽油加氢脱硫催化剂的专利申请量占整个公司的 93% 以上。作为世界 500 强跨国公司的下属公司，埃克森美孚研究与工程公司和美孚石油公司依托母公司的强大技术后盾，进行一体化的炼油技术研究。

相当部分的炼油催化剂是与新开发的炼油工艺一起推出的。

5.3.5.1　埃克森美孚研究与工程公司

埃克森美孚研究与工程公司的总部设在美国弗吉尼亚州费尔法克斯，在欧洲、亚洲、环太平洋地区和美洲设有分支机构，并在弗吉尼亚州费尔法克斯、新泽西州的克林顿和保罗斯伯罗、路易斯安那州巴吞鲁日拥有大型的实验室和科研设施。其下的重要研究机构，如位于美国路易斯安那州巴吞鲁日的埃克森美孚工艺研究室（EMPR）拥

有 70 多个实验室和 140 多套实验装置，负责开发将石油和天然气转化为高品质燃料和润滑油的创新技术。❶

从图 5-3-7 可以看出，从 1968 年开始，埃克森美孚研究与工程公司就致力于汽油加氢脱硫催化剂的研究。虽然每年的专利申请量并不是很多，但在 20 世纪七八十年代，埃克森美孚研究与工程公司关于汽油加氢脱硫催化剂的研究一直在持续。20 世纪 90 年代，申请量进入稳步增长期。在该段时期内，埃克森美孚研究与工程公司开发了新催化剂，并以此为开端，开发了 SCANfining 工艺，该工艺包括 SCANfining I 代和 SCANfining II 代工艺技术，它采用了与阿克苏诺贝尔公司联合开发的催化剂 RT-225，选择性地从汽油中去除 95% 以上的硫，同时尽量减少辛烷值损失。对于炼油催化剂，相当一部分催化剂是与新开发的炼油工艺一起推出的。因此，这段时期是埃克森美孚研究与工程公司的技术发展时期。

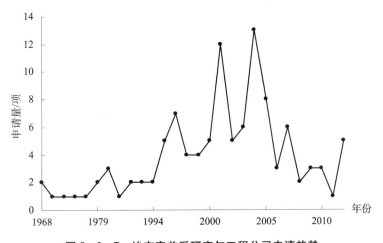

图 5-3-7　埃克森美孚研究与工程公司申请趋势

炼油技术的提出是研究汽油加氢脱硫催化剂的促进剂。从图 5-3-8（见文前彩图第 5 页）埃克森美孚研究与工程公司的技术发展路线图可以看出，随着 SCANfining 技术的推出，埃克森美孚研究与工程公司关于汽油加氢脱硫催化剂的研究力度加大，通过改进活性金属含量、使用大孔分子筛、二氧化硅与沸石的复合载体以及加有机试剂、直接使用硫化物形态等多种改变活性组分和载体的多个方面对汽油加氢脱硫催化剂进行了研究。

5.3.5.2　美孚石油公司

美孚石油公司是由标准石油公司后继者之一的纽约标准石油改名而来的。美孚石油公司的技术特长之一是分子筛催化剂，其在分子筛的研究和开发方面居世界领先地位。从 20 世纪 60 年代初起，美孚石油公司的科学家们开始将有机胺及季铵盐作为模板剂引入沸石分子筛的水热合成体系，合成出一批富硅分子筛。1994 年世界

❶ 王曦. 埃克森美孚公司的研发体制与科研管理［EB/OL］.（2014-06-02）［2014-02-02］. http://www.docin.com/p-522939288. html.

合成沸石约 150 种，美孚石油公司的 ZSM（zeolite socony mobil）系列约占 60 种。美孚石油公司关于汽油加氢脱硫催化剂的专利申请共 53 项。如图 5 - 3 - 9 所示，根据不同年份提交专利申请的数量，可以看出美孚石油公司在 2000 年之前在该领域均有持续研究。

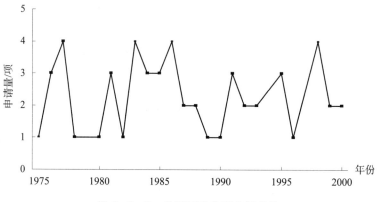

图 5 - 3 - 9　美孚石油专利申请趋势

美孚石油公司的加氢脱硫催化剂研究源于对分子筛的研究。图 5 - 3 - 10（见文前彩图第 6 页）是美孚石油公司的技术路线图。由该图可以看出，美孚石油公司最重要的一个进步是 1972 年，Arganer 与 Landelt 用四丙胺作模板剂在 $Na_2O: Al_2O_3: 24.2SiO_2: 14.4Pr_4NOH: 410H_2O$ 体系 120℃ 下晶化得到 "Pentail Family" 的第一个重要成员 ZSM - 5，接着 1973 年 CHUN P. 用 Bu^4N^+ 作模板剂成功的合成了 ZSM - 11。[1] 在该段时期内，美孚石油公司成功地合成了一系列高硅沸石分子筛。但在 20 世纪 80 年代，陆续将上述高硅沸石用于汽油加氢脱硫催化剂的载体。1990 年，MAE K. RUBIN 等合成了 MCM - 22 介孔材料，在分子筛与多孔物质的发展史上这又是一次飞跃。美孚石油公司的科学家们使用表面活性剂作为模板剂合成了 M41S 系列介孔材料，包括 MCM - 41、MCM - 48 和 MCM - 50。这个成功是美孚石油公司可以和 20 世纪 70 年代 ZSM - 5 的合成相提并论的又一伟大成果。随后，美孚石油公司研究将上述介孔材料作为炼油催化剂，特别是汽油加氢脱硫催化剂，并提出了一系列相关申请。

5.3.6　研发团队分析

埃克森美孚的发明人数量较多，具有多个研发团队，例如美孚石油公司以 SHIH S. S. 为中心的研发团队，埃克森美孚研究与工程公司以 HALBERT T. R.、ELLIS E. S.、BRIGNAC G. B. 等为中心的团队。这些研发团队分别具有不同的特点，但每个研发团队都具有一批有较强研发实力的科研人员，共同进行研发。

5.3.6.1　SHIH S. S. 团队

SHIH S. S. 团队是美孚石油公司最重要的团队，该团队以 SHIH S. S. 为核心，在其

---

[1]　徐如人，等. 分子筛与多孔材料化学［M］. 北京：科学出版社，2004：5 - 11.

周边聚集了如 DEGNAN T. F.、MILSTEIN D.、HILBERT T.、ANGEVINE P. J.、VARGHESE P. 等具有较强研发实力的科研人员，其中 SHIH S. S. 的专利申请量最多，共提出专利申请 9 项。图 5 - 3 - 11 是美孚石油公司重要研发团队关系图。DEGNAN T. F.、MIL-STEIN D.、HILBERT T. 分别具有自己的团队，其中 DEGNAN T. F. 提出专利申请 6 项，MILSTEIN D. 和 HILBERT T. 提出专利申请均为 4 项。但 SHIH S. S. 团队的研发终止于 2000 年，这与埃克森美孚内部的合并调整有密切的关系。2003 年，SHIH S. S. 团队与埃克森美孚研究与工程公司的 STUNTZ G. F. 开始合作。

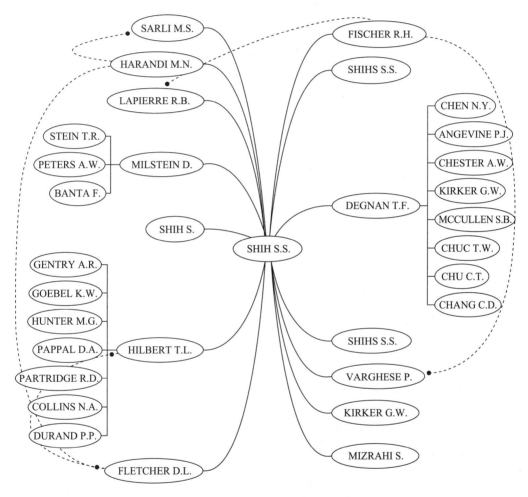

图 5 - 3 - 11 美孚石油公司的重要研发团队

SHIH S. S. 团队中主要申请人的研究时间都比较长。如图 5 - 3 - 12 所示，从 1978 年，SHIH S. S. 就已经开始进行加氢脱硫催化剂的研究，其申请一直持续到 1999 年美孚石油公司合并为埃克森美孚。之后，SHIH S. S. 未以美孚石油公司的名义进行申请，但其研究并未中断，随后与埃克森美孚研究与工程公司的 STUNTZ G. F. 开始合作。

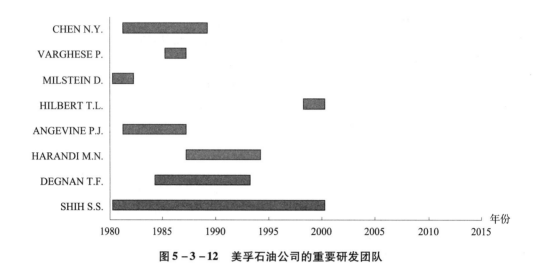

图 5 - 3 - 12　美孚石油公司的重要研发团队

表 5 - 3 - 1 列出了美孚石油公司主要申请人的申请数量和持续时间。

表 5 - 3 - 1　美孚石油公司主要申请人申请数量及持续时间

发明人	申请量/项	持续时间/年
SHIH S. S.	9	1978 ~ 1999
DEGNAN T. F.	6	1984 ~ 1992
HARANDI M. N.	5	1987 ~ 1993
ANGEVINE P. J.	4	1981 ~ 1986
HILBERT T. L.	4	1998 ~ 1999
MILSTEIN D.	4	1976 ~ 1981
VARGHESE P.	4	1985 ~ 1986
CHEN N. Y.	3	1981 ~ 1988
CHESTER A. W.	3	1986 ~ 1999
COLLINS N. A.	3	1993 ~ 1998
DURAND P. P.	3	1995 ~ 1998
FISCHER R. H.	3	1985 ~ 1986
KIRKER G. W.	3	1986 ~ 1990
OWEN H.	3	1986 ~ 1988
STEIN T. R.	3	1975 ~ 1976

5.3.6.2　HALBERT T. R. 团队

HALBERT T. R. 团队是埃克森美孚研究与工程公司最重要的研发团队。埃克森美孚研究与工程公司在美国路易斯安那州巴吞鲁日的埃克森美孚工艺研究室拥有 70 多个实验室和 140 多套实验装置，负责开发将石油和天然气转化为高品质燃料和润滑油的创新技术。HALBERT T. R. 是埃克森美孚工艺研究室的新型超低硫汽油催化加氢技术研究组的项目负责人。图 5-3-13（见文前彩图第 7 页）是 HALBERT T. R. 的研发团队关系图。HALBERT T. R. 的研发团队包括 ELLIS E. S.、BRIGNAC G. B.、GREELEY J. P.、STUNTZ G. F.、GUPTA R.、COOK B. R.、MISEO S.、SOLED S.、WINTER W. E. 等，其中 WINTER W. E. 是从事汽油加氢脱硫催化剂研究最早的研究人员，如图 5-3-14 所示，WINTER W. E. 的专利申请集中在 1978~2002 年，总计提出专利申请 9 项。ELLIS E. S.、BRIGNAC G. B.、GREELEY J. P.、STUNTZ G. F.、GUPTA R.、COOK B. R.、MISEO S.、SOLED S. 的专利申请的提出均开始于 20 世纪 90 年代。另外，从 2003 年开始，美孚石油公司的 SHIH S. S. 研发团队与 HALBERT T. R. 团队的 STUNTZ G. F. 开始合作，2003~2012 年共同申请 9 项专利申请。

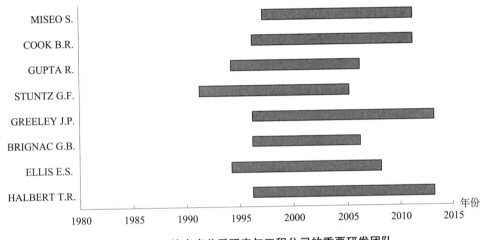

图 5-3-14　埃克森美孚研究与工程公司的重要研发团队

表 5-3-2 显示了埃克森美孚研究与工程公司主要申请人的申请持续时间，由该表可知，HALBERT T. R. 从 1996 年开始提出超低硫汽油加氢催化剂的相关申请，到 2012 年，总计提出专利申请 24 项。

表 5-3-2　美孚石油公司主要申请人申请数量及持续时间

发明人	申请量/项	持续时间/年
HALBERT T. R.	24	1996~2012
ELLIS E. S.	20	1994~2007
BRIGNAC G. B.	18	1996~2005
GREELEY J. P.	18	1996~2012
STUNTZ G. F.	13	1991~2004
GUPTA R.	10	1994~2005
COOK B. R.	9	1996~2010
MISEO S.	9	1997~2010
SOLED S.	9	1997~2010
WINTER W. E.	9	1978~2002

5.3.7　在华专利

20 世纪 80 年代中后期，埃克森美孚开始在中国提交关于汽油加氢脱硫催化剂的专利申请。由表 5 - 3 - 3 可以看出，虽然埃克森美孚在中国的相关申请较少，但该公司关于加氢脱硫催化剂的重要技术均在中国有申请，这充分说明埃克森美孚针对不同国家的市场前景进行针对性的专利布局。随着 SCANfining 技术提出及推广，中国的一些炼油厂开始使用该技术进行 FCC 汽油加氢脱硫，埃克森美孚在中国也相应地提出关于汽油加氢脱硫催化剂的专利申请。

表 5 - 3 - 3　埃克森美孚在华申请

序号	申请号（申请日）	优先权日	技术简介	发明人	法律状态
1	CN87107315A （1987 - 12 - 04）	1986 - 12 - 04	以结晶沸石为载体	PARTRIDGE R. D.、 SCHORBERT M. A.、 黄瑞辉	失效
2	CN98807234A （1998 - 05 - 12）	1997 - 05 - 23	Ni - Mo 或 Co - Mo 的混合物为活性组分，多孔固体为载体	COLLINS N. A.、 DURAND P. P.、 HILBERT T. L.、 TEITMAN G. J.、 TREWELLA J. C.	驳回
3	CN98807239A （1998 - 05 - 12）	1997 - 05 - 23	加氢脱硫催化剂与中等孔径 ZSM - 5 沸石串联使用	BORGHARD W. S.、 COLLINS N. A.、 DURAND P. P.、 HILBERT T. L.、 TREWELLA J. C.	失效
4	CN200780002526A （2007 - 01 - 12）	2006 - 01 - 17	CoMo 金属氢化组分在有机添加剂参与情况下负载在二氧化硅或者改性二氧化硅载体上	柏传盛、 MCCONNACHIE J. M.、 MLSEO S.、 SOLED S. L.	未决
5	CN200780003235A （2007 - 01 - 12）	2006 - 01 - 17	Co/Mo 金属氢化组分在有机配位体参与情况下负载在二氧化硅或者改性二氧化硅载体上，并硫化以制造催化剂	WU J.、柏传盛、 HALBERT T. R.、 SOLED S. L.、 MISEO S.、 MCCONNACHIE J. M.、 SOKOLOVSKII V.、 LOWE D. M.、 VOLPE A. F.、韩军	有效

序号	申请号（申请日）	优先权日	技术简介	发明人	法律状态
6	CN200780003256A（2007－01－12）	2006－06－13	具有至少85wt%的二氧化硅含量的成形体为载体	BEECKMAN J. W.、WU J.、DATZ T. E.、DEHAAS R.	未决
7	CN200780003225A（2007－01－12）	2006－01－17	包含在具有确定孔径分布的二氧化硅载体上的Co/Mo金属氢化组分和至少一种有机添加剂	TIMMLER S. J.、WU J.	有效
8	CN200780003295A（2007－01－12）	2006－01－17	CoMo金属加氢组分在分散剂参与情况下负载在高温氧化铝载体上	WU J.、ELLIS E. S.、LOWE D. M.、SOKOLOVSKII V.、VOLPE A. F.	有效
9	CN200980162707A（2009－12－01）		沸石催化剂/贵金属催化剂/VIII族金属与脱砷催化剂配合使用	GREELEY J. P.	未决

5.4 汽油加氢脱硫工艺

对埃克森美孚在加氢脱硫工艺方向上的专利进行分析，具体参见下面各节。

5.4.1 专利申请总体情况

经过检索，埃克森美孚在加氢脱硫工艺方向的全球专利共84项，按照年代分布申请趋势参见图5－4－1所示。从图中可以看出该公司在1999～2000年专利申请量出现一个高点，一方面是因为公司的合并，即1999年美孚石油公司和埃克森石油公司合并为埃克森美孚，成为世界第一大石油公司；另一方面，与该公司开发SCANfining工艺相关，围绕该工艺，相关研究人员做了大量的研究并进行了相应的专利保护，也起到了一定的作用。

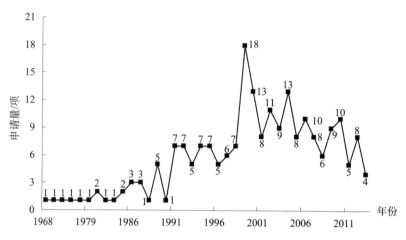

图5-4-1 埃克森美孚在加氢脱硫工艺方向历年申请专利情况

5.4.2 专利布局及保护状况

埃克森美孚注重专利申请在各国的布局，由图5-4-2可以看出，该公司通过国际申请的方式，在加拿大、日本及澳大利亚等国家都有较多数量的专利布局。尤其是在加拿大的专利申请量达到公司在该方向上专利申请量的54%，专利布局数量相当可观。一方面，由于加拿大是美国石油进口的重要来源；另一方面，由于加拿大的油砂储量大，重质油品含量高，需经过催化裂化等工艺将重质油轻质化后生产汽油产品，因而在该国进行FCC汽油加氢脱硫工艺方面的专利布局，也更有利于该公司在加拿大占据市场。

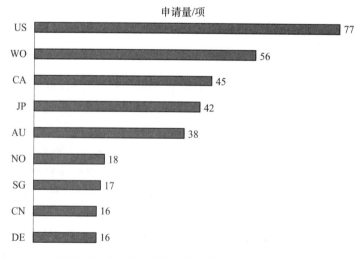

图5-4-2 埃克森美孚在各地的专利布局情况

此外，埃克森美孚在中国也有一定的专利布局，16项专利申请中有13项为2000年以后公开的专利，其中，这些专利在中国的专利法律状态如图5-4-3所示。

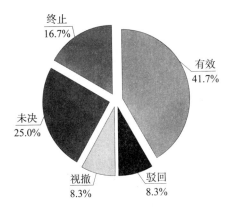

图 5 – 4 – 3　埃克森美孚在华专利的法律状态

从图 5 – 4 – 3 可以看出，该公司在中国的专利授权率相对较高，达到 58.4%，另外有 25% 的申请正在处理过程中，而授权的专利中有 16.7% 因费用而终止。

5.4.3　技术路线

埃克森美孚拥有的专利申请机构主要有四类：一是研发组织；二是美孚石油公司和埃克森美孚石油公司；三是专利管理公司，即埃克森美孚化学专利公司；四是埃克森美孚公司下属的太阳能、核能等子公司或全球各地的子公司。❶

在加氢脱硫工艺方向，埃克森美孚共申请专利 84 项，分别来自埃克森美孚研究和工程公司（60 项，占 71.4%）以及美孚石油公司和埃克森美孚石油公司（24 项，占 28.6%）。

5.4.3.1　以 SCANfining 工艺为主的技术路线

对埃克森美孚研究和工程公司的专利技术发展路线进行了梳理，得到图 5 – 4 – 4。

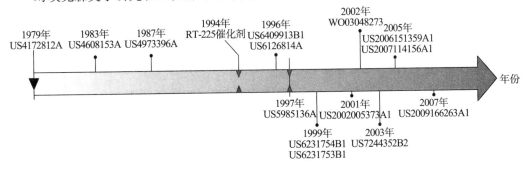

图 5 – 4 – 4　埃克森美孚研究和工程公司专利发展路线

埃克森美孚研究和工程公司很早就致力于加氢脱硫催化剂的研发，前期对工艺的要求并不高，主要使用固定床对油品加氢处理，1979 年公开的 US4172812A 专利就是在反应器内使含最高 60% 烯烃的劣化石脑油原料与催化剂接触，饱和至少 50% 的烯烃；

---

❶ 中国石油集团经济技术研究院. 向埃克森美孚公司借鉴专利管理［N］. 石油商报，2010 – 09 – 14（14）.

而后加氢脱氮并加氢脱硫，生产低硫汽油。此后多年，尝试了调整反应条件、结合蒸馏分馏技术等多种方式对加氢脱硫工艺进行改进。直到 1993 年埃克森美孚研究和工程公司与阿克苏·诺贝尔共同开发了新的催化剂 RT－225。随着该催化剂进入商业化进程，埃克森美孚研究和工程公司开发了 SCANfining 工艺。起初，该工艺以高选择性的催化剂 RT－225 为核心，搭配有常规的连续床反应器，工艺简单。此后主要在反应条件方面进行了改进，例如专利 US6409913B1、US6126814A 等，对特定的温度、压力及流速等条件进行了限定；也有对工艺条件进行改进的，例如 US2002005373A1 主要将油品分为 HCN 和 ICN，HCN 用于非选择性加氢处理，ICN 采用选择性加氢处理条件，进而达到脱硫的效果的目标下保证相对高的辛烷值。在 SCANfining I 工艺基础上，研发团队做了进一步的改进，开发了两步脱硫方式，得到 SCANfining II 工艺，即将原料与催化剂接触反应得到第一加氢脱硫反应阶段的流出物料，中间除去硫化氢，在第二阶段进行硫醇分解反应，进一步除去含硫化合物。例如 US2006151359、US2007114156。此后关于加氢脱硫工艺的研究还包括尝试在低氢气分压下选择性加氢或者在反应初时或结束时保证催化活性等方面。SCANfining 工艺可最大限度地抑制烯烃的加氢，所以辛烷值损失少。SCANfining 工艺的流程如图 5－4－5 所示。❶

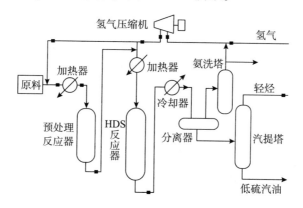

图 5－4－5　SCANfining 工艺流程

5.4.3.2　以 Octgain™工艺为主的技术路线

对美孚石油公司和埃克森美孚石油公司的专利技术发展路线进行了梳理，得到图 5－4－6。

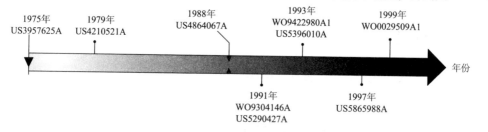

图 5－4－6　美孚石油公司和埃克森美孚石油公司的专利发展路线

---

❶　刘笑，等. FCC 汽油加氢脱硫工艺研究进展 [J]. 当代化工，2011，40（4）.

美孚石油公司和埃克森美孚石油公司的主要技术为 Octgain™ 工艺。该公司对加氢脱硫技术的研发起步较早，1975 年提交的 US3957625A 公开了一种降低裂化汽油产品中硫含量的方法，将产品分馏后重馏分用于加氢脱硫，以生产所需的低硫含量和高辛烷值脱硫汽油产品。该专利一定时期内引领了加氢脱硫工艺的发展方向，在全球专利被引用次数排名中位列第一。此后经过一段时间的应用与发展，1988 年 Mohsen N. 等人申请了专利 US4864067A，该专利请求保护一种烯烃馏分加氢处理方法，使用两个串联的反应区以减少催化剂失活。

随着第 1 代 OCT - 100 催化剂的研发成功，美孚石油公司开发了 Octgain™ 工艺：一种简单的低压固定床催化加氢脱硫过程，使用专用催化剂处理 FCC 石脑油或全馏分汽油，相关专利包括 WO9304146A、US5290427A 等。美孚石油公司在完成 OCT - 125 催化剂工业化后，研究和开发工作转向新催化剂和过程优化，1993 年提交的 WO9422980A1 提供了一种汽油精制工艺，该工艺特点在于先将汽油进行分馏，轻馏分进行非加氢的硫醇抽提；重馏分进行加氢脱硫，脱硫过程中损失的辛烷值在另一个反应器中在酸性催化剂作用下恢复。

此后一直致力于低硫、高辛烷值汽油加氢脱硫催化剂的研发以及部分工艺的改进，工艺方面的改进例如，1997 年专利 US5865988A 公开了低硫汽油的生产，该工艺是将石脑油等先与酸性催化剂接触，而后在加氢处理催化剂上进行加氢脱硫。2000 年后，随着美孚石油公司与埃克森公司的合并，企业内部工作调整，美孚石油公司再无加氢脱硫工艺相关的专利申请。

对埃克森美孚在加氢脱硫工艺方向的专利申请进行逐一分析，得到其主要技术发展路线图，如图 5 - 4 - 7 所示（见文前彩图第 8 页）。

5.4.4　研发团队

对埃克森美孚在加氢脱硫工艺方向的发明人进行分析，84 项专利涉及 152 名发明人，其中 HALBERT T. R. 以 17 项专利位居榜首，GREELEY J. P. 和 BRIGNAC G. B. 排名第二、第三位，GREELEY J. P. 在该方向享有 11 项专利，其中 7 项与 HALBERT T. R. 共同申请，经过进一步分析，两位发明人属于同一研发团队，该团队的活跃期主要集中在 2001 年以后。对该公司在加氢脱硫工艺方向的发明人团队技术活跃期进行分析，得到图 5 - 4 - 8。

埃克森美孚早期的研发团队有：HUDSON C. W. 4 项专利申请、HARANDI M. N. 与 STUNTZ G. F. 7 项专利申请、HILBERT T. L. 与 FLETCHER D. L. 9 项专利申请，主要方向是酸性催化剂、BRIGNAC G. B. 10 项专利申请以及 SHIH S. S. 团队 8 项专利申请，其中 SHIH S. S. 团队的专利申请自 1993 年持续 8 年，至 2004 年在加氢脱硫工艺方向的专利申请戛然而止，直到 2011 年起才又有新的专利申请，并且此时其申请的专利文件申请人中都包含了埃克森美孚研究和工程公司，经过分析，本课题组认为这与埃克森美孚内部合作调整有关。

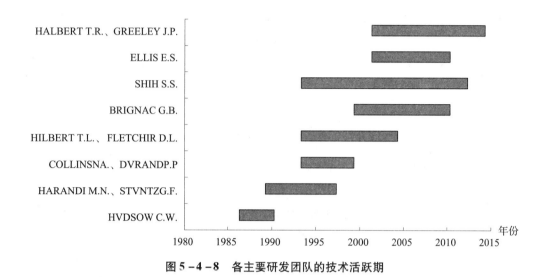

图5-4-8 各主要研发团队的技术活跃期

各主要研发团队的专利申请量及主要研究方向详见表5-4-1。

表5-4-1 各研发团队技术活跃期

序号	团队主要成员	公司	申请量/项	历史阶段/年	主要研究方向
1	HUDSON C. W.	1	4	1986～1989	加氢脱硫脱氮、芳环处理
2	HARANDI M. N.、STUNTZ G. F.	2	7	1989～1996	加氢处理，辛烷值恢复
3	COLLINS N. A.、DURAND P. P.	2	5	1993～1998	酸性催化剂的利用
4	HILBERT T. L.、FLETCHER D. L.	2	9	1993～2000，2011～2013	酸性催化剂、结合多级处理
5	BRIGNAC G. B.	1	10	1999～2009	两步脱硫工艺、相应催化剂
6	SHIH S. S.	1、2	8	1993～2011	工艺、装置、催化剂
7	ELLIS E. S.	1	6	2001～2009	有机硫的加氢处理
8	HALBERT T. R.、GREELEY JP.	1	17	2001～2013	硫醇的处理，多步骤

注：公司1表示埃克森美孚研究和工程公司，公司2表示美孚石油公司。

以发明人HALBERT T. R.进行追踪检索，发现其共申请专利44项，在加氢脱硫工艺及催化剂方面都有相关专利申请，并与多位重要发明人进行了密切合作，其主要合作关系参见图5-4-9。

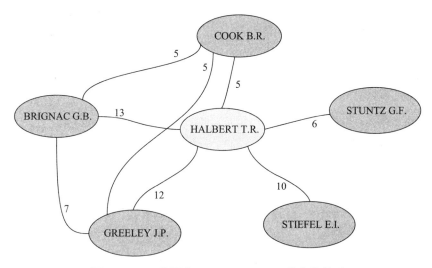

图 5 - 4 - 9　发明人 HALBERT T. R. 的合作关系

注：图中数字表示申请量，单位为项。

5.5　结论和建议

本章对埃克森美孚的专利申请总量、在加氢脱硫工艺及催化剂方向的研发趋势、技术发展路线以及研发团队进行了梳理，通过研究得出如下结论：

（1）埃克森美孚在加氢脱硫工艺及催化剂方向的专利技术主要来源于埃克森美孚研究和工程公司、美孚石油公司和埃克森美孚石油公司；

（2）埃克森美孚研究和工程公司的主要研究集中在 SCANfining 工艺及相关催化剂的进一步改进和完善，目前主要的发明人团队是 HALBERT T. R. 团队；

（3）美孚石油公司在加氢脱硫方向的研究主要以 Octgain™技术及 OCT 催化剂的研发及应用为主要导向；

（4）由于公司内部研发方向的调整，美孚石油公司重要的团队 SHIH S. S. 团队，自 2003 年后转向埃克森美孚研究和工程公司与 STUNTZ G. F. 合作。

通过研究和分析，本课题组对我国石油化工企业的专利布局给出以下建议：

（1）中国炼油企业虽然拥有自主知识产权的加氢脱硫技术，但也应当借鉴埃克森美孚的专利研发和管理经验，重视专利申请数量与质量的协调提升，重视国际业务重点市场的专利申请，合理地在重点市场的专利布局；

（2）要确保专利申请数量，更要重视专利申请的质量；

（3）将持久、稳定的研发团队投入重点技术的开发和研究。

第6章　清洁汽油的未来

我国目前的环境污染已经进入一个非常严重的时期，大气污染、水污染不断威胁着人们的生活，以北京为例，一个显著的印象就是雾霾天气不断增多，人们已直接感受到了大气污染带来的生理和/或心理上的严重影响，同时，全国各地特别是华北地区的地下水污染也常见于报端，碧水蓝天已成为人们的奢望，大气污染以及水污染已经成为制约我国目前经济发展的瓶颈，如何防范并治理大气污染以及水污染，需要社会各界共同努力。

汽油的燃烧排放会带来一定的大气污染，尽管目前仍没有准确确定汽油的燃烧排放对雾霾天气造成的影响指数，但汽油中含有的杂质如硫、烯烃、芳烃等燃烧对雾霾的生成造成贡献已成为共识，而常用的汽油添加剂 MTBE 对地下水的污染也属于公众常识。因而，减少汽油中的硫、烯烃、芳烃以及减少 MTBE 的使用将成为我国未来清洁汽油发展的趋势。

6.1　一只 50 亿的螃蟹引出的话题

2011 年 11 月，备受市场关注的宁波海越新材料有限公司（以下简称"宁波海越"）"138 万吨/年丙烷与混合碳四利用项目"正式开工建设，总投资超过 50 亿元人民币。❶

该耗费巨资投建的异辛烷化工装置此前并没有商用先例，这对于宁波海越这样一家当时年营收不足 20 亿元人民币的民营企业来说，似乎是不可能完成的任务。不过，宁波海越似乎决意要吃这只"螃蟹"，以民营企业的背景争取到了国家开发银行牵头的31.5 亿元人民币并 1 亿美元的银团贷款。按照公司内部人士的说法，宁波海越管理层为该项目可谓搭上了全部"身家"。贷款协议明确，公司实际控制人吕小奎等 5 名高管将按各自股比提供个人连带责任保证担保。"以前公司虽然规模不大，不过大家过过日子没有问题，现在为了这个项目，承担无限责任，我们倒重新成了'无产阶级'。"吕小奎笑言。

为什么要投资建设异辛烷项目？根据吕小奎的说法，"从洛杉矶这些城市的治理雾霾经验来看，就是要推广清洁汽油，减少排放，美国如今空气质量的大幅改善，异辛烷起了极其重要的作用。我相信中国也会走一样的路，空气污染和老百姓的生活息息相关，政府势必高度重视，这就是异辛烷的市场空间。"

---

❶　[EB/OL].　[2014 – 05 – 30].　http：//jrz. cnstock. com/jrzzhuanti/xuzhassgs/xuzhassgszxdy/201409/3193713. htm.

宁波海越自己如何看待异辛烷市场的成长空间？在耗费 750 多万工时之后，甲乙酮装置和异辛烷装置分别于 2014 年 6 月 19 日和 7 月 3 日生产出合格产品；同年 9 月 2 日，丙烷脱氢装置已打通全部生产流程，产出合格产品。至此，一期项目三套主要装置——异辛烷装置（60 万吨/年）、甲乙酮装置（4 万吨/年）、丙烷脱氢装置（60 万吨/年）已经全部生产出合格产品。根据公司内部人士透露，公司曾确定"十二五"目标为"双百亿"，即到"十二五"末同时实现销售收入 100 亿元人民币、公司市值 100 亿元人民币。从目前宁波海越项目的进展来看，明年销售突破 100 亿元压力不大。

什么是异辛烷，异辛烷对清洁汽油的发展具有什么样的作用，要想知道这些，首先需要知道汽油的组成。

6.1.1　汽油的组成

汽油也叫成品油，其在生产过程需要经过油品调和环节。油品调和是将不同组分按照一定比例混合，生产出满足一定指标要求的成品油的生产过程。汽油一般调和的主要指标是辛烷值、硫含量、烯烃含量等，图 6－1－1 给出了油品调和的一般过程。❶

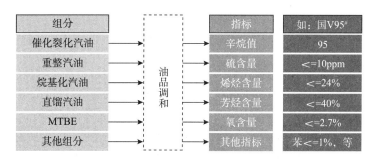

图 6－1－1　汽油调和过程

催化裂化汽油是我国成品油的主要组分，在成品油中的含量达 70% 以上。但是催化裂化汽油烯烃含量、硫含量较高，辛烷值不够高（RON 为 88～90）。

重整汽油在我国汽油构成中所占比例很低，约占 15%。重整汽油是高辛烷值组分（RON 为 90～100）。但汽油国标对芳烃含量也作了限制，所以重整汽油的加入量有一定限制。另外，重整汽油中的苯是有害的，要设法降低。

烷基化油是以异辛烷为主要成分的侧链烷烃的一种混合物，其辛烷值高（RON 为 93～97），而且几乎不含烯烃芳烃，蒸气压指标也有一定优势。

MTBE 不但具有很高的辛烷值（RON 为 115），而且在催化裂化汽油中有很好的调和效应，但其为含氧化合物，因此添加比例受氧含量限制，MTBE 对环境的影响主要体现在地下水而非大气，MTBE 如果泄漏会导致地下水资源污染，美国已于 2008 年全面禁用 MTBE，包括西欧在内的一些地区和国家也趋于在汽油中减少 MTBE 用量或禁止使用。但亚洲，尤其是中国尚未将禁用 MTBE 提上日程，仍将 MTBE 作为汽油的一种重

❶　［EB/OL］．［2014－11－15］．http：//bbs. pinggu. org/thread－2878654－1－1. html.

要的抗爆剂，并仍有扩能之势。

直馏汽油是直接从常减压蒸馏装置出来的，未经过二次加工的组分，通常辛烷值较低。

表6－1－1给出了上述各组分的相关指标。与催化裂化汽油、重整汽油和全馏汽油相比，烷基化汽油不含芳烃和烯烃，几乎不含硫，并且具有较高的辛烷值和较低的蒸气压，是一种最为理想的清洁汽油。因而，烷基化油（也就是异辛烷）在未来的汽油质量升级过程中将发挥越来越重要的作用。

表6－1－1　汽油各组分指标对比

汽油组分	辛烷值（RON）	硫含量	烯烃含量	芳烃含量
重整汽油	90～100	较低	较低	较高
催化裂化汽油	88～90	较高	较高	较低
烷基化油	93～97	较低	基本没有	基本没有
MTBE	115	很高	基本没有	基本没有
直馏汽油	50～70	不一定	较低	较低

同时，比较各国车用汽油组分构成（参见表6－1－2），呈现出较大差异。[1] 从全球范围来看，美国的调合汽油组分中，催化裂化汽油占38%，重整汽油占24%，烷基化汽油占15%左右；这与美国汽油标准对烯烃、芳烃均有非常严格的限制有关。汽油质量要求最严格的加利弗尼亚州，其烷基化汽油比例高达20%～25%。欧盟的汽油组分以重整汽油为主，这与欧洲汽油标准对于烯烃有严格限制，而芳烃含量限制一般有关。但欧盟的烷基化汽油比例远高于我国，约占6%。而我国的调合汽油组分中，催化裂化汽油高达77%左右，重整汽油占15%左右，而烷基化汽油比例仅为0.2%左右。由于硫含量和烯烃含量都较高，催化裂化汽油比重过大，导致国内汽油质量升级成本高，难度大，汽油质量升级速度放缓。相对于美国、欧洲等炼油产业发达地区，我国汽油中烷基化汽油比例低，对汽油产品性质贡献低，未来我国烷基化装置有较大的发展空间。

表6－1－2　国内外汽油调和组分对比　　　　　　　　　　　单位:%

汽油组分	美国	欧盟	中国
催化裂化（FCC）汽油	38.0	32.0	76.7
催化重整汽油	24.0	45.0	14.8
烷基化汽油	15.0	6.0	0.2
异构化汽油	5.0	11.0	
其他	18.0	6.0	8.3

---

[1]　[EB/OL]．[2014－11－15]．http：//bbs.pinggu.org/forum.php? mod=viewthread&tid=2912255&page=1.

6.1.2　世界各国汽油标准的发展

知道了汽油的组成，也需要知道汽油标准发展的趋势。表6－1－3列出了世界各国汽油标准的发展历程。可以看出，尽管世界各国炼油行业发展水平不同、炼油装置结构不同以及各国经济发展水平差异等造成世界各国汽油标准不尽相同，标准实施时间也存在很大差异，但世界汽油标准总体上朝着低硫、低烯烃、低芳烃方向发展。

表6－1－3　各国汽油标准的发展历程

	苯/%（v/v）	芳烃/%（v/v）	烯烃/%（v/v）	氧含量/%（m/m）	硫含量/ppm
美国1990年平均	<1.6	<28.6	<10.8	0	—
美国加利弗尼亚州第Ⅱ阶段（1996年）	<1	<25	<6	<2	—
美国第Ⅱ阶段（2000年）	<1	<25	6~10	<2	—
美国加利弗尼亚州新配方汽油（2003年）	<1	<22	<4	<2	—
欧Ⅲ（2000年）	<1	<42	<18	<2.7	150
欧Ⅳ（2005年）	<1	<35	<18	<2.3	50
欧Ⅴ（2009年）	<1	<35	<18	<2.3	10
日本清洁汽油2000年	<1	<42	<10	<2.7	100
日本清洁汽油2005年	<1	<42	<10	<2.7	50
中国汽油国Ⅱ标准	<2.5	<40	<35	<2.7	500
中国汽油国Ⅲ标准	<1	<40	<30	<2.7	150
中国汽油国Ⅳ标准	<1	<40	<28	<2.7	50
中国汽油国Ⅴ标准	<1	<40	<24	<2.7	10

6.1.3　我国烷基化油的产能需求

根据产业信息网的预计[1]，随着汽油标准升级的推进（国Ⅳ标准2014年开始执行；国Ⅴ标准2018年开始执行），我国烷基化油市场空间从2013年的185万吨提高到2018年的750万吨，在汽油中的比例将逐步提升到国Ⅳ标准下的3%和国Ⅴ标准下的6%。2014年和2018年作为标准升级的关键年份，烷基化油的需求有望大幅增长。

另外，汽车消费升级趋势也将拉动高标号（即高辛烷值）汽油需求，进而拉动高辛烷值组分的需求。根据组分优化模型，国Ⅳ标准下的90#、93#、97#中，烷基化油的最优添加比例分别为0%、0%、22%。因为从90#到93#的提升过程中，辛烷值的提高很

---

[1] ［EB/OL］．［2014－11－15］．http：//www.chyxx.com/industry/201401/227563.html.

大程度上可以通过增加 MTBE 比例来实现；而标准从 93# 到 97# 的提升过程中，由于 MTBE 的添加已达到上限（含氧量限制），辛烷值提高需要依靠提高烷基化油和重整汽油比例来实现。因此，汽车消费升级对 97# 汽油需求的增加，将实际拉动烷基化油需求。

2014 年之前，我国烷基化产能总计 258 万吨。其中中石油、中石化、中海油产能共 78 万吨，均为 2010 年之前投产项目，且大多数为 20 世纪 80 年代末投产，由于国内成品油标准升级速度缓慢；国内液化气价格一直较高，难以刺激 C₄ 的烷基化应用；烷基化装置产生的废酸处理比较困难等多方面原因，其中的部分装置处于停工状态。近几年，随着国内对汽油质量提出了越来越高的要求，而且国内天然气用于民用的范围不断扩大，市场液化气价有所降低，部分烷基化装置因盈利空间重新出现已经恢复生产。且自 2012 年以来，出现地炼新上烷基化装置，或者将异构化、芳构化装置改造成烷基化的趋势。预计到 2015 年，我国地炼烷基化装置产能可达到 310 万吨。其中，最大的烷基化装置即为前面提到的宁波海越的 60 万吨异辛烷装置，其余装置均在 20 万吨左右的配置。

对比市场空间与我国目前的产能可以看出，我国烷基化油的产能尚不能满足国内未来的需求。

6.2　烷基化技术及我国发展烷基化的建议

烷基化工艺技术，从所使用的原料路线上分为直接烷基化和间接烷基化，从使用的催化剂来分，直接烷基化又包括液体酸烷基化和固体酸烷基化，长期以来，烷基化技术一直使用比较成熟的硫酸和氢氟酸法，从目前世界上的产能来看，硫酸和氢氟酸基本平分天下，然而，由于硫酸和氢氟酸带来的腐蚀、毒性和环保问题，研究开发环境友好的固体酸烷基化工艺成为炼油工业的热门课题之一。间接烷基化技术主要是由于 MTBE 被禁用后在原有装置上通过改造 MTBE 装置来生产异辛烷。

下面主要从固体酸、改进的液体酸、间接烷基化方面介绍几种工艺较为先进的技术，❶❷ 而对于已经成熟的硫酸和氢氟酸烷基化工艺不再过多介绍。

6.2.1　固体酸烷基化技术

（1）FBA 工艺

FBA（Fixed Bed Alkylation）工艺是丹麦 Topsoe 公司开发的技术，其采用二氧化硅负载液体酸催化剂，基本的工艺流程如图 6 - 2 - 1 所示，特殊的反应器系统保证液体酸保持在催化剂床层中而不流失。从严格意义上来说，FBA 工艺的催化剂不是真正意义上的固体酸催化剂。但 FBA 反应系统的高效率使之只需较小体积的催化剂，酸藏量少，从而大大减轻了加工风险。固体载体在操作时不会降解，并且保持稳定的高活性、

---

❶　毕建国. 烷基化油生产技术的进展［J］. 化工进展, 2007, 26（7）: 934 - 939.
❷　钟剑平, 等. 固体酸烷基化工艺技术综述［J］. 广东化工, 2008（12）: 65 - 68.

低腐蚀性，因此大多设备可采用常规材料制造。由于改善了液体酸带来的环境污染问题，其社会效益显著，具有很好的应用前景。

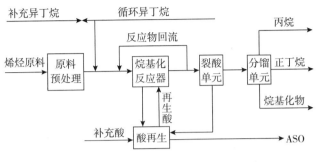

图 6 - 2 - 1　FBA 工艺流程

（2）Alkylene 工艺

Alkylene 工艺是 UOP 开发的技术，其工艺流程见图 6 - 2 - 2，与现有液体酸烷基化工艺相似，只是反应系统和催化剂的再生系统不同。反应系统采用液体流化床，催化剂再生系统采用移动床，其工作原理与 FCC 气相流化床和再生器类似。原料经预处理后，与循环异丁烷一起送到反应器系统，进行烷基化反应。从反应器出来的反应产物进入分离器，分离出催化剂后送入下游的分馏单元，分出丙烷、丁烷和烷基化油。异丁烷循环到反应系统中，以增加反应的烷烯比。Alkylene 工艺使用的催化剂是 Pt - KCl - AlCl$_3$/Al$_2$O$_3$，其是一种真正的固体酸催化剂，但无法在烷基化反应条件下保持长寿命，催化剂通过异丁烷洗涤和加氢方法再生。

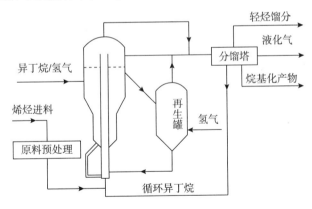

图 6 - 2 - 2　Alkylene 工艺流程

（3）AlkyClean 工艺

AlkyClean 工艺是由 ABB Lummus Global、阿克苏·诺贝尔和 Fortum 公司合作开发的技术，其基本工艺流程如图 6 - 2 - 3 所示，该工艺的关键是由多个固定床轮换反应器组成的反应系统和催化剂再生技术。该工艺采用沸石催化剂，不含氯，无毒，无需活化剂，是一种真正意义上的绿色固体酸催化剂，总寿命可达 2 年以上。

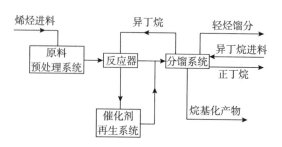

图 6 - 2 - 3　AlkyClean 工艺流程

（4）RIPP 的固体酸烷基化工艺

石科院经过多年的努力开发了异构烷烃与烯烃的超临界烷基化工艺技术，利用负载型杂多酸催化剂，如 $M_xH_{k-mx}YZ_{12}O_{40} \cdot nH_2O$（M 选自碱金属离子、铵离子、碱土金属离子和第 III A 族金属离子中的一种，Y 选自磷原子、硅原子、锗原子和砷原子中的一种；Z 选自钨原子、钼原子中的一种或两种，k 为 3 或 4，m 为 M 金属离子的价态，x 是大于零至 4 之间的任意数，并应满足 $0 < mx \leqslant 4$；n 为 0 ~ 10 的正整数）[1]、$H_kYW_mMo_{12-m}O_{40} \cdot nH_2O$（其中，H 代表氢原子；k 代表氢原子的个数，取整数 3 或 4；Y 选自磷原子、硅原子、锗原子或砷原子；m 代表钨原子的个数，是 0 ~ 12 的正整数；Mo 代表钼原子，12 - m 代表钼原子的个数；O 代表氧原子；n 代表结晶水的个数，n 取大于 0 至 10 的任意数）[2] 等，采用超临界反应工程成功解决了固体酸催化剂在反应中容易失活的难题。

（5）其他工艺

除上述工艺外，常见的固体酸烷基化工艺还有 Lurgi 公司的 Eurofuel 工艺、Exelus 公司的 ExSact 工艺等。

Eurofuel 工艺采用沸石分子筛催化剂，无毒、无腐蚀、易操作且环境友好。工艺流程简单，设备减少和所需昂贵设备材料减少，Lurgi 公司预计该装置的投资费用和操作费用比常规烷基化工艺分别低约 20% 和 30%。

ExSact 工艺采用的催化剂不仅从酸性中心的选择，而且从颗粒内部结构均经过精细设计，从而使异丁烷与丁烯反应高选择性生成更高辛烷值的 2，3，3 - 三甲基戊烷和 2，3，4 - 三甲基戊烷，并加强了催化剂颗粒内部的传质，防止了催化剂的快速失活。Exelus 公司预计 ExSact 工艺装置投资仅为相同规模硫酸烷基化装置的 1/2。

6.2.2　改进液体酸烷基化技术

在开发固体酸烷基化技术的同时，对于液体酸烷基化技术的研究仍未停止。近年来取得的突出进展是 CDTECH 公司[3]开发的 CDAlky 工艺及 CDAlkyPlus 工艺和一些液体

❶　异构烷烃与烯烃的烷基化方法：中国，96120999.2［P］. 1996 - 12 - 11.

❷　异构烷烃与烯烃的烷基化方法：中国，98101617.0［P］. 1998 - 04 - 22.

❸　CDTECH 公司为 ABB Lummus Global Inc 和 Chemical Reseach & Licensing Company 的合伙企业。

酸添加助剂的开发。

（1）CDAlky 工艺和 CDAlkyPlus 工艺

CDAlky 工艺的主要特点是开发了一种专有的接触器作为烷基化反应器，该接触器采用非机械搅拌的特殊设计，可使酸相和烃相在理想温度范围内充分混合，一旦离开反应器后两者又很容易分开。与传统的机械搅拌相比，传质效果大大提高，从而可以降低反应温度并提高产品质量和降低酸耗。CDTECH 公司宣称，与传统硫酸工艺相比，CDAlky 工艺的酸耗降低至少 50%，产品辛烷值至少提高 1 个单位，且烷基化产物不需要中和及水洗，因简化了流程而使投资和公用工程消耗大大降低。另一项成果是CDAlkyPlus 工艺，它是一项将异丁烯与异丁烷进行烷基化的新技术，这一工艺先将异丁烯在控制条件下形成异丁烯低聚物，再采用 CDAlky 工艺将异丁烯低聚物与异丁烷烷基化反应生成烷基化油。

CDAlky 工艺采用的接触器属于一种内部静态搅拌系统，包括反应器与在反应器的反应区域放置的分散器。反应器可包括整个塔或一部分，分散器能使流体或流化物质在反应器中径向分散。优选的分散器参见图 6 - 2 - 4，包括与多丝材料编织在一起的线。❶

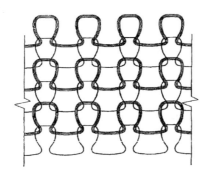

图 6 - 2 - 4　CDAlky 工艺分散器

（2）液体酸添加助剂技术

UOP 和 Texaco 合作开发成功 Alkad 工艺。该工艺采用一种液体多氢络合物助剂，它可与 HF 形成多氢氟化物络合物，从而降低 HF 的蒸气压。采用该助剂，并结合水喷淋系统，HF 雾化倾向可降低 95% ~ 97%，同时烷基化油的 RON 还可以提高 1.5 单位左右。

飞利浦石油和美孚石油公司联合推出了采用助剂降低 HF 挥发性的 ReVAP 工艺技术，与 Alkad 工艺相似，通过现有 HF 装置的简单改造，ReVAP 助剂可使空气中的 HF 浓度降低 60% ~ 90%，同时产品 RON 值提高约 0.8 个单位，而 90% 馏出温度和终馏点略有降低。

在硫酸烷基化方面，俄罗斯学者提出采用环丁砜和有机季铵盐作为硫酸的添加剂，中国石油公司（中国台湾）提出采用 2 - 萘磺酸作为添加剂，BetzDearborn 开发了代号

---

❶ 催化蒸馏技术公司. 接触构造：中国，03813573.6［P］. 2007 - 09 - 19.

为 ALKAT – XL 和 ALKAT – AR 两种添加剂，Davis Applied Technologies 开发了代号为 XL – 2100 的添加剂，可有效降低硫酸的腐蚀性和酸耗，并提高产品的辛烷值和收率。

6.2.3 间接烷基化技术

间接烷基化技术是指将异丁烯叠合（齐聚）成异辛烯、异辛烯然后加氢为异辛烷的过程。叠合和加氢反应均可采用成熟的固体催化剂，生产过程环境友好，因此近年来间接烷基化技术获得了迅速发展。

（1）InAlk 工艺

InAlk 工艺是 UOP 公司研究开发的技术，叠合催化剂可选择树脂催化剂和固体磷酸催化剂。异辛烯加氢选择贵金属或非贵金属催化剂。InAlk 工艺异辛烷产品的 RON 为 97，MON 为 101。InAlk 工艺可由 MTBE 装置经适当改造实现，因此投资低。

（2）CDIsoether 工艺

意大利的 Snamprogetti 公司与美国 CDTECH 公司合作推出 CDIsoether 工艺，采用耐高温树脂催化剂，反应器可选择水冷管状反应器、泡点反应器或催化蒸馏塔反应器。这 3 种反应器均容易取出反应热，反应器内温度分布均匀，有利于减少二甲基己烯和多聚体副产物的生成，二聚选择性大于 90%。采用催化蒸馏塔反应器时，异丁烯的转化率 99% 以上。异辛烯的加氢采用常规滴流床技术。CDIsoether 工艺生产出的异辛烷也有很高的辛烷值（RON 为 97～103，MON 为 94～98）。

（3）叠合—醚化技术

根据目前国内炼油企业的实际需要，石油化工科学研究院和石家庄炼油化工股份公司合作开发了叠合—醚化技术，采用这一技术可以 C_4 烯烃和甲醇为原料灵活生产 MTBE 和异辛烯（加氢成异辛烷），其基本工艺流程如图 6 – 2 – 5 所示。装置可以按叠合—醚化和纯醚化两种方案操作。按叠合—醚化方案操作，混合 C_4 和甲醇按一定比例混合后进入反应系统进行叠合—醚化反应，反应产物进入 C_4 分离系统分离，塔顶得到含少量甲醇的未反应 C_4 送入甲醇回收系统回收甲醇，塔底得到的 MTBE 和叠合产物送入产品分离系统根据需要分离得到 MTBE、异辛烯和二异丁烯产品。按纯醚化方案操作时，产品分离系统不投入运行，由 C_4 分离系统直接获得 MTBE 产品，此时流程与普通 MTBE 生产流程相同。

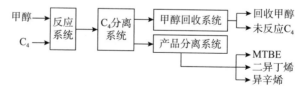

图 6 – 2 – 5　叠合—醚化工艺流程

（4）其他工艺

Fortum Oil and Gas oy 公司与 Kellogg BROWN & ROOT 公司合作推出 NExOCTANE 工艺，用于将 MTBE 装置改造为异辛烷装置，NExOCTANE 工艺的异辛烷产品 RON 为

99，MON 为 96。

Lyondell Chemical 和 Aker Kvaerner 联合推出了 Alkylate 100^{SM} 工艺，用于将 MTBE 装置改造为异辛烯/异辛烷装置。装置可以在 ETBE、异辛烯/异辛烷之间进行转换。

6.2.4 我国发展烷基化的建议

上述对目前世界上较为先进的烷基化工艺作了简单的介绍，分析各种工艺的优缺点，再结合我国目前的烷基化发展，本课题组认为，我国目前发展烷基化可优先考虑以下几种工艺：

（1）从考虑环境保护的角度出发，当以固体酸烷基化工艺最为优先，特别是要重点考虑 AlkyClean 工艺，美国 CB&I 公司❶2013 年 4 月 30 日宣布，CB&I 公司获得了中国山东汇丰石化有限公司的承包合同，开始建设世界上首套固体酸烷基化装置，其采用 AlkyClean 工艺技术，烷基化油的产能为 100 万吨/年，2014 年投产，❷这也充分印证了国内对优先发展 AlkyClean 固体酸工艺技术已具有一定的共识。

（2）我国现有的烷基化工艺也通常使用传统的硫酸或氢氟酸等液体酸烷基化工艺，在此情况下，从对现有装置或工艺改进的角度出发，考虑改造成本等方面的因素，可以优先考虑 CDAlky 工艺，前文中提及的宁波海越 2011 年新建的 60 万吨异辛烷装置即采用了 CDAlky 工艺。

（3）目前，我国成品油仍以催化裂化汽油为主要成分，且 MTBE 不仅未被禁止使用，而且仍作为重要的添加剂被广泛使用，从短期的发展考虑，对于已在生产 MTBE 的企业而言，可以优先考虑叠合—醚化技术等，其可根据市场需要对装置或工艺进行适当调整，灵活生产 MTBE 或异辛烷。

当然，各企业应根据自身的情况如投资额度、产能需求、工艺改造等方面出发，选择合适的工艺。

6.3 烷基化技术的相关专利分析

对于商业化应用而言，不仅需要注意相关的工艺技术，也应同时关注相关工艺技术的专利情况，而上述介绍的烷基化技术而言，大部分技术已在一些国家申请了专利和/或已获得专利保护，某些已经进入中国，下面通过比较相关技术的专利申请及布局情况，以期能够给我国的企业一些启示。

6.3.1 先于产业应用的专利布局

表 6 - 3 - 1 中列出了部分工艺的相关专利情况，从表 6 - 3 - 1 中可以看出，一项技术，从研发、申请专利到真正实现商业化应用，需要一个非常长的过程。

---

❶ 2007 年 9 月 11 日，ABB 公司对外宣布，同意将旗下的 ABB Lummus Global Inc 业务以 9.5 亿美元的价格出售给 CB&I 公司（Chicago Bridge & Iron Company）。

❷ 靳爱民. 首套固体酸烷基化装置开始建设［J］. 石油炼制与化工，2013（9）：65.

表 6 - 3 - 1　烷基化工艺的相关专利

工　艺	在各个国家或地区申请的相关专利	最早申请日（优先权日）	法律状态	商业化应用情况
FBA 工艺	US5220095A, US5245100A, AU641713B, DK168520B, EP0433954B1, DE69011300E, RU2009111C1, JPH0688914B, ES2060915T, NO180746B, PH29510A	1989 - 12 - 18	失效	
Alkylene 工艺	US5489732A, ZA9600857A, NO301471B, EP0787705B1, AU706037B, DE69602916E, ES2132840T, CA2168622C	1994 - 10 - 14	有效	2005 年，UOP 与阿塞拜疆的 Baku Heydar Aliyew 公司签订合同，开始建设第一套商业化 Alkylene 装置，2008 年投产
AlkyClean 工艺	NLI004623C, US5750598A, US5986158A, BR9713441A, EP0941211B1, DE69710359E, ES2172035T, CN1088449C, KR100533754B, CA2273333C, JP4278067B	1996 - 11 - 27	有效	美国 CB&I 公司 2013 年 4 月 30 日宣布，CB&I 公司获得了中国山东汇丰石化有限公司的承包合同，开始建设世界上首套固体酸烷基化装置，其采用 AlkyClean 工艺技术，烷基化油的产能为 100 万吨/年，2014 年投产
RIPP 的固体酸烷基化工艺	CN1049418C, CN1057989C	1996 - 12 - 11 1998 - 04 - 22	有效	
CDAlky 工艺	US7850929B2, JP4700964B, CN100337721C, TW1288660B, ZA200500098A, RU2318590C2, AU2003256743B, INDELNP200404139E, CA2493811C, KR100970802B, MX276549B, EP1534406B1, RO123325B1, BR0313181B1, SG109243B	2001 - 09 - 19	有效	2011 年，宁波海越开始建设全世界第一套采用 CDAlky 工艺的商业化异辛烷生产装置
InAlk 工艺	US5895830A, MX201374B	1995 - 12 - 15	有效	已商业化
CDIsoether 工艺	NO962242A, US5723687A, IT1275413B, EP0745576B1, DE69607886E, CN1141908A, CA2176667C	1995 - 06 - 01	有效	已商业化
叠合—醚化技术	CN101190860A	2006 - 11 - 30	未获授权	2006 年在石家庄炼化应用，由于合作研发者在申请专利之前对该技术的核心内容撰写了科技论文并公开发表，导致该专利申请未能获得授权

以 AlkyClean 工艺为例，其最早的申请日可追溯到 1996 年 11 月 27 日，然而，世界上首套采用 AlkyClean 工艺技术的固体酸烷基化装置却于 2013 年刚刚开始建立，从专利申请的角度说明，AlkyClean 工艺的专利申请在真正的产业应用前十多年就已经开始布局，这充分说明了专利申请对于产业应用的前瞻性。

另外，从表 6 - 3 - 1 中也可以看出，所有获得专利权的专利均维持着专利权的保护，因为只有这样，才能在商业化后获得专利收益，可喜的是，不管是国外还是国内的企业或研究结构，对此均已有足够的认识，能够将获得的专利权尽可能地维持下去。

然而，从表中也可以看出存在部分令人可惜的地方，例如，对于国内研发的叠合—醚化技术，由于合作研发者在申请专利之前对该技术的核心内容撰写了科技论文并公开发表，导致该专利申请未能获得授权，这也说明专利先行的意识仍需增强，尽管在目前，由于申请人的提前公开导致专利未能授权的案例已经很少，但仍然需要提醒我国申请人，特别是国内一些参与到烷基化建设的民营企业，专利先行的意识仍需增强。

6.3.2　围绕核心的立体式专利布局

以 CDAlky 工艺为例，如前所述，CDAlky 工艺的核心在于其接触器，对于该接触器，CDTECH 公司已在多个国家或地区特别是中国申请或已获得了专利保护，然而，CDTECH 公司并不仅仅局限于该核心专利，而是在该接触器专利的基础上，以其作为核心，基于不同的原料、工艺状态、工业应用等构建了专利池，对其进行全方位的专利保护。以中国为例，其延伸申请了若干专利（参见表 6 - 3 - 2），从表 6 - 3 - 2 中可以看出，CDTECH 公司对 CDAlky 工艺的专利布局延伸到了与该工艺相关的各个方面，从而实现了全面的专利技术垄断，这对于我国的相关研究结构也具有重要的启示。

表 6 - 3 - 2　CDTECH 公司在中国申请的与 CDAlky 工艺相关的专利

申请号	申请日	法律状态	技术要点
CN03813341.5	2002 - 08 - 19	有效	使用接触器的烷基化方法，其中，增加进料速度，获得足以诱导出脉冲流的压降，获得更好的混合及相关的界面传质和传热
CN03813381.4	2002 - 08 - 15	有效	石蜡烷基化方法，在酸催化剂存在下，将烷烃和烯烃以顺流方式与分散器接触以生成烷基化产物
CN200510091993.9	2005 - 01 - 13	有效	从烃物流中除去有机硫化合物的方法，包括使所述的烃物流与已被硫酸润湿的聚结器接触，聚结器包括共编织金属丝和聚合材料的网
CN200610004934.8	2005 - 03 - 17	有效	烷基化芳族化合物，联产异丙基苯和仲丁基苯

续表

申请号	申请日	法律状态	技术要点
CN200610144644.3	2002 – 08 – 19	有效	诱导脉冲流态的多相下流式反应器的操作方法。脉冲的诱导方法可以是：通过增加气体速率同时维持液体速率，直至达到足以诱导脉冲流的压降
CN200710089896.5	2006 – 04 – 11	有效	以烯烃对异丁烷进行烷基化的方法，包括第一烷基化系统和第二烷基化系统，其中将来自第一烷基化系统的流出物供应给脱丁烷塔，从而产生塔顶馏出物和第一烷基化产物，其中所述塔顶馏出物供应给第二烷基化系统
CN200710138886.6	2006 – 06 – 23	视撤	使用硫酸催化剂制备烷基化物的方法
CN200710161288.0	2002 – 08 – 15	有效	石蜡烷基化
CN201210140292.X	2006 – 04 – 11	未决	链烷烃烷基化方法

6.3.3 双赢的专利引进模式

2011 年 08 月，宁波海越与鲁姆斯技术公司（以下简称"鲁姆斯"）签订《烷基化装置的技术许可和工程技术服务合同》《在区域内对鲁姆斯 CDAlky® 技术共同进行技术许可授权的合作协议》。❶

图 6 – 3 – 1　宁波海越与鲁姆斯技术公司签字仪式

---

❶　[EB/OL]．（2013 – 06 – 19）[2014 – 11 – 15]．http：//www.chinahaiyue.com/news – detail1/id/58.html.

依据《烷基化装置的技术许可和工程技术服务合同》规定，宁波海越以总计不超过400万美元的价格获得鲁姆斯授予的一项非排他性权利：在中国宁波的设计产量为60万吨/年的生产装置（工业异辛烷）中使用鲁姆斯的技术信息和专利权。依据《在区域内对鲁姆斯CDAlky®技术共同进行技术许可授权的合作协议》规定，鲁姆斯技术公司与宁波海越应在区域内（"区域内"是指中华人民共和国，含港、澳、台地区、香港以及澳门）进行合作，向第三方推广鲁姆斯CDAlky®技术。鲁姆斯同意宁波海越，就区域内外被许可使用鲁姆斯CDAlky®技术进行运营的新生产装置，鲁姆斯将与宁波海越分享其专利许可费。具体为：在大中华区享有35%的专利权，在全球其他地方享有10%的专利权。❶ 在宁波海越这个全世界第一套商业化60万吨异辛烷生产装置成功之后，有望成为各国扩产异辛烷替代现有产能的首选。

虽然，本课题组尚无从得知宁波海越与鲁姆斯之间的谈判过程，然而，根据已有的信息显示，宁波海越的异辛烷装置是全世界第一套商业化的CDAlky异辛烷生产装置，其关系到鲁姆斯工艺在全球的推广情况。因而可以推断的是，宁波海越不仅扮演了"乙方"的角色，更是以一种"合作者"的姿态与鲁姆斯进行专利合作，从而分享专利效益。

对于国内的已经或即将参与到烷基化生产中的民营企业而言，由于其基本上没有自身的研发专利，都需要依赖专利商的技术进行生产，因而，宁波海越的这种"专利合作"模式就值得各民营企业学习借鉴。

6.4　结论及建议

在上述分析的基础上，可以得出以下结论和建议。

6.4.1　结　论

（1）增加烷基化油在汽油中的比重是环境保护的需要

通过对成品油的组成成分进行分析可以看出，与其他组分特别是我国目前成品油中占比重最大的催化裂化汽油相比，烷基化油不含芳烃和烯烃，几乎不含硫，并且具有较高的辛烷值，是一种非常理想的清洁汽油。另外，尽管目前在我国仍然无法给出MTBE被禁用的准确时间，但从长远考虑，由于我国是个水资源缺乏的国家，而且在很多地方，特别是华北地区，地下水的污染非常严重，随着我国环保理念的进一步增强，MTBE在未来终将被限制使用，且随着我国清洁油品的进一步升级，烷基化油已成为一种内在需求，因而，在我国未来清洁汽油的发展升级过程中，增加烷基化油的比重将成为一个重点考虑的方向和发展趋势。

（2）加大对烷基化油的投入是市场的需要

根据前述分析，我国目前的烷基化油产能尚不能满足需要，因而，市场在召唤有

❶　[EB/OL].　[2014-11-15].　http：//jrz.cnstock.com/jrzzhuanti/xuzhassgs/xuzhassgszxdy/201409/3193713.htm.

识之士的选择和加入。来自《中国化工报》的消息，自 2012 年底雾霾事件频发以来，烷基化油已经受到民间资本的热捧。❶

（3）优先采用清洁技术是我国烷基化发展的内在需要

烷基化油的发展，其目的在于解决环境问题，因而从其生产技术角度出发，我国目前发展烷基化油要摒弃传统的会造成严重污染的硫酸、氢氟酸催化技术，应优先研究并发展清洁环保的固体酸烷基化技术如 AlkyClean 工艺，当然，根据我国目前对环境保护的要求，从企业的角度出发，可以适当考虑改进的液体酸烷基化技术如 CDAlky 工艺和我国自行研发的叠合—醚化技术等。

（4）专利的发展模式是我国企业占领市场的需要

有技术才有市场，在知识经济时代，技术的体现在于专利，拥有自主专利，才能占领市场，而相比于国外一些大型企业成熟的专利申请及布局模式，我国的相关企业仍需加强专利先行的意识，并要以长远的眼光看待专利权的维持，赋予专利适当长的生命周期，积极构建专利池，追求技术垄断，以求全方位的专利保护。

作为我国的企业，在引进专利的同时，不能仅仅满足于获得对方的专利授权，而应加大与专利商的合作，利用对方的专利获得属于自己经济上的回报，以双赢的模式实现自身利益的最大化。

（5）烷基化油的发展任重而道远

虽然烷基化油具有诸多优势，但其在国内的市场前景却仍存在一定争议，中石化和中石油系统已经有较为成熟的调油方案及与其相匹配的产能体系，因此高异辛烷含量的新成品油方案被广泛接受仍需要一定的时间，同时，也需要社会各界的共同努力。

6.4.2 建 议

（1）尽快制定相关环保政策，以"调控"促发展，停用 MTBE，加大对烷基化油研究和生产的投入，鼓励社会资本进入烷基化油行业；

（2）利用先进的环保工艺进行烷基化生产，避免造成"二次污染"；

（3）从产业应用出发，研发具有自主知识产权的新技术，强化专利先行的意识，围绕核心专利进行全方位的专利布局，以知识创效益；

（4）善于以共赢的方式引进国外或他人的专利技术；

（5）协调已有成品油生产厂商，共同促进油品升级。

---

❶ ［EB/OL］．［2014 - 11 - 15］．http：//www.ccin.com.cn/ccin/news/2013/06/04264848.shtml．

关键技术三

非临氢脱硫

目　录

第1章　研究概况 / 249

1.1　研究背景及目的 / 249

1.1.1　研究背景 / 249

1.1.2　研究目的 / 250

1.2　非临氢脱硫技术的产业现状 / 250

1.2.1　产业现状 / 250

1.2.2　行业需求 / 252

1.3　非临氢脱硫的技术现状 / 253

1.4　技术分解 / 254

1.5　文献检索及数据处理 / 254

1.5.1　数据来源及数据范围 / 255

1.5.2　数据检索 / 255

1.5.3　查全率和查准率的评估 / 255

1.5.4　相关术语或现象说明 / 255

第2章　氧化脱硫 / 257

2.1　全球专利申请状况分析 / 258

2.1.1　专利申请量波动中增长，美、中、俄、日居前4位 / 258

2.1.2　UOP申请量领先，企业申请人占多数 / 259

2.1.3　美、中、俄、日申请人专利申请分布 / 260

2.2　中国专利申请状况分析 / 263

2.2.1　专利申请量伴随环保标准增加 / 264

2.2.2　发明占绝大多数，中国申请占多数 / 264

2.2.3　企业与研究机构共同关注，大学与企业申请人为主 / 265

2.2.4　授权与未决申请较多，省市分布不均 / 267

2.3　全球专利申请技术分析 / 268

2.3.1　技术功效分析 / 268

2.3.2　技术年代分析 / 269

2.3.3　功效年代分析 / 269

2.4　中国专利申请技术分析 / 270

2.4.1　技术功效分析 / 270

2.4.2　技术年代分析 / 271

2.4.3 功效年代分析 / 272

2.5 重要专利技术及技术路线分析 / 273

2.5.1 重要专利技术 / 273

2.5.2 技术路线图 / 274

2.6 重要申请人分析 / 276

2.6.1 氧化脱硫技术重要申请人 / 276

2.6.2 UOP 专利分析 / 276

2.6.3 中石化专利分析 / 278

2.7 结论和建议 / 279

2.7.1 本章结论 / 279

2.7.2 发展建议 / 280

第 3 章 萃取脱硫 / 281

3.1 全球专利申请状况分析 / 282

3.1.1 全球专利申请量年份分析 / 282

3.1.2 全球申请原创/输出国家分布 / 283

3.1.3 全球专利申请人排名 / 284

3.1.4 全球专利主要国家申请量状况 / 285

3.1.5 全球专利申请技术构成分析 / 285

3.1.6 全球专利申请技术年代分析 / 286

3.1.7 全球专利申请技术功效分析 / 287

3.2 中国专利技术分析 / 287

3.2.1 中国专利申请概况 / 288

3.2.2 中国专利申请地区分布 / 288

3.2.3 中国专利申请人分析 / 289

3.2.4 外国在华申请状况 / 290

3.2.5 中国专利申请技术构成分析 / 291

3.2.6 中国专利申请技术年代分析 / 292

3.2.7 中国专利申请技术功效分析 / 292

3.3 主要申请人分析 / 293

3.3.1 中石化专利申请分析 / 293

3.3.2 埃克森美孚专利申请分析 / 296

3.3.3 UOP 专利申请分析 / 302

3.4 萃取脱硫主要专利技术 / 307

3.4.1 氧化萃取脱硫 / 307

3.4.2 溶剂抽提脱硫专利技术分析 / 309

3.4.3 离子液体萃取脱硫专利技术分析 / 312

3.5 结论和建议 / 315

3.5.1 本章结论 / 315

3.5.2 发展建议 / 315

第4章 吸附脱硫 / 317

4.1 文献检索及数据处理 / 317

4.2 全球专利申请状况分析 / 318

4.2.1 整体态势 / 318

4.2.2 申请人类型分析 / 319

4.2.3 各主要申请国家/地区申请人专利申请分布 / 319

4.2.4 技术功效矩阵分析 / 321

4.2.5 各主要专利申请地专利申请量分布 / 321

4.2.6 主要申请人整体分析 / 322

4.3 中国专利申请状况分析 / 323

4.3.1 中国专利申请的专利类型分析 / 323

4.3.2 中国发明专利申请的趋势分析 / 324

4.3.3 中国专利申请的来源国 / 325

4.3.4 中国专利申请的申请人 / 325

4.3.5 中国专利申请的法律状态 / 326

4.3.6 中国主要省市的专利申请量 / 327

4.3.7 中国专利申请的主要技术分析 / 327

4.4 吸附脱硫专利技术分析 / 333

4.4.1 技术路线分析 / 333

4.5 重要申请人分析 / 337

4.5.1 UOP / 337

4.5.2 康菲石油 / 340

4.6 结论和建议 / 343

4.6.1 结 论 / 343

4.6.2 建 议 / 343

第5章 S-Zorb 技术 / 344

5.1 S-Zorb 技术发展历程 / 344

5.1.1 S-Zorb 技术的脱硫原理 / 345

5.1.2 S-Zorb 技术的工艺流程 / 347

5.2 康菲时期的 S-Zorb 技术专利分析 / 349

5.2.1 保护策略 / 349

5.2.2 申请趋势 / 357

5.2.3 重要发明人 / 358

5.2.4 技术构成 / 359

5.3 S-Zorb 专利技术的许可与转让 / 364

5.3.1　技术许可 ／ 364

5.3.2　技术转让 ／ 365

5.4　中石化时期的 S – Zorb 专利技术分析 ／ 367

5.4.1　吸附剂国产化 ／ 367

5.4.2　再生系统的改进 ／ 374

5.4.3　脱硫反应器的改进 ／ 377

5.4.4　关键部件国产化 ／ 379

5.4.5　中石化对 S – Zorb 技术的其他改进 ／ 382

5.4.6　中石化新一代 S – Zorb 技术 ／ 383

5.5　结论和建议 ／ 383

5.5.1　结　　论 ／ 383

5.5.2　建　　议 ／ 384

第1章　研究概况

油品中的有机含硫化合物燃烧后生成了 SO_x，它是形成酸雨的主要来源，不仅造成了环境污染，还会损害人类健康。作为发动机燃料的油品，其燃烧后所产生的 SO_x 对汽车尾气中的 NO_x 和颗粒物（PM）的排放具有明显的促进作用，还可能使汽车尾气转化器中的贵金属催化剂中毒，从而导致污染排放物的增加。鉴于油品含硫的危害，世界主要国家或地区包括我国都相继提高了燃料油品的含硫标准，而如何实现油品的清洁脱硫，满足日益严格的油品标准，则成为了炼油及其相关企业所面临的严峻问题。

1.1　研究背景及目的

国内用于燃料的油品中绝大部分硫来自于催化裂化（FCC）油，直馏柴油和直馏汽油都是直接分馏得到，很少直接使用，因此用于燃料的油品脱硫主要涉及催化裂化燃料油的脱硫。因此，脱除催化裂化（FCC）燃料油品中的含硫化合物成为了清洁油品的主要研究方向。

1.1.1　研究背景

催化裂化（FCC）脱硫技术作为油品清洁的重要过程一直被广泛研究，并获得了一些较为成熟并可广泛应用的方法，也开发了一些具有较好应用前景的新技术，这些方法大致分为加氢脱硫和非临氢脱硫两种。

加氢脱硫（HDS）方法因其技术比较成熟而被广泛采用，加氢脱硫容易使得烯烃饱和，不仅消耗大量的氢气，还会降低汽油的辛烷值，而且对于稠环噻吩类含硫化合物及其衍生物的脱除比较困难，需要较高的温度和压力，由此导致了这种方法存在一次性投资大、运行成本高和需要消耗大量氢气等缺点，导致油品成本大幅上升。为此，发达国家一般采取放宽产品税收、调整产品价格、给予企业补贴和提供贷款等手段来推动油品低硫化进程。而在发展中国家，由于资金、技术及管理水平等限制，采用加氢脱硫生产低硫油品使很多企业不能承受，存在经济技术上的问题。随着环境标准的日益苛刻，现有加氢脱硫技术往往不能满足深度脱硫的要求。鉴于加氢脱硫方法存在很多不足，同时为了满足市场对低硫清洁油品的需求，探索和开发高效、低成本和环境友好的非加氢脱硫技术的开发越来越受到广泛的关注和重视。

鉴于加氢脱硫方法存在上述种种不足，非临氢脱硫技术的开发一直备受重视。目前，对轻质油品非临氢脱硫的研究还多处于实验室阶段，已开发的技术主要包括氧化脱硫、吸附脱硫、萃取络合脱硫等。

1.1.2 研究目的

本研究针对非临氢脱硫技术的相关专利数据进行系统深入分析，展现该领域的专利申请发展态势，总结重要专利申请人的专利技术分布，深入重要技术点探索技术演进和研发热点。从专利技术视角探索行业深化发展和产业升级问题，以期能够对政府、行业制定和调整产业发展政策提供技术和数据支持，也希望能够帮助企业在利用专利信息提高研究起点、跟踪技术发展趋势、调整技术研发方向以及提高企业在自主知识产权创造、运用、保护和管理等方面发挥有益作用。

同时，希望能够普及专利分析方法，为行业示范如何在专利信息资源中挖掘对行业发展有价值的信息，包括对于具体企业专利信息的分析方法以及对于关键技术专利信息的分析方法。

1.2 非临氢脱硫技术的产业现状

为了更好地与产业相结合、研究相关专利及技术，现简要分析非临氢脱硫技术的产业现状和行业需求。

1.2.1 产业现状

随着对环境要求的不断提高，世界各国对炼油产品的质量与环保要求日趋严格。20世纪90年代以来，发达国家的炼油业迫于越来越严的环保要求和越来越高的油品质量标准的压力，清洁油品的概念随之被提出，并率先开发了一批成熟的清洁燃料生产技术。近二十年来车用清洁燃料的标准已经发生很大变化，且仍在继续升级换代。汽油和柴油中硫等有害物质的含量受到越来越严格的限制。表1-2-1至表1-2-3中给出了发达国家清洁燃料排放标准。总体来看，全球各国标准中的主要指标趋向一致，质量升级速度在加快。❶

表1-2-1 欧盟清洁燃料的硫排放标准　　　　单位：ppm

	1993年	1996年	2000年	2005年	2009年
排放法规	欧Ⅰ	欧Ⅱ	欧Ⅲ	欧Ⅳ	欧Ⅴ
汽油	<1000	<500	<150	<50	<10
柴油	<1000	<500	<350	<50	<10

❶ 周慧娟，朱庆云. 国内外车用燃料标准的发展及其对炼油工业的影响 [J]. 当代石油化工，2003，11 (12)：26-28.

表1-2-2 美国汽油的硫排放标准 单位：ppm

	D4814-06	美国22州新配方汽油			加州G2标准	加州G3标准
年份	A级	2000	2004~2006	2013	1996~2002	2003
汽油	350	140~170	30	15	30	15

表1-2-3 日本汽油的硫排放标准 单位：ppm

	1996年	2000年	2005年	2008年
汽油	<100	<100	<50	<10

目前美国执行的清洁柴油标准是硫含量≤30ppm，欧洲标准是硫含量≤10ppm。美国、欧洲和日本的清洁汽油标准硫含量分别是≤15ppm、≤10ppm和≤10ppm。欧盟国家自2009年开始实施了"苛刻"的欧Ⅴ排放标准，目前已经实施了5年。而更加严格的欧Ⅵ排放标准最大的特点是对颗粒物排放数量进行了限制。依照欧Ⅵ排放标准，机动车尾气中的氮氧化物和颗粒物含量要比此前执行的"欧Ⅴ"标准分别降低80%和66%。尽管目前欧洲还没有颁布对应的燃油法规，但为满足车辆对节能、排放的要求，对相应的燃油（化石类汽油、柴油和替代燃料）、润滑油等都会有更高的要求。

在发达国家日益严格的环保法规对生产低硫、超低硫清洁油品技术提出了更高要求的同时，发展中国家的清洁燃料也在升级换代。随着我国汽车保有量快速增长，汽车尾气排放对大气污染的影响日益增加，特别是近年来我国大范围持续出现的雾霾天气，随着雾霾压城，公众对PM2.5的关注度日益增强，更是引发了中国社会各界对燃油质量升级的关注。由于汽车排放出的氮氧化物会形成硝酸盐颗粒，在静稳高湿的天气条件下，粒子迅速增长到400nm以上，形成可见的颗粒，即"霾"。因此提高燃料油的油品质量，尤其是降低燃油的硫含量，被认为是降低PM2.5的突破口。表1-2-4和表1-2-5中给出了我国汽柴油质量排放标准变化。[1]

表1-2-4 我国汽油质量排放标准变化

标准	国Ⅰ GB 17930—1999	国Ⅱ GB 17930—2006	国Ⅲ GB 17930—2006	国Ⅳ GB 17930—2011	北京标准 DB11/238-2004-1	北京标准 DB11/238-2004-2	北京标准 DB11/238-2007
北京/年	2000	2004	2005	2008	2004	2005	2008
全国/年	2003	2007	2010	2014			
硫/ppm	<1000	<500	<150	<50	<500	<150	<50

❶ 郭莘. 汽油标准与排放法规的发展及我国清洁汽油生产技术趋势［J］. 石油商技，2005，（4）.

续表

标准	国Ⅰ GB 17930— 1999	国Ⅱ GB 17930— 2006	国Ⅲ GB 17930— 2006	国Ⅳ GB 17930— 2011	北京标准 DB11/238 - 2004 - 1	北京标准 DB11/238 - 2004 - 2	北京标准 DB11/238 - 2007
烯烃/v%	<35	<35	<30	<28	<30	<25/18	<25
芳烃/v%	<40	<40	<40	<40	<40	<35/42	+烯烃<60
苯/v%	<2.5	<2.5	<1.0	<1.0	<1.0	<1.0	<1.0
氧/m%	<2.5	<2.5	<2.7	<2.7	<2.7	<2.7	<2.7

表 1 - 2 - 5　我国柴油质量排放标准变化

标准	GB 252—2000	GB/T 19147—2003	GB/T 19147—2009	
全国/年	2000	2005	2012	2014（预测）
对应排放标准	欧Ⅰ	欧Ⅱ	国Ⅲ	国Ⅳ
硫/%	0.2	0.05	0.035	0.005
十六烷值/v%	<35	<35	<30	<30
芳烃/v%	45/40	49	51	51
稠环芳烃/%	—	—	11	11

在过去十年内国Ⅰ、国Ⅱ、国Ⅲ标准陆续实施的过程中，车用燃油标准滞后于车辆排放标准的桥段反复上演，油品升级迟滞，使得大部分地区的油品硫含量居高不下，进而导致尾气净化装置和颗粒捕集器等清洁净化技术无法应用。目前中国的国Ⅲ汽油、柴油标准的硫含量分别是 ≤150 ppm 和 ≤300 ppm，相比之下，与美国、欧盟、日本等发达国家还存在较大的差距。

1.2.2　行业需求

近年来京津冀地区多次出现大范围雾霾天气，PM2.5 指数几度爆表。而大气中的 PM2.5 含量与汽车尾气中的硫等有害物质息息相关。降低汽油、柴油等燃料油中的硫含量是缓解雾霾天气的一个行之有效的途径。为此，政府加快了油品升级的步伐。我国有关部门经过几年的论证，目前已达成一致意见，即油品应与汽车排放法规同步协调发展，其主要指标应在参照欧盟燃油标准的基础上，结合国情加以指定。而且国家发展和改革委员会于 2013 年 9 月 23 日发布的《关于油品质量升级价格政策有关意见的通知》中进一步指出，按照国务院确定的油品质量升级时间表，第 4 阶段车用汽油标准过渡期至 2013 年底，第 4 阶段车用柴油标准过渡期至 2014 年底；第 5 阶段车用汽油和柴油标准过渡期均至 2017 年底。

因此预计在我国车用汽柴油达到国Ⅲ标准基础上，我国汽柴油将继续进行质量升级，在 2014 年及以后分别达到国Ⅳ标准，局部地区率先达到国Ⅴ标准。如较发达的京、沪、粤三地率先进入国Ⅳ汽油时代，特别是北京已经于2012年5月31日起率先实施京Ⅴ汽油、柴油标准，汽油、柴油中硫含量不大于10ppm，与欧Ⅴ标准相一致；另外，为了实现油品质量升级，要求2013~2015年投产的炼油项目需按照欧Ⅳ标准生产。现有炼油厂需提升装置水平，增加加氢裂化、加氢精制或催化重整等二次加工装置和制氢装置，以达到环保要求。

一份研究报告显示，目前国内部分炼厂已经能达到国Ⅳ标准，但要完全升级还需要投资250亿~300亿元人民币；而进一步由国Ⅳ标准升级到国Ⅴ标准，国内炼油厂需要再增加投资3000亿元。另外，由于油品升级，不少地方炼油企业陷入两难境地，油品不升级，没有销路；进行装置改造，却苦于没有资金。而且作为部分地区财政主要收入来源的地方炼油企业一旦倒闭，不仅大批的员工要下岗，地方政府的税收也会受到严重影响。由此来看，我国的油品升级步伐依然任重而道远。❶

随着空气污染日益严重，生产并使用国Ⅴ标准的清洁燃油日益迫切，将重质油轻质化，降低油品含硫量，生产汽油和柴油等轻质、清洁的油品是全球炼油业共同的目标。通过上述对目前中国炼油业的加工能力、现有炼油装置结构构成以及清洁燃料油产品质量现状的分析，在油品质量标准越来越高但升级现有炼油装置又面临成本太高、能耗太高、短时间内无法实现的状况下，开放或引进新的技术成为解决技术问题的关键突破口。

油品清洁化的关键过程就是对油品进行脱硫，加氢脱硫（HDS）方法因其技术比较成熟而被广泛采用，但是这种方法存在一次性投资大、运行成本高和需要消耗大量氢气等缺点，导致生产成本大幅上升。由于成本高，在经济不发达的国家采用加氢脱硫生产低硫油品使很多企业不能承受，存在经济、技术上的问题。且随着环境标准的日益苛刻，现有的加氢脱硫技术往往不能满足深度脱硫的要求。鉴于加氢脱硫方法存在种种不足，相比之下，投资小、操作和加工费用低、不消耗氢气的非加氢脱硫技术开发越来越受重视，并取得了一定成果。❷

1.3　非临氢脱硫的技术现状

非临氢脱硫集成了多个生产环节并涉及诸多领域，根据其在产业中的应用原理和方法，可以将该领域研发中的关键技术分为氧化脱硫、吸附脱硫和萃取脱硫等。

其中，氧化脱硫技术（ODS）是以有机物氧化为核心的一种深度脱硫技术，也可将其称为转化/萃取脱硫技术（CED），即将有机含硫化合物转化为极性较强的有机含氧化合物再通过液—液萃取的方法分离除去。吸附脱硫是借助于吸附剂从汽油中脱除含硫、含氧或含氮的极性有机化合物。常用的吸附剂有各种分子筛、氧化铝、活性炭和一些复合氧化物等。它们选择性地吸附一系列含硫化物，如硫醇、噻吩等。萃取脱

---

❶ 孔德林. 提高汽油产品质量措施分析 [J]. 当代化工，2006，35（1）：48-51.
❷ 庞宏，等. 满足国Ⅲ、国Ⅳ汽油标准的FCC汽油加氢脱硫技术开发及工业应用 [J]. 当代化工，2007，36（3）：244-245.

硫是由于燃料油中大部分硫化物是极性有机物，根据相似相溶原理可以选择极性溶剂，如甘醇类和砜类等作为萃取剂，将燃料油中的硫化物萃取到高沸点的萃取剂中，然后通过蒸馏将萃取剂再生并循环使用。

1.4 技术分解

根据前期的技术和产业现状调查，结合清洁油品的不同研究侧重点，最终确定形成技术分解表（参见表1-4-1）。

表1-4-1 清洁油品技术分解表

主 题	一级分类	二级分类	细 分
清洁油品	非临氢脱硫	氧化脱硫技术	H_2O_2氧化脱硫技术
			光及等离子体氧化脱硫技术
			超声波或微波氧化脱硫技术
			偶合氧化脱硫技术
			电化学氧化脱硫技术
			酞菁催化氧化脱硫技术
			氧气催化氧化脱硫技术
			氧化脱硫催化剂
			其他
		萃取脱硫技术	氧化萃取
			碱液萃取
			离子液体
			溶剂抽提
			络合萃取
		吸附脱硫技术	活性炭
			金属组合物
			分子筛

1.5 文献检索及数据处理

以下说明本报告中采用的数据来源及范围、数据检索、查全率和查准率的评估方法，以及相关术语或现象。

1.5.1 数据来源及数据范围

本报告采用的专利数据中，中国专利数据主要来自中国专利文摘数据库（CNABS）和中国专利全文文本代码化数据库（CNTXT）。全球专利数据主要来自德温特世界专利数据库（DWPI）。中国专利申请的法律状态数据来自 CPRS 数据库，引文数据来自德温特引文数据库。

1.5.2 数据检索

采用的检索策略主要是对于重点研究的脱硫技术的检索按照技术分解表进行各个分支的检索，扩展分类号和关键词，并利用全文数据库进行补充检索。检索完毕后，截取文献进行人工阅读筛选，分析噪声来源，通过批量去噪获得初步分析样本。对初步分析样本进行人工阅读，在标引的同时去噪，获得最终分析样本。

检索结果去噪时，针对数据量的多少采用不同的处理方式。中文数据采用人工筛选去噪，保证正确率；外文数据采用批量清理与人工筛选相结合。数据清理时根据各个分类的特点，采用的具体处理方式也不完全相同。通常先确定准确的分类号和关键词，通过检索批量标引，再对剩余数据进行人工标引。

1.5.3 查全率和查准率的评估

通过对各数据样本的数据查全率、查准率的评估，以保证检索结果的可靠性和准确性。

查全率的评估方法是：选择该技术领域下排名靠前的重要申请人/发明人，且该重要申请人/发明人的申请领域集中在该技术领域下，以该重要申请人/发明人为入口检索其全部文献或某一时期的文献，通过人工阅读去噪获得母样本；在检索结果中检索出该申请人的申请（如果母样本中限定了时间，此处也同样限定）作为子样本；查全率 = 子样本/母样本 × 100%。

查准率的评估方法是：在检索结果中随机截取一定数量的文献作为母样本；对母样本进行人工阅读去噪，获得与技术主题高度相关的文献作为子样本；查准率 = 子样本/母样本 × 100%。

经验证，本报告中的数据，综合查全率在 90% 以上，综合查准率在 90% 以上。

1.5.4 相关术语或现象说明

此处对本报告上下文中出现的术语或现象一并给出解释。

① 关于专利申请量统计中的"项"和"件"的说明。

项：同一项发明可能在多个国家或地区提出专利申请，WPI 数据库将这些相关的多件申请作为一条记录收录。在进行专利申请数量统计时，对于数据库中以一族（这里的"族"指的是同族专利中的"族"）数据的形式出现的一系列专利，计算为"1项"。一般情况下，专利申请的项数对应于技术的数目。

件：在进行专利申请数量统计时，例如，为了分析申请人在不同国家、地区或组织所提出的专利申请的分布情况，将同族专利申请分开进行统计，所得到的结果对应于申请的件数。1 项专利可能对应于 1 件或多件专利申请。

② 同族专利：同一项发明创造在多个国家申请专利而产生的一组内容相同或基本相同的专利申请，称为一个专利族或同族专利。从技术角度来看，属于同一专利族的多件专利申请可视为同一项技术。在本报告中，针对技术和专利技术原创国分析时对同族专利进行了合并统计，针对专利在国家或地区的公开情况进行分析时，对各件专利进行了单独统计。

③ 多边申请：同一项发明同时在多个国家或地区提出专利申请。

④ 日期规定：依照申请的申请日确定每年的专利数量。

⑤ 专利所属国家或地区：本报告中专利所属国家或地区是以专利申请的首次申请优先权国别来确定的，没有优先权的专利申请以该项申请的最早申请国别确定。

⑥ 有效：在本报告中，"有效"专利是指到检索截止日为止，专利权处于有效状态的专利申请。

⑦ 未决：在本报告中，专利申请未显示结案状态，称为"未决"。此类专利申请可能还未进入实质审查程序或者处于实质审查程序中，也有可能处于复审等其他法律状态。

第 2 章　氧化脱硫

　　油品中的硫化物主要是硫醇、硫醚、噻吩及其衍生物。硫醇、硫醚采用相对较简单的物理或化学方法就可以脱除，而噻吩类的脱除需要较苛刻的条件，如工业上广泛应用的加氢脱硫技术，要求高温、高压的反应条件，且耗费大量的氢气，生产超低硫油品会使脱硫成本急剧增大，经济上难以承受，所以世界各国致力于开发新的脱硫技术。氧化脱硫技术具有反应条件温和（常温、常压）、脱硫率高、操作费用低、工艺流程简单和安全环保等优点，具有很大的发展潜力。

　　氧化脱硫技术（ODS）的原理是：碳硫键近似无极性，且有机含硫化合物与相应的有机碳氢化合物性质相似，两者在水或极性溶剂的溶解性几乎无差别。但是，有机含氧化合物在水或极性溶剂中的溶解度要大于其相应的有机碳氢化合物。因此，通过氧化将一个或两个氧原子连到噻吩类化合物的硫原子上，增加其偶极距，从而增加其极性使其更容易溶于极性溶剂，进而达到与烃类分离的目的。从原子结构来看，硫原子比氧原子多 d 轨道，这使得含硫化合物容易接受氧原子被氧化，如噻吩类化合物被氧化为砜或亚砜。这样就可以用一种选择性氧化剂将有机含硫化合物氧化成极性较强的砜、亚砜类含硫化合物，然后选择适宜的溶剂将砜、亚砜类含硫化合物从油品中萃取出来。实验证明有多种与砜极性相似的有机溶剂能很好地将氧化后的砜类萃取出来，如二甲基亚砜（DMSO）、N，N‐二甲基甲酰胺（DMF）、N‐甲基吡咯烷酮（NMP）、糠醛、乙腈、环丁砜、硝基甲烷、乙二胺等。

　　烷基取代的噻吩可发生与噻吩类似的氧化反应，但不发生二聚反应；烷基取代的苯并噻吩（BT）和二苯并噻吩（DBT）的氧化反应则分别与 BT、DBT 的氧化反应类似。氧化脱硫技术的提出正是基于以上这些反应。各种含硫化合物的氧化活性与其硫原子上的电子云密度有关。当硫原子上电子云密度较高，其氧化反应速率也相应加快，硫原子能够被氧化的最低电子云密度在 5.1716~5.1739。此外，苯并噻吩类含硫化合物比噻吩更易被氧化，这是因为对于苯并噻吩类含硫化合物而言，噻吩环的芳香性已经被破坏，取代基的电子效应强于空间位阻效应，所以比噻吩更容易被氧化成砜，且取代基越多，电子效应越强，越容易脱除。因此，采用氧化脱硫技术对含硫化合物的脱除难度与采用传统的 HDS 脱硫技术正好相反，苯并噻吩类含硫化合物相对于噻吩等，更容易被氧化成极性更强的物质，实现深度脱硫。例如在以甲酸为催化剂进行苯并噻吩类含硫化合物的催化氧化时，下列含硫化合物的氧化活性依次降低：4，6‐二甲基二苯并噻吩（4，6‐DMDBT）＞4‐甲基二苯并噻吩（4‐MDBT）＞DBT＞BT。因此，氧化脱硫可以成为柴油深度脱硫的替代工艺。

　　与传统的 HDS 技术相比，氧化脱硫技术操作条件温和（多为常温常压），工艺投资和操作费用低（仅为同规模 HDS 技术的 50% 以下），能将油品中的含硫化合物以有机硫的形式脱除，减少环境污染。故氧化脱硫被称为面向 21 世纪的绿色脱硫技术，已成为近年来国内外非加氢脱硫的研究开发热点。轻质油品氧化脱硫技术大多还处于实验室研究或者中试阶段，根据氧化剂和反应类型的不同，大致可分为 H_2O_2 氧化、光及等离子体氧化和超声波氧化等。

催化氧化脱硫过程主要分为以下 3 个过程：（1）催化氧化过程，将含硫的液体燃料在催化氧化条件下反应一段时间，直至将硫化物转化为极性较强的砜、亚砜类含硫物质。在氧化过程中目前所用氧化剂主要有 H_2O_2、空气、臭氧、过氧酸、油溶性氧化剂等；催化剂主要有无机杂多酸、有机酸、光等；为了缩短氧化时间，提高催化剂催化活性，提高脱硫效率等，还结合现代先进技术采用一定的辅助手段进行氧化脱硫，如超声波氧化法、光化学氧化、生物氧化、等离子体氧化等。（2）萃取脱硫过程，将已经完成氧化操作的液体燃料用萃取剂进行萃取，然后将此混合物进行液—液分离操作，分别得到低硫燃料和富含硫化物萃取溶剂。据文献报道，常用的萃取剂有甲醇、乙醇、乙腈、二甲基亚砜（DMSO）、N，N－二甲基甲酰胺（DMF）、乙二胺、糠醛、硝基甲烷、N－甲基吡咯烷酮（NMP）等。（3）吸附干燥和萃取剂的回收再利用过程，对萃取后获得的低硫柴油通过吸附剂进行吸附干燥，进而得到精制低硫柴油，最后对富含硫氧化物的萃取剂进行蒸馏回收再利用。❶

本章采用分块检索策略。将检索主题细分为 3 个检索要素：油品、脱硫、氧。先精确检索，再扩展检索。

经验证，本报告中的数据随机抽选发明人：佐佐木俊成、川岛浩和、施俊斐、赖宥豪、金尚昱，经过人工阅读确定有效文献 37 篇，综合查全率 = 35/37 = 94.6% > 90%，终止检索。采用人工阅读去噪的方法，删除噪声 243 篇，综合查准率为 100%。

2.1 全球专利申请状况分析

本节分析了有关氧化脱硫领域的全球专利申请的状况，主要包括了申请量、申请国家或地区、主要申请人、申请人类型及其申请分布情况等。

2.1.1 专利申请量波动中增长，美、中、俄、日居前 4 位

全球有关氧化脱硫的专利申请从 20 世纪 60 年代就开始出现，但是申请量一直不大，但是从 1997 年开始，申请量呈现出了较大的上涨趋势，这与全球控制环境污染的程度有密切的关系，在 2006 年前后全球的申请量出现了一个较大的波动，通过与同期国内申请量的对比发现，主要是外国的申请量下降较为明显，而到 2007 年以后申请量又呈现出增长的态势，这与在 2005 ~ 2007 年世界原油价格波动有关（参见图 2 – 1 – 1）。

---

❶ 赵野，等. 国内外柴油氧化脱硫技术进展［J］. 化工科技市场，2005，9.

图 2 - 1 - 1　氧化脱硫全球专利申请趋势

另外，全球各国和地区的环保政策变化也影响着专利申请量。例如，1996 年前后，欧洲和日本实施了新的环保标准，2005 年前后，欧、美、日均有新的环保标准出台，在这些年份附近均出现了申请量的下降，可能是受到研发尚未完全与新的环保政策相适应的影响。

从全球的专利申请量分布来看，美国、中国、俄罗斯和日本位居前 4 位。其中，美国作为科技强国，其申请量最多，中国紧随其后，后面是俄罗斯以及日本。可见，目前有关油品氧化脱硫的技术，美国占据了主导的地位，众多发明均由美国公司及大学做出；中国作为新兴发展起来的市场，近期在该领域的活跃度同样值得关注（参见图 2 - 1 - 2）。

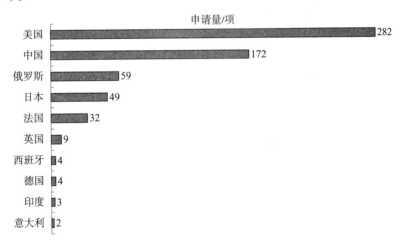

图 2 - 1 - 2　氧化脱硫全球专利申请量区域分布排名

2.1.2　UOP 申请量领先，企业申请人占多数

从油品氧化脱硫领域全球主要申请人排名情况来看（参见图 2 - 1 - 3），UOP 在氧化脱硫领域的申请量遥遥领先，从申请的数量上看，国内公司以及研究机构跟外国还

存在一定差距。同时可以看出，随着专利意识的增强，中石化以及国内科研院校也进入了全球前10的申请人名单，这也在一定程度上反映了该领域国内企业和院校对于技术研发和投入的重视程度。

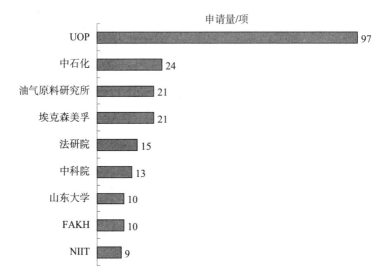

图2-1-3　氧化脱硫全球主要申请人

　　油品氧化脱硫领域在全球的申请人中，企业申请人占多数，达到68%，说明企业在该领域的研发过程中起到主导作用，另有部分企业之间、企业与研究机构之间以及企业与大学之间的合作申请，也表明企业对于研发的重要影响；大学和研究机构也是重要的申请人类型，分别占15%和13%，研究机构之间也有合作申请关系；个人申请所占比例不高，仅占4%。全球申请人类型中表明合作申请在该领域已经成为重要的申请形式，一方面使得不同申请人之间优势互补、互利合作；另一方面也加速了技术的交流和发展，有利于研发的顺利进行（具体参见图2-1-4）。

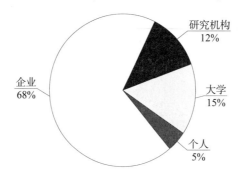

图2-1-4　氧化脱硫全球申请人类型分析

2.1.3　美、中、俄、日申请人专利申请分布

　　下面主要分析了美国、中国、俄罗斯和日本申请人的专利申请分布，如图2-1-5

至图2-1-8所示，美国申请人主要在美国国内申请，并且同时在多个国家或地区提出申请，表明其具有相当强的专利布局和保护意识；中国和俄罗斯申请人则绝大多数限于本国内提出专利申请，包括少量的国外申请，说明在向其他国家或地区的专利布局意识还有待增强；日本申请人的主要申请也在其国内，但相对于中国和俄罗斯申请人而言，其更多地向其他国家或地区提出了专利申请，具有较好的专利布局意识。

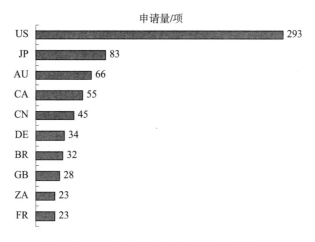

图2-1-5 氧化脱硫美国历年专利申请分布

图2-1-6 氧化脱硫中国历年专利申请分布

图2-1-7 氧化脱硫俄罗斯历年专利申请分布

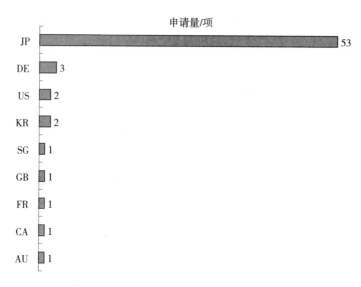

图 2 - 1 - 8　氧化脱硫日本历年专利申请分布

下面主要分析了美国、中国、俄罗斯和日本的历年专利申请分布，如图 2 - 1 - 9 至图 2 - 1 - 12 所示，在氧化脱硫技术领域，美国的专利申请起步最早，并一直保持一定的申请量，表明其技术研发持续进行；中国由于专利制度起步较晚，从 20 世纪 80 年代开始陆续出现相关的专利申请，并迅速表现出很高的研发积极性，进入 21 世纪之后在该领域的专利申请量已经超过美国；苏联解体之后，俄罗斯专利单独进行统计发现其申请量基本保持稳定，但数量上相比于美国和中国较少；日本在该领域的专利申请起步于 1968 年，紧跟美国，表明其技术研发的前瞻性和前沿性，数量也基本保持稳定，但绝对数量上较少。

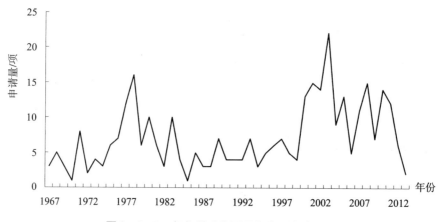

图 2 - 1 - 9　氧化脱硫美国历年专利申请分布

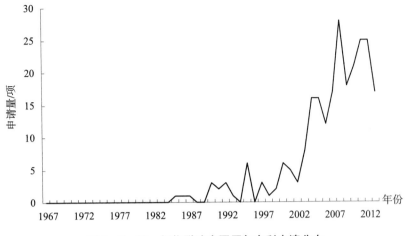

图 2 − 1 − 10　氧化脱硫中国历年专利申请分布

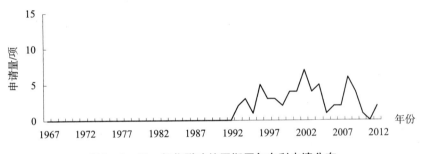

图 2 − 1 − 11　氧化脱硫俄罗斯历年专利申请分布

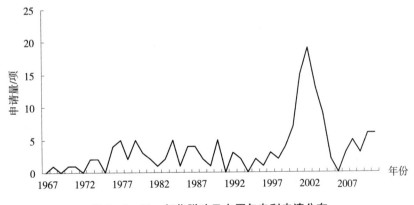

图 2 − 1 − 12　氧化脱硫日本历年专利申请分布

2.2　中国专利申请状况分析

本节分析了有关氧化脱硫领域的中国专利申请的状况，主要包括了申请量、申请类型、申请国家或地区、主要申请人、申请人类型、法律状态和省市申请情况等。

2.2.1 专利申请量伴随环保标准增加

在 2003 年之前有关氧化脱硫技术在中国的专利申请量，每年的申请量都低于 5 件，申请量一直处于一个较低的阶段，而到了 2003 年开始呈现出较快的增长，从 2003 年的 5 件增长到了 2008 年的 25 件，从 2008 年以后申请量又呈现出降低的趋势，在 2009 年和 2010 年维持在 10～15 件，从 2011 开始到 2012 年每年超过 15 件，又呈现出一个增长的趋势，由于 2013 年公开时间的原因部分专利尚未公开，又呈现了下降的趋势，就目前的公开数量也在 10 件以上。

从 1985～2002 年，油品氧化脱硫技术在中国的专利申请基本处于停滞状态。其间，中国《专利法》实施不久，研发人员将科研成果申请专利的意识较弱，国外来华申请也较少。

从 2003 年开始，随着外国公司对中国市场的重视程度提高，并且本国申请人专利意识的逐渐增强，申请量明显增加。一方面是由于环保政策要求日益严格，产业及市场需求更高；另一方面本国以及外国技术研发方面更趋多元化，申请量也相应增加。

随着环境污染日益加剧，从 2004 年 7 月 1 日开始，我国正式开始在全国范围内实施具有数据的国Ⅱ排放标准，也就是从这个时间段开始，加快了油品清洁包括氧化脱硫的步伐，从专利的申请量也可以看出，从 2004 年开始有关氧化脱硫的专利申请量具有较大的增长，在随后的 2007 年 7 月 1 日国Ⅲ排放标准出台，2008 年 1 月 1 日国Ⅳ标准出台，直到 2012 年国Ⅴ标准出台，在政策层面加大了严格排放标准的力度，同时也提高了油品的质量标准，由此加大了油品清洁的研究力度，导致专利申请量的上升（参见图 2－2－1）。

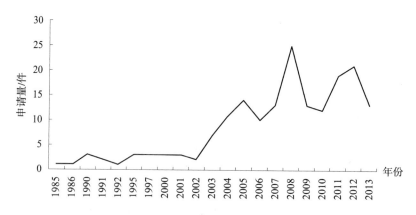

图 2－2－1　氧化脱硫领域在中国专利申请趋势

2.2.2 发明占绝大多数，中国申请占多数

通过对中国专利的类型分析，可以发现，发明专利（其中包括 PCT 发明申请占 5%）占 99%，占绝大多数，仅有少量实用新型专利（仅占 1%）。这一方面与申请人对该领域的重视程度有关，希望以发明专利的形式获得更稳定的专利权以及更长的专

利保护期限；另一方面，也与该领域的技术特点有关，多涉及工艺方法、组合物和混合物，不属于实用新型专利保护的客体（参见图2－2－2）。

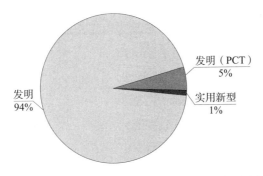

发明（PCT）
5%

发明
94%

实用新型
1%

图2－2－2　氧化脱硫领域在中国专利申请类型分析

数据显示，在油品氧化脱硫领域的中国专利申请量以本国申请占绝大多数（参见图2－2－3）。国外来华申请的主要有美国、韩国和法国，但申请量较少。可见，该领域在中国的兴趣和投入仍以国内申请人为主，但由于中国市场巨大，在中国进行专利布局是十分必要的。

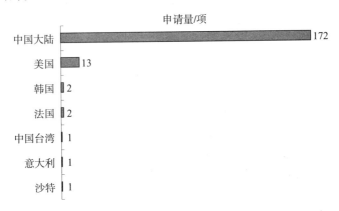

申请量/项

中国大陆	172
美国	13
韩国	2
法国	2
中国台湾	1
意大利	1
沙特	1

图2－2－3　氧化脱硫领域在中国专利申请的区域分布

由于国内与国外的燃料油硫含量标准以及汽车尾气的排放标准存在较大差异，而且，由于我国近年来调整上述标准的时间逐步缩短，因此，在专利技术层面上存在了很多不确定因素，由此也放缓了国外有关清洁油品的专利技术进入中国的步伐。

2.2.3　企业与研究机构共同关注，大学与企业申请人为主

从油品氧化脱硫领域在中国主要申请人排名情况来看（参见图2－2－4），排名靠前的申请人主要集中于中石化、中科院及各大专院校。这些申请中有一部分为合作申请，依托企业的设备和资金基础，结合研究所及大专院校的人才积累，促进了该领域的技术进步。

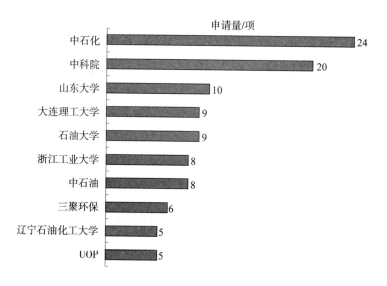

图 2 - 2 - 4　氧化脱硫领域在中国主要申请人

中石化作为石油行业专利申请的领军企业，在有关氧化脱硫领域的专利申请量较为突出，而中科院作为国家顶级科研院所，也具有较高申请量。由此可以看出，一个是国内重量级企业，一个是资深研究机构，在氧化脱硫领域都进行了较为深入的研究，也说明了油品清洁包括氧化脱硫技术是目前较为迫切的研究热点，不但是企业的诉求，也是研究领域关注的重点。

由图 2 - 2 - 5 可以看出，油品氧化脱硫领域在中国的申请人中，大学申请人几近半数，占48%，也反映出该领域还多处于研发阶段，具有很大的发展空间；石油行业的企业也对该领域的研发相当重视，投入了大量的人力物力，申请量占36%，居第二位，与大学申请人一起占了该领域申请人的大多数，并存在部分合作研发申请；另有部分研究机构（占12%）以及个人（占4%）对该领域进行研究，对于技术研发形成有力的补充和推动。

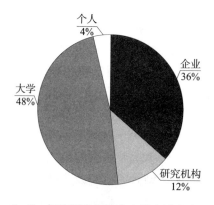

图 2 - 2 - 5　氧化脱硫领域在中国申请人类型分析

2.2.4　授权与未决申请较多，省市分布不均

通过对中国专利申请的类型分析，可以发现，在氧化脱硫技术领域，授权专利申请和未决专利申请所占比例较大，分别为38%和31%，部分专利申请在审查过程中视为撤回的占18%，专利申请不符合授权条件而被驳回的占9%，有少量专利在授权之后由于费用等原因而终止的占4%（参见图2－2－6）。

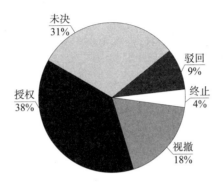

图2－2－6　氧化脱硫领域在中国专利申请法律状态分布

通过对中国专利申请的国内申请人进行分析，可以发现，在氧化脱硫技术领域中国的专利申请中，由于中石化及中石油总部位于北京，并且人才相对集中，在科技研发方面具有一定优势，申请量居于首位，领先其他省市；得益于石油行业的位置分布优势，在该领域也体现出研发的投入程度较大，辽宁、山东、江苏和浙江分列第二位～第四位；欠发达省份的申请量较少，如西藏、云南、青海、贵州等省尚无相关专利申请（参见图2－2－7）。

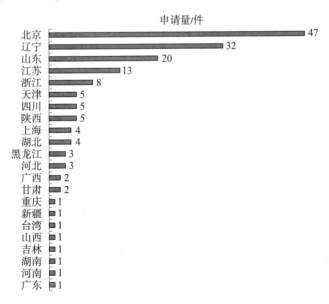

图2－2－7　氧化脱硫领域在中国主要省市专利申请量排名

2.3   全球专利申请技术分析

对涉及氧化脱硫技术相关的专利申请进行逐项阅读后对每项专利申请所涉及的技术分支和技术效果进行标引。对于氧化脱硫技术所涉及的专利申请，首先按照专利申请请求保护的技术方案分为以下9个技术分支：气体氧化脱硫、H_2O_2氧化脱硫、酞菁催化氧化脱硫、电化学氧化脱硫、耦合氧化脱硫、超声波或微波处理、光催化氧化脱硫和其他氧化脱硫。

随后，对于氧化脱硫技术在发明中所期望达到的技术效果进行了分类：提高反应速度、降低操作难度、提高选择性、提高回收率、廉价原料替换和降低试剂用量。

2.3.1   技术功效分析

对油品氧化脱硫领域在全球的专利申请进行技术功效分析，可以看出，全球专利申请的目的和效果，也都主要集中在降低操作难度上，其次是廉价原料替换，这与国内稍有不同，国内在原料替换中的申请量相对较少；同时，全球专利申请对于提高选择性和提高回收率的研究较少，一方面说明在这些方面可能存在研究的技术难度、限制了技术人员对其进行更多的研究和关注；另一方面也表明在这些方面仍存在进一步研究的可能（如图2-3-1所示）。

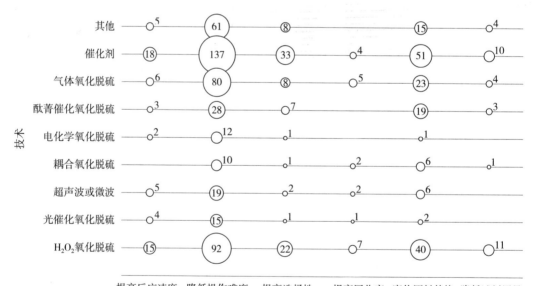

图2-3-1   氧化脱硫领域在全球技术功效

注：图中数字表示申请量，单位为项。

2.3.2 技术年代分析

分析在全球的油品氧化脱硫技术年代分析图可见（参见图2-3-2）。

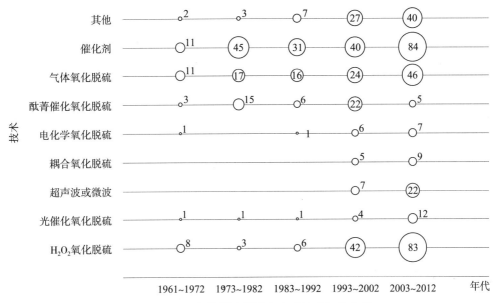

图2-3-2 氧化脱硫领域在全球技术年代分析

注：图中数字表示申请量，单位为项。

（1）全球的专利申请起步较早，尤其是在催化剂氧化的研究上从20世纪70年代开始就有大量的申请出现；

（2）有关H_2O_2氧化脱硫的工艺在2000年以前的申请量普遍不大，但是到了2000年开始呈现出较快增长；

（3）从全球的技术路线来看，主要包括了三个方面：H_2O_2氧化脱硫、氧化脱硫催化剂以及气体催化氧化；

（4）在2000年前后每个技术路线的申请量都呈现出了增长的趋势。

2.3.3 功效年代分析

分析全球的油品氧化脱硫技术功效年代图可知（参见图2-3-3）。

（1）降低操作难度一直是本领域研究的主要目标，贯穿于本领域的整个发展过程之中，这也是非临氢脱硫与加氢脱硫的主要区别之一；

（2）提高选择性、提高回收率和提高反应速度同样在整个发展过程中受到关注，其为化学处理过程中通常期望达到的功效，自然也受到本领域研究人员的重视，但重视程度不如降低操作难度；

（3）技术发展过程中，根据工艺过程的不同需求，陆续出现了新的功效要求，如降低试剂用量和廉价原料替代，并逐渐受到更多的关注；

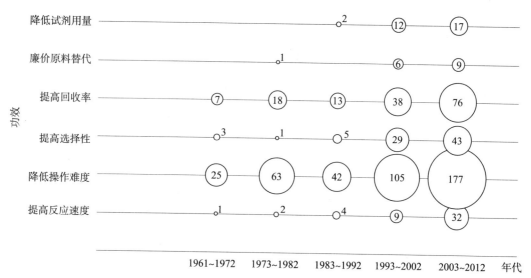

图2-3-3　氧化脱硫全球技术功效年代分析

注：图中数字表示申请量，单位为项。

（4）各功效的受关注程度基本上均呈现增加趋势，表明木领域的研究正处在积极的发展阶段。

2.4　中国专利申请技术分析

以下对氧化脱硫领域的中国专利申请进行相应的技术功效分析、技术年代分析和功效年代分析。

2.4.1　技术功效分析

通过对油品氧化脱硫领域在中国的专利申请进行技术功效分析，可以看出在中国的专利申请中各个技术分支及技术功效的研究和关注程度并不均衡：其中，廉价原料的替代在各个技术分支中均可以有提升的空间；降低试剂用量可在其他氧化剂、电化学氧化脱硫、耦合氧化脱硫、超声波或微波氧化脱硫以及光催化氧化脱硫等方面有提升空间；酞菁催化氧化脱硫、电化学氧化脱硫和耦合氧化脱硫可进一步关注提高反应速度，而目前的研究多集中于降低操作难度、提高选择性和提高回收率（如图2-4-1所示）。

这里，降低操作难度多体现在缓和工艺条件，包括压力和温度、友好的反应环境、节能减排；这种趋势也符合目前绿色环保以及节能减排的要求，而要达到这一技术效果从图中可以看出主要通过催化剂、气体以及H_2O_2氧化脱硫工艺的改善。而提高回收率大多体现在增加脱硫效率，缩短反应时间，这一效果从图中催化剂以及H_2O_2的氧化两个技术路线中得以体现。而提高选择性则体现在活性组分的选择，提高油品的辛烷值，减少烯烃的含量，这一效果也可以从图中催化剂以及H_2O_2的氧化两个技术路线中得以体现。

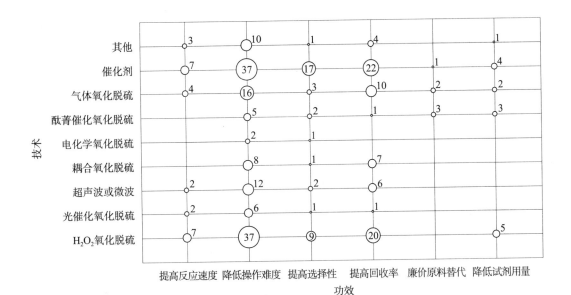

图 2-4-1 氧化脱硫中国技术功效

注：图中数字表示申请量，单位为件。

通过技术功效图可以确定，专利申请的重点目前集中在催化剂以及 H_2O_2 氧化脱硫工艺上，而所要达到的技术效果也主要集中在降低操作难度、提高回收率以及提高选择性上。

2.4.2 技术年代分析

通过在中国的油品氧化脱硫技术年代分析可见，该技术在中国的专利技术发展大致经历了以下几个阶段（参见图 2-4-2）。

（1）1985～1995 年，由于中国《专利法》刚刚颁布实施，科研人员的专利意识不强，申请量很少；而且，技术分支也局限于气体氧化脱硫和酞菁催化氧化脱硫两种；

（2）1996～2005 年，随着对氧化脱硫技术的进一步研究，技术分支逐步向其他分支延伸展开，专利申请除之前的气体氧化脱硫和酞菁催化氧化脱硫之外，还涉及催化剂、电化学氧化、耦合氧化、超声波或微波、光及等离子氧化和 H_2O_2 氧化等多个技术分支，申请量也有所增长；

（3）2006 年之后，各个分支的申请量较之前大多有所增长，仅酞菁催化和电化学氧化减少；同时，出现了对其他氧化剂的专利申请，这也反映出研究中心有所转移，技术发展相对成熟。并且，专利申请量基本保持稳定并由于新申请专利可能尚未公开，可预见申请量仍会有所增长，技术分支发展较为稳定。

另外可以看出，在 2001～2005 年，研究的重点为 H_2O_2 氧化脱硫和有关催化氧化脱硫的催化剂研究和制备，这种趋势一直持续到 2006 年以后，同时，在 2006 年后均呈现了上升的趋势，而且其他技术分支的研究也呈现出上升的趋势，这也表明，在技术路线和工艺成熟以后，研究的关注点逐步多元化。

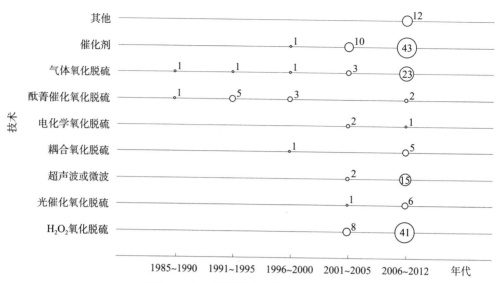

图 2 - 4 - 2　氧化脱硫中国技术年代分析

注：图中数字表示申请量，单位为件。

2.4.3　功效年代分析

通过在中国的油品氧化脱硫技术功效年代分析可见（参见图 2 - 4 - 3）。

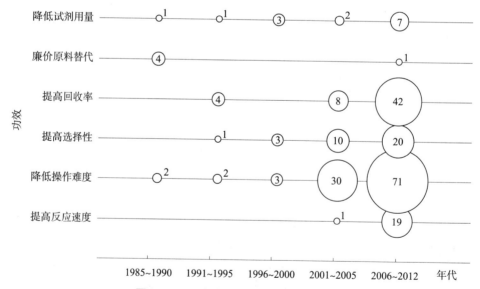

图 2 - 4 - 3　氧化脱硫中国功效年代分析

注：图中数字表示申请量，单位为件。

（1）降低操作难度同样是国内本领域研究的主要目标，贯穿于领域的整个发展过程之中，这也是非临氢脱硫与加氢脱硫的主要区别之一；

（2）降低试剂用量一直处在整个发展过程的关注中，但重视程度不如降低操作难度；

（3）与全球功效年代分析对比可知，廉价原料替代、提高回收率、提高选择性和提高反应速度并非研究一直关注的热点，期间出现了部分空白期，可能与国内该领域发展尚不够成熟有关；

（4）总体来看，各功效的受关注程度同样基本上均呈现增加趋势，表明本领域国内的研究也处在积极的发展阶段。

2.5　重要专利技术及技术路线分析

以下对氧化脱硫领域的重要专利技术及技术路线进行重点分析。

2.5.1　重要专利技术

表2－5－1列出了油品氧化脱硫技术领域的部分重点专利。这些专利集中于前述主要申请人，其控制了该领域的主要专利技术；而且均为美国专利，说明该领域的研究源于美国，并在美国经过较长时间的发展之后形成了较为核心的专利技术。

表2－5－1　氧化脱硫技术领域的部分重点专利

公开号	公开日	申请人	被引证次数	国家
US4562156A	1985－12－31	大西洋石油公司	43	US
US3980582A	1976－09－14	阿什兰石油	37	US
US4290913A	1981－09－22	UOP	37	US
US4156641A	1979－05－29	UOP	33	US
US3816301A	1974－06－11	大西洋石油公司	31	US

其中，位列前三的专利US4562156A、US3980582A和US4290913A均为氧化脱硫催化剂相关专利，主要解决的技术问题在于降低操作难度和提高回收率；而US4156641A关于气体氧化脱硫，其技术问题也在于降低操作难度；US3816301A则为H_2O_2氧化脱硫，主要关注提高选择性。同时，也可以看出早期申请人的重点专利布局集中于美国。

由于专利的被引证数量受到其公开时间长短的影响，早期公开的专利具有更多被引证的机会和可能性。因此，考察了不同时间段中油品氧化脱硫技术领域的重要专利。表2－5－2和表2－5－3分别列出了1990～2000年和2001年以后在油品氧化脱硫技术领域的部分重点专利。可以看出，这些专利仍多集中于前述主要申请人，其控制了该领域的主要专利技术；同时出现了其他公司参与其中，研发力量在不断扩充。而且仍以美国专利为主，核心技术多掌握在美国公司手中。

表 2 - 5 - 2　1990 ~ 2000 年氧化脱硫技术领域的部分重点专利

公开号	公开日	申请人	被引证次数	国家或地区
EP0565324A1	1993 - 10 - 13	船越 泉、相田 哲夫	27	EP
US4921589A	1990 - 05 - 01	联合信号公司	27	US
US4908122A	1990 - 03 - 13	UOP	23	US
US5232854A	1993 - 08 - 03	能源生物系统公司	22	US
US4913802A	1990 - 04 - 03	UOP	20	US

表 2 - 5 - 3　2001 年以后氧化脱硫技术领域的部分重点专利

公开号	公开日	申请人	被引证次数	国家或地区
WO0148119A1	2001 - 07 - 05	埃尔夫阿奎坦公司	21	WO
US2003085156A1	2003 - 05 - 08	EXTRACTICA 公司	19	US
US6368495B1	2002 - 04 - 09	UOP	16	US
US6402939B1	2002 - 06 - 11	SULPHCO 公司	15	US
WO0234863A1	2002 - 05 - 02	雪佛龙	12	WO

其中，US4921589A、US4908122A、US5232854A 和 US4913802A 均为氧化脱硫催化剂相关专利，主要解决的技术问题在于降低操作难度和提高回收率，可见 1990 ~ 2000 年，氧化脱硫的研究热点仍为催化剂；EP0565324A1、WO0148119A1 和 US6368495B1 涉及 H_2O_2 氧化脱硫，反映了研究的连续性，主要关注的技术问题是降低操作难度和提高选择性；而 US2003085156A1、US6402939B1 和 WO0234863A1 则分别涉及光催化氧化脱硫、超声波/微波氧化脱硫和偶合氧化脱硫，表明随着研究的持续进行，关注的重点技术已经有所转移，技术问题则涉及提高反应速度、降低操作难度、提高选择性和提高回收率等多个方面。

2.5.2　技术路线图

下面结合上述重点专利，进行氧化脱硫技术路线分析，如图 2 - 5 - 1 所示。

通过对以上油品氧化脱硫技术领域的部分重点专利的技术路线分析可见，早期的研究多关注并源于对催化剂以及气体氧化和 H_2O_2 氧化的研究，并且这些研究在纵向推进的同时、重点专利之间也存在横向联系；进入 21 世纪之后，重点专利更倾向于 H_2O_2 氧化的继续研究以及其他多种氧化脱硫工艺，对于气体氧化和催化剂的研究关注有所转移。

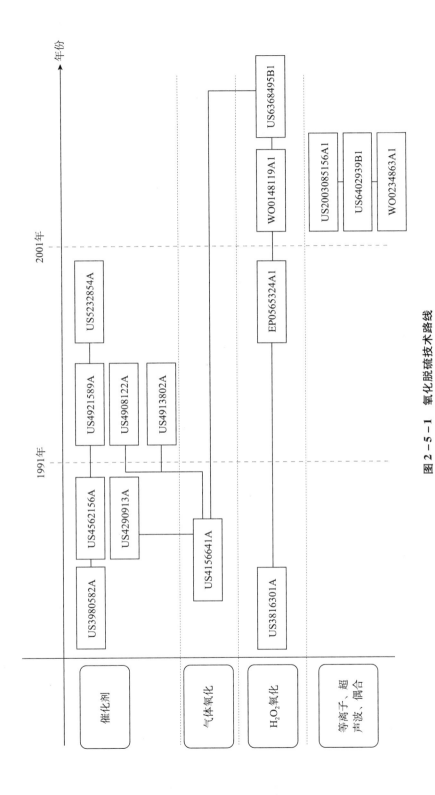

图 2 - 5 - 1　氧化脱硫技术路线

2.6 重要申请人分析

2.6.1 氧化脱硫技术重要申请人

从专利的被引用频次看，在油品氧化脱硫技术领域，被引用次数最多的前50项专利中，主要申请人为UOP、大西洋石油公司、德士古、能源生物系统公司和阿什兰石油，共34项，占68%。其中尤以环球油品（UOP）最为突出，共24项，占48%。相比而言，其他公司被引用频率很低且非常分散。可见，该领域的重要技术主要集中在UOP手中。图2-6-1给出了油品氧化脱硫技术领域主要申请人的重要专利数量。

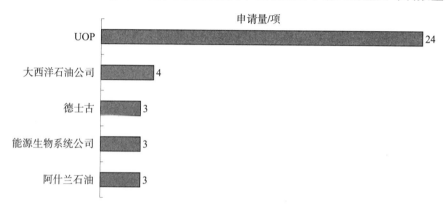

图2-6-1 氧化脱硫技术领域主要申请人的重要专利数量

2.6.2 UOP专利分析

2.6.2.1 UOP的重要专利

鉴于UOP在油品氧化脱硫技术领域的重要专利中占有接近50%的比例，足以见得其在该领域的重要性和影响力。表2-6-1列出了UOP在油品氧化脱硫技术领域的部分重点专利。

表2-6-1 UOP在氧化脱硫技术领域的部分重点专利

公开号	公开日	被引证次数	指定国家	技术要点
US4290913A	1981-09-22	37	US	氧化催化剂
US4156641A	1979-05-29	33	US	氧化催化剂
US4033860A	1977-07-05	29	US	气体氧化脱硫
US4124493A	1978-11-07	24	US	氧化催化剂
US4824818A	1989-04-25	23	US	氧化催化剂

可以看出，UOP被引证次数较多的专利较集中于氧化催化剂，这方面的研究从20世纪70年代开始一直保持，符合全球在这个技术分支的技术发展趋势。可能与公开时

间较长有关，使得其被引证次数位居前列，同时也客观地表明了 UOP 在这个技术分支上具有技术上的深厚积淀并在美国一直占有专利布局优势。而且，上述被引证次数较多的专利均为美国专利，说明该领域在美国发展时间长、申请量大、具有技术上的优势。

2.6.2.2　UOP 在氧化脱硫领域的专利分布

图 2－6－2 为 UOP 在油品氧化脱硫领域的申请量趋势图。可以看出，该公司 20 世纪七八十年代具有较大的申请量，之后有所减少，随后一直保持一定的申请量。说明该公司的技术研发重心可能有所转移，但仍未退出该领域，并且近两年的专利未完全公开，未公开的专利并未统计在内。

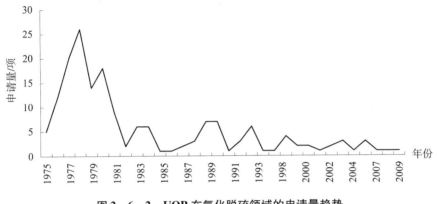

图 2－6－2　UOP 在氧化脱硫领域的申请量趋势

图 2－6－3 为 UOP 在油品氧化脱硫领域在各个国家或地区的申请量分布图。可以看出，该公司在油品氧化脱硫领域的专利布局仍以欧、美、日、加为主，其中以美国居首位，申请的国家或地区分布也十分广泛，但在中国的申请量较少。这可能是该公司更注重欧、美、日、加市场，尤其美国国内市场，通过大量的专利申请来保护和控制市场，实现自己的经济利益，而对中国市场还未投入足够的重视。

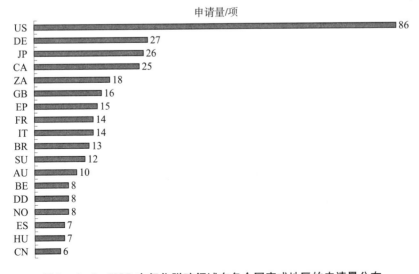

图 2－6－3　UOP 在氧化脱硫领域在各个国家或地区的申请量分布

通过申请的原创国分析可以看出，UOP 在油品氧化脱硫领域的主要专利申请原创国为美国，在其他国家或地区有少量分布。即该公司的主要技术研发源于美国国内，通过专利申请在世界其他国家或地区进行专利布局；同时，其在国外也有部分研发力量，进行少量的研发工作（参见图 2 - 6 - 4）。

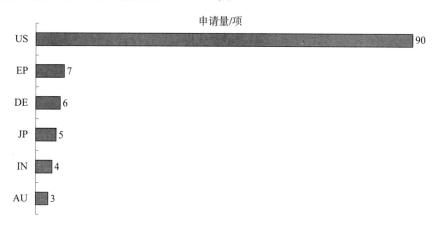

图 2 - 6 - 4　UOP 在氧化脱硫领域专利申请原创国分布

2.6.3　中石化专利分析

2.6.3.1　中石化的重要专利

随着我国环保标准日益严格，中石化在油品氧化脱硫技术领域的研发和技术投入也越来越多。表 2 - 6 - 2 列出了中石化在油品氧化脱硫技术领域的部分重点专利。

表 2 - 6 - 2　中石化在氧化脱硫技术领域的部分重点专利

公开号	公开日	被引证次数	指定国家	技术要点
US6416656B1	2002 - 07 - 09	6	US	气体氧化脱硫
CN1268548A	2000 - 10 - 04	1	CN	气体氧化脱硫
CN1869164A	2006 - 11 - 29	1	CN	H_2O_2 氧化脱硫

可以看出，中石化被引证专利数量较少，并且较集中于气体氧化脱硫和 H_2O_2 氧化脱硫。这些申请的公开年份集中于 2000 年之后，一定程度上反映了最近 20 年研究的方向关注气体氧化脱硫和 H_2O_2 氧化脱硫。而且，受到语言的影响，使用英语提出的申请被更多地引证，例如第一位的 US6416656B1，其在中国的同族申请 CN1279270A 则未被引用。

2.6.3.2　中石化在氧化脱硫领域的专利分布

图 2 - 6 - 5 为中石化在油品氧化脱硫领域的申请量趋势图。可以看出，受到相关环保标准更新的影响，该公司在 2000 年和 2005 年左右的申请量出现了变化，申请总量较少，但每年均能保持一定的数量，说明在该技术领域一直保持一定的技术研发投入。

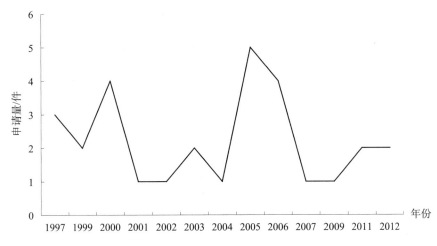

图 2 - 6 - 5　中石化在氧化脱硫领域的申请量趋势

　　图 2 - 6 - 6 为中石化在油品氧化脱硫领域在各个国家或地区的申请量分布图。可以看出，该公司在油品氧化脱硫领域的专利布局仍以中国为主，在其他国家或地区的申请量较少，很难通过出口技术占领国外市场。这说明其更注重国内市场，同时对于专利布局仍需更多地拓展。

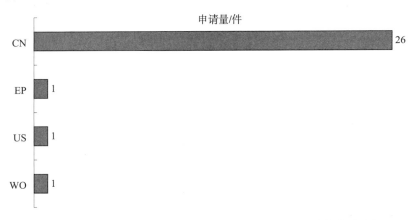

图 2 - 6 - 6　中石化在氧化脱硫领域在各个国家或地区的申请量分布

　　此外，通过申请的优先权分析可以看出，中石化在油品氧化脱硫领域的主要专利为中国专利申请，并且大多未要求优先权。即该公司的主要技术研发源于中国国内，需要进一步通过专利申请在世界其他国家或地区进行专利布局。

2.7　结论和建议

2.7.1　本章结论

　　（1）氧化脱硫领域在中国的专利申请量以中国申请占绝大多数，国外来华申请量较少，而从全球范围来看，美国的专利申请量居首位。一方面，说明该领域的中国市场还不够成熟，未吸引国外申请人更多的关注；另一方面，也说明相关技术虽未在中国申请，但可能已在国外进行专利申请。

（2）氧化脱硫领域在全球的申请人中，企业占多数，说明企业在研发过程中起到主导作用并且更具产业化前景；而在中国的申请人以高校为主，说明中国在该领域的研究可能还处于基础研究阶段，与全球先进水平还有一定差距。

（3）氧化脱硫领域的全球专利申请持续增长，氧化脱硫催化剂和 H_2O_2 氧化脱硫是最主要的技术分支，降低操作难度是最主要解决的技术问题，与中国在该领域的状况基本一致，说明中国虽然起步较晚，但已基本把握了该领域的研究方式和方向，并具有良好的发展势头。

2.7.2　发展建议

（1）随着该领域的市场逐渐发展成熟，国外来华申请也将相应增加，国内申请人更应增强专利保护意识，保护研发成果，并且通过专利分析方法提高专利信息情报的分析和运用能力，充分利用已有专利技术成果，一方面能够有效防止重复研发投入造成的浪费；另一方面也能够利用已有技术的思路提升自身的发明构思水平，寻找解决问题的新思路。此外，当产品出口到国外时，注意相关国外专利信息的检索和收集，防范可能的专利侵权风险。

（2）在研发过程中将产业化作为重要目标，加强高校与企业之间的合作和交流，整合资源、相互配合、合作开发；鉴于国内外在该领域的研发水平存在一定差距，当现有技术水平尚不能满足急迫的产业应用需要时，可以考虑通过技术转让或许可的方式从国外引进相应的专利技术。

（3）把握全球的研究动态，在当前的主要研究方向上继续投入；同时，对于本领域的各个分支均保持关注，当前的非热点分支很可能是下一个研究热点，并可投入一定的人力和物力，以期取得创新成果和回报。

第3章 萃取脱硫

萃取脱硫方法具有工艺简单、脱硫率高等特点，避免了烯烃的饱和及辛烷值的降低，是目前发展较快的脱硫方法。因此，萃取脱硫的专利分析将有助于在提高油品质量以及降低污染排放方面寻求更为高效的技术，也可以为国内脱硫技术发展方向提供一定参考。

目前已有的油品萃取脱硫技术主要分为以下几个分支：氧化萃取、离子液体、溶剂抽提、碱液萃取、酸液萃取、络合萃取。[❶]

氧化萃取技术分为两种，一种是在常温、常压和催化剂存在条件下，利用氧化剂将燃料油中苯并噻吩类等难以脱除的含硫化合物氧化成极性较强的亚砜、砜类含硫物质；然后通过极性溶剂萃取等方法将亚砜、砜类含硫化合物从燃料油中分离除去，从而达到深度脱硫的目的；另外一种是将上述两步工艺过程耦合，在催化氧化反应器内同时加入萃取溶剂，则可将油品中氧化生成的亚砜、砜类含硫化合物及时转移至萃取溶剂相，形成氧化—萃取耦合脱硫工艺。

离子液体是新型的绿色溶剂，具有宽液程、无蒸气压、良好的稳定性和可设计性等特点，且对芳烃硫化物具有良好的萃取能力，因此被用作燃料油深度脱硫的萃取剂。目前用于萃取燃料油深度脱硫的离子液体主要由咪唑类、吡啶类和季铵盐类等阳离子与氟硼酸盐、氟磷酸盐、酸酯类、二腈胺盐和多卤代金属类等阴离子组合而成。

溶剂抽提是指一般的有机溶剂萃取脱硫，是根据在溶剂中有机含硫化合物和烃类化合物具有不同的溶解度原理进行脱硫，如在混合器中，由于在溶剂中的高溶解度，含硫化合物从燃料油中转移到有机溶剂中，溶剂与油的混合物被送到一个分离器中，溶剂中的有机含硫化合物通过蒸馏被分离，溶剂被回收。

碱液萃取是指采用碱液作为萃取剂进行脱硫的过程。碱洗可以洗去燃料油中的酸性化合物，如硫醇和硫酚等硫化物。例如用 NaOH 水溶液可以洗出部分酸性含硫化合物和低分子硫醇，在碱液中加入亚砜、低级醇等极性溶剂或提高碱液的浓度可以提高脱硫效果。

酸液萃取是指在不存在氢的情况下，用酸、酸式化合物或含酸液体如酸渣精制油品，形成了不相混合两相的液—液进行萃取，在对油品进行精制的过程中洗去或者吸收了油品中的硫，酸式化合物还包括氢卤酸、含氧酸、酸的氧化物、酸式盐等。

---

❶ 安高军，等. 轻质油品非口氢脱硫技术 [J]. 化学进展，2007，19（9）：1331－1344.

络合萃取是指油品中含硫化合物的脱除可以通过选择合适的络合剂与其形成配合物，再通过过滤或选择合适的助溶剂及稀释剂萃取含硫化合物。其原理为，Lewis 酸和 Lewis 碱相互作用力很强，是一种络合作用力；油品中的含硫化合物具有孤对电子为 Lewis 碱，是电子对给体，它可以和电子对受体 Lewis 酸产生较强的络合作用，形成络合物。经常使用的络合剂有水杨酸、有机磷酸和 EDTA 等。该法尤其适合于柴油的精制脱硫，能提高脱硫率，较其他方法大大简化。

本章对油品萃取脱硫的中国和全球的专利技术进行了分析，中文专利的检索主要针对中国国家知识产权局的 CPRS 数据库以及 S 系统中的 CNABS、CNTXT 数据库，外文专利检索针对的数据库是世界专利索引数据库（WPI）数据库和欧洲专利文摘数据库（EPODOC 数据库）。采用基本相同的检索词和分类号在不同的数据库中进行检索，三个数据库得到的数据统一导入 CPRS 系统中和 EPOQUENET 系统中，去重后导出数据，并进行人工阅读去噪。检索结果的截止时间为 2014 年 6 月 3 日。

中文检索关键词包括"油品""脱硫""萃取"，分类号主要涉及 C10G。检索关键词"油品"扩展的检索词包括油品、汽油、柴油、煤油、料流、烃、组分、馏分，"脱硫"扩展的检索词包括"（脱＋去＋降＋除＋减）＊（硫＋噻吩）"。对初步检索后得到的专利摘要进行阅读，人工去除其中引入的噪声，最终确定的有效中文专利共 132 件，经过验证，中文文献的查全率为 100%，查准率为 94.3%。

英文检索关键词包括"oil""desulfu""extract"，分类号主要涉及 C10G。将上述检索关键词进行扩展，对初步检索后得到的专利摘要进行阅读，人工去除其中引入的噪声，最终确定的有效全球专利共 683 项，经过验证，外文专利的查全率为 90%，查准率为 85%。

3.1　全球专利申请状况分析

本节主要分析了有关萃取脱硫领域的全球专利申请状况，主要包括了申请量、申请年代、主要申请原创/输出国家或地区、主要申请人、技术构成/功效的分析。

3.1.1　全球专利申请量年份分析

图 3－1－1 为全球专利申请量年份分布图，从图中可以看出，全球有关氧化脱硫的专利申请从 1968 年就开始出现，但是申请量一直不大，维持在每年 10 项左右，但是从 2000 年开始，申请量呈现出了较大的上涨趋势，由每年的平均 10 项左右增长到了 30 项左右，这与全球各个国家相继出台严格的油品燃烧排放控制有关，在 2000 ~ 2010 年全球的申请量出现了几次波动，这些波动并不是很大，每年都是 20 ~ 30 项，而这一期间的波动以后，即在 2010 年以后具有一个较大幅度的增长，总量从 30 项左右激增到了 60 项左右，这表明在 2010 年以后随着全球环境的日益恶化，对于油品的要求更加严格，由此在 2010 年以后全球各个国家或地区均在该领域加大了投入，使得在此期间的申请量有了较为明显的增长。

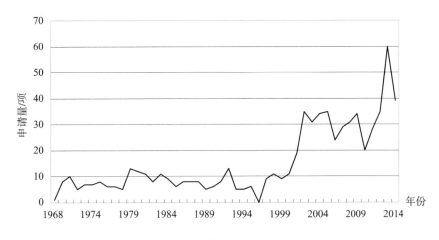

图 3 - 1 - 1　萃取脱硫全球申请量年份分布

3.1.2　全球申请原创/输出国家分布

图 3 - 1 - 2 和图 3 - 1 - 3 分别为全球专利申请原创/输出国家或地区分布，从原创国和地区分析可以看出，美国、中国、日本、俄罗斯位于前 4 位，而从输出国和地区分析则是美国、日本、中国和加拿大位居前 4 位。其中，美国作为科技强国，其申请量最多，无论是原创还是输出保持数量上都绝对领先，而中国的原创则多于日本，输出则比日本要少，这表明尽管中国在专利申请数量上领先于日本，但是在进入国家后的专利输出较少，而且中国的专利通常没有输出到其他国家。俄罗斯尽管在输出国上的数量要少于原创国，但是可以看出，其在该领域的研发投入也很大。而加拿大在原创的数量上很少，而在输出的数量则较多，这表明该领域加拿大多为引用或者外国技术直接进入该国家进行专利的实施和布局。

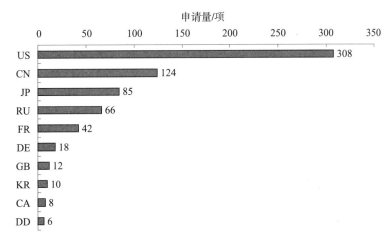

图 3 - 1 - 2　萃取脱硫全球专利原创国家或地区分布

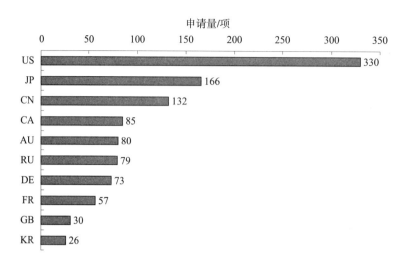

图 3 - 1 - 3 萃取脱硫全球专利输出国家或地区分布

3.1.3 全球专利申请人排名

图 3 - 1 - 4 中给出了萃取脱硫全球主要申请人的申请量排名情况，埃克森美孚和 UOP 位列前 2 名，这两家公司的申请量相差不多，但是其申请量超过其他申请人申请数量很多，比申请量第三位的法研院也多出了将近两倍，这表明在该领域内，实力较强的跨国石油公司在技术上具有比较大的优势。国内申请人排进前 10 位的尽管有中石化和中石油两个申请人，但是其申请的总量还不到埃克森美孚或者 UOP 的一半。

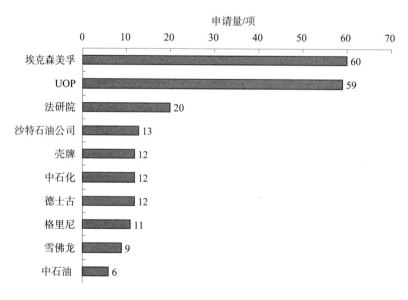

图 3 - 1 - 4 萃取脱硫全球专利申请人排名

3.1.4　全球专利主要国家申请量状况

图 3 - 1 - 5 中给出了美国、日本、欧洲、中国从 1968 ~ 2014 年的专利申请分布状况，在萃取脱硫技术领域，在 2000 年以前 4 个主要申请国家或地区的整体申请量都不大，保持在 10 项以内，而在此期间美国和日本的专利申请起始时间较早，在 1968 年开始就出现了专利申请，而欧洲则是从 1981 年开始出现专利申请，中国则是到了 1985 年才开始。而从 2000 ~ 2005 年，美国、日本和欧洲申请量出现了明显的增长，中国则是在 2005 年出现了明显的增长，增长趋势的起始时间稍晚于其他 3 个国家或地区。在 2005 ~ 2010 年，4 个国家或地区的申请量又同时出现了下降的趋势，在 2010 年以后美国和中国的申请量则又出现了明显的增长，而欧洲和日本则在这个区间继续呈现出下降的趋势。

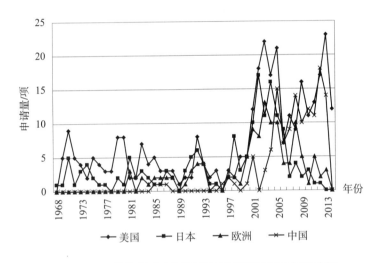

图 3 - 1 - 5　萃取脱硫主要国家地区专利申请量年份分析

3.1.5　全球专利申请技术构成分析

从图 3 - 1 - 6 可以看出萃取脱硫领域中，氧化脱硫占据了申请量的很大比例，几乎占到了整个申请数量的一半，后面的申请数量依次递减为碱液萃取、溶剂抽提、酸液萃取、离子液体，这四种技术路线尽管数量不同，但是数量上的差距与氧化脱硫相比较并不明显，而作为萃取剂本身的专利申请并不多。可见，氧化萃取脱硫是目前关注度比较高的非临氢萃取脱硫技术，由于很多专利申请的核心技术并不是萃取工艺，比如以氧化剂、催化剂、氧化工艺等作为核心技术的专利申请，仅仅是其中的核心工艺中涉及了萃取作为该核心技术的辅助工艺，因此，氧化萃取脱硫的申请量最多。而作为萃取脱硫的关键技术即萃取剂的申请量则较少，这也表明对于萃取本身的研究投入比较少，很多专利申请仅仅涉及了萃取的工艺步骤。

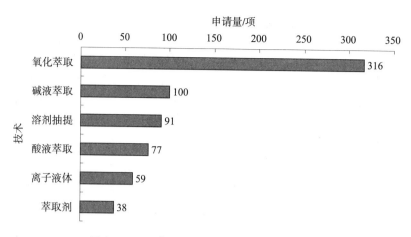

图3-1-6 萃取脱硫全球专利申请技术构成

3.1.6 全球专利申请技术年代分析

图3-1-7中给出了各个技术分析的年代状况，可以很明显地看出在2000年以前，各个技术分支的整体申请量都不大，而在2000年以后都有了明显的增加，氧化萃取脱硫增加得较为明显，这表明在非临氢萃取脱硫的研究中更多的专利技术集中在氧化萃取脱硫的领域，其他领域则相对较少。从2005年以后各个技术分支的申请量都相对减少，但是申请量减少的趋势并不明显，离子液体这一新型萃取剂是出现在2001~2005年，在2005年以后申请量一直保持增长，这表明申请人对于这一新型技术一直处在持续地关注中。其他的专利技术在1980年以前都有涉及，而这里也可以明显看出氧化萃取脱硫技术在申请数量的优势；无论哪种技术，其总体的趋势是随着年代逐渐增加，申请数量整体是逐渐增加的。

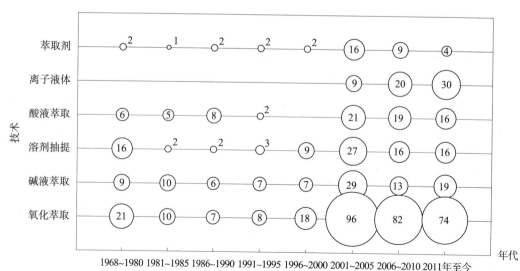

图3-1-7 萃取脱硫全球专利申请技术年代分布

注：图中数字表示申请量，单位为项。

3.1.7　全球专利申请技术功效分析

图3-1-8给出了萃取脱硫全球专利技术功效的状况，从该技术功效的状况可以看出：

（1）由于油品氧化脱硫是非临氢脱硫的主要研究发展方向，同时萃取是氧化脱硫中的后续辅助工艺，因此，涉及氧化萃取脱硫的专利申请比较多；

（2）就其功效而言，很大一部分是用于降低成本，其次为降低操作难度和提高萃取效率，因为对于氧化萃取脱硫，尽管涉及了一部分萃取的工艺和设备，但是其核心的工艺和装置很多情况下并不是在于萃取，而是在于氧化脱硫的工艺、装置、催化剂等，所以就功效而言降低萃取步骤的成本成为了萃取部分的主要功效，即尽可能在非核心的萃取工艺中降低成本而不影响工艺效果；

（3）对于分离工艺而言，选择萃取工艺作为脱硫的分离工艺往往就是利用了萃取剂可以在较为温和的操作条件下进行脱硫的特点，而温和的操作条件同时也就是降低了操作难度；

（4）对于萃取效率而言，当萃取效率较高时，再提升萃取效率则相应地成本就会明显增加，所以提高萃取效率在功效中显得不是十分突出。

以上对于萃取功效的分析同样适用于碱液萃取、酸液萃取、溶剂抽提。对于离子液体而言，由于采用新型的萃取剂使得萃取效率和操作条件得到了很大的提升，因此，其功效主要集中在了提高萃取效率和降低操作难度上。

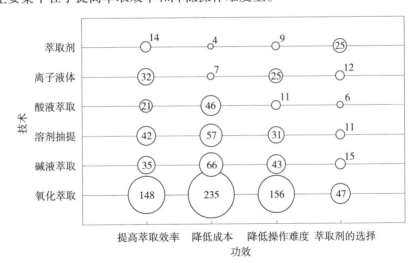

图3-1-8　萃取脱硫全球专利申请技术功效

注：图中数字表示申请量，单位为项。

3.2　中国专利技术分析

本节主要针对中国非临氢萃取脱硫领域的申请量、区域分布、申请状态、申请人以及主要专利技术这几个方面进行了深入的分析。

3.2.1　中国专利申请概况

从第3.1节萃取脱硫全球专利申请状况中可知，该领域在外国的申请时间较早，从1968年开始就有该领域的申请出现，而结合图3-2-1可以看出，我国由于《专利法》颁布的时间限制，从1985年开始才出现了该领域的申请，而且在1995年之前仅有3件专利申请，这3件专利申请分别为：梅里切姆公司的碱液萃取氧化后含硫化合物的专利CN85103113A、UOP的再生碱性水溶液萃取含高烯烃的料液以除去硫醇的连续工艺专利CN86108658A和碱液萃取含硫化合物的专利CN87101298A，这3件专利申请都因费用问题而终止失效。在该领域的最早专利申请是1996年中石化提出的双溶剂萃取脱硫专利CN1176295A。从1996~2005年申请量不多，都在10件以内，2005年开始出现了较大幅度的增长，超过10件，最多时2012年达到了18件。可以看出国内萃取脱硫领域的申请量整体数量并不大，原因在于两个方面：第一，对于油品的非临氢脱硫而言，目前国内主要的应用技术为S-Zorb吸附脱硫技术，其他技术目前都处于初步研究和实验阶段，而从专利分析的数据来看，研究较多的技术是氧化脱硫，萃取脱硫所占的比重相对较少；第二，由于目前国内成品油的排放标准不断地提高，这也就对脱硫工艺和方法提出了更高的要求，萃取工艺尽管其操作条件较低，但是当脱硫率需要达到很高如10ppm以下时，常规的萃取剂则无法满足较高的脱硫率。

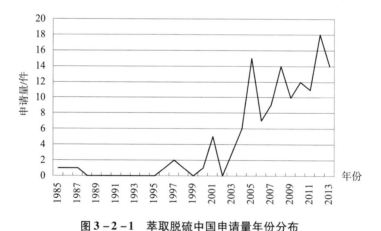

图3-2-1　萃取脱硫中国申请量年份分布

3.2.2　中国专利申请地区分布

图3-2-2给出了萃取脱硫领域中国专利申请的区域分布状况，北京地区的申请量最多，其次是辽宁、江苏、浙江。北京申请量最多的原因在于国内最大的石油企业中石油和中石化总部都位于北京，另外在该领域的研究机构如中科院过程工程研究所（以下简称"过程所"）以及清华大学也在该领域申请了专利。辽宁尽管没有较大型的炼油企业，但是由于中科院大连化学物理研究所（以下简称"大连化物所"）以及大连理工大学在该领域申请了相对较多的专利使得辽宁的专利申请数量位于排名第二位，

而排名第三位和第四位的江苏和浙江申请则大多来自这两个省的高校如南京工业大学、浙江大学等。

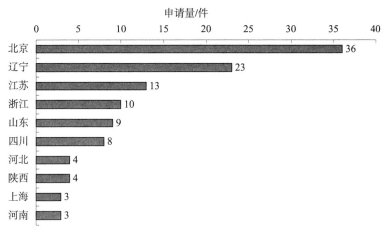

图3-2-2 萃取脱硫中国专利申请区域分布

3.2.3 中国专利申请人分析

图3-2-3中给出了国内申请量前10的排名，其中中石化位列第一，其次为大连化物所、浙江大学以及中石油。在排名前10的申请人中，只有中石化、中石油、陕西高能为企业申请人，而其他申请人均为高校和研究机构。中石化的申请大多以下属科研机构如石科院等做出，这也表明了对于非临氢萃取脱硫，多数专利申请处于研究和实验阶段，并没有大规模实现工业化，这也与国内炼油行业中非临氢脱硫工艺较少有关。

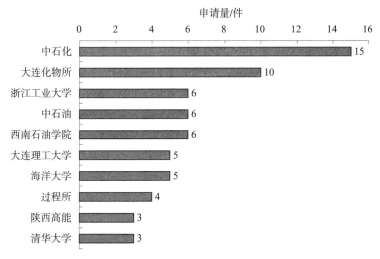

图3-2-3 萃取脱硫中国主要专利申请人排名

从图3-2-4中可以看出，在非临氢萃取脱硫的专利申请中，企业的专利申请数量仅仅占到了全部申请的31%，个人占6%，其他63%均为高校和研究机构，而公司申请人也有很多申请是与研究院以及高校等科研机构共同申请的。这表明了目前非临氢萃取脱硫技术多数处于研究和实验阶段，企业申请人尽管在该领域中进行了一定研究，但是并没有将其专利技术进行产业化。

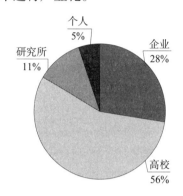

图 3 - 2 - 4　萃取脱硫中国专利申请人类型

3.2.4　外国在华申请状况

从图 3 - 2 - 5 中可以看出，国内的专利申请占据了绝大部分，占总申请数量的91%，而国外的申请量较少只有9%。这表明了有关非临氢萃取脱硫的技术领域，外国并没有在中国进行较多的专利布局。表 3 - 2 - 1 给出了在 1996 年以后外国在华申请的状况，其中 9 件申请只有 3 件维持有效，这也表明了在该领域中国并不是外国申请人关注的重点。

表 3 - 2 - 1　萃取外国在华申请列表

中国公开号	国际申请号	申请人	状态	技术要点
CN1222181A	WO9747707A1	德国巴斯夫	失效	吗啉萃取液进行液—液萃取制备低硫脂族化合物的方法
CN1323338A	WO2000023540A1	加拿大碳资源公司	维持	结合脱金属与用纯或不纯的氧化化合物将原油、残渣或重油转化成轻质液体的深度转化技术
CN1753977A	WO2004083346A1	美国利安德化学技术有限公司	失效	有机硫化物氧化法工艺
CN1449432A	WO2002018518A1	美国尤尼普瑞公司	失效	从烃类燃料中除去少量有机硫的工艺方法
CN1753977A	WO2007030229A1	沙特石油公司	维持	柴油的氧化萃取脱硫工艺
CN101611119A	WO2008079195A1	台湾中油股份有限公司	维持	石油的氧化脱硫和脱氮方法

续表

中国公开号	国际申请号	申请人	状态	技术要点
CN101735854A	无	美国通用电气公司	失效	通过路易斯酸络合作用除去烃油杂质的方法和系统
CN103080276A	WO2011106891A1	加拿大的 L·B·维勒	未决	用于对所得宽范围柴油、稳定宽范围柴油进行稳定、脱硫和干燥的溶剂萃取工艺及其用途
CN104011180A	WO2013049177A1	沙特石油公司	未决	氧化脱硫反应产物的选择性液—液萃取

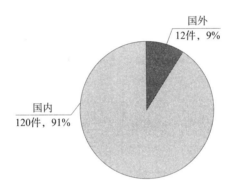

图3－2－5　萃取脱硫国外在华申请

3.2.5　中国专利申请技术构成分析

从图3－2－6中可以看出，以氧化萃取脱硫的专利技术的数量最多，这也表明目前萃取脱硫较多的情况下是与氧化脱硫相结合，而离子液体作为萃取剂是一种新型的萃取脱硫技术，其申请量少于碱液萃取，而络合萃取由于目前研究机理不够完善，仍然处于实验阶段，因此其申请量较少。

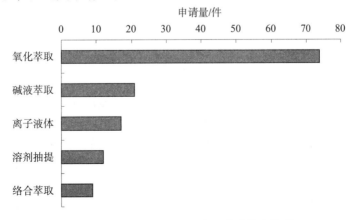

图3－2－6　萃取脱硫中国专利申请技术构成

3.2.6 中国专利申请技术年代分析

从图 3-2-7 中可以看出，在 2000 年以前萃取脱硫的申请量很少，具体仅仅是包括 3 件外国申请和 2 件中石化的申请，且涉及的技术领域只有碱液萃取以及有机溶剂抽提，从 2000 年以后，各种萃取工艺的专利申请都开始出现了，其中以氧化萃取脱硫的专利申请量增长尤为明显，这表明在该领域，目前以氧化萃取脱硫为主要研究目标，其次是离子液体，这也表明在国内离子液体萃取脱硫作为新型的萃取脱硫技术正在被逐渐关注。

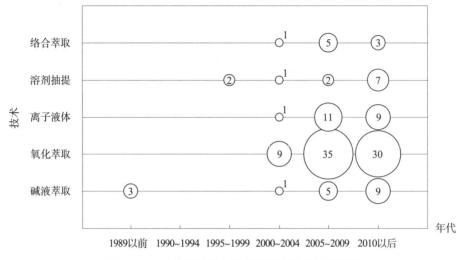

图 3-2-7 萃取脱硫中国专利申请技术年代分布

注：图中数字表示申请量，单位为件。

3.2.7 中国专利申请技术功效分析

图 3-2-8 给出了萃取脱硫技术与功效的状况，可以看出每个技术分支的功效侧重点并不相同，对于氧化萃取、碱液萃取、溶剂抽提，其主要功效在于降低成本，因为上述 3 种工艺中，萃取工艺往往并不是脱硫的核心工艺，而是作为辅助工艺设置于整个脱硫工艺中，因此在进行工艺设置的时候，由于成本都主要用于核心工艺的开发和研究，因此，对于萃取工艺要求较低，只要节约成本或者能耗达到预定的脱硫效果即可。而对于离子液体萃取脱硫而言，由于采用离子液体这种新型的萃取剂，其功效的是多方面的，既有降低操作难度，又有萃取剂的合理选择，然而从图中可以看出，对于离子液体而言，最重要的还是萃取效率的显著提高。最后，对于络合萃取，由于申请量本身不多而且由于研究的机理尚且不十分明确，因此，其功效的重点并不是十分突出。

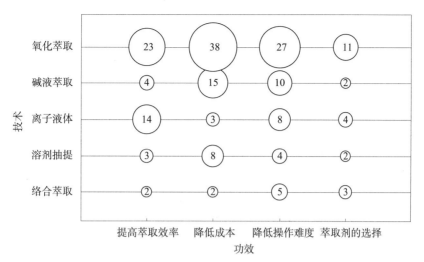

图 3 – 2 – 8　萃取脱硫中国专利技术功效分析

注：图中圈内数字表示申请量，单位为件。

3.3　主要申请人分析

为了更加深入地研究萃取脱硫的专利申请状况以及该领域的专利技术，本节对在该领域的主要申请人进行了分析，以中石化、埃克森美孚、UOP 为主要申请人分析。

3.3.1　中石化专利申请分析

从图 3 – 3 – 1 中可以看出，中石化的萃取脱硫专利申请是以溶剂抽提和氧化萃取工艺为主，而碱液萃取并不是传统意义上专门使用碱液萃取剂而是使用炼油行业中的碱渣或者废碱液进行再利用，用于脱硫。络合萃取尽管其萃取的效果较好，但是目前研究机理不是很明确，因此有关络合萃取的申请量相对较少。

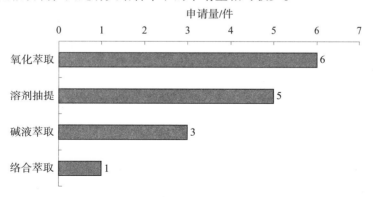

图 3 – 3 – 1　萃取脱硫中石化专利申请技术构成

图 3 – 3 – 2 给出了中石化非临氢萃取脱硫专利技术路线，从图中可以看出中石化在该领域不同年代的专利技术的申请方向还是比较鲜明的，在 1995 ~ 2000 年，主要是

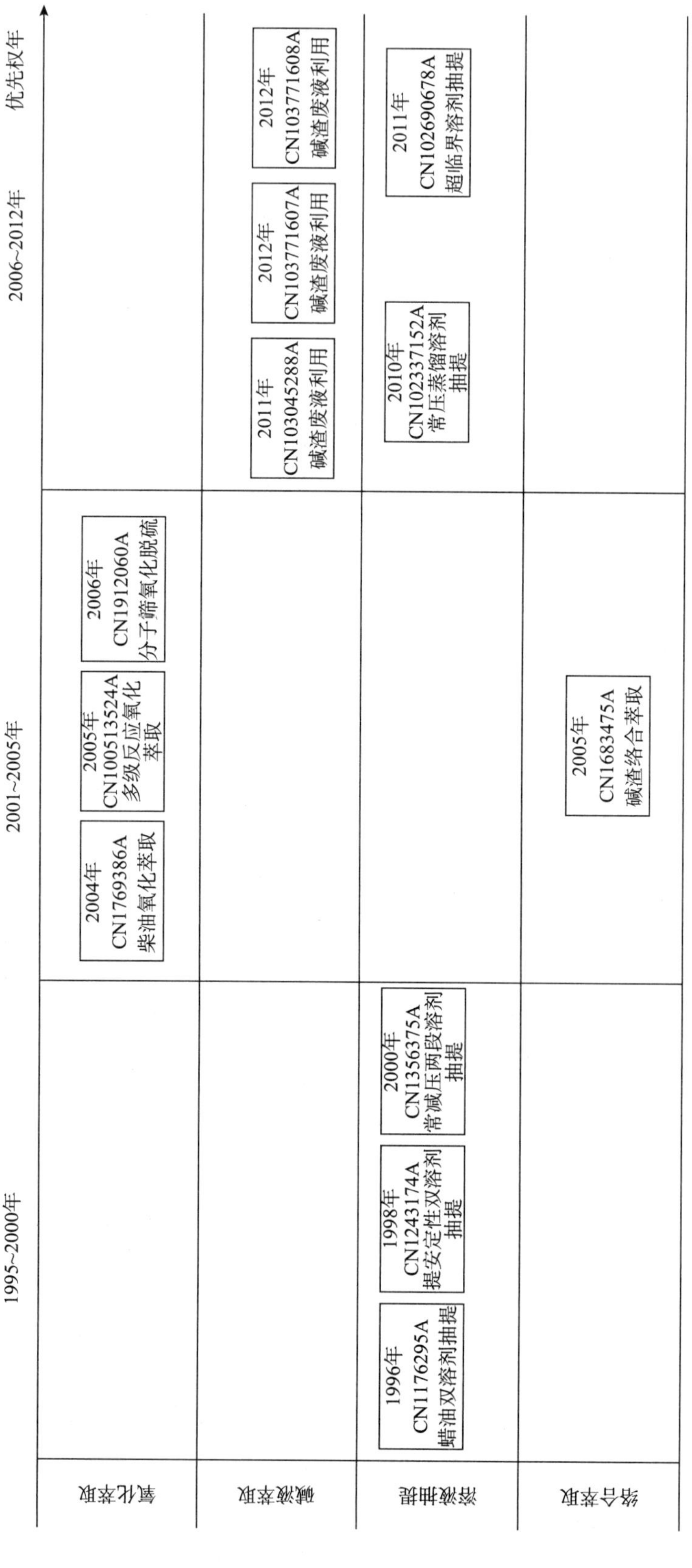

图 3－3－2　萃取脱硫中石化技术路线

	1995~2000年	2001~2005年	2006~2012年 优先权年
氧化萃取		2004年 CN1769386A 柴油氧化萃取 ／ 2005年 CN100513524A 多级反应氧化萃取 ／ 2006年 CN191206OA 分子筛氧化脱硫	
溶剂萃取			2011年 CN103045288A 碱渣废液利用 ／ 2012年 CN103771607A 碱渣废液利用 ／ 2012年 CN103771608A 碱渣废液利用
溶剂抽提	1996年 CN1176295A 蜡油双溶剂抽提 ／ 1998年 CN1243174A 提高安定性双溶剂抽提 ／ 2000年 CN1356375A 常减压两段溶剂抽提		2010年 CN102337152A 常压蒸馏溶剂抽提 ／ 2011年 CN102690678A 超临界溶剂抽提
络合萃取		2005年 CN1683475A 碱渣络合萃取	

溶剂抽提而没有其他的专利技术申请，而在 2001～2005 年则主要以氧化萃取脱硫为主，到了 2006 年以后则以碱渣废液的综合利用和溶剂抽提为主，总体来说中石化在该领域的主要申请包括双溶剂抽提（CN176295A）以及柴油氧化萃取（CN1769386A），还有出于节能环保目的的碱渣废液综合利用（CN103045288A）。

中石化在萃取脱硫领域的主要专利技术包括三类，分别为溶剂抽提、氧化萃取以及碱废液利用。

对于溶剂抽提，典型的专利申请为 CN1356375A，其利用溶剂抽提脱除汽油馏分中含硫化合物的方法，该法用于 FCC 汽油馏分脱硫，具有较高的脱硫效率和汽油收率，具体工艺如图 3－3－3 所示。另外专利 CN1176295A 还公开了一种双溶剂抽提的工艺，可将劣质蜡油中的重质芳烃、氮和硫抽出，可获得高收率、低含氮、低含硫的、裂化性能优良的抽余油和芳烃纯度较高的重质石油芳烃。双溶剂抽提新技术相比较单溶剂抽提，具有抽余油收率高、抽出油芳烃纯度高的特点。

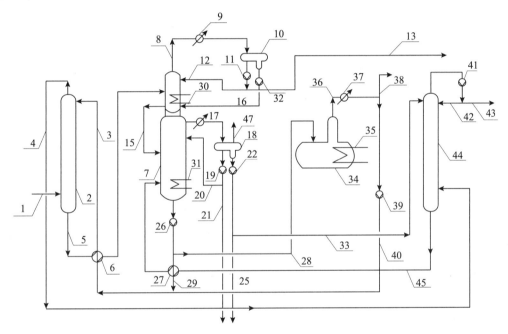

图 3－3－3　萃取脱硫中石化溶剂抽提技术（CN1356375A）

对于氧化萃取脱硫，中石化的专利申请主要集中在柴油的深度氧化脱硫技术上，如专利申请 CN1769386A 涉及一种柴油氧化脱硫的方法，该方法包括柴油与氧化剂在同时存在萃取剂的情况下在一种复配催化剂上进行反应。该复配催化剂是由无机固体催化剂与强酸性树脂混合而成的。该方法用于柴油脱硫过程，能有效地将柴油中的含硫有机物氧化成具有极性的物质，进而通过分离而脱除。再如专利申请 CN100513524A 涉及一种馏分油氧化脱硫方法，该方法包括馏分油与 H_2O_2 在包含低级有机酸催化剂存在的情况下，在多级反应器中进行反应；与现有馏分油氧化脱硫技术相比，该方法工艺省去了氧化反应后油相的溶剂萃取或吸附过程，使生产流程大幅度简化，操作费用得以大量降低，而且处理原料更加灵活。

对于碱渣废液综合利用专利技术，典型的专利申请 CN103045288A 涉及了一种高硫含量高 COD 碱渣废液的综合处理方法，该方法包括碱渣废液酸化、酸化尾气用于制硫黄、酸化废液沉降和回收油相、萃取降低废液 COD；该方法投资小，操作条件温和，使碱渣废液资源化，避免了这种高浓度废水对污水处理场的冲击，同时可以回收碱渣废液中的硫化物和粗酚，有一定的经济效益，工艺流程如图 3 - 3 - 4 所示。而另一专利申请 CN103771608A 则是一种炼油碱渣废液的处理方法，该方法包括烟气脱氧、碱渣废液酸化、酸化产生的有机硫化物和硫化氢酸化尾气、沉降回收油相、回收油相后废液进行萃取降低 COD、再生碱液用于油品碱精制。该方法利用烟气经脱氧后酸化处理碱渣废液，以废治废，可高效去除碱渣废液中的硫化物，回收粗酚，有效降低 COD，再经苛化再生后，回用于油品碱精制过程。本发明使高危难处理的碱渣废液资源化，大大减少环境污染，具体工艺参见图 3 - 3 - 4。

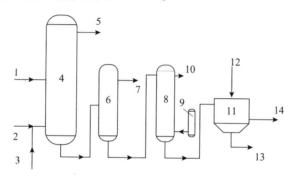

图 3 - 3 - 4　萃取脱硫中石化专利碱渣废液再利用技术（CN103045288A）

3.3.2　埃克森美孚专利申请分析

图 3 - 3 -5 给出了埃克森美孚专利申请量年代分布，从图中可以看出，埃克森美孚关于萃取脱硫技术的申请年代较早，最早在 1974 年开始就出现了专利申请，但是其申请量一直不高，都维持在个位数，原因在于两个方面：一方面是早期对于油品的要求并不高，因此，整个脱硫工艺尚未得到真正的发展，一些成熟的脱硫工艺也尚未形成；另一方面，萃取本身并不是脱硫的主要工艺研究方向。但是在 2000 年以后随着环境的日益恶化，对于油品的要求也越来越高，因此有关油品脱硫的专利申请量有了很大的增长，因为无论是碱液脱硫、氧化脱硫甚至吸附脱硫的工艺中都会涉及萃取工艺，此时有关萃取脱硫的申请量也随之增加。到了 2010 年前后申请量又有了明显的降低，原因同样有两个方面，一方面是非临氢脱硫工艺由于并不是主流的炼油厂油品脱硫工艺，因此，对其投入的研究也仅仅是试验性质的，在没有实现产业化可能的时候，作为申请人显然没有必要投入更多的关注，由此导致了在该领域的申请量下降；另一方面，在 2005 ~ 2010 年，已经实施了严格的油品燃烧排放标准，适应排放标准的工艺以及装置已经产业化，因此，在此之后的期间内，没有必要投入更多的精力来开发新的

非临氢脱硫工艺，这无疑会导致申请人成本上的浪费。

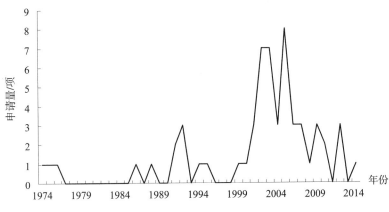

图 3 - 3 - 5　萃取脱硫埃克森美孚专利申请年份分布

对于埃克森美孚在萃取脱硫领域的专利技术构成，氧化萃取是埃克森美孚有关非临氢脱硫的主要工艺研发方向，由于氧化萃取工艺中的后续步骤通常会采用萃取方式进行含硫化合物的提取，因此，氧化萃取的申请量最多，同时也可以看出，有关溶剂抽提以及碱液萃取和酸液萃取的申请量相对较少，这也表明埃克森美孚的萃取脱硫工艺方向并不是仅仅围绕氧化萃取工艺，而是尝试了多个技术路线，具体参见图 3 - 3 - 6。

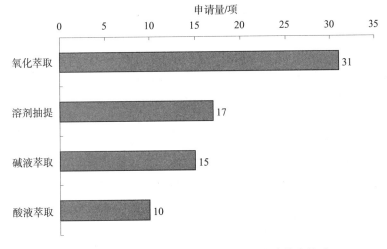

图 3 - 3 - 6　萃取脱硫埃克森美孚专利申请技术构成

图 3 - 3 - 7 给出了埃克森美孚的专利技术和功效的状况，从图中可以看出，降低成本是埃克森美孚有关萃取脱硫专利的主要目的，由于萃取属于传统的化工分离工艺，因此其技术较为成熟，主要在于萃取剂的选择，而萃取剂则是选择与分离的烃类相溶的萃取剂，所以在萃取剂的选择上不存在相应的技术瓶颈，由图 3 - 3 - 7 中可以明显地看出，关于萃取剂的选择上并没有太多的涉及，而主要的研究方向或者重点集中在了如何降低脱硫过程中由于萃取所带来的成本和能耗，同时降低操作难度也是比较重要的考虑方向。

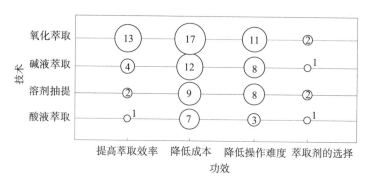

图 3-3-7 萃取脱硫埃克森美孚专利申请技术功效

注：图中数字表示申请量，单位为项。

图 3-3-8 中给出了埃克森美孚在非临氢萃取脱硫专利的技术路线，对于氧化萃取脱硫，2010 年以前一直有相关的专利申请出现，并且都是集中在了 2001～2005 年，其重要的专利申请包括了过氧化物油品脱硫如 US2007140949A1，还有围绕着一种烃类处理组合物如 WO02102934A1 等一系列的专利技术；对于碱液萃取，在 2000 年以前未见有相应的申请，主要的申请年份从 2001～2012 年都有相应的申请出现，其重要的专利申请包括了 US2008116112 等一系列基于除苯和硫的专利技术，还包括了在 2012 年申请的电化学脱硫，在电化学脱硫领域埃克森美孚提出了一系列相关申请，但是并不是仅仅限于萃取的技术领域，这一点值得关注；对于溶剂抽提，在 2000 年以前仅有 2 项申请，而从 2000 年开始一直持续到 2012 年都有相应专利申请提出，其重要的专利申请包括 WO0248291A1 等一系列有关石脑油氢转化溶剂萃取的相关技术，还包括 US2007138060A1 等一系列基于同时脱除硫和氮的相关技术；对于酸液萃取，专利申请的提出主要集中在 2000～2010 年，在此之外则没有相关的专利申请提出，重要的专利申请包括 WO2005056732A1 等一系列基于脱氮为目的的酸液萃取，还包括 US2009159501A1 的重质油脱硫专利技术。

通过对埃克森美孚在该领域的专利技术研究发现，以 GREANEY M. A. 为首的研发团队是埃克森美孚在该领域中申请量最多的研发团队，其申请的专利技术路线主要包括电化学脱硫、酸液萃取以及碱液萃取。具体参见表 3-3-1，可以看出，在 2000～2004 年，该团队的主要专利申请路线为碱液萃取脱硫，而从 2008～2011 年则转为电化学脱硫，同时也发现在 2004～2008 年，该研究团队的研究路线并不在萃取脱硫的工艺上，而是转为其他研究方向。从该研发团队的研究方向可以看出，在 2001～2004 年主要以碱液萃取为主，其主要的专利技术是在碱性条件下对含硫物质如硫醇等进行氧化，同时对催化剂包括相转移催化剂进行了相应的调整以期待能取得更好的脱硫效果，主要以 2001 年 6 月 19 日提出的 US2003094414A1 等一系列申请为主。而到了 2004 年以后，该团队转移了技术的研发方向，以电化学脱硫为主，如 2008 年提出的 US2009159427A1 等一系列电化学脱硫专利。

	1970~2000年	2001~2005年		2006~2010年		2011年至今	优先权年
氧化萃取	1988年 EP0278694A 过氧化物	2001年 WO02102934A 烃类处理组合物	2005年 US2005252831B1 石脑油氧化脱硫	2007年 US2007140949A1 过氧化物除硫氮	2007年 US2007163921A1 高温裂解		2012年 US2012234728A1 硫化钾脱硫溶剂
碱液萃取		2005年 US2005284794A1 C5石脑油脱硫醇	2003年 US2003188992A1 相转移催化剂	2008年 US2008116112A1 除苯利硫	2009年 US2009159503A1 苛性溶液萃取	2012年 US2012000792A1 电化学脱硫	
溶剂抽提	1976年 US476542A 酚类溶剂 1992年 US5095170A 膜分离	2002年 WO0248291A1 石脑油氢转化抽提	2005年 WO2005056730A1 含氮润滑油溶剂油抽提	2006年 WO2006055500A1 脱蜡油抽提	2007年 US2007138060A1 除硫氮	2010年 US2010126911A1 沥青溶剂抽提	2012年 WO2012003272A1 基础润滑油溶剂油抽提
酸液萃取		2005年 WO2005056732A1 酸萃取脱硫氮	2002年 US2002011430A1 降低酸含量	2009年 US2009159501A1 重质油脱硫			

图 3 - 3 - 8　萃取脱硫埃克森美孚专利技术路线

表 3 - 3 - 1　萃取脱硫埃克森美孚 GREANEY M. A. 主要专利

专利公开号	申请日	研发方向
US2012000792A1	2011 - 09 - 14	无氧条件下电化学脱硫
US2009159427A1	2008 - 10 - 28	电化学脱硫
US2009159501A1	2008 - 10 - 21	电化学脱硫
US2009159503A1	2008 - 10 - 21	电化学脱硫
WO2005056732A1	2004 - 12 - 01	酸液萃取
US2007272595A1	2004 - 12 - 01	酸液萃取
US2003188992A1	2000 - 04 - 18	相转移催化
US2003094414A1	2001 - 06 - 19	碱液萃取
US2003052044A1	2001 - 06 - 19	碱液萃取
US2003085181A1	2001 - 06 - 19	碱液萃取
US2003052046A1	2001 - 06 - 19	碱液萃取
US2003052045A1	2001 - 06 - 19	碱液萃取
US2002011430A1	2000 - 04 - 18	碱液萃取
WO0179386A2	2001 - 03 - 28	碱液萃取
WO0179380A2	2001 - 03 - 09	氧化萃取
WO0179391A1	2001 - 04 - 06	SCANfining
WO0179384A1	2001 - 03 - 20	溶剂抽提

表 3 - 3 - 2 中给出了埃克森美孚萃取脱硫专利中被引用次数最多的 15 项专利，通过对这些专利的研究发现，这些专利中涉及萃取脱硫工艺的专利不多，其中大部分专利的核心内容都是关于氧化脱硫、碱液脱硫以及脱硫催化剂等，仅仅是在脱硫工艺中涉及了萃取工艺部分。引用次数最多的 US6162350A 是一种烃类树脂的氢化处理方法，该方法包括使包含烃类树脂或松香的原料在适当的氢化处理条件下与本体多金属催化剂相接触，其中该催化剂是由至少一种第Ⅷ族非贵金属和至少两种第ⅥB族金属所组成。该方法通过提高物料通过体积和有效的催化剂寿命可达到提高烃类树脂的产率。该申请的同族专利还包括了引用次数较多的 US6620313A，WO9903578A1 则是一种加氢催化油品的催化剂，其解决的技术问题主要是提高含氮烃类的加氢催化活性，该申请的同族专利还包括了引用次数较多的专利 US6156695A。可见引用次数最多的前 4 项专利申请有两项是同族专利，且涉及的领域都是催化剂，表明在该领域埃克森美孚的专利技术研究主要集中在对烃类油品处理的催化剂上。

表 3 - 3 - 2　萃取脱硫埃克森美孚主要被引用专利

序　号	公开号	公开日	引证次数
1	US6162350A	2000 - 12 - 19	45
2	WO9903578A1	2000 - 12 - 05	29
3	US6620313A	2000 - 12 - 19	27

序　号	公开号	公开日	引证次数
4	US6156695A	2000 – 12 – 05	27
5	US7288182A	2007 – 10 – 30	27
6	US6635599A	2003 – 10 – 21	23
7	US4596785A	1986 – 06 – 24	23
8	US2005040080A1	2005 – 02 – 24	22
9	US5935417A	11999 – 08 – 10	22
10	US6096189A	2000 – 08 – 01	21
11	US5045206A	1991 – 09 – 03	21
12	US5120900A	1992 – 06 – 09	20
13	WO0041810A1	2000 – 07 – 20	20
14	US2004182749A1	2004 – 09 – 23	19
15	US4846962A	1989 – 07 – 11	19

　　由于上述引用次数较多的专利涉及的主要技术并不在萃取脱硫本身，而是在专利技术的工艺或者装置中提及了萃取。通过对整个埃克森美孚的专利分析发现，在萃取脱硫领域的主要专利技术重点在于氧化脱硫并结合碱液萃取，典型的专利包括WO02102935A1，该专利技术为含硫醇烃的油品升级涉及处理组合物，在无氧条件下，采用酞菁钴催化剂分离硫醇，由于酞菁钴的存在，降低了含水的处理溶液和烃之间的界面能，提高了不连续的水区域的快速聚结，从而使上述处理液处理过的烃能够更有效地分离，具体如图3 – 3 – 9所示。

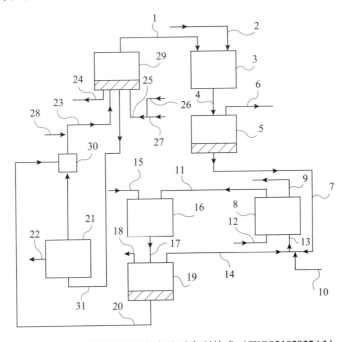

图3 – 3 – 9　萃取脱硫埃克森美孚专利技术（WO02102935A1）

另外，专利申请 US6960291B 涉及石脑油的脱硫，具体为在催化加氢条件下形成加氢脱硫石脑油，然后所产生的石脑油与含有水、碱金属氢氧化物、钴酞菁磺酸盐或烷基苯酚的处理组合物接触，从而脱除硫醇，具体如图 3-3-10 所示。

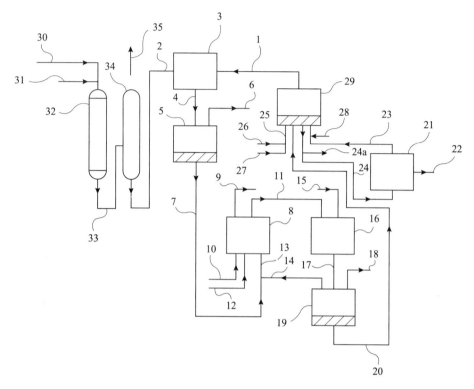

图 3-3-10　萃取脱硫埃克森美孚专利技术（US6960291B）

3.3.3　UOP 专利申请分析

图 3-3-11 给出了 UOP 的专利申请量年代分布，从图中可以看出，UOP 在整个年代分布中的年平均申请量并不大，最多才达到 6 项。专利申请量在 1970～1985 年的申请量相对较大，而到了 1985 年以后申请量呈现出了下降的趋势，甚至在 1990 年左右没有相关的申请出现，一直持续到 2010 年左右，申请量都是在较低的状态徘徊，而到了 2010～2014 年，申请量又有了较快的增长。由于 UOP 在炼油行业的研发时间比较早，因此在 20 世纪 70 年代出现了很多有关萃取脱硫方面的申请，因为无论氧化脱硫还是吸附脱硫都难免涉及萃取，而且此时的萃取工艺也比较简单，而到了 20 世纪 80 年代以后，有关脱硫的研究更多地关注在氧化萃取剂的选择利用以及新型脱硫工艺的开发，因此，萃取脱硫的申请量呈现出下降的趋势，而到了 2010 年以后随着离子液体等新型萃取技术的出现，使得脱硫萃取的申请量有了明显地提升。

图 3-3-12 给出了 UOP 专利技术构成的申请量状况，从图中可以看出，氧化萃取是 UOP 在有关萃取脱硫中最为常见的技术，也是研发的重点。碱液萃取的申请量次之，这表明在 UOP 有关萃取脱硫的技术中碱液萃取也是研发的重点，其主要专利技术研究

方向就是在碱性条件下催化氧化油品中的硫，同时也涉及了催化剂以及氧化剂的选择。值得注意的是，与埃克森美孚公司不同之处在于，UOP 申请了很多关于离子液体萃取脱硫的专利技术，由于这项技术目前多数处于研究实验阶段，因此 UOP 显然已经在这一技术领域开始了专利布局。

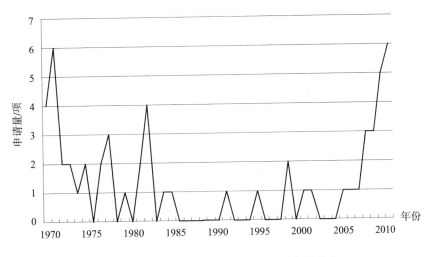

图 3 - 3 - 11　萃取脱硫 UOP 专利申请年份分布

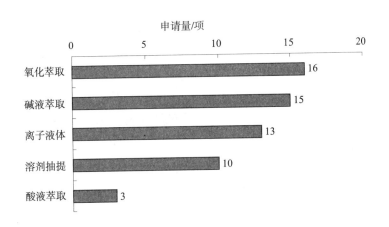

图 3 - 3 - 12　萃取脱硫 UOP 专利申请技术构成

从 UOP 的技术功效图 3 - 3 - 13 中可以看出，对于萃取效率、降低成本、降低操作难度以及萃取剂的选择这 4 种功效而言，专利申请量的分布比较分散，重点不是很突出，原因在于萃取工艺的主要功能就在于操作条件比较温和，除了超临界萃取以外通常不会选择高温高压的工艺，而这样就相当于直接节省了投资成本、降低了能耗，在此基础上萃取剂的选择以及萃取效率的提高显得不是十分的重要，尤其是当萃取工艺作为脱硫的辅助工艺时，这一点表现得尤为明显。但是从图 3 - 3 - 14 中也可以看出，对于离子液体而言，其功效部分在萃取效率中明显比其他功效的申请量多，由于离子液体是一种特殊的萃取剂，其本身就具备比其他萃取剂更好的萃取效果。

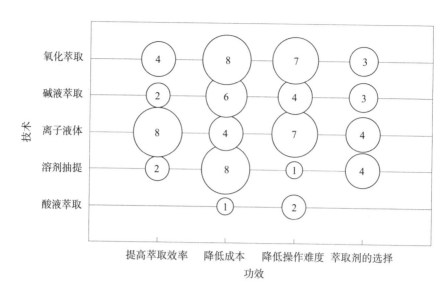

图 3 - 3 - 13　萃取脱硫 UOP 专利申请技术功效

注：图中圈内数字表示申请量，单位为项。

图 3 - 3 - 14 给出了 UOP 在非临氢萃取脱硫专利的技术路线，对于氧化萃取脱硫，其专利技术的申请主要出现在 1990 年以前和 2010 年以后，而在这之间则很少有相应的专利申请，其重要的专利申请包括了催化氧化脱硫醇如 US436214A 和 US2012043259A1，值得注意的是 UOP 还尝试了新的油品脱硫方法。例如，微生物氧化脱硫 US6306288B1 和生物净化油品技术 US2014005451A1；对于碱液萃取，尽管在申请量的年代分布上还是体现出了先降低后增加的趋势，但是在降低的波谷部分还是出现了一些专利申请，这表明 UOP 在该领域还是持续投入了一定的关注，其重要的专利申请包括了 US4412912A 等一系列碱液催化氧化专利技术，还包括了预碱洗脱硫技术 US2014066682A1；对于溶剂抽提，其申请量的分布较为明显，在 1990 年之后没有相应的专利申请出现，其重要的专利申请包括 US3619419A 的一系列有关单次和两次溶剂抽提的相关技术，还包括了 US3864244A 的一系列基于分离极性化合物的相关技术；对于离子液体，专利申请的提出主要集中在 2000 年以后，而在此之前则没有相关的专利申请提出，其重要的专利申请包括 US2011155635 的一系列基于脱金属为目的萃取，还包括了 US2014001093A 的脱氮为目的的萃取。

表 3 - 3 - 3 给出了 UOP 有关萃取脱硫专利被引用次数最多的前 15 项专利。可以看出 UOP 有关萃取脱硫的专利申请全部是 2000 年以前，大部分是 20 世纪 70 年代的专利申请，通过对表中专利的研究发现，与埃克森美孚所不同的是，UOP 萃取脱硫的专利大部分都是萃取及其相关的专利申请，这一方面表明 UOP 在针对萃取脱硫领域的申请较早且其重点技术放在了萃取部分，埃克森美孚的重点研究对象并不在萃取工艺上，而另一方面 UOP 在 1980 年以前较多的研发精力曾经投入到萃取脱硫的领域，在此之后逐渐的转入其他领域。

	1970~1990年	1990~2010年	2011年至今	优先权年
氧化萃取	1976年 US4039389A 液液两相相萃取；1982年 US4362614A 催化氧化脱硫醇；1986年 US426341A 多级萃取	2001年 US6306288B1 微生物氧化脱硫	2012年 US201230142A1 氧化物萃取；2012年 US2012043259A1 催化氧化苯取	2014年 US20140005451A1 生物净化油品
碱液萃取	1977年 US4104155A 碱液催化氧化；1982年 US4404098A 碱液催化氧化；1983年 US4412912A1 碱液催化氧化	2001年 US6623627B1 碱液选择性脱硫；2007年 US2009065399A1 脱噻吩油再生	2014年 US2014066682A1 预碱洗脱硫	2014年 US2014163295A1 膜脱硫
溶剂抽取	1969年 US3619419A 单次溶剂抽提；1971年 US3723297A 催化沥青油提；1973年 US3864244A 分离极性化合物			
离子液体		2007年 US2009065391A 离子液体氧化噻吩；2010年 US2011155635A 离子液体除金属	2012年 US2013153464A 瓦斯汽油脱氮；2013年 US2014001093A 离子液体脱硫氮	2013年 US2014001008A 重质油脱硫氮

图 3－3－14 萃取脱硫 UOP 专利申请技术路线

305

表 3 - 3 - 3　萃取脱硫 UOP 主要被引用专利

序　号	公开号	公开日	引证次数
1	US4033860A	1977 - 07 - 05	29
2	US3574093A	1970 - 04 - 06	19
3	US2988500A	1961 - 06 - 13	18
4	US5582714A	1996 - 12 - 10	17
5	US3723297A	1973 - 03 - 27	16
6	US3723256A	1973 - 03 - 27	14
7	US4234544A	1980 - 11 - 18	14
8	US4362614A	1982 - 12 - 07	14
9	US3492222	1970 - 01 - 27	13
10	US4070271A	1978 - 01 - 24	13
11	US3108081A	1963 - 10 - 22	12
12	US3714033A	1973 - 01 - 30	12
13	US4053369A	1977 - 10 - 11	12
14	US2921021A	1960 - 01 - 20	11
15	US3551327A	1970 - 12 - 29	11

　　引用次数最多的专利申请 US4033860A 是一种脱硫醇的工艺，其采用了金属酞菁催化剂在有氧和碱性的条件下对烃类进行萃取。专利申请 US5376608A 也是一种脱硫醇工艺，其用含有催化剂聚酞菁钴的氢氧化钠水溶液（碱液）作萃取剂，通过萃取将汽油中的硫醇转化成硫醇钠抽提到碱液中，然后在空气作氧化剂的条件下，将硫醇钠氧化成氢氧化钠和二硫化物，达到了萃取脱除油品中的硫化物和回收 NaOH 碱溶液的目的；专利申请 US3574093A 则是在碱性条件下采用氧化萃取剂以及金属酞菁催化剂去除 C_3 和 C_4 烃类中的硫醇的工艺方法，具体如图 3 - 3 - 15 所示。可见在该领域 UOP 的油品脱硫专利技术主要为金属酞菁催化剂在碱性条件下氧化油品中的硫醇。

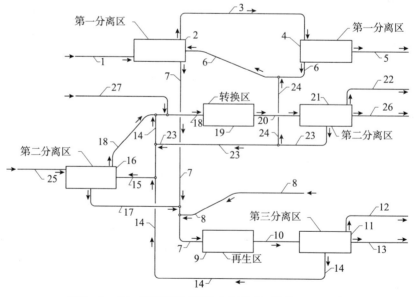

图 3 - 3 - 15　萃取脱硫 UOP 专利技术（US3574093A）

3.4　萃取脱硫主要专利技术

3.4.1　氧化萃取脱硫

　　图3-4-1给出了氧化萃取脱硫申请量年代分布，在1968年开始就出现了有关氧化萃取脱硫专利申请，一直到2000年以前，氧化萃取脱硫的申请量一直不高，基本上保持在5项以内，这也和萃取脱硫全球总的申请量年代关系趋势基本上保持一致，也就是说在此之前由于对环境保护以及汽车排放的控制相对不够严格，因此，申请总量并不是很大。在2000年以后，有关氧化萃取脱硫的申请量出现了比较明显的增加，尽管在2005年和2010年前后有明显的波动，但是其申请总量是明显增加的，这与全球对于环境污染的重视程度有很大关系，也表明各个国家开始投入了更多的研发在油品脱硫技术中。而对于在2005年和2010年出现的波动，很可能与油品脱硫的研发方向有关系，由于出现离子液体或者新型的吸附剂，导致了在氧化萃取方面的专利申请有明显的波动，但是，由于氧化萃取脱硫目前是较为成熟的脱硫工艺，因此，其申请总量仍然是比较高的。

图3-4-1　氧化萃取脱硫专利申请年份分布

　　图3-4-2给出了氧化萃取脱硫的国家或地区分布，美国仍然是氧化萃取脱硫专利申请量最多的国家，由于美国在非临氢脱硫整个领域中的申请量最多，而氧化萃取脱硫又是其较为成熟的非临氢脱硫工艺，因此，在氧化萃取脱硫方面的申请量也相对较多，同时需要注意的是，有一部分申请涉及的核心技术并不是萃取工艺和设备或者萃取剂，而是氧化萃取脱硫中的氧化工艺以及催化剂或者氧化剂的选择，但是由于萃取是氧化脱硫中的后续辅助工艺，因此，这一数据中关于萃取的专利申请也列入分析数据中。中国和日本的申请量基本相同，尤其是中国的专利申请，相比较于其他技术路线，氧化萃取的申请量所占比重是比较大的，这也表明我国在氧化萃取脱硫领域中的研究也比较多。

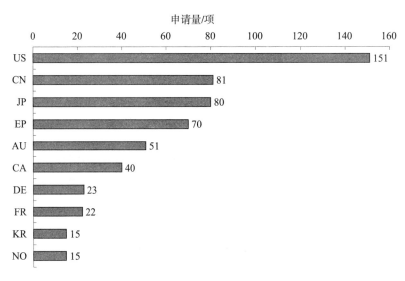

图3-4-2 氧化萃取脱硫专利申请国家或地区排名

图3-4 3给出了氧化萃取脱硫申请人分布，埃克森美孚的申请量排名第一，而且该项数据表明了在氧化萃取脱硫的申请量所占的比重，明显要比其他国家高一些，这也表明埃克森美孚在非临氢脱硫领域中的研发重点是倾向于氧化萃取脱硫的。UOP和中石化排在了第二和第三位，该排名也基本上与非临氢脱硫总的全球申请人排名相同。

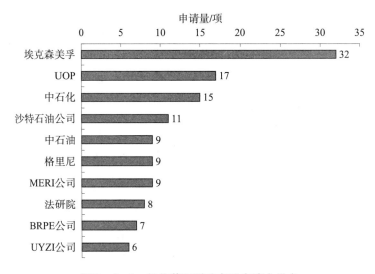

图3-4-3 氧化萃取脱硫专利申请人排名

表3-4-1中给出了根据引用次数确定的氧化萃取脱硫重点专利，专利申请US6162350被引用的次数最多，该申请在前面的埃克森美孚专利分析中已经提到。而专利申请 US4033860 则是一种传统的萃取脱硫技术，具体为在碱性条件下用金属负载催化剂脱除石油馏出物的硫醇，该方法克服了需要的催化剂和苛性介质的步骤定期再生

问题。专利申请 EP0565324A 则是日本 AIDA 提出的一种回收油品中有机硫的工艺，其连续采用了硫的氧化、溶剂抽提以及吸附等工艺对油品中硫进行去除和回收。US2988500A 则是 UOP 早期开发的专利，采用酞菁催化剂在碱性条件下氧化硫醇从而处理烃类中的酸性物质，这是 UOP 公司最早的有关采用酞菁催化剂碱性氧化脱硫醇的专利。US4753722A 是 MERI 公司开发的在含氮条件下碱液氧化烃类脱除硫醇的工艺技术。US2003085156B1 是 EXTRACTICA 公司开发的采用离子液体氧化脱除油品中硫的工艺技术。US3108081A 则是 UOP 较早开发的用于碱性条件下氧化硫醇的酞菁催化剂，解决的技术问题是改善催化剂载体的性能。US6007704B1 是法研院开发的制备低硫、低石蜡烃类的工艺方法。

表 3 - 4 - 1 氧化萃取脱硫引证次数较多的重点专利

序号	公开号	公开日	引证次数	申请人	国家
1	US6162350B1	2000 - 12 - 19	45	埃克森美孚	美国
2	US4033860A	1977 - 07 - 05	29	UOP	美国
3	EP0565324A	1993 - 10 - 13	27	AIDA	日本
4	US2988500A	1961 - 06 - 13	27	UOP	美国
5	US4753722A	1988 - 06 - 28	27	MERI 公司	美国
6	US2003085156	2003 - 05 - 08	23	EXTRACTICA 公司	美国
7	US3108081A	1963 - 10 - 22	23	UOP	美国
8	US6007704B1	1999 - 12 - 28	22	法研院	法国
9	WO9903578A1	1999 - 10 - 28	22	埃克森美孚	美国
10	US3992156A	1976 - 11 - 16	21	MERI 公司	美国
11	WO0148119A1	2001 - 07 - 05	21	TORAY INDUSTRIES	日本
12	US2921021A	1960 - 01 - 12	20	UOP	美国
13	US4191639A	1992 - 09 - 08	20	埃克森美孚	日本
14	EP1854786A1	2007 - 11 - 14	19	英国石油	英国
15	US2966453A	1960 - 12 - 27	19	UOP	美国

3.4.2 溶剂抽提脱硫专利技术分析

图 3 - 4 - 4 给出了溶剂抽提脱硫的专利申请量年代分布，溶剂抽提属于一般意义上的萃取，多采用有机溶剂作为萃取剂，可以看出溶剂抽提整个申请量相对于氧化萃取脱硫会少很多，而且从图 3 - 4 - 4 中可以看出，溶剂抽提的专利申请量在整体趋势上是逐渐增加的，但是整体波动也比较大，整体趋势的增加是因为当非临氢脱硫整体的专利申请量在增加时，由于在炼油工艺中一些烃类的溶剂本身可以作为萃取剂，而不用选择炼油厂以外的其他萃取剂。

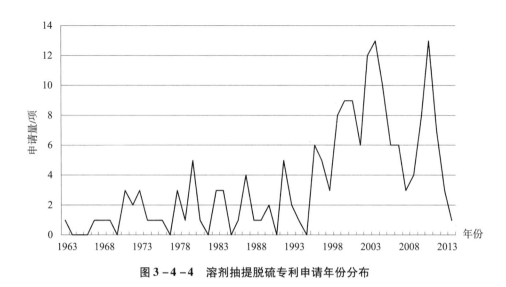

图3-4-4 溶剂抽提脱硫专利申请年份分布

图3-4-5给出了溶剂抽提脱硫国家或地区分布，美国由于其在非临氢脱硫的申请总量比较大，并且超出其他国家较多，所以溶剂抽提脱硫申请量美国仍然排在第一位，日本排在了第二位，这也与全球地区总的分布排名相同，这里需要注意的是，中国有关溶剂抽提的申请量在国家或地区的比较中有明显的下降，这表明我国有关溶剂抽提的研发投入不多，也表明在非临氢脱硫领域不是重点研究的对象。

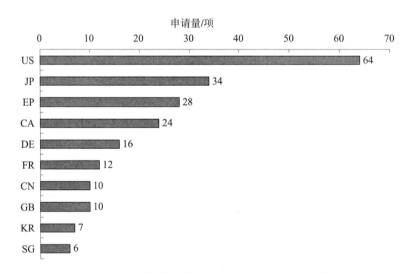

图3-4-5 溶剂抽提脱硫专利申请国家或地区排名

图3-4-6给出了溶剂抽提脱硫主要申请人的排名，结合氧化萃取脱硫的主要申请人排名，埃克森美孚和UOP溶剂抽提脱硫的申请人排名与氧化萃取脱硫相同都是前两名，而其他申请人的排名与氧化萃取脱硫相差较大，比较明显的是中石化的排名相较氧化萃取脱硫的排名下降了很多，这表明中石化在非临氢脱硫领域中有关溶剂抽提脱硫的研究要比氧化萃取剂的研究投入了相对较少的关注。

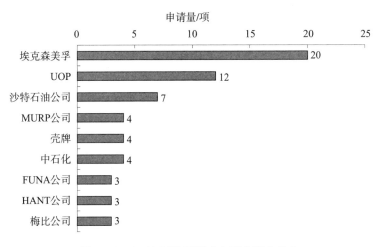

图 3 - 4 - 6　溶剂抽提脱硫专利申请人排名

表 3 - 4 - 2 给出了溶剂抽提萃取脱硫中被引用次数最多的前 15 项专利，通过对这些专利分析可以看出，在萃取脱硫中溶剂抽提萃取的专利大部分来自埃克森美孚，这表明埃克森美孚在萃取脱硫专利技术中很大一部分比重放在了溶剂抽提上。引用次数最多的专利申请 EP0565324A 在前面已经提到了，其是日本 AIDA 公司开发包括了多个工艺步骤的脱硫技术，其中涉及了溶剂抽提。而专利申请 US4017383A 则是美国 PARSONS公司开发的溶剂抽提技术，其采用多段变压力工艺以获得较好的溶剂抽提效果。专利申请 WO9903578A 是埃克森美孚开发的一种加氢催化剂，其主要采用镍钼为活性组分，以获得较好的催化效果。

表 3 - 4 - 2　溶剂抽提萃取脱硫引用次数较多的重点专利

序号	公开号	公开日	引证次数	申请人	国家
1	EP0565324A	1993 - 10 - 13	27	AIDA T	日本
2	US4017383A	1977 - 04 - 12	27	PARSONS CO	美国
3	WO9903578A	1999 - 01 - 28	22	埃克森美孚	美国
4	US6620313A1	2000 - 12 - 19	17	埃克森美孚	美国
5	US3723297A	1973 - 03 - 27	16	UOP	美国
6	US6156695A	2000 - 12 - 05	16	埃克森美孚	美国
7	US7288182A	2007 - 10 - 30	16	埃克森美孚	美国
8	US6635599A	2003 - 10 - 21	15	埃克森美孚	美国
9	US3723256A	1973 - 03 - 27	14	HUTO	德国
10	US3992156	1986 - 06 - 24	14	法研院	法国
11	US2002035306A1	2002 - 03 - 21	13	BONDE S	日本
12	US2005040080	2005 - 02 - 24	13	埃克森美孚	美国
13	US3492222A	1970 - 01 - 27	13	UOP	美国
14	US3639229A	1972 - 02 - 01	13	埃克森美孚	美国
15	US5935417A	1999 - 08 - 10	12	埃克森美孚	美国

另外较为典型的溶剂抽提脱硫专利技术如专利申请 US6358402B 公开了一种溶剂抽提工艺，具体为含硫有机进料物流在萃取蒸馏的条件下与液相硫选择性溶剂进行接触，从而脱除进料物流中的硫，如图 3-4-7 所示。

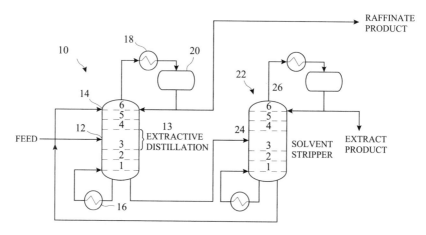

图 3-4-7 溶剂抽提脱硫专利技术（US6358402B）

3.4.3 离子液体萃取脱硫专利技术分析

图 3-4-8 给出了离子液体萃取脱硫的申请量年代分布，由于离子液体是一种新型萃取剂，因此，其专利申请的时间明显较晚，在 2002 年才开始出现专利申请，而且整体申请量并不大，由于目前离子液体的工业化较少，多数处于机理或者实验室研究中，因此，尽管整体数量上在 2002 年以后有明显的增加，但是波动较大，只能在整体趋势上判断是增加的，2013 年和 2014 年的申请量比其他年份都有明显的增加并且没有出现波动，这也表明了目前离子液体萃取脱硫是比较重要的研究方向。

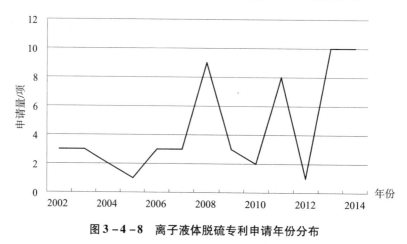

图 3-4-8 离子液体脱硫专利申请年份分布

图 3-4-9 给出了离子液体萃取脱硫的国家或地区分布，尽管在离子液体萃取脱硫的申请量中，美国仍然排在第一位，中国排在第二位，但是由于总的申请量并不大，

因此，这两个国家在离子液体萃取中的绝对申请量差距并不明显，而相比较其他国家而言，美国和中国的申请量则要高出不少，这也表明目前针对离子液体脱硫技术，美国和中国研究较多。

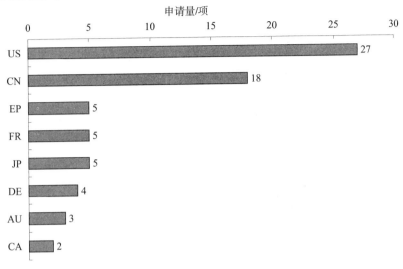

图 3 - 4 - 9　离子液体脱硫专利申请国家或地区排名

图 3 - 4 - 10 给出了离子液体萃取脱硫的主要申请人排名，有关离子液体的申请人分布中，UOP 排名第一位，而在整个全球非临氢脱硫申请量最多的申请人埃克森美孚在离子液体方面没有相关的申请，这表明埃克森美孚在非临氢脱硫领域中的研发并没有关注离子液体萃取脱硫，从埃克森美孚作为申请人的专利分析中可以看出，其研究的重点是氧化萃取、碱液萃取等。从图 3 - 4 - 10 中也可以看出，除了 UOP 以外的其他申请人的申请量不大，且申请人的分布也比较分散，这也表明了目前很多申请人都在尝试离子液体萃取脱硫这个研究方向，但是并不是研发的重点，仅仅是一种尝试。

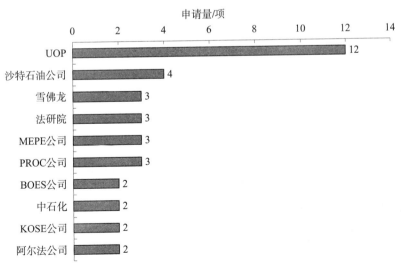

图 3 - 4 - 10　离子液体脱硫专利申请人排名

表3-4-3给出了离子液体萃取脱硫中被引用次数最多的前15项专利，通过对这些专利的分析可以看出，离子液体萃取脱硫的重点专利中，申请人比较分散，在前15名申请人中就有13个公司，只有雪佛龙和德国MERCK具有2项专利申请。这表明由于离子液体是比较新型的萃取脱硫技术，因此，很多公司都在进行尝试性的研究，并没有实现真正的工业化。引用次数最多的是美国公司EXTRACTICA申请的US2003085156A专利，其主要采用离子液体脱除烃类原料中的有机硫，然后将被离子液体氧化后的硫通过萃取的方式进行分离。专利申请EP1854786A是英国石油公司申请的专利，其在萃取步骤中采用离子液体对烃类进行了有效分离。专利申请WO2007138307A1是英国UNIV QUEENS BELFAST公司申请的专利，其是针对原油中具有酸性的硫进行脱除的工艺，其中采用了离子液体作为脱硫的萃取剂。专利申请US6339182B1是雪佛龙采用离子液体分离石蜡中烯烃的工艺。

表3-4-3　离子液体萃取脱硫引用次数较多的重点专利

序号	公开号	公开日	引证次数	申请人	国家
1	US2003085156A1	2003-05-08	23	EXTRACTICA	美国
2	EP1854786A	2007-11-14	19	BP PLC	英国
3	WO2007138307A1	2007-12-06	19	UNIV QUEENS BELFAST	英国
4	US6339182B1	2002-01-15	18	雪佛龙	美国
5	US2010270211A1	2010-10-28	13	SAUDI ARABIAN OIL CO	沙特
6	US7019188B2	2006-03-28	12	NOVA CHEM INT SA	美国
7	US2010051509A1	2010-03-04	10	INSTMEXICANODEL PETROLEO	墨西哥
8	US7553406B2	2009-06-30	10	MERCK PATENT GMBH	德国
9	US2004045874A1	2004-03-11	9	法研院	法国
10	US2005010076A1	2005-01-13	9	MERCK PATENT GMBH	德国
11	US2011203972A1	2011-08-25	9	AGEL F. E.	美国
12	US5494572A	1996-02-27	9	GEN SEKIYU KK	日本
13	US6013176A	2000-01-01	9	埃克森美孚	美国
14	WO0198239A1	2001-12-21	9	雪佛龙	美国
15	US2008221353A1	2008-09-11	8	NIPPON CHEM IND CO. LTD.	日本

另外值得注意的是，对于离子液体脱硫而言，更多的专利申请技术并不仅仅是针对于脱硫，还包括了在脱硫的同时对油品中的烃类或者溶剂的分离、金属离子的去除等。如专利申请WO2007138307A1是将粗原油和/或含硫氨基酸的原油馏出物与一种碱性的离子液体进行接触，含硫的酸被提取到碱性离子液体中作为萃取相，从而降低酸度，从碱性离子液体萃取相分离以除去含硫的酸，即该方法是在除酸的同时脱硫。而专利申请US2010270211A1是脱除含烃进料中硫的方法，包括使进料物流与至少一种金

属盐和至少一种离子型液体进行接触混合，然后形成富硫和贫硫两部分，进而实现分离，该方法中不但脱除了烃类中的硫，还将原料中的烃类进行了分离。

3.5　结论和建议

3.5.1　本章结论

（1）通过专利分析可以发现，大部分萃取脱硫技术和工艺处于理论或者试验的初步阶段，并且很多专利技术的主题通常是氧化、吸附以及吸附剂、催化剂的专利技术和工艺，而不是萃取，在这些专利技术中仅仅是在工艺和方法中涉及了萃取作为辅助工艺；同时由于目前油品脱硫的要求不断地提高，常规的萃取剂已经无法满足较高的脱硫率；基于上述原因导致了非临氢萃取脱硫专利的申请量不大。

（2）通过国外在国内的申请量可以看出，对于非临氢萃取脱硫技术，外国在华的专利申请量占总申请量的9%，共计12件专利申请，其中6件失效，3件维持，3件未决，其中3件维持的专利申请均为油品的氧化脱硫技术。由于整体数量较少，由此可见，外国申请人并没有在非临氢萃取脱硫领域中过多地关注我国国内市场或者并没有在该领域中展开专利布局。

（3）在国内申请中，63%专利申请为高校和研究机构，这也表明了，非临氢萃取脱硫的大部分研究和开发都来自研究机构而不是企业申请，这与目前行业内非临氢萃取脱硫工业应用很少有关。

（4）中石化作为该领域中国申请人的龙头，其目前主要的非临氢脱硫技术为S-Zorb吸附脱硫工艺，但是其也在其他研究方向上进行了尝试，尽管申请的数量不大，这些技术的研究方向主要集中在了溶剂抽提、氧化萃取以及碱渣废液的综合利用，其关注方向更偏向于废液的再利用以及节能环保的方向。

（5）埃克森美孚关于萃取脱硫的研究重点为碱性条件下氧化催化脱硫技术，包括其多金属相转移催化剂，而该公司在2012年以后尝试研发了新的脱硫方式即无氧条件下的电化学脱硫。

（6）UOP关于萃取脱硫的研究重点为碱性条件下氧化催化脱硫脱硫醇以及同时脱硫脱氮技术，包括其聚酞菁钴催化剂，而该公司在2000年和2014年分别尝试研发了新的脱硫方式——微生物氧化脱硫以及生物净化油品技术，而在2013年又尝试研发了一种新的脱硫方式——离子液体脱硫氮。

3.5.2　发展建议

（1）国内的高校以及研究机构已经开始研发离子液体脱硫技术，但是目前为止并没有工业应用，而通过专利分析发现，国外在尝试新的脱硫技术不但涉及了离子液体脱硫，还涉及了生物脱硫、电化学脱硫等新技术，因此国内企业应该给予一定的关注，以期获得更为高效、环保的脱硫方式。

（2）对于非临氢萃取脱硫申请量排名第一的埃克森美孚，通过专利分析发现，对于萃取脱硫的新技术——离子液体萃取脱硫，该公司目前相关的专利申请很少，这表明该公司并没有将该项技术实施工业化的意图。从离子液体重点专利分析中可以看出，有关离子液体的重点专利申请人十分分散，这也表明各大公司并没有加大对于该项技术的投入和关注，这就为我国国内申请人提供了将该项技术尽早实现工业化并抢占市场的机会，当然前提条件是进行专利申请的布局。

第4章　吸附脱硫

吸附脱硫技术的原理是将吸附剂填装在反应装置里，让汽油与吸附剂充分接触，吸附剂中的活性组分对硫化物产生物理吸附或化学吸附，并脱除大量的含硫化合物。目前研究比较多的脱硫吸附剂类型主要有分子筛基吸附剂、复合金属氧化物基吸附剂和活性炭基吸附剂。❶

分子筛基吸附剂主要利用其孔径结构、较大的比表面积来对含硫化合物进行吸附脱除，目前主要研究过的分子筛基吸附剂类型有 A 型、X 型、Y 型、MCM - 41 型和 ZSM - 5 型等，可是该类吸附剂不能大量地脱除 FCC 汽油中的含硫化合物，这是因为此类吸附基本上是物理吸附，极易达到吸附平衡。常通过离子交换对其进行修饰来提高吸附硫容量和脱硫选择性。CuY 和 AgY 改性的分子筛基吸附剂，可以选择性地脱除 FCC 汽油中的稠环噻吩类硫化物。

金属氧化物吸附剂最具代表性的是由飞利浦石油公司开发的 S - Zorb 工艺，现在该技术已经转让给中石化。中石化对该技术进行了技术升级改造，并成功应用于国内外多家炼油厂。该吸附剂主要组成为氧化锌、氧化镍以及一些硅铝组分。脱硫过程中，气态烃与吸附剂接触后，含硫化合物被牢牢地吸附在吸附剂表面上，C - S 键断裂，吸附剂把硫原子从硫化物中吸附出来，而烃分子返回到烃气流中。该过程避免了 H_2S 与烃的副反应，因为在反应过程中不产生 H_2S，从而降低硫含量和氢耗。

活性炭是一种非极性吸附剂，具有物理吸附、化学吸附、氧化、催化氧化和还原等性能，吸附性能主要取决于孔结构和表面化学结构。活性炭具有发达的微孔和巨大的比表面积，比表面积通常可达 $500 \sim 1700 m^2/g$，因此其吸附能力和吸附容量非常好。

吸附脱硫方法以其投资少、操作简单、能够深度脱除硫化物、极低的污染排放等优点得到了较快的发展。目前，吸附脱硫技术已经实现了大规模的商业化应用，但是吸附脱硫还存在以下问题：①吸附剂的选择性和饱和硫容量有待提高；②目前对于吸附脱硫机理还不是很明确；③需要进一步提高反应效率和液体收率。

4.1　文献检索及数据处理

中文专利主要检索中国国家知识产权局的 CPRS 数据库以及 S 系统中的 CNABS、CNTXT 数据库，外文专利检索主要检索的数据库是世界专利索引数据库（WPI）数据

---

❶ 郝浩升，等. FCC 汽油吸附脱硫技术的研究进展 ［J］. 应用化学，42 (1)：156 - 160.

库和欧洲专利文摘数据库（EPODOC 数据库）。采用基本相同的检索词和分类号在不同的数据库中进行检索，三个数据库得到的数据统一导入 CPRS 系统中和 EPOQUENET 系统中，去重后导出数据，并进行人工阅读去噪。检索结果的截止时间为 2014 年 6 月 3 日。

中文检索关键词包括"油品""脱硫""吸附"，分类号主要涉及 C10G、B01J、C07C、B01D。检索关键词"油品"扩展的检索词包括油品、汽油、柴油、煤油、料流、烃、组分、馏分，"脱硫"扩展的检索词包括"（脱 + 去 + 降 + 除 + 减）＊（硫 + 噻吩）"。对初步检索后得到的专利摘要进行阅读，人工去除其中引入的噪声，最终确定的有效中文专利共 334 项，经过验证，中文专利的查全率为 95%，查准率为 100%。

英文检索关键词包括"oil""desulphurization""aborbent"，分类号主要涉及 C10G、B01J、C07C、B01D。检索关键词"oil"扩展的检索词包括 gasoline、diesel、kerosene、fluid、hydrocarbon、fraction，"desulphurization"扩展的检索词包括"desul +""mercaptan""sulfide""thiophene"。最终确定的外文专利共 2406 项，经过验证，外文专利的查全率为 90%，查准率为 91%。

4.2　全球专利申请状况分析

本节主要介绍了吸附脱硫领域全球专利申请的整体趋势、申请人类型、地区分布、主要申请人的专利申请趋势分析等内容。

4.2.1　整体态势

根据检索到的专利数据，对全球专利申请的年代分布进行分析，从而得到吸附脱硫领域全球专利申请的变化趋势图 4 - 2 - 1。从中可以看出，吸附脱硫专利申请趋势可以明显分为两个阶段，第一阶段是 2000 年之前，申请量基本在 50 项以下，申请量增长缓慢。这主要是由于这一时期的吸附脱硫技术脱硫能力有限，废弃吸附剂的处理容易

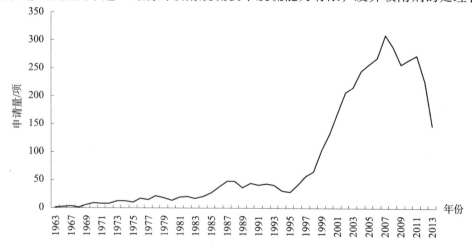

图 4 - 2 - 1　吸附脱硫全球专利申请趋势

污染环境，且当时主流的油品脱硫技术是加氢脱硫，因此吸附脱硫技术的研究未受到重视。

2000年以后吸附脱硫的专利申请量进入快速发展期，在2003年迅速增长到200项/年，这一趋势一直维持到目前。这是由于在2000年后各国陆续出台越来越严格的油品硫含量标准，而传统的油品加氢脱硫方法存在进行超深度脱硫时辛烷值损失过大，经济性变差的弊端。因此传统的加氢脱硫技术已经不能适应严格的油品标准，于是广大油品生产企业纷纷寻求新的、经济的脱硫工艺以应对严格的油品标准。

4.2.2　申请人类型分析

对吸附脱硫领域的全球专利申请的申请人进行汇总，从而得到如图4-2-2所示的吸附脱硫领域专利申请人类型分布图，从图中可以看出，吸附脱硫的专利申请绝大部分是企业申请，这一方面是由于油品的加工属于资金和技术密集型的行业，个人在资金和技术能力上有限，无法深入研究，高校则主要受制于资金问题，无法持续深入地进行研究；另一方面也是由于石油加工行业属于长周期的研究项目，需要付出较多的时间和精力成本。

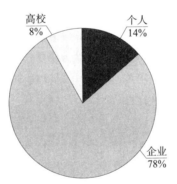

图4-2-2　吸附脱硫全球专利申请人类型比例

4.2.3　各主要申请国家/地区申请人专利申请分布

对吸附脱硫全球专利申请的申请人进行国家/地区分布统计并进行排序，选择排名前10的国家/地区进行分析，从而得到如图4-2-3所示的主要申请国家/地区申请人分布。从图中可以看出，美国是吸附脱硫领域最大的专利原创国，几乎占据了全部申请量的半壁江山，显示了美国在该领域的统治地位。日本和中国的申请量也较大。从行业格局上说，世界上许多大型石油炼化公司都是美国公司，这也造就了在吸附脱硫领域的专利申请原创国中美国一家独大的情况。

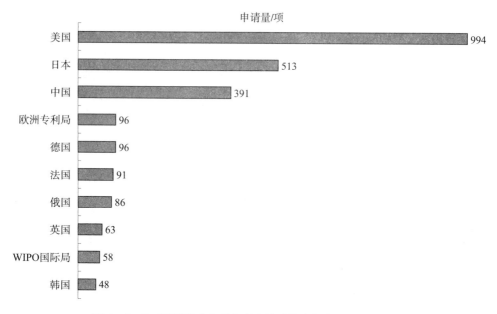

图4-2-3 吸附脱硫全球专利申请趋势主要专利原创地分布

对吸附脱硫全球专利申请的申请人进行汇总统计，挑选出排名前10的申请人得到图4-2-4所示的重要申请人分布，从图中可以看出，虽然中国的总申请量比美国低，但是中国的石油化工行业垄断程度较高，作为中国石油化工行业的绝对霸主，中石化在该领域的申请量领先于其国际竞争对手。申请量前10名中，美国的公司占有3名，也证明了美国在该技术领域的实力。

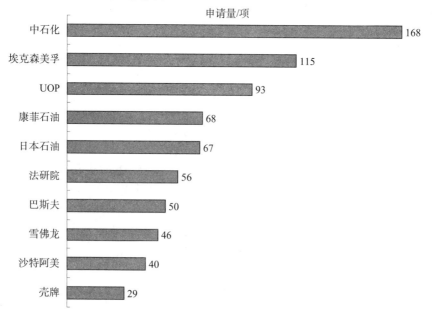

图4-2-4 吸附脱硫全球专利申请人排名前10位

4.2.4 技术功效矩阵分析

图 4-2-5 是根据全球专利数据作出的技术功效分布，从图中可以看出，吸附脱硫的全球专利分布中，活性炭、复合金属氧化物、分子筛三个主要的技术分支，其总的申请量基本相当，其中对于吸附剂本身的再生性能以及抗磨性能的改进是研究的热点，复合金属氧化物的研究热点在于提高脱硫深度和提高其再生及抗磨性能。

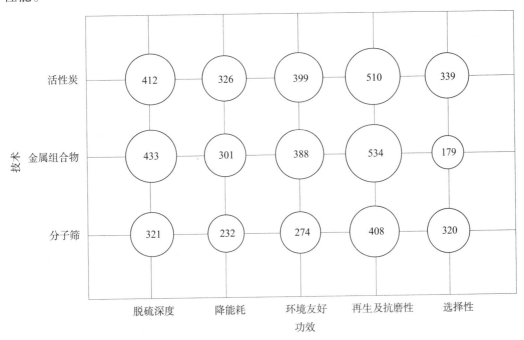

图 4-2-5　吸附脱硫全球专利技术功效

注：图中圈内数字表示申请量，单位为项。

4.2.5 各主要专利申请地专利申请量分布

根据之前对吸附脱硫全球专利申请的申请人国家或地区数据，挑选在该技术领域申请量较大的美国、日本、欧洲专利局和 WIPO，分别进行申请变化趋势分析，得到图 4-2-6 所示的申请量变化趋势。从这些图中不难发现，各申请地申请量虽然各不相同，但是都在 2000 年左右出现一个申请量迅速增长的发展高峰，与这些主要工业国家先后在 2000 年前后提高了成品油的质量标准有关，这也说明了在油品标准上，主要工业国家的发展步调基本保持一致，也从另一方面说明石油加工行业中，政府的环保政策的制定以及油品标准的提高是推动相关企业研发改进技术的最重要的动力来源。

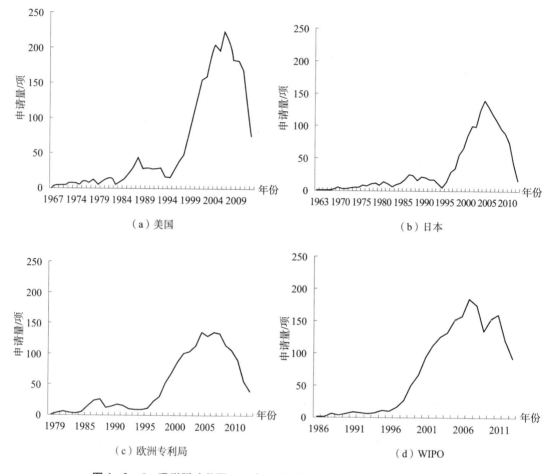

（a）美国　　　　　　　　　　　（b）日本

（c）欧洲专利局　　　　　　　　（d）WIPO

图 4 - 2 - 6　吸附脱硫美国、日本、欧洲专利局、WIPO 申请量变化趋势

4.2.6　主要申请人整体分析

对吸附脱硫全球专利申请的申请人进行汇总统计，对申请量较高的、具有代表性的公司如埃克森美孚、UOP、康菲石油和法研院进行分析，得到如图 4 - 2 - 7 所示全球几个主要申请人的申请量变化趋势，从中可以看出，埃克森美孚和 UOP 是比较早关注该领域的公司，其申请量增长比较平稳，现在基本保持在每年 10 项左右的申请量；而康菲石油在 2002 年前后申请量在 20 项左右，之后迅速回落到 5 项左右，这主要是由于近年来康菲石油的主营业务转向原油勘探开采，并将大部分炼油相关的业务技术转让出去，在 2007 年康菲石油将自己在吸附脱硫领域研发的 S - Zorb 技术相关专利和权益全部转让给了中石化，从而导致其申请量近年来出现较大的跌幅。法研院在 2000 年后申请量保持在 10 项左右，相对比较稳定。

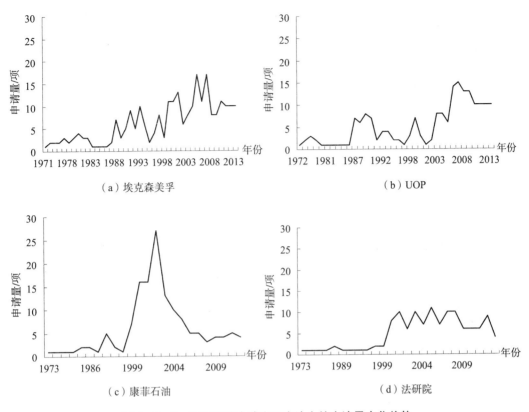

（a）埃克森美孚　　　　　　　　　　（b）UOP

（c）康菲石油　　　　　　　　　　　（d）法研院

图 4 - 2 - 7　吸附脱硫全球主要申请人的申请量变化趋势

4.3　中国专利申请状况分析

本节主要对吸附脱硫领域的中国专利申请进行统计，对该领域的中国专利申请的整体趋势、申请人类型、地区分布、主要申请人的专利申请趋势分析等进行解读。

4.3.1　中国专利申请的专利类型分析

对于吸附脱硫领域的中国专利申请进行分析，得到如图 4 - 3 - 1 所示的吸附脱硫中国专利申请趋势图，从图中可以看出，在吸附脱硫领域的中国专利申请主要以企业和高校申请为主，企业依然是该领域申请量的绝对主力，但是其中高校申请所占的比例为 26%，要比国际申请中高校所占的比例 8% 高出许多，这一方面是由于在中国有很多行业特点的高校，如中国石油大学等，这些高校对于石油化工行业的最新技术有较高的敏感度；另一方面是由于国内石油化工企业经常和高校展开技术合作，因此导致高校申请在中国专利申请中的比例比全球高。

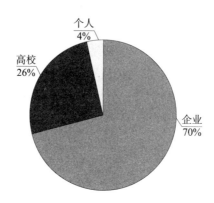

图 4 – 3 – 1　吸附脱硫中国专利申请人类型分布

4.3.2　中国发明专利申请的趋势分析

从图 4 – 3 – 2 中可以看出，吸附脱硫专利申请趋势可以明显分为两个阶段，第一阶段是 1985 年中国有了专利制度开始到 1999 年，每年的专利申请量都是零星几件，专利申请量极少，油品吸附脱硫技术在中国的专利申请基本处于停滞状态。一方面是由于中国专利制度刚刚建立，申请人的专利意识较弱，同时改革开放初期国外有实力的跨国公司对于中国市场还不熟悉；另一方面，国外吸附脱硫的研究也没有取得突破性的进展，还处于技术探索阶段，因此也没有在中国进行大规模的专利布局。

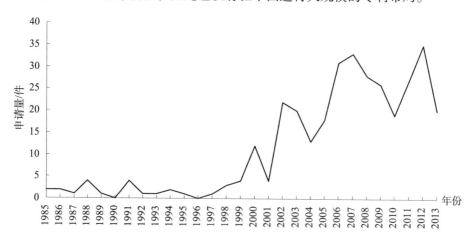

图 4 – 3 – 2　吸附脱硫中国专利申请趋势

2000 年以后进入快速发展期，基本每年的专利申请量都超过 20 件，尤其在 2006 ~ 2008 年，每年的申请量都超过了 30 件，这与国内外相继出台新的油品质量标准有关。

从 2004 年开始，我国正式开始在全国范围内实施具有新的汽油和柴油尾气排放国 Ⅱ 标准，这极大地刺激了以吸附脱硫为代表的油品脱硫技术的发展，从专利的申请量也可以看出，从 2004 年开始有关吸附脱硫的申请量具有较大的增长，随后在 2007 年国 Ⅲ 标准出台，2008 年国 Ⅳ 标准出台，直到 2012 年国 Ⅴ 标准出台，越来越严格的尾气排放标准推动油品生产企业提高自身的油品质量，加大科研投入，提升技术储备，由此大幅提高了相关的专利申请量，吸附脱硫作为目前已经有部分技术实现工业化并具有良好发展前景的非临氢脱硫技术自然申请量也水涨船高。

4.3.3　中国专利申请的来源国

数据分析显示，在油品吸附脱硫领域的中国专利申请以国内申请占绝大多数（参见图 4-3-3）。国外在华申请主要来自于美国、日本、法国、荷兰这几个拥有大型跨国能源企业的国家，但申请数量并不多。这一方面是因为是由于吸附脱硫技术目前还不够成熟，能够进行工业化的工艺还比较少，大多还停留在实验室阶段，因此国外的相关企业还缺少在中国进行大规模专利布局的动力；另一个方面，国外的原油二次加工工艺路线以加氢重整、延迟焦化等为主，这与中国以催化裂化为主的原油二次加工工艺路线不同，这些加工工艺得到的汽油馏分中的硫含量较低，不需要再进行额外的脱硫处理，因此海外的石油化工企业对于吸附脱硫工艺的研发动力不足，因此也在一定程度限制了其发展速度，自然向海外申请专利数量也不会很多。

而中国以催化裂化为主的原油加工现状决定了在面对油品质量升级的问题时，不得不在成本增加较多的加氢脱硫工艺以外寻求新的技术，而吸附脱硫技术是其中一种比较适合我国国情的工艺路线，因此国内的研究热度高于国外的相关企业。此外由于我国近年来调整燃料油标准的时间逐步缩短，在北京等污染严重且经济发达的地区，油品质量甚至与发达国家已经同步，这也进一步刺激了中国在吸附脱硫领域的专利申请量增长。

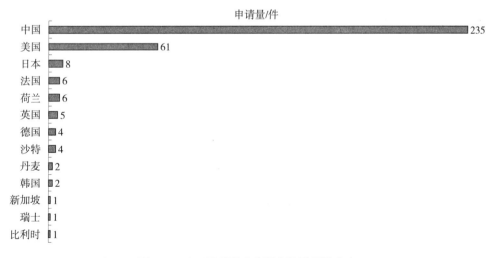

图 4-3-3　吸附脱硫中国申请量区域分布

4.3.4　中国专利申请的申请人

从油品吸附脱硫领域的中国专利申请人排名情况来看（参见图 4-3-4），排名靠前的申请人主要集中于中石化及其下属研究院，国内高校、国外大型跨国能源企业。

国内的部分申请为企业和高校等研究机构的合作申请，这也是国内石油行业专利申请的一个特点。

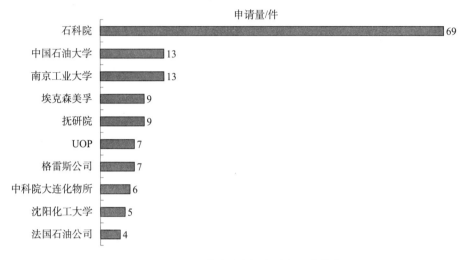

申请量/件

图4-3-4　吸附脱硫中国专利主要申请人

石科院的申请量远远超过其他申请人，是由于其对中石化2007年购买的 S-Zorb 工艺进行了技术升级改造，申请了大量的相关专利。石科院在油品吸附脱硫技术领域共申请中国专利69件，其中2007年之前共申请23件，2007年以后（包括2007年）申请46件。

中国石油大学和南京工业大学都独立对吸附脱硫技术进行了研发，但是都仅处于实验室研发阶段，目前还没有取得技术上的突破。

4.3.5　中国专利申请的法律状态

对中国专利的法律状态进行整理，由于发明专利自身的有效保护期只有20年，因此1994年之前的专利申请必然已经失效，同时考虑专利审批具有一定的滞后性，因此选择1995～2010年的235项中国专利进行分析，如图4-3-5所示。

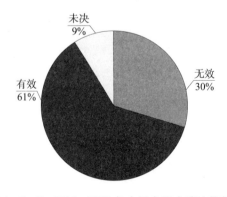

图4-3-5　1995～2010年中国专利申请法律状态

由图可以看出，高达61%的专利维持有效，无效专利仅占30%，说明在该领域的专利申请有较高的专利保护价值，进一步分析无效专利，本课题组发现，失效专利中大多数是个人和高校专利申请，说明在吸附脱硫领域，由于技术还不成熟，导致专利无法在工业生产中应用，从而有很多的专利权人选择了放弃专利权。

4.3.6 中国主要省市的专利申请量

对吸附脱硫领域的中国专利进行地区分布分析，从图4-3-6中可以看到，中国专利的国内申请人主要集中在北京，这与吸附脱硫领域的专利申请集中在中石油化工有关，中石化等大型石油化工企业的总部和主要的研究机构都在北京。此外江苏、辽宁、山东等重工业比较发达和相关大专院校比较集中的省市也有较高的申请量。

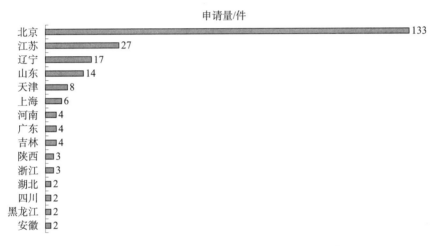

图4-3-6 吸附脱硫中国专利申请主要地区分布

4.3.7 中国专利申请的主要技术分析

吸附脱硫工艺按照采用的吸附剂，主要分为分子筛基吸附剂、复合金属氧化物基吸附剂、活性炭基吸附剂三类。研究比较多的是复合金属氧化物脱硫吸附剂，同时也是工业化应用比较成功的一类脱硫吸附剂，还有很多将不同类型吸附剂结合的新型脱硫吸附剂。如图4-3-7所示，按照吸附剂种类来分，中国专利申请中针对复合金属氧化物吸附剂申请的专利数量最多，其次是分子筛类的吸附剂，活性炭类的吸附剂申请较少。从2000年以后，三种类型的吸附剂专利申请量都有了较大的增长。

康菲石油公司的S-Zorb工艺、中石化洛阳石油化学工程公司开发的LADS工艺都有相关的中国专利申请，这两种工艺的吸附剂都是采用金属氧化物或者金属氧化物载体混合分子筛进行改性作为吸附剂。此外，申请量较大的其他公司或大学没有形成系列工艺技术路线，还处于技术研究的早期探索阶段。

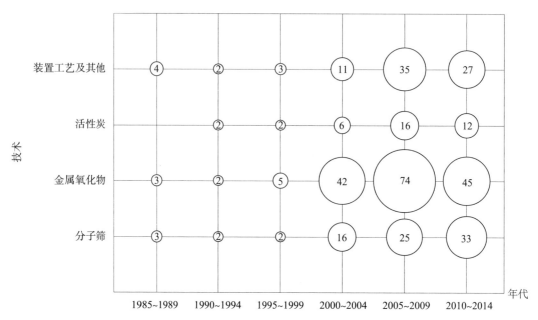

图 4 - 3 - 7　吸附脱硫中国专利主要技术路线

注：图中圈内数字表示申请量，单位为件。

　　图 4 - 3 - 8 是根据专利申请文件公开的内容，将专利发明可能取得的技术功效进行分类，得到技术功效年代泡点图。从图 4 - 3 - 8 可以看出提高脱硫率以及改善吸附剂自身的机械性能和再生性能是近年来的关注热点，提高脱硫率是关注的核心问题，这也是近年来国内外的行业政策最为关注的技术问题。

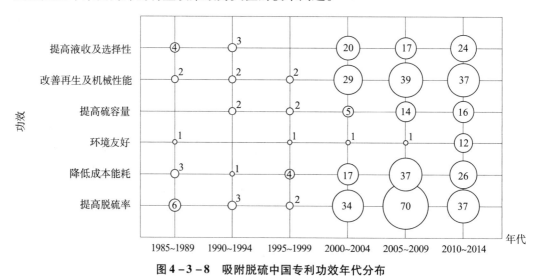

图 4 - 3 - 8　吸附脱硫中国专利功效年代分布

注：图中数字表示申请量，单位为件。

　　图 4 - 3 - 9 是中国专利的技术功效 - 技术路线分布泡点图，从中可以看出中国专利申请的热点在于通过对复合金属氧化物吸附剂改性解决脱硫率及脱硫深度较低的技

术问题，并同时增强复合金属氧化物吸附剂自身的再生和机械性能，此外通过工艺流程的改进来提高脱硫率和降低成本也是一条研发思路。

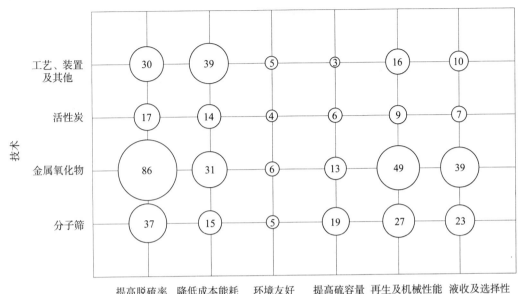

图 4 – 3 – 9 吸附脱硫中国专利技术功效

注：图中圈内数字表示申请量，单位为件。

4.3.7.1 S – Zorb 技术在中国的发展应用

目前，S – Zorb 技术是中石化最重要的非临氢脱硫技术，目前几乎中石化旗下所有的炼油厂都投产或计划建设应用了该技术的装置。中石化于 2007 年买断 S – Zorb 技术相关专利权。这些专利主要涉及吸附剂的制备、吸附的工艺条件以及吸附脱硫使用的专用设备。石科院对该技术进行消化吸收和再创新，并申请了一系列专利，其中包括对吸附剂的改进以及对反应器的改进等。

S – Zorb 技术采用以氧化锌和氧化镍为主要活性组分的双金属氧化物负载于载体上，载体采用氧化锌、二氧化硅和氧化铝的混合物，其中氧化锌 10% ~ 90%、二氧化硅 5% ~ 85%、氧化铝 5% ~ 30%。

如图 4 – 3 – 10 所示，S – Zorb 装置主要包括 3 个单元：吸附反应器、再生器和还原系统。❶ S – Zorb 技术的独特之处是借鉴了催化裂化工艺中的 CCR 技术，采用了流化床反应器以及吸附剂连续再生系统。原料油进入吸附反应器后，在一定压力、温度和临氢操作条件下，经过换热器汽化后，注入流化床反应器底部，在气流上行过程中，吸附剂与油气中的有机含硫化合物进行脱硫反应；部分吸附剂循环，大部分吸附剂从反应器中连续取出进入再生系统，在空气气氛中氧化燃烧，脱除其吸附的含硫化合物；再生后的吸附剂在返回反应器前，要用氢气做进一步处理，以确保脱硫率稳定。

---

❶ 刘传勤. S – Zorb 清洁汽油生产新技术 [J]. 齐鲁石油化工，40 (1)：14 – 18.

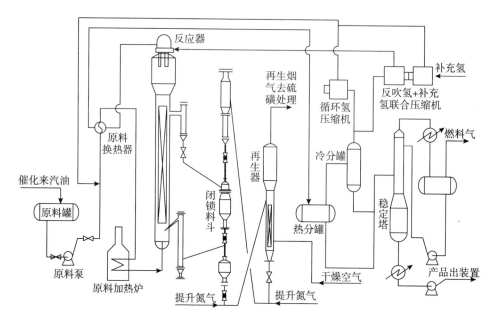

图 4 - 3 - 10　S - Zorb 吸附脱硫工艺流程

国内第一套应用 S - Zorb 工艺的 120 万吨/年吸附脱硫装置 2007 年在中石化开始商业运营，到 2014 年为止，基本中石化旗下的所有大型炼油厂已经或将要运行 S - Zorb 吸附脱硫装置，该装置可以提供满足国 V 标准的汽油产品。中石化购买的部分 S - Zorb 工艺中国专利分析如表 4 - 3 - 1 所示。

表 4 - 3 - 1　S - Zorb 工艺部分转让中国专利

序号	申请号（申请日）	优先权	技术简介	发明人	法律状态
1	CN00814793 2000 - 12 - 11	美国 1999 - 12 - 14 09/460，067	还原态的双金属促进剂，载体为氧化锌或其他载体	KHARE G. P.	维持
2	CN00814798 2000 - 10 - 18	美国 1999 - 11 - 01 09/431，370	钛酸锌负载还原态的双金属助剂	KHARE G. P.	维持
3	CN02829106 2002 - 12 - 03	美国 2002 - 04 - 11 10/120，672	氧化锌 + 膨胀珍珠岩 + 铝酸盐 + 金属促进剂	SUGHRUE E. L. JOHNSON M. M. DODWELL G. W. REED L. E. BARES J. E. GISLASON J. J. MORTON R. W. MALANDRA J. L.	维持

序号	申请号 （申请日）	优先权	技术简介	发明人	法律 状态
4	CN03805109 2003－02－03	美国 2002－03－04 10/090，343	氧化锰＋金属促进剂，其中部分促进剂是还原态	PRICE A. G. GISLASON J. J. DODWELL G. W. MORTON R. W. PARKS G. D.	维持
5	CN200480027423 2004－07－19	美国 2003－07－23 10/625，366	吸附剂制备方法，将液体、含锌化合物、氧化硅、氧化铝、助剂混合，经干燥煅烧，用还原剂部分还原吸附剂价态	CHOUDHARY T. V. GISGLASON J. J. DODWELL G. W. BEEVER W. H.	维持
6	CN200480031343 2004－08－20	美国 2003－08－25 10/443，380	吸附剂制备方法，将液体、含锌化合物、氧化硅、氧化铝混合煅烧，再负载金属促进剂，再次煅烧并部分还原促进剂	DODWELL G. W. JOHNSON M. M. SUGHRUE E. L. MORTON R. W. CHOUDHARY T. V.	维持
7	CN200580007842 2005－03－04	美国 2004－03－11 10/798，821	吸附脱硫工艺及装置，包括流化床反应器、流化床再生器和流化床还原器	HOOVER V. G. THOMPSON M. W. BARNES D. D. COX J. D. COLLINS P. L. LAFRANCOIS C. J. MIRAMD P. E. THESEE J. B. MIRAMDA R. E. ZPATA R.	维持
8	CN200580034200 2005－08－09	美国 2004－08－10 10/914，798	吸附剂制备方法，将液体、金属化合物、氧化硅、促进剂混合，再加入氧化铝干燥煅烧，部分还原促进剂	CHOUDHARY T. V. DODWELL G. W. JOHANSON M. M. JUST D. K.	维持

续表

序号	申请号 （申请日）	优先权	技术简介	发明人	法律状态
9	CN200580041573 2005－11－09	美国 2004－11－12 10/988,093	包含金属氧化物、促进剂卤素的吸附剂的制备方法	TURAGA U. T. CHOUDHARY T. V.	维持
10	CN200680025270 2006－06－06	美国 2005－06－07 11/147,045	吸附脱硫反应器及工艺，在流化床反应器中使吸附剂与烃接触	MEIER P. F. THOMPSON M. W. GERMANA G. R. HOEVEN V. G.	维持
11	CN200680031210 2006－06－26	美国 2005－07－15 11/182,963	吸附剂改进，减少吸附剂中镍绒毛含量，提高吸附剂活性	TURAGA U. T. CHOUDHARY T. V. GISLASON J. J. JUST D. K.	维持
12	CN200780042231 2007－11－21	美国 2006－11－22 11/562,529	吸附工艺改进，包括吸附剂的再生	FERNALD D. T. DEBRAUL G. J. HOOVER V. G.	复审
13	CN200910174374 2009－09－11	美国 2008－09－11 12/208663	吸附剂再生方法，氧气与碳氧化物按照一定比例再生吸附剂	MORTON R. W. SCHMIDT R. DODWELL G. W. ALLRED G. C.	维持
14	CN200910203397 2009－06－09	美国 2009－01－08 12/350,311	吸附剂改进、硅酸盐、金属促进剂和锌	DODWELL G. W. MORTON R. W. SCHMIDT R.	维持
15	CN201110113157 2003－03－27	美国 2002－04－11 10/120623	吸附工艺，包括吸附装置	MEIER P. F. SUGHRUE E. L. WELLS J. W. WHAUSLER D. W. THOMPSON M. W. AVIDAN A. A.	复审

从表中可以看出，目前该技术的大部分专利都已经授权，未授权专利也处于复审阶段，这一方面说明了该技术的先进性，也从另一方面说明了该专利对于中石化的重要意义。

4.3.7.2 LADS 技术在中国的发展应用

洛阳石化工程公司炼制研究所研制开发的催化裂化汽油非临氢吸附脱硫工艺

（LADS），以及配套的脱硫吸附剂和再生脱附剂，能够在较低的吸附温度和适当的吸附空速下，将催化裂化汽油的硫含量从 1290ppm 降至 200ppm 以下；失活的吸附剂通过LADS - D 脱附剂再生，可很好地恢复其吸附活性。该工艺过程简单、操作方便、成本低，并且汽油的辛烷值几乎不变，但是脱硫率较低，无法满足国内外油品硫含量的要求，还需要继续改进。

LADS 工艺相关的专利申请有 3 项，CN1374372A、CN1594505A、CN101186842A，其技术内容及法律状态如表 4 - 3 - 2 所示。

表 4 - 3 - 2　LADS 工艺相关专利

序号	申请号　（申请日）	技术简介	发明人	法律状态
1	CN02115610 2002 - 03 - 18	吸附剂采用碱金属或碱土金属离子交换过的沸石，脱附剂采用小分子脂肪醇类、醚类、酮类化合物	张晓静、秦如意、刘金龙、王龙延、张庆宇、胡滨、李燕、赵智刚	2004 授权，2012 年因费用终止
2	CN200410010353 2004 - 06 - 18	吸附剂是由载体和负载于载体上的金属氧化物组成，采用无机载体或氧化锆；金属氧化物中的金属是钴、钼、镍、钨、锌、铁、钒、铬、铜、钙、钾、磷中的一种或者一种以上	刘金龙、秦如意、张晓静、赵晓青、霍宏敏、胡艳芳、赵志刚、王洪彬、张亚西、黄新龙	2006 年授权，维持
3	CN200710180401 2007 - 11 - 19	烃类原料经加氢反应和分离后的液体产物进入脱气塔，脱气塔底液进入脱硫反应器进行脱硫，经过脱硫的精制油进入分馏系统，分馏切割出各溶剂油产品	左铁、程国良、薛皓	2011 年授权，维持

从表 4 - 3 - 2 可以看出，该项技术目前没有取得新的进展，也未在国外申请专利保护。

4.4　吸附脱硫专利技术分析

对于检索到的相关全球专利进行阅读，根据其所属的技术领域或其解决的技术问题将其分类，最后对于得到的分类数据进行处理作图，并依据得到的图表加以分析。

4.4.1　技术路线分析

根据检索得到的专利数据，统计出引用次数较多的专利进行分析。按照吸附剂的主要种类，将吸附脱硫全球专利分为分子筛基吸附剂、复合金属氧化物基吸附剂、活性炭基吸附剂3个技术分支分别进行分析。如图4-4-1所示（见文前彩图第9页），3种吸附剂的研究都始于20世纪六七十年代，主要研究者集中于欧美的大型石油公司。主要研究方向大多集中于吸附剂本身的改良，少量集中于吸附剂与其他原油处理工艺的结合。且各个时间段的专利申请在技术上并没有太多的关联性和传承性，始终处在技术探索阶段，直到2000年左右，S-Zorb技术获得突破，在复合金属氧化物方面才出现了成体系的专利申请。到目前为止，该项技术由中石化进行继承和发展，出现了更多的专利申请。而分子筛基吸附剂和活性炭基吸附剂目前仍然在技术探索阶段，并没有出现成体系的专利申请。2005年以后的专利申请，由于其申请时间较近，引用的次数自然较少，因此没有出现在表格中。

4.4.1.1　分子筛基吸附剂

图4-4-2是以分子筛作为主要吸附材料的吸附脱硫专利申请量变化趋势，从图中可以看出，分子筛基吸附剂的研究从1965年开始，起初其主要用于烟道气的处理，在20世纪80年代到20世纪90年代有一个较缓慢的申请量增长期，申请量保持在10项以上，进入2000年以后，申请量迅速增加，并保持在每年60项以上的数量。

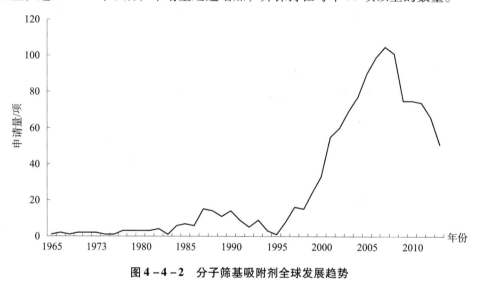

图4-4-2　分子筛基吸附剂全球发展趋势

表4-4-1是分子筛作为主要吸附材料的吸附脱硫领域的重要专利，这些重要专利中有很多涉及多种吸附剂的组合，以及吸附油品中的多种杂质如氮、金属等。

表4-4-1　分子筛基吸附剂全球重要专利

序号	公开号	公开日	引证次数	申请人	国家
1	EP1120149A1	2001-08-01	17	AIR LIQUIDE	法国
2	US6093236A	2000-07-25	16	UNIV KANSAS STATE	美国
3	US4831206A	1989-05-16	14	UOP	美国

续表

序号	公开号	公开日	引证次数	申请人	国家
4	US5284717A	1994 - 02 - 08	14	PETROLEUM ENERGY CENTER FOUND	日本
5	US5336834A	1991 - 09 - 10	14	UOP	美国
6	US5928497A	1999 - 07 - 27	13	埃克森美孚	美国
7	JP2007154151A	2007 - 06 - 21	12	TORAY INDUSTRIES	日本
8	US4358297A	1982 - 11 - 09	12	埃克森美孚	美国
9	US5146039A	1992 - 09 - 08	12	HUELS CHEMISCHE WERKE AG	日本
10	US5057473A	1991 - 10 - 15	11	NASA	美国

4.4.1.2　复合金属氧化物基吸附剂

对复合金属氧化物基吸附剂的全球专利申请进行分析，从而得到如图 4 - 4 - 3 所示的申请趋势图，从图中可以看出，对于复合金属氧化物基吸附剂的研究始于 20 世纪 60 年代，在 2000 年左右取得了技术上的突破，申请量快速增加，并大致维持在每年 100 项的申请量，2013 年的申请量略低于 100 项，这是由于专利申请的程序决定了专利申请的公开时间比其申请日期延迟平均 1 年多的时间，导致部分 2013 年申请的专利无法在撰稿时被看到，但是 2013 年的实际申请量应该也高于 100 项。

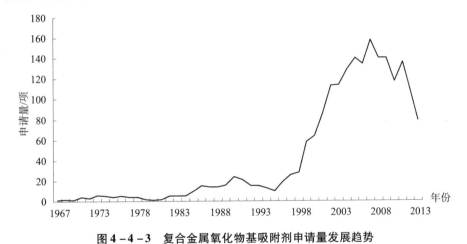

图 4 - 4 - 3　复合金属氧化物基吸附剂申请量发展趋势

表 4 - 4 - 2 中列出了在复合金属氧化物作为吸附剂的吸附脱硫相关专利中引用次数比较靠前的专利，不难发现，这些专利的开发者基本都是美国公司，其申请时间也主要集中在 2000 年前后，这说明以复合金属氧化物基吸附剂是在 2000 年左右取得了较大的进步，之后不断经过改进，逐渐实现了工业化。

表4-4-2 复合金属氧化物基脱硫吸附剂重要专利

序号	公开号	公开日	引证次数	申请人	国家
1	US5454933A	1995-10-03	29	埃克森美孚	美国
2	US6254766B1	2001-07-03	26	飞利浦石油、康菲石油	美国
3	US4911825A	1990-03-27	21	法研院	法国
4	US5157201A	1992-10-20	21	埃克森美孚	美国
5	US6274533B1	2001-08-14	21	康菲石油	美国
6	US4908122A	1990-03-13	19	UOP	美国
7	US4179361A	1979-12-18	18	雪佛龙	美国
8	US6228254B1	2001-05-08	18	雪佛龙	美国
9	US4290913A	1981-09-22	17	UOP	美国
10	US4358297A	1982-11-09	15	埃克森美孚	美国
11	US4824818A	1989-04-25	15	UOP	美国
12	US6429170B1	2002-08-06	15	康菲石油	美国

4.4.1.3 活性炭基吸附剂

从图4-4-4中可以看出，活性炭基脱硫吸附剂在1990年之前每年只有少量的申请，1990~2000年，进入了缓慢增长，2000年以后快速增长，并保持了每年100项以上的申请量。

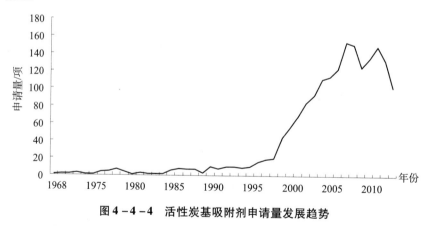

图4-4-4 活性炭基吸附剂申请量发展趋势

通过解读表4-4-3中列出的重要专利，本课题组发现活性炭基吸附剂不仅用于吸附油品中的硫，也可以用于吸附其他的多种杂质，还经常和其他吸附剂结合使用以取得更好的效果。

表4-4-3　活性炭基吸附剂重要专利

序号	公开号	公开日	引证次数	申请人	国家
1	US5454933A	1995-10-03	29	埃克森美孚	美国
2	US6228254B1	2001-05-08	18	雪佛龙	美国
3	US5928497A	1999-07-27	14	埃克森美孚	美国
4	US2005173297A1	2005-08-11	11	JAPANENERGY CORP	日本
5	US6482316B1	2002-11-19	11	埃克森美孚	美国
6	US2006166809	2006-07-27	10	埃克森美孚	美国
7	US5958224A	1999-09-28	10	埃克森美孚	美国
8	US2004118747A1	2004-06-24	9	CORNING INC	美国
9	US4795545A	1989-01-03	8	UOP	美国

4.5　重要申请人分析

本节从全球专利申请中重要申请人中挑选出申请量较大，技术上比较先进的申请人 UOP 和康菲石油公司进行研究，通过其重要专利及发明人团队的研究，解读未来的研究发展方向。

4.5.1　UOP

UOP 是美国联合信号公司（Allied Signal）和联合碳化物公司（UCC）各持股50%的一家合资公司，主要业务是炼油、石油化工技术开发和技术转让，也生产和销售催化剂、吸附剂、添加剂、专用化学品和仪器设备，是目前世界上最大的分子筛生产商和供货商。

UOP 创建于1914年，原名为 National Hydrocarbon Company。1915年改名为环球油品公司（Universal Oil Products Company）。1915年1月在美国取得第一个炼油技术专利——热裂化，1919年7月建成第一套热裂化工业装置。通过技术转让建设的第一套热裂化生产装置1924年在美国伊利诺伊州伍德河炼油厂投产。1931年由雪佛龙、壳牌等大型企业组成的垄断集团收购了 UOP。20世纪30年代中期，UOP 开发了异构化和烷基化技术，首次实现高品质航空汽油的工业生产。1949年 UOP 发明了铂重整技术，使炼油工业和石油化工业的发展取得了重大突破。同年 UOP 组建了 Procon 国际公司——从事炼油厂设计和工程服务。1959年 UOP 上市。1960年以后，UOP 除了发展石油炼制技术方面的传统领域外，还开辟了能源、环保、化工品及塑料、电子技术和生产设备与金属软管等新领域。1975年中期，经股东大会批准公司正式改名为 UOP。1995年初 UOP 兼并美国加州联合公司（Unocal）的加氢处理、加氢裂化工艺与催化剂部，技术实力大大增强，成为目前世界市场上炼油工业临氢催化加工技术领先、占有市场份额最大的专利商。

  UOP 主营技术开发和技术转让，兼营催化剂、吸附剂、添加剂和仪器设备。UOP 的技术开发和技术转让业务范围包括基础研究和试验、工艺和催化剂开发、分析检验、项目规划与工程项目开发、工艺过程专利许可协议或技术转让，工程设计与施工管理，设计、采购、施工或预装工厂的安装。UOP 没有大型炼油厂和石油化工厂，但有供研究试验与开发用的中试工厂和催化剂、吸收剂、添加剂、仪器仪表生产厂。主要产品含各类专用催化剂、吸附剂，各类添加剂，监测仪表等。

  UOP 主要有 4 个研究机构：（1）UOP 国际催化剂公司，从事研究与生产催化裂化催化剂。（2）UOP 工艺试验部负责研究开发石油炼制与石油化工工艺，催化剂选择，工程设计，生产控制仪表、汽油和其他燃料添加剂。（3）UOP 联合研究中心负责开发石油炼制、石油化工、化学及食品工业添加剂，静态与动态空气污染研究与防治系统开发，水脱盐及净化系统开发，开发煤转化技术及特种化学品合成技术，催化剂基础研究，材料科学、表面科学及分离科学研究，生物技术研究等。（4）工艺和催化剂系统研究所负责机动车用油的石油化学、催化转化方面的研究与应用。

4.5.1.1 UOP 吸附脱硫领域专利分析

  对 UOP 在吸附脱硫领域申请专利的进入地进行分析如图 4 - 5 - 1 所示，从 UOP 在全球的专利布局可以看出，在美国本土的申请量较大，其次是欧洲和中国、加拿大、澳大利亚等一些有 UOP 业务分布或者技术转让的国家，说明 UOP 在专利申请方面采取积极稳妥的推进方式，主要在相关的成品油生产和消费大国进行专利布局。

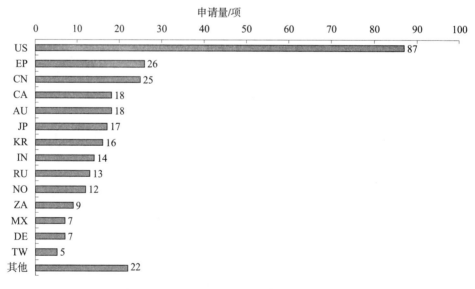

图 4 - 5 - 1 UOP 吸附脱硫专利进入地分布

  对 UOP 在吸附脱硫领域的专利申请的主要技术路线进行分析，得到如图 4 - 5 - 2 所示的技术路线，从图中可以清楚看出 UOP 在吸附脱硫领域研究重点的变化，UOP 在早期的主要研究方向是分子筛基吸附剂，对金属氧化物基吸附剂和活性炭基吸附剂也有一些研究成果。进入 2000 年以后，在金属氧化物和高聚物膜吸附材料的研究力度加大，最近 5 年中，重点关注的是金属氧化物吸附材料以及高聚物膜吸附材料。

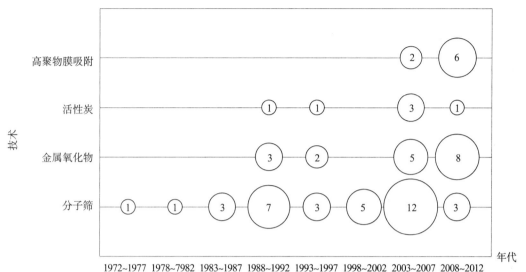

图 4 – 5 – 2　吸附脱硫领域 UOP 专利技术路线

注：图中圈内数字表示申请量，单位为件。

对 UOP 在吸附脱硫领域申请的专利以技术路线和技术功效分类，得到如图 4 – 5 – 3 所示的技术路线—技术效果泡点图，从图中可以看出，UOP 的吸附脱硫专利申请主要集中在提高吸附剂的选择性、降低能耗以及提高再生性方面。采用的技术路线主要是金属氧化物基吸附剂和分子筛基吸附剂。

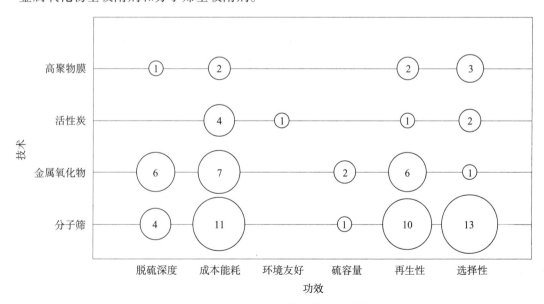

图 4 – 5 – 3　UOP 专利申请技术功效

注：图中圈内数字表示申请量，单位为件。

US2010326886 公开了在氧化铜基吸附剂中加入氯元素的吸附剂作为硫保护剂减少异构催化剂失活的方法。US2010078359 公开了一种包括至少两个活性炭基吸附剂床处理裂化料流的方法。US2010133473 公开了一种包括一个硫吸附剂床和一个水煤气转化反应床。US2008041227 公开了氧化铜基吸附剂吸附烃气体中的汞和硫化物。US7128829 公开了一种能从烃料流中有效去除有机硫、有机氮组分的方法，将烃料流与至少一种金属氧化物和一种酸性沸石接触，在 200℃~250℃ 的温度下，所述金属氧化物包括 NiO 和 MoO_3，所述沸石是 Y 沸石。

通过阅读 UOP 在吸附脱硫领域的专利不难发现，UOP 在该领域 21 世纪以前主要的研究方向是分子筛基吸附剂，后来尝试在分子筛上添加金属氧化物进行改性，进入 21 世纪后，研究方向主要是复合金属氧化物基吸附剂以及新型的高聚物膜吸附材料。

4.5.1.2 UOP 发明人及研究团队

通过对 UOP 在吸附脱硫领域专利申请的统计分析，发现在该领域 UOP 的专利发明人多达 178 人，其中申请量较大的前 10 名如表 4-5-1 所示，这也说明 UOP 在该领域投入了巨大的技术力量，但是并没有形成系列的成熟技术。

表 4-5-1 UOP 主要发明人及活跃年代

申请量/项	发明人	申请年代
13	GORAWARA J. K.	1992~2013
11	KANAZIREV V. I.	2002~2012
7	WANG L.	2003~2007
7	ZARCHY A. S.	1987~1993
6	LIU C.	2007~2011
5	KULPRATHIPANJA S.	1993~2003
4	BRICKER J. C.	1988~2008
4	FRAME R. R.	1978~1989
4	GOSLING C. D.	2004~2009
4	NAGJI M. M.	1987~9992

4.5.2 康菲石油

美国康菲国际石油有限公司（以下简称"康菲石油"）是一家综合性的跨国能源公司，作为全美国大型能源集团之一。核心业务包括石油的开发与炼制、天然气的开发与销售、石油精细化工的加工与销售等石油相关产业，公司以雄厚的资本和超前的技术储备享誉世界，与 30 多个国家或地区有着广泛的业务往来。

康菲石油是由美国康纳石油公司（Conoco）和飞利浦石油公司（Phillips）于 2002 年 8 月 30 日合并而成立。合并后的新公司承袭了原来两家公司在能源行业 200 多年的丰富经验和在石油领域的优越技术，使之成为当今世界杰出公司之一。

康菲石油在全球有四大核心业务：①石油勘探和开采；②石油炼化、营销、供应和运输；③天然气采集、加工与营销；④化学品和塑料产品的生产和销售。康菲石油以拥有深海勘探与生产技术、油藏管理和开发、三维地震技术、高等级石油焦炭改进技术闻名于世。

此外，公司正在进行天然气精炼和发电两项新业务的研发，未来发展前景十分看好。康菲石油拥有 CONOCO、PHILLIPS66、PHILLIPS76 和 KENDALL 4 大润滑油品牌。而其中，CONOCO 润滑油又以完全采用三段加氢工艺生产的氢净分子（HYDRO-CLEAR）合成润滑油为基础油配制，其产品质量和使用性能在世界范围也处于领先水平。

近年来，康菲石油对业务方向有了较大的调整，将公司的主营业务逐渐转向石油行业的上游，逐渐将下游的一些非主要业务进行出售。

4.5.2.1 康菲石油吸附脱硫领域专利分析

由于康菲石油在吸附脱硫领域的专利申请基本都是以金属氧化物作为吸附剂，因此将康菲石油的主要技术分支分为吸附剂的改性、吸附工艺的改进以及吸附剂再生 3 个技术分支，主要的技术功效则分为提高脱硫深度、降低能耗、提高吸附剂的再生及机械性能以及提高吸附剂的选择性并降低对于辛烷值的影响几个方面。从图 4 - 5 - 4 中可以看出，康菲石油的吸附脱硫专利申请主要集中在对于吸附剂本身的改进以及吸附工艺的改进。技术功效则主要集中在提高脱硫深度、改善吸附剂的再生及机械性能、提高选择性 3 个方面。

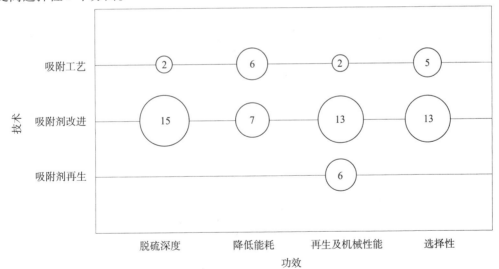

图 4 - 5 - 4 康菲石油技术功效

注：图中圈内数字表示申请量，单位为件。

从图 4 - 5 - 5 中可以看出，康菲石油从 20 世纪 80 年代中期开始研究吸附脱硫技术，在 1998 ~ 2006 年技术上有所突破，并迅速进行专利布局，其大部分吸附脱硫领域的专利都是在这一时期取得的。

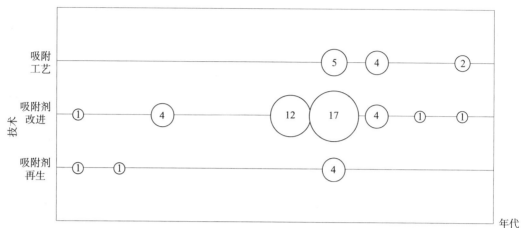

图 4 - 5 - 5　康菲石油技术路线

注：图中圈内数字表示申请量，单位为件。

4.5.2.2　康菲石油发明人及研究团队

从表 4 - 5 - 2 中可以看出，在吸附脱硫领域内，康菲石油的核心研发团队成员比较稳定，专利申请集中在 1999 ~ 2006 年，这与康菲石油将其核心技术在 2007 年转让给中石化的时间节点基本一致。其核心的发明人包括 KHARE G. P.、DODWELL G. W.、GISLASON J. J.、JOHNSON M. M.、MORTON R. W.、SUGHRUE E. L.。

表 4 - 5 - 2　康菲石油主要发明人及活跃年代

申请量/项	发明人	申请年代
21	DODWELL G. W.	2000 ~ 2007
17	KHARE G. P.	1999 ~ 2005
12	GISLASON J. J.	2000 ~ 2006
12	JOHNSON M. M.	1979 ~ 2003
11	MORTON R. W.	2000 ~ 2005
10	SUGHRUE E. L.	2000 ~ 2004
6	CHOUDHARY T. V.	2003 ~ 2009
6	ENGELBERT D. R.	2001 ~ 2012
5	BROWN R. E.	2001 ~ 2009
5	KIDD D. R.	1991 ~ 2002
5	THOMPSON M. W.	2003 ~ 2005
4	CHEUNG T. P.	1990 ~ 2012

4.6 结论和建议

本节主要依据之前进行的专利分析的内容，总结出一些对于企业有用的结论性建议，并在这些结论的基础上提出一些建议，希望能够对于有关企业的专利布局具有参考价值。

4.6.1 结 论

（1）吸附脱硫技术专利申请量较其他非临氢脱硫技术而言较大，是一种新兴的非临氢脱硫技术，吸附脱硫技术在2000年以后取得了长足的进步，在技术上已经有较大突破，部分技术已经实现了工业化生产。

（2）吸附脱硫技术根据吸附剂的不同，主要分为分子筛基吸附剂、复合金属氧化物基吸附剂、活性炭基吸附剂三种，分子筛基吸附剂和活性炭基吸附剂目前还停留在实验室阶段，复合金属氧化物基吸附剂已经开始进行工业化应用，吸附脱硫技术今后的发展趋势是在复合金属氧化物基吸附剂的基础上将多种不同类型的吸附材料进行复合改性，进一步提高其综合性能。吸附脱硫技术目前的研究热点主要集中于提高吸附剂的脱硫深度以及改善吸附剂自身的再生性能与机械强度。

（3）吸附脱硫技术对于原料的适应性不足，吸附脱硫技术目前大多仅涉及对于汽油馏分的处理，对柴油馏分以及煤油馏分的效果则比较差；如果原料中含有芳烃、烯烃等组分，则对于吸附脱硫效果也会有一定的影响。

4.6.2 建 议

（1）目前吸附脱硫技术的反应机理还不是很明确，应该进一步加强理论研究，以便指导对吸附剂以及吸附工艺的改进。

（2）中石化应当针对国内外不同的油品产地及其特点，提高工艺对于原料的适应性。针对各国的成品油特点，有针对性地对 S-Zorb 工艺进行技术改造再升级，通过国外的专利布局，进军国外技术市场。

第5章　S-Zorb 技术

目前常用的燃料油脱硫技术有加氢脱硫和非临氢脱硫两大类，而吸附脱硫是非临氢脱硫的重要方式之一。其中美国的菲利浦（Philips）石油公司（该公司在 2002 年与康纳（CONOCO）石油公司合并，改名为康菲（COP）石油公司）开发的 S-Zorb 技术，被认为是生产清洁燃料的一项卓越的突破性技术，也是第一种实现工业化应用的燃料油吸附脱硫工业技术。由于该技术在 2007 年被中国的中石化全球买断，并在短短几年内在国内建设了十多套 S-Zorb 装置，总处理能力达 12 万吨/年以上，有望成为国内油品升级的最关键技术之一。本章通过对涉及 S-Zorb 技术的核心专利进行深入分析，以对国内开发新一代 S-Zorb 技术起到指导和借鉴作用。

5.1　S-Zorb 技术发展历程

鉴于美国环境保护局对车用燃料油的硫含量标准要求越来越高，特别是在 1998 年美国国家石油精炼联合年会（National Petroleum Refiners Association Annual Meeting（AM-98-37））上提出到 2010 年美国的汽油硫含量标准将要求低于 50ppm 的情况下，康菲石油的管理者高瞻远瞩，于 1998 年底立项要求研发新的吸附脱硫技术，康菲石油吸附脱硫领域的研发专家 KHARE G. P. 在其研发的气相脱硫（Z-Sorb）技术（该技术也申请了专利保护，核心专利为 US5306685A）基础上，首次提出 S-Zorb 新脱硫技术的概念。该技术的发展历程如图 5-1-1 所示。

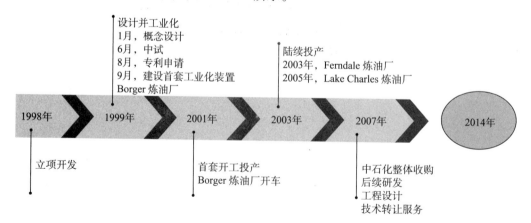

图 5-1-1　S-Zorb 技术发展历程

康菲石油为了在清洁油品领域处于不败之地，在中试试验中发现 S - Zorb 技术可将汽油含硫量降至超低标准，脱硫效果非常显著后，随即申请专利对该 S - Zorb 技术进行专利保护，而且几乎同一时间在该公司的 Borger（Texas，USA）炼油厂设计建设了世界上第一套 S - Zorb 工业化装置，在工业化装置上再次验证了这一技术可使汽油硫含量减少到 10ppm 以下。紧接着，该公司在 Ferndale（Washington，USA）炼油厂投资建设了第二套 S - Zorb 工业化装置，处理量相比 Borger 炼油厂的第一套 S - Zorb 装置大大提高。在上述两套 S - Zorb 装置工业化运行的基础上，康菲石油针对该技术工业化运行过程中存在的技术问题，对 S - Zorb 装置的操作稳定性等进行了优化，于 2004 年底推出了第 2 代 S - Zorb 脱硫技术。与第 1 代 S - Zorb 脱硫技术相比，除了可将 FCC 汽油的硫含量从 1000ppm 脱至 10ppm 以下外，装置总投资还下降了 28%，而且更适合于现有的固定床加氢脱硫工艺的技术改造。于是该公司又于 2004 年末在路易斯安那州 Westlake 的 Lake Charles 炼油厂建设了第三套 S - Zorb 装置，开始采用新的第 2 代 S - Zorb 技术，于 2005 年投产以来处理量达 1.57 万吨/年，相比第二套 S - Zorb 装置处理量增加了近 1 倍。此后，S - Zorb 技术在工业应用中的显著脱硫效果在全世界石油行业引起了广泛关注。

5.1.1　S - Zorb 技术的脱硫原理

2001 年在 Borger 炼油厂建设的第一套 S - Zorb 脱硫工业化装置上验证了 S - Zorb 技术可使汽油硫含量减少到 10ppm 以下时，这项创新性的脱硫技术当时在全球石油行业引起了轰动，也引起了全球多家科研机构对 S - Zorb 技术的脱硫原理进行探讨的研究热潮。

康菲石油在 2003 年和 2004 年的美国国家石油精炼联合会议 National Petroleum Refiners Association Annual Meeting（AM - 03 - 48））上，讲述了 S - Zorb 技术是一项开创性的、独特的脱硫技术，并以汽油中常见的有机含硫化合物噻吩为例，将噻吩加氢脱硫与噻吩 S - Zorb 吸附脱硫过程中发生的反应式进行对比（参见图 5 - 1 - 2），表明 S - Zorb 技术与传统的加氢脱硫技术有着本质区别，二者脱硫原理完全不同。S - Zorb 技术的脱硫过程是通过吸附作用，通过吸附剂选择性地吸附含硫化合物中的硫原子而实现脱硫目的。

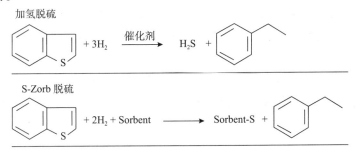

图 5 - 1 - 2　加氢脱硫与 S - Zorb 技术的脱硫原理对比

其中对 S – Zorb 技术脱硫原理的研究，以 Babich 等[1]提出的如图 5 – 1 – 3 所示的吸附脱硫机理最具代表性。如前所述，S – Zorb 吸附剂的活性成分为氧化锌和基本还原态的金属促进剂例如金属镍，在图 5 – 1 – 3 中，Babich 等就以简化的 S – Zorb 吸附剂 Ni/ZnO 为模型，示出了 S – Zorb 吸附剂的脱硫原理。即在还原剂 H_2 作用下 NiO/ZnO 吸附剂表面上的 NiO 转变成基本还原态的金属 Ni，在强吸附势能的作用下，吸附剂中活泼金属 Ni 与含硫化合物噻吩中的 S 原子会相互吸引形成如图 5 – 1 – 3 所示的中间态 NiS，使得含硫化合物噻吩中的 C – S 键断裂 S 原子被脱离出来，脱硫后含硫化合物噻吩中剩余的烃类部分则返回到气态的烃料流中。而上述生成的中间态 NiS 很不稳定，在与 ZnO 接触时，由于 ZnO 相比 Ni 具有较高的硫接受潜力，在该反应系统中发挥了硫接受者的作用，从而接受 NiS 释放的硫形成 ZnS，得到恢复的金属 Ni 可再与含硫化合物噻吩接触再次形成中间态的 NiS，此后再次重复上述硫转移过程，直到吸附剂中的 ZnO 完全被吸附硫饱和，此时则需要取出吸附硫饱和的吸附剂进行再生。

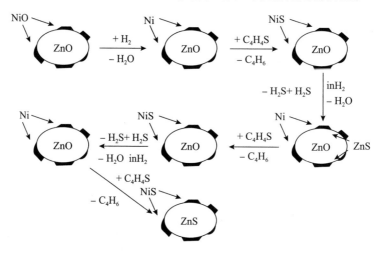

图 5 – 1 – 3　S – Zorb 吸附剂 Ni/ZnO 的脱硫机理

从上述示出的脱硫原理中可以看出，S – Zorb 吸附剂在脱硫过程中起到吸附硫和转移硫的作用，使得在加氢过程中很难脱除的噻吩类含硫化合物等在 S – Zorb 吸附脱硫过程中很容易被脱除。另外，从上述示出的脱硫原理中还可以看出，S – Zorb 脱硫技术中没有硫化氢和硫醇等产生，因此 S – Zorb 脱硫技术能够得到硫含量很低的超低硫产品。而且加工过程中氢耗非常低，产生的饱和烯烃比较少，产品的辛烷值损失相比加氢脱硫要小得多。

与传统的加氢脱硫技术相比，该 S – Zorb 吸附脱硫技术具有如下优点：

（1）脱硫效率高，可将 FCC 汽油中的总硫脱除至 10ppm 以下，甚至 5ppm 以下；

（2）辛烷值损失小，这是由于 S – Zorb 技术的脱硫反应条件相对温和，能够有效

❶　Babich I. V. et. al., Science and technology of novel processes for deep desulfurizaiton of oil refinery streams: A review ［J］. Fuel, 2003, 82（6）: 607 – 631.

控制烯烃加氢反应；

（3）氢气消耗低，S-Zorb技术中的氢耗量通常为总进料的0.20%~0.35%，而且对氢气纯度要求不高，纯度低至70%的氢气也可在该装置上正常使用；

（4）能耗低、投资成本较合理。

5.1.2　S-Zorb技术的工艺流程

除了S-Zorb技术的核心S-Zorb吸附剂外，康菲石油还申请了许多与该技术相关的脱硫方法和脱硫装置方面的专利，以对该技术进行全面的专利保护（参见表5-1-3）。

S-Zorb脱硫工艺的独到之处就是采用了吸附脱硫和吸附剂连续再生相结合的脱硫系统。而且从S-Zorb技术的3大技术构成（脱硫、再生和还原3大系统发生的化学反应）之间的循环关系来看，S-Zorb技术无疑是一项具有生命力的、可持续发展的清洁油品生产技术。

S-Zorb脱硫系统主要包括3个单元：流化床吸附脱硫反应器、再生器和还原系统，其工艺流程如图5-1-4所示的第1代S-Zorb技术和图5-1-5所示的第2代S-Zorb技术。❶与第1代S-Zorb技术相比，第2代S-Zorb技术的改进之处主要是将第1代S-Zorb技术中的低压双闭锁料斗改为高压单闭锁料斗，这种闭锁料斗的改进不仅导致装置投资大幅度降低约28%，操作费用也下降了13%，大大提高了该技术的工业化应用优势。目前S-Zorb的工业化装置中，只有最早投产的美国Borger炼油厂（目前已停产）和Ferndale炼油厂的S-Zorb装置采用第1代S-Zorb技术，其余均为第2代S-Zorb技术。

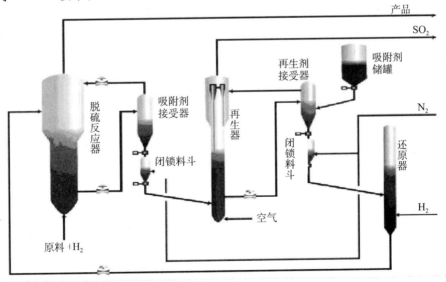

图5-1-4　第1代S-Zorb工艺流程

---

❶　S-Zorb技术介绍［EB/OL］．［2014-11-15］．http：//www.wenku.baidu.com/view/540f5f264b73f242336c5f85.html？re=view.

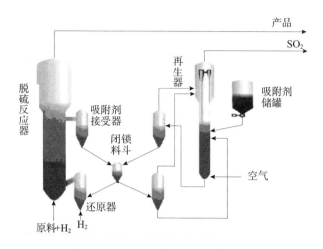

图5-1-5　第2代S-Zorb技术流程

从上述流程图中可以看出，S-Zorb技术的脱硫工艺大致分为3个阶段。[1]

吸附脱硫阶段：在流化床脱硫反应器中，经换热器换热转变为气态的原料油从流化床反应器的底部进入脱硫反应器，在气态的原料油从反应器底部向上通过反应器的上行过程中，流化态的S-Zorb吸附剂与气态原料油中的含硫化合物接触进行脱硫反应；

$$R-S+Ni（Co）+H_2 \rightarrow R-2H+Ni（Co）S$$
$$Ni（Co）S+ZnO+H_2 \rightarrow Ni（Co）+H_2O+ZnS$$

再生阶段：在吸附剂的再生器中，少量的S-Zorb吸附剂不断地从脱硫反应器中连续取出并进入再生器进行再生，以使吸附剂的载硫量维持在设定值。在再生器中，吸附硫饱和的失活S-Zorb吸附剂在通入空气或氧气的含氧气氛中进行氧化燃烧，脱除失活S-Zorb吸附剂中的硫；

$$ZnS+1.5O_2 \rightarrow ZnO+SO_2$$
$$3ZnS+5.5O_2 \rightarrow Zn3O（SO4）_2+SO_2$$
$$C+O_2 \rightarrow CO_2$$
$$C+0.5O_2 \rightarrow CO$$
$$H_2+0.5O_2 \rightarrow H_2O$$
$$Ni（Co）+0.5O_2 \rightarrow Ni（Co）O$$

还原阶段：在吸附剂的还原器中，上述再生器中再生后的吸附剂在返回脱硫反应器之前，还需进入还原器中在氢气气氛中作进一步的还原活化处理，以将氧化态存在的活性金属还原为基本上为还原价态的活性金属，并将部分以盐类形式存在的Zn转化为ZnO，以恢复S-Zorb吸附剂的脱硫活性，然后再将还原处理后活性得到恢复的S-Zorb吸附剂返回脱硫反应器循环使用以提高S-Zorb吸附剂的脱硫效率。

---

[1]　华炜. S-Zorb吸附剂及其工艺进展［J］. 中外能源，2013，18（3）.

$$Ni（Co）O + H_2 \rightarrow Ni（Co） + H_2O$$
$$Zn_3O（SO_4）_2 + 8H_2 \rightarrow 2ZnS + ZnO + 8H_2O$$

5.2　康菲时期的 S – Zorb 技术专利分析

康菲石油历来重视技术的专利保护，在 WPI 数据库检索到康菲石油申请的专利多达上万项（10150 项），而且涉及石油及其相关行业的各个领域，可见该公司具有严密的企业专利布局，用于指导并服务于企业的整体竞争发展战略。

5.2.1　保护策略

在油品清洁化方面，康菲石油在催化汽油脱硫预处理、催化剂研发和生产、气相脱硫等分支领域都有着几十年的开发和应用经验，作为先进的汽油、柴油脱硫工业化技术的发明者和引领者，康菲石油采取了怎样的保护模式和保护策略？

通过检索和阅读，查阅到康菲石油拥有的专利中涉及 S – Zorb 技术的，且目前均处于授权维持状态（同族中至少有一个国家授权即可）的专利申请共约 33 项，为了很好地保护 S – Zorb 技术，康菲石油公司在专利布局中制定了以下方案。

（1）申请模式：多边专利申请为主，单边专利申请为辅

从申请方式上看，康菲石油对 S – Zorb 技术采取了多边专利申请为主，单边专利申请为辅的专利申请策略。多边专利申请指以 PCT 方式进行专利申请的专利申请方式。而单边专利申请是指在一个国家或地区进行专利申请和专利公开的专利申请方式。

康菲石油的专利申请策略充分利用了 PCT 国际申请程序的好处，因为 PCT 国际申请不仅可以延迟支付申请国国内程序中的高额申请费，达到节约费用的目的；还充分利用 PCT 国际申请为申请者提供 30 个月来选择申请进入的保护国，给企业提供了充足的时间来根据市场需求情况谨慎选择申请待进入的国家。

另外，康菲石油在欧洲进行专利布局时，充分利用欧洲专利局为欧盟 32 个成员国提供集中审查的制度，在欧洲专利局申请专利程序简单，即只需单一程序、一种语言（英语、德语或法语）。一旦申请专利在欧洲专利局被授予专利权，申请人可在 3 个月内向希望获得专利保护的《欧洲专利公约》缔约国进行确认即可，因此不仅申请程序简便，而且提供充足的时间选择申请待保护的国家。

此外，康菲石油也合理利用了美国专利申请的临时申请制度（Provisional Application）。通常为了争取早的申请日以更好地占领该领域市场，申请人往往将还不完善的技术方案先去进行临时专利申请。康菲石油充分利用了美国专利申请的临时申请制度，取得较早的申请日后，然后以该较早的专利申请为优先权，再通过 PCT 国际申请方式进行全球专利布局。

在表 5 – 2 – 1 至表 5 – 2 – 3 列出的涉及 S – Zorb 技术的 33 项专利申请中，其中以 PCT 方式申请的专利有 23 项，约占总申请量的 70%；并且进入欧洲专利局的专利申请有 16 项，约占总申请量的 48%；而单边专利申请主要限于美国，共有 10 项，约占总申请量的 30%。

表 5－2－1　主题涉及吸附剂组合物的 S－Zorb 技术

序号	申请号	优先权/优先权日	主要发明人	进入国家或地区	被授权专利	被引证次数
1	WO0114052A1（CN1355727A）	US19990382935 1999－08－25	SUGHRVE E. L. KHARE G. P. BERTVS B. J. JOHNSON M. M	US, CN, AU, NO, EP, BR, CZ, KR, JP, HU, NZ, RU, MX, CA, INKOLNP, DE, ES, IN	US6254766B1, AU769809B, RU2230608C, CN1130253C, INKOLNP200200200E, CA2370627C, EP1222023B1, DE60034359E, ES2282138T T3, DE60034359T T2, KR100691909B, IN215556B2, JP4537635B2, BR0013503B1	71
2	WO0114051A1（CN1382071A）	US19990382502 1999－08－25	KHARE G. P.	US, CN, AU, NO, EP, BR, CZ, KR, JP, HU, NZ, RU, MX, CA, INKOLNP, DE, ES, IN, PL	US6184176B1, AU753235B, RU2225755C2, MX223598B, CA2370734C, INKOLNP200200123E, CN1258396C, EP1222022B1, DE60036632E, KR100691910B1, ES2295059T3, DE60036632T2, JP4484412B2, IN231427B, PL207706B1, BR0013500B1	54
3	WO0132304A1（CN1384770A）	US19990431454 1999－11－01	KHARE G. P.	US, CN, AU, NO, EP, BR, CA, KR, JP, NZ, MX	US6271173B1, US6428685B2, AU768728B, MX226481B, CA2387986C, CN1331591C, KR100768993B, JP4570307B2, EP1237649B1	70
4	WO0132805A1（CN1382201A）	US19990431370 1999－11－01	KHARE G. P.	US, CN, AU, NO, EP, BR, KR, JP, NZ, MX	US6338794B1, AU778467B2, JP4530599B2, CN1382201B	58
5	WO0144407A1（CN1382199A）	US19990460067 1999－12－14	KHARE G. P.	US, CN, AU, EP, BR, CA, KR, JP, NZ, MX	US6274533B1, US6531053B2, AU767207B, KR100743323B1, US7427581B2, MX257483B, CA2393398C, JP4532804B2, CN1382199B	90
6	WO0170907A1	US20000532160 2000－03－21	KHARE G. P.	US, AU, JP,	US6346190B1, JP2011174090B	41

续表

序号	申请号	优先权/优先权日	主要发明人	进入国家或地区	被授权专利	被引证次数
7	WO0191899A1 （CN1422177A）	US20000580611 2000-05-30	DODWELL G. W.	US、CN、AU、NO、EP、BR、KR、HU、JP、ZA、RU、DE、CA、GC、ES、MX	US6429170B1、RU2242277C2、AU2001265256B2、EP1315560B1、US6955752B2、DE60114033E、ES2247122T3、CN1208124C、DE60114033T2、MX240259B、CA2404643C、KR100808458B1、JP4729232B2、GC286A、BR0111235B1、HU228331B1	89
8	WO03086621A1 （CN1627988A）	US20000580611 2000-05-30	DODWELL G. W.	US、CN、AU、EP、BR、KR、JP、ZA、RU、CA、MX	US6656877B2、RU2309795C2、AU2002357051B、CA2481527C、2KR100965034B1、MX275329B、CN1627988B、JP4729257B2、BR0215692B1	58
9	US2003070966A1	US20010976195 2001-10-12	KHARE G. P.	US	US6803343B2	19
10	WO03076066A1 CN1638860 A	US20020090343 2002-03-04	PRICE A. G. GISLASON J. J. DODWELL G. W. MORTON R. W. PARKS G. D.	US、CN、AU、EP、BR、JP、MX	US7105140B2、MX254844B、JP4576124B2、CN1638860B	38
11	US2003203815A1	US20020133075 2002-04-26	DODWELL G. W. KHARE G. P.	US	US6930074B2	30
12	WO2007011500A2 （CN101316653 A）	US20050182963 2005-07-15	TVRAGA V. T. CHOVDHARY T.V. GISLASON J. J. JVST D. K.	US、CN、EP、JP、INDELNP	CN101316653B	13
13	US2010170394A1 CN101773815A	US20090350311 2009-01-08	DODWELL G. W. MORTON R. W. SCHMIDT R.	US、CN	US8268745B2、CN101773815B	8

表 5 - 2 - 2　主题涉及吸附剂组合物的制备方法的 S - Zorb 技术

序号	申请号	优先权/优先权日	主要发明人	进入国家或地区	被授权专利	被引证次数
1	US6683024B1	US2000525588 2000 - 03 - 15	KHARE G. P. ENGELBERT D. R.	US	US6683024B1	48
2	WO2005010124A2 CN1856359A	US20030625366 2003 - 07 - 23	CHOUDHART T. V. GISLASON J. J. DODWELL G. W. BEEVER W. H.	US、 CN、 AU、 NO、 EP、 BR、 KR、 JP、 ZA、 RU、 MX、 CA、 INDELNP、 DE、 IN	INDELNP200600352E、 US7351328B2、 RU2336126C2、 CN100438970C、 MX262567B、 AU2004260098B、 CA2533485C、 IN242176B、 KR110004440B、 JP4938448B2	45
3	WO2005021684A2 CN1871063A	US20030443380 2003 - 08 - 25	DODWELL G. W. JOHNSON M. M. SVGHRVE E. L. MORTON R. W. CHOUDHARY T. V.	US、 CN、 EP、 BR、 RU	US7147769B2 RU2340392C2、 CN100560197C	19
4	US2008039318A1 CN101432398A	US20030625366 2003 - 07 - 23	CHOUDHARY T. V. JOHNSON M. M. JUST D. K. CHOUDHARY T. V. DODWELL G. W. JOHNSON M. M.	US、 CN	US7846867B2、 CN101432398B	23
5	WO2006053135A2 CN101102839A	US20040988093 2004 - 11 - 12	TORAGA V. T. CHOVDHARY T. V.	US、 AU、 CN、 EP、 BR、 BRPI	CN101102839B	5
6	US2005153838A1	S20050054021 2005 - 02 - 09	GISLASON J. J DODWELL G. W. JVST D. K. MORTON R. W. JOHNSON M. M.	US	US7371707B2	22

表 5 - 2 - 3　主题涉及脱硫方法和装置方面的改进的 S - Zorb 技术

序号	申请号	优先权/优先权日	技术创新点	主要发明人	进入国家或地区	被授权专利	被引证次数
1	WO03087269A1	US20020116982 2002 - 04 - 05	吸附剂的再生方法	KHARE G. P. SVGHRVE E. L. THOMPSON M. W. ENGELBERT D. R. KIDD D. R. CASS B. W.	US，AU	US6869522B2	21
2	WO03054116A1 CN1606609A	US20010025345 2001 - 12 - 19	吸附剂的再生方法，所述方法含有下列步骤：（a）将含氧的再生料流加入再生区；（b）将含有硫化锌和助催化剂金属的已硫化的吸附剂加入所述再生区；和（c）将所述已硫化的吸附剂和所述再生料流在足以维持所说再生区的二氧化硫平均分压在从约 0.6kPa 到约 69kPa 的再生条件下，在所述再生区里接触	GISLASON J. J. BROWN R. E. MORTON R. W. DODWELL G. W.	US，CN，AU，EP，BR，KR，GC，MX	US6544410B1 MX242872B CN1323137C AU2002315199B2 KR100806426B1	25
3	WO03053579A1 US6649555B2	US20010025344 2001 - 12 - 19	吸附剂的活化方法	GISLASON J. J. BROWN R. E. MORTON R. W. DODWELL G. W.	US，AU	US6649555B2	27
4	WO03053566A1 US6635795B2	US20010025343 2001 - 12 - 19	吸附剂的再生方法	GISLASON J. J. BROWN R. E. MORTON R. W. DODWELL G. W.	US，AU	US6635795B2	29

续表

序号	申请号	优先权/优先权日	技术创新点	主要发明人	进入国家或地区	被授权专利	被引证次数
5	WO03084656A1（CN1658964A）	US20020120700 2002－04－11	闭锁料斗	THOMPSON M. W. JAZAYERI B. ZAPATA R. HERNANDEZ M.	US、CN、AU、EP、BR、KR、CA、RU、MX	US7172685B2 RU2312885C2 CN1323749C MX249783B AU2003215398B CA2481350C MX305523B BR0308975B1	14
6	WO03086608A1（CN1658965A）	US20020120623 2002－04－11	具有加强的流体/固体接触的脱硫系统，其中通过改进含经流体料流与吸硫固体颗粒在流化床反应器（12）内的接触加强脱硫	MEIER P. F. SVGHRVE E. L. WELLS J. W. HAVSLER D. W. THOMPSON M. W. AVIDAM A. A.	US、CN、AU、NO、EP、BR、KR、RU、CA、MX	RU2290989 C2 AU2003228376B KR100922649B MX275640B CN102199443A CA2481529C	44
7	WO2005090524A1 CN1930271A	US2004079821 2004－03－11	一种脱硫单元，其采用可流化的和可循环的固体颗粒来从含硫经进料中去除硫，所述脱硫单元包括：流化床反应器；流化床再生器；和紧耦合至所述反应器的流化床还原器	HOOVER V. G. THOMPSON M. W. BARNES D. D. COX J. D. COLLINS P. L. LAFRANCOIS C. J. SNELLING R. E. THESEE J. B. MIRANDA R. E. ZAPATA R.	US、CN、EP、AU、BR、RU、CA	US7182918B2 AU2005223744B RU2369630C2 CN1930271B CA2557299C	44

续表

序号	申请号	优先权/优先权日	技术创新点	主要发明人	进入国家或地区	被授权专利	被引证次数
8	WO2006133200A2 CN101247883A	US20050147045 2005-06-07	湍动的流化床反应器	MEIER P. F. THOMPSON M. W. GERMANA G. R. HOOVER V. G.	US, CN, AU, NO, EP, BR, KR, INCHENP, JP, ZA, RU, BRPI, TW, MX	US7491317B2 RU2384361C2 MX274367B AU2006255050B CN101247883B TWI398511B KR130051758B1	17
9	US2006151358A1	US20050034796 2005-01-13	脱硫装置的操作条件的优化	BROWN R. E. EWERT M. W.	US	US7473350B2	24
10	WO2007146597A1 CN101466654A	US20060424010 2006-06-14	一种用于降低含硫烃料流中的多核芳族化合物（PNA）的方法。该方法包括将所述含硫烃料流与含助催化剂金属组分和氧化锌的脱芳构化组合物接触	CHOVPHARY T. V. ALVAREI W. E. DODWELL G. W.	US, CN	CN101466654B	4
11	US2009283448A1	US20060537715 2006-10-02	脱硫装置和再生方法	HOOVER V. G. THOMPSON M. W. SHESEE J. B. ZAPATA R.	US	US7854835B2	46
12	WO2008064282B2 CN101558138A	US20060562529 2006-11-22	闭锁料斗	FERNALD D. T. DEBROWER G. J. HOOVER V. G.	US, CN, TW	US7655138B2	9
13	US2007225156A1	US20070751996 2007-05-22	脱硫装置	SUGHRUE E. L. DODWELL G. W.	US	US7452846B2	24
14	US2010062925A1 CN101683611A	US20080208663 2008-09-11	再生过程中，抑制脱硫吸附剂中原位硅酸盐形成的方法	MORTON R. W. SCHMIDT R. DODWELL G. W. ALLRED G. C.	US, CN	US7951740B2 CN101683611B	55

（2）区域分布：十面埋伏，因地制宜

从表5-2-1至表5-2-3列出的PCT国际申请进入的国家可以看出，康菲石油对S-Zorb技术中的关键技术通过PCT的方式在全球五大洲多达20个国家或地区进行了专利申请布局，根据图5-2-1所示，涉及该技术的专利申请进入的国家排名前10位依次为：美国、中国、澳大利亚、欧盟、巴西、墨西哥、日本、韩国、加拿大和俄罗斯。

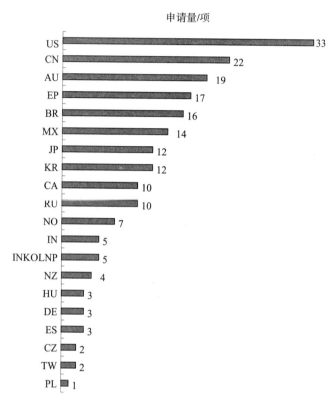

申请量/项

国家	申请量
US	33
CN	22
AU	19
EP	17
BR	16
MX	14
JP	12
KR	12
CA	10
RU	10
NO	7
IN	5
INKOLNP	5
NZ	4
HU	3
DE	3
ES	3
CZ	2
TW	2
PL	1

图5-2-1　涉及S-Zorb技术的专利申请进入的国家或地区

康菲石油选择在这些国家进行重点专利布局是因为这些国家都是清洁油品的生产和消费大国，全球著名的石油巨头基本上都位于上述国家，例如美国的埃克森美孚、UOP和雪佛龙；欧洲的英国石油、巴斯夫、法研院；中国的中石化以及日本的日本石油公司等。这些石油巨头不仅掌握着世界上最先进的炼油技术，而且控制着全世界清洁油品的生产和销售，这种全球专利布局的情况符合当今全球炼油行业的技术发展分布，也符合清洁油品的消费市场分布。这种专利申请区域布局为康菲石油在这些国家乃至全球争取技术优势、抢占油品市场提供了便利，也为其以后与这些国家的石油巨头进行技术转让与合作，以及产品的生产和销售提供了很好的技术保证。

另外，从图5-2-1还可以看出，康菲石油涉及S-Zorb技术的这33项专利申请有22项在中国申请专利保护，仅次于美国成为最大的S-Zorb技术专利申请进入国。可见中国是康菲石油公司针对S-Zorb专利申请重点布局的国家，可能的原因是中国的汽油油品大多为催化裂化汽油，含硫量高、品质差，迫切需要适合的催化裂化汽油脱硫技术，是最可能对该 S – Zorb 专利技术进行转让的国家之一。

（3）技术分布：技术分支全面、细致

康菲石油对 S – Zorb 技术的各个方面均申请专利保护，以期通过拥有该技术在炼油行业产生影响力。从表 5 – 2 – 1 至表 5 – 2 – 3 可以发现，根据专利申请的主题可大致划分为 3 个方面：涉及吸附剂组合物的组成（参见表 5 – 2 – 1）、涉及吸附剂组合物的制备方法（参见表 5 – 2 – 2）以及涉及采用所述吸附剂组合物进行脱硫的方法和装置，或者对脱硫方法和装置方面的改进（参见表 5 – 2 – 3）。

5.2.2　申请趋势

康菲石油作为全球著名的大型跨国企业，其管理者在中试试验后敏锐地预测到 S – Zorb 技术将会成为在石油石化领域引起重大变革的核心脱硫技术。所以在 1999 年 6 月中试试验后立即申请专利对该技术进行保护。从图 5 – 2 – 2 中可以看出康菲石油公司在 1999 年 8 ~ 12 月在美国专利商标局连续申请了 5 项专利，申请号分别为 US1999382935A、US1999382502A、US19990431454A、US19990431370A 和 US19990460067A，即表 5 – 2 – 1 中的序号 1 ~ 5。紧接着分别以这 5 项专利申请的文本为优先权，通过 PCT 国际申请方式向全球 20 多个国家申请专利保护。

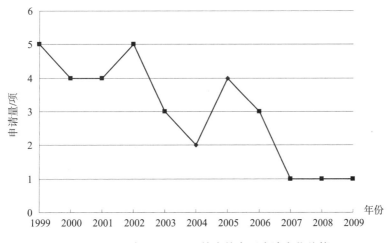

图 5 – 2 – 2　涉及 S – Zorb 技术的专利申请变化趋势

从上述 S – Zorb 技术的发展历程可知，1999 年是 S – Zorb 技术产生的关键时期，因此 1999 年申请的这 5 项专利显然涉及了 S – Zorb 技术中的关键技术，而且这 5 项专利的发明人均涉及 KHARE G. P.，充分体现了 KHARE G. P. 是对 S – Zorb 技术做出巨大贡献的开创者。

在随后的 2000 ~ 2006 年，涉及 S – Zorb 技术的专利申请量并不大，但每年也有 2 ~ 5 项的专利申请，而且这期间还经历了第 1 代 S – Zorb 技术逐渐被淘汰，取而代之的是第 2 代 S – Zorb 技术，充分表明了这段时间是 S – Zorb 技术的成长和完善阶段。

2007 至今，涉及 S-Zorb 技术的专利申请量大大降低，总共仅有 3 项，即 2007～2009 年每年 1 项，可能的原因有两点：第一，1999～2014 年，S-Zorb 技术经过了十多年的工业化实践和应用，已经基本趋于完善；第二，在 2007 年中国的中石化独家全球买断了康菲石油的 S-Zorb 专利技术，因此此后该技术的研发重点和后续改进可能从美国康菲石油转移到中国的中石化。

5.2.3　重要发明人

在科技就是生产力的今天，企业的研发人才是企业保持市场竞争力的根本保障，企业的研发人才就是提供专利申请的发明人，因此发明人是专利申请具有创新性的基石。图 5-2-3 给出了涉及 S-Zorb 技术专利申请的相关发明人的申请量排名，显示了研发该技术的主要发明人。

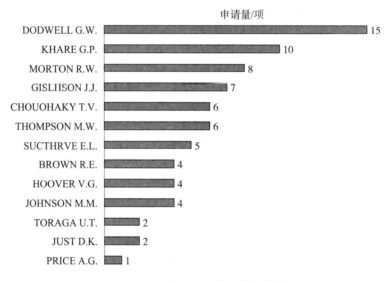

图 5-2-3　主要发明人申请量排名

关于 S-Zorb 技术专利申请的发明人，首先不得不提的就是 KHARE G. P.，虽然从图 5-2-3 显示的申请量可以看出，KHARE G. P. 并非涉及 S-Zorb 技术专利申请量最多的发明人，但 S-Zorb 技术是在研发团队经过十多年研究的气相脱硫（Z-Sorb）技术基础上，进一步研发出来的；此外，在 1999 年最早申请的 5 项涉及 S-Zorb 关键技术的专利申请中，这 5 项专利申请的发明人不仅均包括 KHARE G. P.，而且其中 4 项专利申请中 KHARE G. P. 是唯一发明人；所以事实上 KHARE G. P. 可以称得上是 S-Zorb 技术之父。另外，根据同时作为共同发明人的情况，可知 SUGHRUE E. L. 和 JOHNSON M. M.、THOMPSON M. W. 等均是以 KHARE G. P. 为首的研发团队的重要成员。

另一位重要发明人很显然应该是 DODWELL G. W.，他涉及 S-Zorb 技术的专利申请共有 15 项，占总申请量近一半。从表 5-2-1 显示的发明人一栏可以看出，在 2002 年有 1 项专利申请中 DODWELL G. W. 和 KHARE G. P. 共同为发明人，可知 DODWELL G. W.

也是 KHARE G. P. 带领的研发团队中的一员。

通过对比 KHARE G. P. 为发明人的专利申请年限与 DODWELL G. W. 为发明人的专利申请年限，可以发现 2002 年之前 DODWELL G. W. 为发明人的专利申请占绝大多数，但 2002 年以后则几乎为零；相反地，2002 年以后 DODWELL G. W. 为发明人的专利申请大大增加，可见 DODWELL G. W. 逐渐替代 KHARE G. P. 成为 S‒Zorb 技术研发团队的带头人。通过检索发现原因在于 2002 年之后 KHARE G. P. 离开康菲石油，转而加入雪佛龙菲利普化学有限责任公司（CHEVRON PHILLIPS CHEM CO LP），并对雪佛龙在油品脱硫领域的研发做出贡献。在 DODWELL G. W. 组成的新的研发团队中，重要成员还包括 MORTON R. W.、GISLASON J. J.、CHOODHARY T. V.、BROWN R. E.、TORAGA U. T.、SUGHRUE E. L. 等。

此外，还需提及的是以 THOMPSON M. W. 和 HOOVER V. G. 为首的研发团队对 S‒Zorb 技术的发展也做出了较大的贡献，该研发团队的贡献主要在于对工业应用中的脱硫装置的改进方面。

5.2.4　技术构成

图 5‒2‒4 列出了涉及 S‒Zorb 技术的技术构成饼图，其中涉及吸附剂组合物的专利申请有 13 项，占总申请量的 40%；涉及吸附剂组合物的制备方法的专利申请有 6 项，占总申请量的 18%；以及吸附剂组合物在脱硫中的用途（脱硫方法和脱硫装置方面的改进）的专利申请有 14 项，占总申请量的 42%。其中吸附剂贯穿 3 个技术分支，是 S‒Zorb 技术的技术核心。

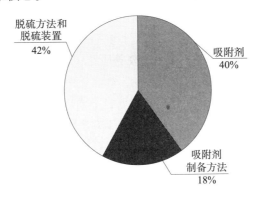

图 5‒2‒4　S‒Zorb 技术的技术构成

另外，图 5‒2‒5 列出了涉及 S‒Zorb 技术专利申请被引证的情况。结合表 5‒2‒1 至表 5‒2‒3 来看，被引证次数（所述被引证次数包括了所有同族专利申请的引证情况）超过 50 的专利申请总共 8 项，其中涉及吸附剂组合物的占 7 项，从另一方面也佐证了 S‒Zorb 技术的核心就是 S‒Zorb 吸附剂，吸附剂的性能直接决定 S‒Zorb 技术的脱硫效果。因此下面就涉及 S‒Zorb 吸附剂的专利技术进行详细介绍。

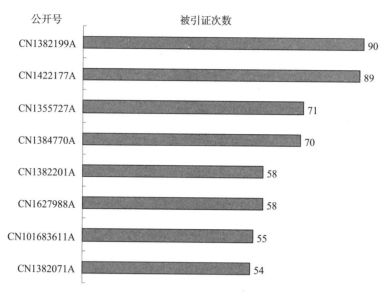

图5-2-5　涉及S-Zorb技术专利申请被引证的情况

5.2.4.1　S-Zorb吸附剂

虽然康菲石油申请了一系列涉及吸附剂组合物方面的专利，但通过对表5-2-4和图5-2-6中涉及S-Zorb吸附剂的专利申请进行技术分析，发现所有专利申请要求保护的S-Zorb吸附剂在组成及制备方法上均具有相近或相似之处，即S-Zorb吸附剂基本均由包含氧化锌的载体和基本上为还原态的活性金属促进剂组成。而且还发现1999年申请的CN1355727A和CN1382071A的专利申请（参见表5-2-4中的序号1和序号2）是S-Zorb技术的核心专利，此后序号3~13的专利申请均是围绕上述核心专利，为了适应不同的油品原料，或进一步改善吸附剂的耐磨性、寿命等性能，提高脱硫效果、提高成油品性能等目的的改进发明。鉴于S-Zorb吸附剂在组成、制备方法以及油品脱硫中的应用上均具有相近或相似之处，下面以核心专利CN1355727A为例，对所述S-Zorb吸附剂的组成、制备方法以及脱硫方法作简单介绍。

在CN1355727A中公开了一种适用于从裂化汽油和柴油机燃料中脱除硫的吸附剂组合物，由以下物质组成：（a）氧化锌；（b）氧化硅；（c）氧化铝；和（d）镍，其中所述镍基本上以还原价态存在，其存在量能从在脱硫条件下与所述含镍吸附剂组合物接触的裂化汽油或柴油机燃料流中脱除硫。

所述吸附剂组合物的制备方法为：（a）混合氧化锌、氧化硅和氧化铝形成混合物；（b）使所得混合物颗粒化形成颗粒；（c）使步骤（b）的颗粒干燥；（d）将步骤（c）的干燥颗粒焙烧；（e）用镍或含镍化合物浸渍步骤（d）所得焙烧后的颗粒；（f）使步骤（e）所得浸渍颗粒干燥；（g）将步骤（e）所得干燥颗粒焙烧，然后（h）在适合的条件下用适合的还原剂使步骤（g）所得焙烧后的颗粒还原，得到所述吸附剂组合物，其中所述组合物有基本上零价的镍。

表 5 – 2 – 4　S – Zorb 吸附剂的组成与效果

序号	申请号	活性金属促进剂	载体组成	技术效果
1	CN1355727A	镍	氧化锌、氧化硅、氧化铝	脱硫率高　辛烷值损失小
2	CN1382071A	钴	氧化锌、氧化硅、氧化铝	脱硫率高　辛烷值损失小
3	CN1384770A	选自钴、镍、铁、铜、钼、钨、银、锡和钒	氧化锌、氧化硅、氧化铝、钙化合物	载体中加入钙化合物阻止吸附剂钝化；活性金属扩宽
4	CN1382201A	钴、镍、铁、锰、铜、钼、钨、银、锡和钒或其中任意两种或多种的混合物	钛酸锌	高氢气含量下辛烷值无明显损失，而且延长吸附剂的活性期限
5	CN1382199A	使用双金属促进剂，选自钴、镍、铁、锰、铜、锌、钼、钨、银、锡、锑和钒的至少两种	由氧化锌和无机或有机载体组成的颗粒状载体	不仅脱硫而且使硫化产品的烯烃经保留量增加。可处理其他含硫物流如柴油机燃料
6	WO0170907A1	镍	载体组成为铁酸锌和无机黏合剂	辛烷值无损失的情况下，吸附剂损失的活性增强
7	CN1422177A	还原态的促进剂金属占吸附剂总量的 1.0% ~ 60%，选自钴、镍、铁、锰、铜、钼、钨、银、锡和钒中的至少一种	载体组成（重量分数）：氧化锌 10% ~ 90%；膨胀珍珠岩 10% ~ 40%；氧化铝 1.0% ~20%，基于载体重量 100% 得出	调节氧化锌含量，吸附剂耐磨性提高，延长了吸附剂的使用寿命
8	CN1627988A	还原态的促进剂金属含量占吸附剂总量的 1.0% ~ 60%，选自钴、镍、铁、锰、铜、钼、钨、银、锡和钒中的至少一种	载体组成为：氧化锌；膨胀珍珠岩；铝酸盐；铝酸盐含量为 10% ~ 20%	耐磨性好，也适用于柴油油脱硫，而且氢耗降低

续表

序号	申请号	活性金属促进剂	载体组成	技术效果
9	US20030709966A1	还原态的贵金属含量 0.01%~25%，优选 0.1%~10%	载体组成为：氧化锌和其他常规载体	脱硫效率高
10	CN1638860A	脱硫促进剂其中至少一部分所述促进剂以降低了化合价的促进剂的形式存在	载体组成为：氧化锰、含硅材料、含铝材料	降低氢耗，辛烷值有较小影响，但脱硫效率提高
11	US2003203815A1	促进剂金属	载体包括：氧化锌和难熔的金属氧化物	耐磨性提高，容积密度增大 $\geq 1g/cm^3$
12	CN101316653A	所述吸附剂颗粒包含约重量分数 5%~50% 所述镍，10%~80% 氧化锌，促进剂选自镧、铈、镨、钕、铕、铽、钐、铕、镝、钬、铒、铥、镱、镥、钪、钇、锆、钛、铍、镁、钙、锶、钡、镭，其氧化物及其组合。吸附剂体系平均粒度小于约 500 微米，而且具有小于约体积分数 7% 的镍绒毛含量	载体组成为：氧化锌、酸性介质、氧化铝、填料和多孔性增强剂	吸附剂表面镍绒毛含量降低，脱硫效率提高
13	CN101773815 A	包含促进剂金属和锌的置换性固溶体	载体包含硅酸盐抑制性金属的含氧化硅组分，所述硅酸盐抑制性金属选自稀土金属、碱土金属和它们的组合；其中所述含氧化硅组分包含大约含量重量分数 0.5%~20% 的量的所述硅酸盐抑制性金属，其中所述含氧化硅组分包含小于重量分数 50% 的量的硅酸盐	耐硅酸盐的脱硫吸附剂，氧化再生条件下时显示出奇低的原位硅酸盐产生率

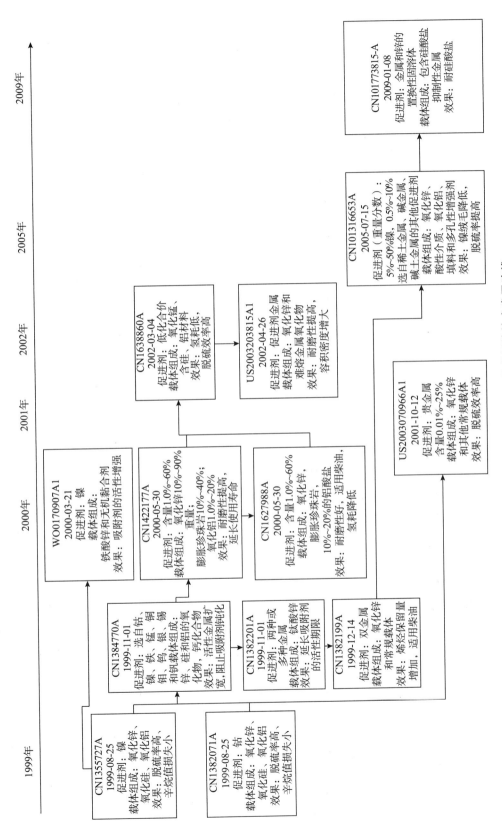

图 5 - 2 - 6 康菲石油涉及 S - Zorb 吸附剂的技术发展路线

　　使用所述吸附剂组合物从裂化汽油或柴油机燃料流中脱除硫的方法，包括以下步骤：（a）使所述物流与所述吸附剂组合物接触，形成裂化汽油或柴油机燃料的脱硫流体流和硫化吸附剂；（b）使所得脱硫流体流与所述硫化吸附剂分离；（c）在再生区使分离出的硫化吸附剂至少一部分再生以除去其上吸收的至少一部分硫；（d）在活化区使所得脱硫吸附剂还原以提供还原价态的镍，裂化汽油或柴油机燃料流与之接触时能从中脱除流；然后（e）使所得脱硫的还原吸附剂至少一部分返回所述脱硫区。

　　所述吸附剂组合物在辛烷值影响最小的情况下对汽油或柴油中难脱除的有机含硫化合物例如噻吩及其衍生物具有很好的脱除效果，根据实施例，可将汽油中的含硫化合物（主要为噻吩）脱至 10ppm，甚至 5ppm 以下；可见柴油中的硫脱至 50ppm，甚至 15ppm，而且所述吸附剂还可将再生后循环利用。

5.3　S – Zorb 专利技术的许可与转让

　　由于康菲石油的 S – Zorb 技术可实现深度脱硫，得到超低硫含量的汽油和柴油，在石油行业引起了广泛的关注，康菲石油也积极在全球范围内寻求 S – Zorb 技术的技术许可和转让。

5.3.1　技术许可

　　为了满足越来越严格的美国环保要求，美国的皇冠石油公司及其子公司 LaGloria 油气公司接受康菲石油的技术许可，其在美国德州的两座炼油厂采用康菲石油的 S – Zorb 吸附脱硫技术，建设了两套 S – Zorb 脱硫装置。这两座炼油厂分别是皇冠公司在帕塞迪纳（PRSI）的 500 万吨/年的 PRSI 炼油厂和 LaGloria 油气公司在泰勒的 260 万吨/年炼油厂。

　　另外，康菲石油和能源公司（Cenovus Energy Inc.）进行合作，共同投资建设了伊利诺伊州的 Wood River 炼油厂，目的是进一步提高在北美市场的清洁油品加工能力，该 Wood River 炼油厂采用第 2 代 S – Zorb 脱硫技术，于 2007 年 2 月开工，加工规模为 130 万吨/年。

　　此外，康菲石油还许可美国西部炼油公司（western Refining），在 Western Yorktown（Giant）炼油厂建造了 S – Zorb 脱硫装置，于 2008 年 3 月开工，规模 120 万吨/年。到目前为止，美国共有 6 套 S – Zorb 脱硫装置，如表 5 – 3 – 1 所示。❶

---

　　❶ 华炜. S – Zorb 吸附剂及其工艺进展 [J]. 中外能源，2013，18（3）.

表 5 – 3 – 1　美国投用的 S – Zorb 装置情况

炼油厂	规模万吨/年	处理油品	原料硫含量/ppm	产品硫含量/ppm	工艺技术	开工时间
Borger	25	FCC 汽油	—	—	第 1 代	2001 – 04
Ferndale	82.95	FCC 汽油	1500	10	第 1 代	2003 – 11
Lake Charles	157	FCC 汽油和焦化汽油	1040	10	第 2 代	2005 – 11
PRSI	160	FCC 汽油	1100	25	第 2 代	2007 – 04
Wood River	90	FCC 汽油	785	8.5	第 2 代	2007 – 02
Western Yorktown	120	FCC 汽油	1000	5	第 2 代	2008 – 03

5.3.2　技术转让

康菲石油将 S – Zorb 专利技术进行国外技术转让的首家（也是唯一一家），就是中国的中石化。中石化在 2007 年购买 S – Zorb 技术的国内外背景大致如下：一方面，在 2006～2007 年康菲石油新任 CEO 对公司业务进行调整，调整为以上游石油勘探开采为主，下游油品深加工业务为辅的策略；另外，虽然当时 S – Zorb 技术的脱硫效果显著，可生产硫含量 10ppm 以下的超低硫汽油，但工业应用并不理想，最大缺陷是运行周期非常短，大约 6 个月，康菲石油并不十分看好该项技术。另一方面，为了 2008 年北京奥林匹克运动会的成功举办，在 2007～2008 年北京等地区开始提前要求汽油标准满足国 IV 标准，由于国内汽油油品结构以催化裂化汽油为主，催化裂化汽油含硫量高（硫含量高达 1000ppm 以上）、品质差，而且当时国内并没有理想的催化裂化汽油的脱硫技术，无法生产满足市场需要的国 IV 标准汽油；另外，S – Zorb 技术能够生产硫含量 10ppm 以下的超低硫汽油，不仅可满足国 IV 标准还可满足国 V 标准，S – Zorb 技术的上述优点使中石化预见到其未来的市场潜力也是促使中石化购买该技术的可能原因之一。在这样的国内外环境下，中石化在 2007 年独家买断了美国康菲石油的 S – Zorb 专利技术。

此外，S – Zorb 技术的国外转让仅中石化一家的可能原因是，欧盟、美国、日本等石油大国在 2000 年均进行了油品升级，因此为了满足新的油品标准的要求，这些国家在 2000 年前后刚刚经历了汽油、柴油的生产技术以及油品结构等方面的调整，而 S – Zorb 技术是在 2001 年才刚开始工业化应用试验，到 2005 年左右该技术才日渐成熟，因此 S – Zorb 技术的优异脱硫效果虽然在全世界石油行业引起了广泛关注，但欧盟、日本等石油大国均没有引进该技术，而且 S – Zorb 脱硫设备在美国本土的应用也十分有限，到目前为止也仅有 6 套。

中石化在 2007 年购买 S – Zorb 专利技术后，立即组织系统内的科研、设计、设备制造及相关企业的技术力量，对该技术进行消化吸收，以为该技术的完全国产化以及后续的研发、改进和技术转让与合作等做好准备工作。

中石化于 2007 年首先在中石化燕山分公司建成国内第一套 S－Zorb 吸附脱硫装置，于 2007 年 6 月开工，规模为 1 万吨/年，验证了可以将含硫量为 300ppm 的催化裂化汽油脱至 5ppm，得到超低硫含量的汽油。燕山石化的 S－Zorb 装置经多次工业化试验证明，该装置运行情况基本稳定、收到预期效果，而且装置剂耗、能耗及汽油产品的硫含量均达到预定指标后，中石化开始在中石化系统内大力推广应用该技术。2008～2012 年国内的应用情况见表 5－3－2。❶ 2013 年开始投入建设的还包括中石化的安庆石化、洛阳石化等炼油厂。

表 5－3－2　2008 年后中石化首批 8 套 S－Zorb 装置的投产情况

项　　目	济南	齐鲁	沧州	高桥	长岭	镇海	广州	金陵
规模万吨/年	90	90	90	120	120	150	150	150
操作弹性	60～110	60～120	55～100	60～110	60～110	60～120	60～110	—
设计原料硫含量/ppm	800	750	1100	600	950	600	600	600
设计产品硫含量/ppm	10	10	10	10	10	10	10	10
原料烯烃含量/重量分数%	40.14	36.54	40.59	33.87	24.14	25.07	25.59	—
H_2 纯度/体积分数%	88	99.9	99.9	91	93.3	91.82	97.2	—
压力/MPa	3.1	3.1	3.1	3.1	3.1	3.1	3.1	—
温度/℃	441	441	435～441	441	441	441	441	—
重时空速/h^{-1}	3～5	3～5	3～5	4～6	3～5	4～6	4～6	—
再生温度/℃	约510	约510	约510	约510	约510	约510	约510	—
吸附剂持硫量/重量分数%	7.5	7.5	7.5	7.5	7.5	7.5	7.5	—
SO_2 回收	S 回收	S 回收	S 回收	S 回收	S 回收	S 回收	碱洗	—
辛烷值损失	0.7～1	0.7～1	1.0～1.3	0.3～0.5	0.8～1.1	0.3～0.5	0.3～0.5	—
能耗/kg·t^{-1}	8.9	8.84	8.9	8.8	<9	7.5～8	7.5～8	—
汽油收率%	99.16	99.45	99.03	99.08	99.10	98.90	99.26	—
投产时间	2009－12－09	2010－02－22	2010－03－05	2009－09－28	2010－11－21	2009－12－08	2010－01－11	2012－08

此外，中石化也积极向国内其他石油企业推广 S－Zorb 技术，将该技术许可给中石油和陕西延长石油（集团）有限责任公司（以下简称"延长石油"）。

---

❶　华炜. S－Zorb 吸附剂及其工艺进展［J］. 中外能源，2013，18（3）.

5.4 中石化时期的 S–Zorb 专利技术分析

为了解决工业应用中暴露的技术问题,中石化在引进康菲石油开发的 S–Zorb 技术基础上,对该技术进行二次开发再创新,逐步形成中石化自己所有的新一代 S–Zorb 技术。

5.4.1 吸附剂国产化

如前所述,中石化在 2007 年买断了康菲石油的 S–Zorb 技术,并于当年在燕山建成我国第一套 S–Zorb 工业装置。此后陆续又有多家炼油厂上马 S–Zorb 脱硫装置,因此近年来或者未来几年 S–Zorb 脱硫装置将成为国内生产清洁油品的核心生产设备。而这些 S–Zorb 脱硫装置需要专门的 S–Zorb 吸附剂。虽然中石化于 2007 年整体购买了该项技术,但与这项技术配套使用的 S–Zorb 吸附剂则还需由国外提供,为此中石化每年要花费高额 S–Zorb 吸附剂采购费。

为了打破国外公司对 S–Zorb 吸附剂生产技术的技术垄断,完全掌握 S–Zorb 专用吸附剂的配方以及生产技术,中石化下属的重要研发机构石科院承担起开发国产 S–Zorb 吸附剂的任务,以实现 S–Zorb 吸附剂的国产化。事实上自 2007 年中石化购买 S–Zorb 技术之初,石科院就组成了由徐莉、许友好、许本静、林伟、田辉平、王振波、朱玉霞、龙军等组成的研发团队,专门致力于研发新的 S–Zorb 吸附剂。在 2007～2014 年,石科院申请了大量涉及 S–Zorb 吸附剂组合物及其制备方法的专利申请(详见表 5–4–1)。通过分析,石科院涉及 S–Zorb 吸附剂的技术发展路线如图 5–4–1 所示(见文前彩图第 10 页)。

从图 5–4–1 可以看出,石科院对 S–Zorb 吸附剂的改进主要是对吸附剂载体方面的改进,通过在载体中添加分子筛、磷化物、层状黏土、非铝黏结剂等来改善吸附剂的耐磨强度、脱硫活性等方面的性能,从而适应国内相对劣质的油品的处理,同时提高油品质量。其中核心专利 CN101619231A 提供了一种 S–Zorb 吸附剂的制备方法,该申请对于实现 S–Zorb 吸附剂国产化具有重要的意义。该专利申请的发明人林伟等发现在 S–Zorb 吸附剂制备过程中,Al_2O_3 黏结剂将吸附剂的活性组分黏结时,有一部分 Al_2O_3 没有参与黏结作用,这部分 Al_2O_3 往往以碎片铝的形式存在于活性载体 ZnO 的表面上,使吸附剂的孔变小,存储硫的能力降低。在该制备方法中,在负载金属促进剂之前,通过将载体与络合剂溶液接触,经过络合剂处理,吸附剂上的碎片铝与络合剂反应,生成溶于水的化合物,而起黏结作用的铝不受破坏,从而使 ZnO 的表面得到清理,吸附剂的孔结构得到改善,吸附存储能力提高,活性提高。

据此方法制备的型号为 FCAS 的吸附剂经康菲石油的小试和中试活性测试,结果显示:石科院开发的国产 FCAS 吸附剂,特别是 FCAS–R9 吸附剂与进口催化剂相比,具有相同的脱硫活性、更好的辛烷值保持能力和耐磨损强度。

表 5 – 4 – 1　中石化涉及 S – Zorb 吸附剂的专利申请

序号	申请号	申请日	技术要点	技术效果	法律状态
1	CN101433817A	2007 – 11 – 15	脱硫吸附剂，包括重量分数 1%～30% 的稀土沸石混合物，重量分数 5%～40% 的活性金属氧化物和重量分数 30%～94% 的载体，其中载体包括氧化铝和氧化锌	汽油脱硫率达重量分数 98% 以上，辛烷值提高，苯含量低，强度较高；柴油脱硫率达重量分数 99% 以上，十六烷值较高	授权，专利权维持
2	CN101433819A	2007 – 11 – 15	脱硫吸附剂组合物，包括重量分数 1%～30% 的磷改性稀土沸石混合物，重量分数 5%～40% 的活性金属氧化物和重量分数 30%～94% 的载体，其中载体包括氧化铝和氧化锌	同 1❶	授权，专利权维持
3	CN101481627A	2008 – 01 – 09	烃油脱硫吸附剂，含有分子筛和具有吸附脱硫功能的金属氧化物，所述分子筛的硅铝原子摩尔比为 100～75C，分子筛与所述具有吸附脱硫功能的金属氧化物的重量比为 45～98:2～55；所述具有吸附脱硫功能的金属氧化物为两种或三种	硫容量大、用于烃油吸附脱硫，脱硫效率高，烃油收率高	授权，专利权维持
4	CN101619231A	2008 – 06 – 30	吸附剂，包括氧化铝黏结剂，氧化锌载体以及金属促进剂。制备方法：首先制备含氧化锌和氧化铝黏结剂的载体，再将其与络合剂溶液接触，然后负载金属促进剂，其中络合剂选自能与氧化铝反应生成可溶性铝化合物的物质中的一种或几种	所述制备方法能够提高吸附剂孔体积，所提供的吸附剂用于燃料油吸附脱硫活性高，吸附硫容量大	授权，专利权维持
5	CN101766984A	2008 – 12 – 31	脱硫吸附剂，以吸附剂总重计，包括：1）氧化铝（重量分数）5%～35%；2）氧化硅（重量分数）3%～30%；3）至少一种选自第 IIB 族、第 VB 族和第 VIB 族的金属氧化物，含量为（重量分数）10%～80%；4）至少一种选自第 VIB 族和第 VIII 族的促进剂金属（重量分数）3%～30%；5）磷氧化物，以磷计（重量分数）0.3%～5%	良好的耐磨损强度和脱硫活性，可大大延长使用寿命	授权，专利权维持

❶ 编者注：同 1 指技术效果与序号 1 的专利申请相同，以下作类似表述。

续表

序号	申请号	申请日	技术要点	技术效果	法律状态
6	CN101766985A	2008-12-31	脱硫吸附剂，组分1）~4）同5；5）第IIA族金属氧化物，含量为（重量分数）0.5%~10%	同5	授权，专利权维持
7	CN101816918A	2009-02-27	脱硫吸附剂，组分1）~4）同5；5）碱金属氧化物，含量为（重量分数）0.5%~10%	同5	授权，专利权维持
8	CN101618314A	2009-05-14	脱硫吸附剂，包括：1）层柱黏土，含量为（重量分数）5%~40%，2）无机氧化物黏结剂，含量为（重量分数）3%~35%，3）选自第IIB族、第VB族和第VIB族中的一种或多种金属的氧化物，含量为（重量分数）10%~80%，4）至少一种选自钴、镍、铁和锰的金属促进剂，含量为（重量分数）5%~30%	良好的耐磨损强度和脱硫活性	授权，专利权维持
9	CN101934216A	2009-06-30	脱硫吸附剂，以吸附剂总重为基准，包括：1）氧化硅（重量分数）5%~35%，2）氧化铝（重量分数）1%~20%，3）氧化锆（重量分数）3%~30%，4）选自第IIB族、第VB族和第VIB族中的至少一种金属的氧化物，含量为（重量分数）15%~75%，5）至少一种选自钴、镍、铁和锰的金属促进剂，含量为（重量分数）5%~30%	采用非铝黏结剂，避免了氧化锌部分生成铝酸锌，良好的耐磨损强度和脱硫活性和稳定性	授权，专利权维持
10	CN101934217A	2009-06-30	脱硫吸附剂，以吸附剂总重为基准，包括：组分1）~2）和4）~5）同9），3）氧化锡，含量为（重量分数）3%~30%	同9	授权，专利权维持
11	CN101934218A	2009-06-30	脱硫吸附剂，以吸附剂总重为基准，包括：组分1）~2）和4）~5）同9），3）氧化钛，含量为（重量分数）3%~30%	同9	授权，专利权维持

续表

序号	申请号	申请日	技术要点	技术效果	法律状态
12	CN101618313A	2009-06-25	制备方法，包括：（1）使氧化硅源，无机氧化物黏结剂前身物以及选自第ⅡB族、第ⅤB族和第ⅥB族中的一种或多种金属氧化物或其前身物接触，并成型，干燥，形成载体；（2）把载体置于流化床中，通入由气体携带的能够将氧化态硫还原为硫化氢的促进剂金属的有机化合物，获得吸附剂前驱体；（3）干燥，焙烧（2）得到的吸附剂前驱体，使促进剂的有机化合物转化为金属氧化物	活性组分在载体上均匀分布，接近单层分散的效果，大大增加吸附剂的活性	授权，专利权维持
13	CN102114404A	2009-12-30	1）至少含有云母的氧化硅源，含量为（重量分数）5%~40%，2）耐热无机氧化物黏结剂，含量为（重量分数）3%~35%，3）至少一种选自第ⅡB族、第ⅤB族和第ⅥB族中的金属的氧化物，含量为（重量分数）10%~80%，4）至少一种选自钴、镍、铁和锰的促进剂金属，含量为（重量分数）5%~30%	良好的耐磨损强度和脱硫活性	授权，专利权维持
14	CN102114405A	2009-12-30	脱除硫的吸附剂，包括：组分1）、3）和4）（同13，2）二氧化钛黏结剂，含量为（重量分数）3%~35%	同14	授权，专利权维持
15	CN102114406A	2009-12-30	脱除硫的吸附剂，包括：组分1）、3）和4）（同13，2）二氧化钴黏结剂，含量为（重量分数）3%~35%	同14	授权，专利权维持
16	CN102114407A	2009-12-30	脱除硫的吸附剂，包括：组分1）、3）和4）（同134，2）二氧化锡黏结剂，含量为（重量分数）3%~35%	同14	授权，专利权维持
17	CN102294222A	2010-06-24	吸附剂，以吸附剂总重量为基准，至少包括：1）SAPO 分子筛（重量分数）1%~20%；2）氧化铝黏结剂（重量分数）3%~35%；3）氧化硅源（重量分数）10%~80%；4）氧化锌（重量分数）5%~40%；5）至少一种选自钴、镍、铁和锰的金属促进剂，含量为（重量分数）5%~30%	很高的脱硫活性，明显增加汽油辛烷值	授权，专利权维持

续表

序号	申请号	申请日	技术要点	技术效果	法律状态
18	CN102294225A	2010-06-24	脱除硫的吸附剂,包括:组分1)、3)~5)同17,2)二氧化铝,含量为(重量分数)3%~35%	采用非铝黏结剂,避免了氧化锌部分生成铝酸锌,大大提高了吸附剂的活性和稳定性,明显增加汽油辛烷值	复审
19	CN102294223A	2010-06-24	脱除硫的吸附剂,包括:组分1)、3)~5)同17,2)二氧化钛,含量为(重量分数)3%~35%	同18	复审
20	CN102294224A	2010-06-24	脱除硫的吸附剂,包括:组分1)、3)~5)同17,2)二氧化锡,含量为(重量分数)3%~35%	同18	复审
21	CN103343249A	2010-07-29	脱除硫的吸附剂,包括:组分1)、2)、4)、5)同17,3)层柱黏土,含量为(重量分数)5%~40%	同17	授权,专利权维持
22	CN103343250A	2010-07-29	脱除硫的吸附剂,包括:组分1)、3)、4)、5)同21,2)二氧化钛,含量为(重量分数)3%~35%	很高的脱硫活性和抗磨强度,明显增加汽油辛烷值	复审
23	CN103343251A	2010-07-29	脱除硫的吸附剂,包括:组分1)、3)、4)、5)同21,2)二氧化锆,含量为(重量分数)3%~35%	同22	授权,专利权维持
24	CN103343252A	2010-07-29	脱除硫的吸附剂,包括:组分1)、3)、4)、5)同21,2)二氧化锡,含量为(重量分数)3%~35%	同22	授权,专利权维持

续表

序号	申请号	申请日	技术要点	技术效果	法律状态
25	CN102631883A	2011-02-11	脱硫吸附剂的制备方法，包括：（1）使氧化锆前身物水解老化，形成锆溶胶；（2）将锆溶胶、氧化硅源与氧化锌混合，形成载体混合物；（3）使上述混合物成型、干燥焙烧，形成载体；（4）在载体上引入含有促进剂金属的化合物组分，干燥焙烧，得到吸附剂前体；（5）将吸附剂前体在含氢气氛下还原，使促进剂金属基本上以还原态存在，得到吸附剂	较好的耐磨损强度以及良好的活性和稳定性，可以用于汽油和柴油的吸附脱硫过程	授权，专利权维持
26	CN102463098A	2011-03-24	所述吸附剂组合物，以吸附剂组合物的重量为基准，包括：（a）氧化锌10%～80%；（b）AEL结构磷铝酸盐分子筛1%～40%，（c）氧化物载体10%～84%，和（d）促进剂金属，其中至少一部分所述促进剂金属以还原态存在；以元素计为5%～50%	具有较好的脱硫效果，能提高裂化汽油的辛烷值和改善柴油的低温流动性能	授权，专利权维持
27	CN102463099A	2011-03-24	吸附剂组合物，以吸附剂组合物的重量为基准，包括：（1）氧化锌10%～84%；（2）氧化硅5%～75%；（3）氧化铝5%～30%，（4）AEL结构磷铝酸盐分子筛重量分数1%～40%，和（5）镍，所述镍基本上以还原态存在；以元素计镍的含量为（重量分数）5%～50%	同26	授权，专利权维持
28	CN102463100A	2011-03-24	吸附剂组合物，包括：组分1）～4）同27，（5）钴；所述钴基本上以还原态存在；以元素计钴的含量为（重量分数）5%～50%	同26	授权，专利权维持
29	CN102895947A	2011-07-28	脱除硫的吸附剂，包括：组分2）～5）同21，1）具有十二元环孔道结构的硅铝磷分子筛，含量为（重量分数）1%～20%	很高的脱硫活性和抗磨强度，明显增加汽油辛烷值	驳回，等复审请求

续表

序号	申请号	申请日	技术要点	技术效果	法律状态
30	CN102895943A	2011-07-28	脱除硫的吸附剂，包括：组分1)、3)~5) 同29，2) 二氧化锡，含量为（重量分数）3%~35%	同29	驳回，等复审请求
31	CN102895946A	2011-07-28	脱除硫的吸附剂，包括：组分1)、3)~5) 同29，2) 二氧化锆，含量为（重量分数）3%~35%	同29	驳回，等复审请求
32	CN102895939A	2011-07-28	脱除硫的吸附剂，包括：组分1)、3)~5) 同29，2) 二氧化钛，含量为（重量分数）3%~35%	同29	实审阶段
33	CN102895944A	2011-07-28	脱除硫的吸附剂，包括：组分1)、2)、4)~5) 同30，3) 氧化硅源，含量为（重量分数）5%~40%	采用非铝黏结剂，避免了氧化锌部分生成铝酸锌，大大提高了吸附剂的活性和稳定性，明显增加汽油辛烷值	复审阶段
34	CN102895945A	2011-07-28	脱除硫的吸附剂，包括：组分1)、3)~5) 同33，2) 二氧化锆，含量为（重量分数）3%~35%	同33	复审阶段
35	CN102895948A	2011-07-28	脱除硫的吸附剂，包括：组分1)、2)、4)~5) 同29，3) 氧化硅源，含量为（重量分数）5%~40%	同33	复审阶段
36	CN103372416A	2012-04-26	所述吸附剂组合物含有金属促进剂，氧化锌，磷铝酸盐分子筛（壳）/MFI结构硅铝分子筛（核）核壳复合分子筛以及氧化物。制备方法：包括形成含锌化合物，促进剂金属化合物，氧化物载体组分和磷铝酸盐分子筛（壳）/MFI结构硅铝分子筛（核）复合分子筛的混合物，焙烧、还原的步骤	所述吸附剂较好的脱硫效果，具有更好的提高汽油辛烷值效果	实审

小试和中试后，在 2009 年期间，FCAS 吸附剂又在中石化北京燕山分公司的 S－Zorb 装置进行了工业化试验并取得成功。而且这期间中国石油化工股份有限公司催化剂南京分公司也建设了产能 2000 吨/年的 S－Zorb 吸附剂工业制备装置，并根据石科院提供的 FCAS 吸附剂制备工艺包，也于 2010 年 3 月生产出第 1 批合格的国产 S－Zorb 吸附剂。第 1 批国产的 S－Zorb 吸附剂在 2010 年 7 月和 11 月分别填充到高桥和长岭炼油厂的 S－Zorb 装置上进行工业应用试验。❶

上海高桥 1.20 万吨/年的 S－Zorb 装置上的试验结果表明：（1）国产吸附剂具有与进口吸附剂相同的脱硫活性和稳定性，而且辛烷值损失更小，流化性能和耐磨性能更好；（2）随着 S－Zorb 装置内国产吸附剂所占比例不断提高，装置操作参数保持平稳，物料平衡计算结果表明，装置能耗在国产吸附剂使用前后基本相同，吸附剂单耗相同。

另外，长岭炼油厂的 S－Zorb 装置自 2010 年 11 月启动以来，连续运转已满 3 年，不断刷新国内外同类装置运行周期最长纪录。该装置能够实现长周期运行，关键因素之一就是使用了国产 FCAS 催化剂。

我国计划从 2017 年起，在全国范围内推广符合欧Ⅴ标准的清洁汽油，要求硫含量必须低于 10ppm。目前国内已建成 12 套 S－Zorb 工业装置，到 2014 年底还将建成及投产 15 套装置，届时 S－Zorb 装置总加工能力将达到 3540 万吨/年，接近国内汽油消费总量的 40%。S－Zorb 装置将成为清洁油品生产当之无愧的核心装置，FCAS 吸附剂制备技术则是核心中的核心。而实现国产化的 FCAS 吸附剂的制备技术，不仅为中石化的转型及结构调整提供了技术支持，也为我国落实绿色低碳发展战略，实现油品质量升级，提供了坚实的技术支撑。❷

5.4.2 再生系统的改进

在康菲石油原有的 S－Zorb 技术中，再生后排放的二氧化硫含量较高的再生烟气采用碱液吸收的方式进行处理，但工业应用中会产生大量的废碱液，处理这些废碱液不仅增加了成本，也会产生二次污染，同时也浪费了其中的硫资源。

5.4.2.1 再生烟气处理流程

中石化的刘爱华等（公开号为 CN102380311A）开发了一种汽油吸附脱硫再生烟气处理方法，将 S－Zorb 技术原有的碱洗处理再生烟气的工艺改为将再生烟气引入 CLAUS 装置进行硫磺回收处理，并且还研发了一种专用尾气加氢催化剂，使得该再生烟气工艺既可回收硫资源，又避免了环境污染，节能降耗效果显著，具有良好的经济效益和环保效益（参见表 5－4－2）。

---

❶❷　[EB/OL]．[2014－02－17]．http：//www.sinopecnews.com.cn.

表 5 - 4 - 2　中石化涉及 S - Zorb 装置再生系统的专利申请

序号	公开号	申请日	技术要点	技术效果	法律状态
1	CN102380311A	2010 - 09 - 01	一种汽油吸附脱硫再生烟气处理方法，包括下述步骤，将再生烟气引入硫黄回收装置尾气加氢单元与 Claus 尾气混合；采用该方法专用尾气加氢催化剂处理；加氢气经溶剂吸收——再生，硫化氢返回 Claus 单元回收硫磺，净化尾气经焚烧炉焚烧后达标排放。并提供一种专用尾气加氢催化剂	既可回收硫资源，又可避免环境污染。而且专用的尾气加氢催化剂比常规 Claus 尾气加氢催化剂活性高 30%，使用温度低 60℃以上，节能降耗效果显著	授权，专利权维持
2	CN203715576U	2014 - 03 - 04	一种 S - Zorb 装置再生器，包括再生器本体，在再生器本体的底部设有下料直管，下料直管与再生器接收器的入口管线连通，再生器本体底部的侧壁上设有吸附剂下料口，该吸附剂下料口通过直管与再生器接收器的入口管线相连通	提高了下料的通畅性，不需打开再生器对内部结块进行清理，保证了装置的长周期运行	授权，专利权维持

5.4.2.2　S - Zorb 装置再生器

在康菲石油原有的 S - Zorb 装置再生器（如图 5 - 4 - 2 所示）中，再生器底部设有下料直管，由直管直接下料至再生器接收器的入口管线，然后再由氮气提升至再生器接收器中，再生器的底部侧壁上也设有一个吸附剂下料口，该下料口通过弯管跨线与再生器底部的下料直管相连通，在下料直管堵塞时用来下料。再生器内吸附剂结块是再生过程中的副产物，随装置运行时间的延长，再生器内结块吸附剂会堵塞吸附剂下料线，尤其是再生器锥斗格栅上方、空气入口分布器的分布管之间结块严重，使再生器底部的下料直管无法正常下料，进而影响吸附剂的正常循环，这时只能用侧壁上的下料口，通过弯管跨线下料，由于是弯管下料，且无松动点，因此很容易造成经常性下料不畅，甚至完全堵塞，影响装置长周期运行。在实用新型专利 CN203715576U 中，中石化的张春生等（参见表 5 - 4 - 2）开发了一种改进的 S - Zorb 装置再生器（如图 5 - 4 - 3 所示），将康菲石油原有的 S - Zorb 装置再生器侧壁上的弯管跨线 5 改为直管 6，直接连接至再生器接收器的入口管线 3，要比原来的弯管跨线下料通畅，并在直管 6 的侧壁上设有两个氮气松动口 7，进一步提高了下料的通畅性，不需打开再生器对内部结块进行清理，保证了装置的长周期运行。

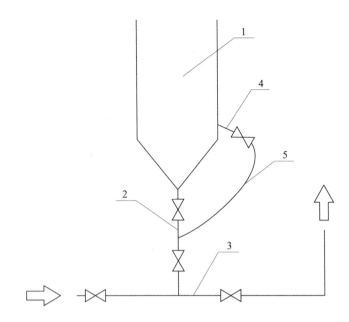

图 5 - 4 - 2　康菲石油原有 S - Zorb 装置再生器

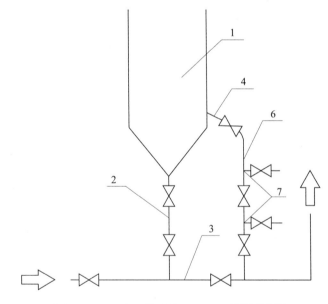

图 5 - 4 - 3　中石化改进 S - Zorb 装置再生器

5.4.2.3　再生系统的其他改进

　　为了避免 S - Zorb 装置开工初期点火时，待再生吸附剂上吸附的炭和硫叠加燃烧造成温度的突然升高现象，即"飞温"现象，或待再生吸附剂上载硫少，低硫负荷时再生系统燃烧产生的热量少不能维持再生温度，造成再生器"熄火"等现象，为了解决上述问题，燕山石化在多次试验的基础上，开发了"贫氧再生操作系统"，通过增加氮气线使低硫负荷时能维持再生器的正常流化，又能有效控制烧焦速度，成功解决了原有 S - Zorb 装置上容易出现的"飞温"或"熄火"现象。

将引入再生器的空气由非净化风改为净化风，防止空气中夹带水，并增设了再生空气干燥器，以脱除进入再生器的空气中夹带的水分，缓解吸附剂结块现象发生；在再生器的蒸气盘管附近和底部增设法兰，在万一再生器内发生结块的情况下，在不影响装置正常运转的情况下可暂时拆卸再生器进行清理。❶

5.4.3　脱硫反应器的改进

在 S - Zorb 技术中脱硫反应器是关键设备，由于 2007 年中石化购买康菲石油的 S - Zorb 技术时，康菲石油的第 2 代 S - Zorb 技术工业化应用的时间较短，该技术还有待在工业化应用实践的基础上进一步完善。其中中石化在使用该技术之初遇到的最大问题就是，S - Zorb 装置工业化运行周期非常短，燕山石化建设的首套 S - Zorb 装置开工仅 3 个月左右就不得不停工检修。通过研究发现，造成 S - Zorb 脱硫装置不正常停工的主要原因是脱硫反应器中的过滤器的反吹阀容易出现问题，由于高温高压的反应环境且反吹阀过滤负荷大、反吹次数频繁，导致反吹阀的寿命短、反吹效果不好。

为了降低反应器过滤器的过滤负荷，减少反应油气中携带的吸附剂，延长反吹阀寿命，从而延长 S - Zorb 脱硫装置的开工运行周期，中石化下属的中国石化工程建设公司结合 FCC 装置的设计经验，对 S - Zorb 装置中的脱硫反应器进行了多处改进并对改进技术申请专利进行了保护（参见表 5 - 4 - 3）。

表 5 - 4 - 3　中石化涉及 S - Zorb 装置脱硫反应器的专利申请

序号	公开号	申请日	技术要点	技术效果	法律状态
1	CN101780389A	2009 - 01 - 19	一种用于汽油脱硫的流化床反应器，从上至下依次包括分离段（4）、扩张段（3）、反应段（1），在反应段（1）中装有催化剂床层（2），在所述扩张段（3）和分离段（4）内设有降尘器（9），用于降低气体含尘量	减少气体含尘量，延长自动反冲洗过滤器寿命；避免流入的气体冲击防倒流分布器，促进气体均匀分布；实现了大处理量连续操作	授权，专利权维持
2	CN201454508U	2009 - 01 - 19	一种设有降尘器的流化床反应器，其中在扩张段（3）和分离段（4）内设降尘器（9），用于降低气体含尘量	有效减少气体的含尘量	授权，专利权维持

---

❶　朱云霞，等. S - Zorb 的完善与发展［J］. 炼油技术与工程，2009，39（8）.

续表

序号	公开号	申请日	技术要点	技术效果	法律状态
3	CN201664606U	2009 – 01 – 19	一种设有防倒流分布器的流化床反应器，其中在反应段（1）的下部设有防倒流分布器（8）	避免流入的气体冲击防倒流分布器，促进气体均匀分布	授权，专利权维持
4	CN201632251U	2010 – 04 – 02	一种设有自动反冲洗过滤器的流化床反应器，其中在分离段（4）的顶部设置有自动反冲洗过滤器（5）	有效减少气体含尘量，有效延长自动反冲洗过滤器操作周期	授权，专利权维持

在表5-4-3所示的4项专利申请中，中国石化工程建设公司的庄剑等通过对原有S-Zorb脱硫反应器进行改进，得到如图5-4-4所示的一种改进的汽油脱硫流化床反应器，该反应器从上至下依次包括分离段4、扩张段3、反应段1，在所述反应段1中装有催化剂床层2，在所述反应段1上部向外接有接收器14，在所述反应段1下部向外接有还原器13。其主要发明点在于，该汽油脱硫流化床反应器的自动反冲洗过滤器5与催化剂床层2之间设置了降尘器9，所述降尘器9的结构如图5-4-5所示，该降尘器9的使用有效减少了向上流动气体的含尘量，从而大幅减少自动反冲洗过滤器的负荷，有效地延长了自动反冲洗过滤器操作周期，减少了设备投资和维护费。

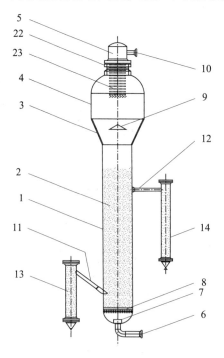

图5-4-4 中石化改进的流化床反应器

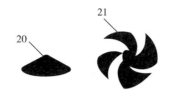

图 5 - 4 - 5　中石化改进的流化床反应器中降尘器的结构

而且中石化在模拟试验的基础上很快将该技术应用到现有 S - Zorb 工业装置中进行工业化实践，为此，燕山石化在其 S - Zorb 装置正常运行的情况下，主动停工，在脱硫反应器中加入了上述专利中所述降尘器部件。根据燕山石化的数据报告，加入降尘器部件后，S - Zorb 装置的运转状况非常好，大大减轻了过滤器的过滤负荷（参见表 5 - 4 - 4），❶ 延长了 S - Zorb 装置的运行周期。

表 5 - 4 - 4　燕山石化 S - Zorb 装置安装降尘器前后情况

项　　目	安装降尘器前	安装降尘器后
反应器过滤器反吹时间间隔/min	约6	约48
反应器处理量/（t·h⁻¹）	<143（设计值）	约150
反应器过滤器压降/kPa	40 ~ 50	35（优化点）

从表 5 - 4 - 4 可以看出，燕山石化 S - Zorb 装置在以前过滤器的反吹间隔约 6min，而加入降尘器部件后，反吹间隔延长到约 48min；另外，反应器过滤器的压降也降低显著，大大减轻了过滤器反吹阀的工作压力，延长了过滤器反吹阀的使用寿命。

5.4.4　关键部件国产化

为了摆脱 S - Zorb 装置上的关键设备一直依赖进口的被动状况，实现 S - Zorb 装置上的关键设备国产化也是中石化技术攻关组的重要任务之一。表 5 - 4 - 5 列出了涉及 S - Zorb 装置上关键设备如闭锁料斗、反应器过滤器、耐磨球阀等主题的专利申请。

表 5 - 4 - 5　涉及 S - Zorb 装置中关键部件的专利申请

序号	公开号	申请日	技术要点	技术效果	法律状态
1	CN102277189A	2011 - 07 - 08	一种汽油吸附脱硫闭锁料斗通气装置，其中将通气盘与通气盘套管作为一个整体水平安装在闭锁料斗的锥部；而且通气盘采用螺纹连接或焊接的方式安装在通气盘套管上；并在通气盘套管外侧焊接上护套	本发明所述闭锁料斗通气装置结构简单、制作安装方便，避免通气盘发生脱落、弯曲、开裂等故障，延长通气盘的寿命	授权，专利权维持

❶ 朱云霞，等. S - Zorb 的完善与发展［J］. 炼油技术与工程，2009，39（8）.

续表

序号	公开号	申请日	技术要点	技术效果	法律状态
2	CN101890500A	2010 – 07 – 14	一种双层烧结金属粉末滤芯，由外径较大的外层滤芯内套外径较小的内层滤芯构成的复合式管状滤芯。外层滤芯孔隙较小，起过滤作用；内层滤芯孔隙较大起保护作用	精度高、通量大、强度高、再生性能优异，而且还具有自保护功能，保证脱硫装置长期安全稳定运行	授权，专利权维持
3	CN202884096U	2012 – 10 – 19	一种耐磨球阀，其主阀体和副阀体通过螺柱栓接，在副阀体加工密封面形成不可分割的阀座，缺口球流道口部位采用非对称缺口结构，阀杆的一端插入缺口球定位，阀杆的另一端与执行机构连接，执行机构装于安装支架上，执行机构通过阀杆带动缺口球旋转运动	适用于气—固、液—固和多相流等严苛工况，寿命长的耐磨球阀	授权，专利权维持

5.4.4.1　闭锁料斗

闭锁料斗是 S – Zorb 技术的关键设备之一，是实现吸附剂在脱硫反应器和再生器之间循环的中转站，闭锁料斗通过控制吸附剂输送线上的程控阀以及附属充压、松动管线上的程控阀的开闭，实现吸附剂的输送。为了保证闭锁料斗内吸附剂的流化以及吸附剂的输送，燕山石化的李辉等（CN102277189A）在工业实践的基础上发明了一种简单易行的汽油吸附脱硫闭锁料斗通气装置，其中将通气盘与通气盘套管作为一个整体水平安装在闭锁料斗的锥部；而且通气盘采用螺纹连接或焊接的方式安装在通气盘套管上；并在通气盘套管外侧焊接上护套。这种装置在不改变现有过滤结构、安装方式情况下，保证通气盘的正常运行，避免通气盘发生脱落、弯曲、开裂等故障，延长通气盘的寿命，确保吸附剂正常输送，具体参见表 5 – 4 – 5。

5.4.4.2　反应器过滤器

气固分离过滤器也是 S – Zorb 装置中的关键设备，而过滤器的核心部件是金属粉末滤芯，其作用是将脱硫反应器中完成吸附反应的汽油油气中的固体颗粒拦截下来，让油气通过，保证汽油产品质量及吸附剂的循环使用。由于进口过滤器在运行过程中存在过滤芯断裂、压力降偏大等缺陷，且进口滤芯价格高，制造时间长，不能满足国内 S – Zorb 装置的需要。

于是 2008 年 10 月中石化委托安泰科技股份有限公司来完成 S – Zorb 装置中的关键部件反应器过滤器国产化攻关项目。安泰科技股份有限公司的王凡、杨军军等在 2010

年5月完成了反应器过滤器的研制，并于2010年7月申请专利（CN101890500A）对该技术进行保护，所述过滤器结构如图5-4-6所示，是一种双层烧结金属粉末滤芯，由外径较大的外层滤芯内套外径较小的内层滤芯构成的复合式管状滤芯。外层滤芯孔隙较小，起过滤作用；内层滤芯孔隙较大，起保护作用。具体参见表5-4-5。

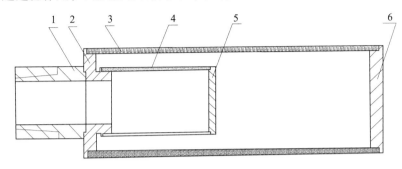

图5-4-6 双层烧结金属粉末滤芯的结构

中石化将该国产的过滤器安装在燕山石化的S-Zorb装置上进行工业试运行，运行情况表明，该国产过滤器的性能完全符合设计要求，达到了进口过滤器水平；而且该项目成果于2012年2月也通过了专家鉴定，中石化下一步将计划在国内其他S-Zorb装置上推广该国产过滤器的工业应用。

5.4.4.3 耐磨球阀

由于S-Zorb装置中，脱硫反应器、再生器等设备中的反应条件非常苛刻，而且反应环境相差很大，对脱硫反应器与再生器之间输送吸附剂管路上的阀门提出了很高的要求，因为这些阀门开关频繁，而且为了避免反应器中的氢气与再生器中的氧气互串或泄漏发生危险，对这些阀门的密封等级要求也非常高，使得这些阀门易磨损，因此阀门也是影响S-Zorb装置长周期安全稳定运行的关键部件。

在2009年10月之前国内S-Zorb装置上使用的耐磨球阀全部依赖进口，但进口阀门价格昂贵而且供货周期长，而且国内近年将陆续建设十多套S-Zorb装置，每套S-Zorb装置使用约30台耐磨程控球阀和约81台手动耐磨球阀，单纯依赖进口无法满足国内快速上马S-Zorb装置的需求。由此中石化委托上海开维喜阀门集团（以下简称"SHK集团"）研发用于S-Zorb装置上的程控耐磨球阀。❶

SHK集团以梁连金、卓育成等研发的（专利公开号为CN202884096U）耐磨球阀（参见表5-4-5），结构如图5-4-7所示，所述耐磨球阀包括主阀体1、副阀体2、缺口球3、阀座密封环4、压环5、阀座预紧蝶簧6、阀座防尘圈7、阀座8、阀杆9、垫圈10、阀杆防尘圈11、轴套12、平面轴承13、组合填料14、填料压套15、填料压盖16、蝶型弹簧17、填料压紧螺母18、填料压紧螺柱19、支架20和执行机构21，其中主阀体1与副阀体2通过螺柱栓接，通道特殊硬化处理，满足高磨损工况要求；在副阀体2加工密封面形成不可分割的阀座8，在介质的强力冲蚀或高温热膨胀情况下，不

---

❶ ［EB/OL］．［2014-02-11］．http：//www.bf35.com/news/detail/25086.html.

会存在任何泄漏的可能性，微小的固体颗粒也不会进入并堆积在副阀体2中；缺口球3流道口部位采用非对称缺口设计，改变和调整了流体在开关过程中通过流道口时的流体形态，将流通面积扩大至3倍，通过扩散流体，降低流速，从而明显降低对缺口球3和阀座8的冲刷，大大保护了耐磨球阀动密封内件；阀杆9与缺口球3采用插入式定位设计，保证缺口球3不发生偏移，密封效果好。阀杆9的另一端与执行机构21连接，执行机构21装于安装支架20上并带动阀杆9，阀杆9带动缺口球3作90度旋转运动。因此该耐磨球阀不仅解决了粉尘进入球阀密封面引起的泄漏问题，还提高了球体及阀座的圆度及配合精度、表面光洁度以及阀门的耐磨性，为超硬耐磨球阀的加工制造提供了技术保障。

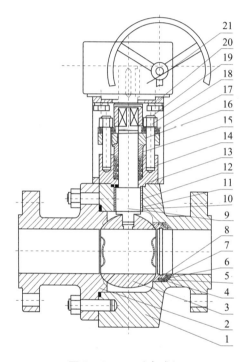

图 5 - 4 - 7　耐磨球阀

　　SHK集团生产的国产耐磨球阀经1万次开关模拟试验，证明可以达到零泄漏。将其应用于燕山石化S-Zorb装置上工业测试的结果，也表明该国产耐磨球阀能够满足工艺要求，特别是安装于闭锁料斗XV-1009位置的耐磨球阀已累计稳定运行22个月，表明该国产耐磨球阀已达到国际先进水平。经过中石化专家组的技术鉴定，而且用于S-Zorb装置的该国产耐磨球阀还荣获"中国石化集团科学技术进步奖"二等奖。

5.4.5　中石化对S-Zorb技术的其他改进

　　另外，为了更好地优化S-Zorb技术，中石化对S-Zorb装置的改进还包括：❶

---

❶　朱云霞，等. S-Zorb的完善与发展［J］. 炼油技术与工程，2009，39（8）.

（1）原料油进料方式的改进：a）停运了原料油碱洗和原料油脱硫醇系统；b）增设了原料油过滤器；c）将进料/反应产物换热器设置成两列并联方式（每列负荷为60%）以便二者交替在线清洗。通过上述改进，解决了进料/反应产物的换热器积垢严重的技术问题，降低了装置能耗，并消除了原有 S－Zorb 装置由于原料油碱洗产生的废碱液排放问题。

（2）吸附剂输送方面的改进：在闭锁料斗的顺控过程中，在闭锁料斗向还原器的排料线路上增加了辅助流化措施，使得吸附剂在管道输送过程中处于流化状态，不仅缩短了闭锁料斗的排料时间，而且提高了吸附剂的输送量，很好地解决了闭锁料斗送料管道的堵塞问题。国外 S－Zorb 装置也采用了中石化的一些改进技术，大大延长了S－Zorb 装置的运行周期。

总的来说，目前国内外多套 S－Zorb 装置运行过程中没有出现过重大的技术故障，遇到的工程上的问题均是可以通过工程改进来解决和完善的。

5.4.6　中石化新一代 S－Zorb 技术

自 2007 年中石化整体买进 S－Zorb 技术起，中石化就成立攻关小组对 S－Zorb 技术进行系统的国产化改进与完善，经过 5 年时间的艰苦奋斗，已于 2011 年底初步实现了 S－Zorb 技术国产化，形成新一代国产化 S－Zorb 技术。而且根据国内多套 S－Zorb 装置的工业数据报告表明：

（1）运行周期长，国产化的 S－Zorb 装置运行周期可达 3~4 年，燕山石化的S－Zorb 装置已平稳运行超过 40 个月，远远超过原引进 S－Zorb 装置 6 个月的运行周期。

（2）能耗低，辛烷值损失小，脱硫率低，油品收率高，与处理量相同的催化重整技术相比，S－Zorb 装置的能耗是催化重整技术能耗的十分之一，油品收率达到99.5%，远高于催化重整的油品收率（80%~85%）；而且可得到硫含量低于 10ppm、辛烷值损失小于 0.7 的超低硫燃料油，充分验证了 S－Zorb 技术是很实用的脱硫技术。

（3）在实现 S－Zorb 技术国产化后，中石化加快了 S－Zorb 装置的投资建设，在原有的 9 套 S－Zorb 装置基础上，中石化于 2013~2014 年又投入建设了十多套 S－Zorb 装置；另外，中石化也积极向国内其他石油企业进行技术输出，目前国内建成和在建的 S－Zorb 装置有 24 套，其中中石化 21 套，中石油 1 套，延长石油 1 套；预计这 24 套 S－Zorb 装置全部投产后，汽油原油的处理量将达到汽油二次加工总处理量的 40%~50%。

5.5　结论和建议

5.5.1　结　　论

1. 1999~2006 年的康菲时期是 S－Zorb 技术的第 1 阶段。通过对康菲时期的S－Zorb 专利技术进行分析发现：

（1）康菲石油对 S-Zorb 技术的专利保护策略是全面并有侧重点地专利布局，其中中国是 S-Zorb 技术专利申请进入的重点国家之一，这可能与中国汽油多为硫含量高的催化裂化汽油，需进行脱硫二次加工才能获得合格汽油产品有关；

（2）S-Zorb 专利技术的重要发明人为 KHARE G. P. 和 DODWELL G. W.，其中 KHARE G. P. 堪称 S-Zorb 技术之父；

（3）S-Zorb 技术的核心是吸附剂，其中核心专利为 1999 年申请的 US1999382935A 和 US1999382502A，此后专利申请均是在上述核心专利基础上进行的改进发明；

（4）康菲时期的 S-Zorb 技术优点在于脱硫效果显著，辛烷值损失小，但在工业化实践中，其运行周期非常短，仅 6 个月左右，是该技术的瓶颈难题。

2. 2007 年至今的中石化时期是 S-Zorb 技术的第 2 阶段。通过对中石化时期的 S-Zorb 专利技术进行分析发现：

（1）中石化对原有 S-Zorb 技术在吸附剂、装置以及装置上的关键设备等多方面作了改进，实现了吸附剂国产化以及关键设备国产化，实现了 S-Zorb 装置平稳长周期运行；其中核心专利包括 CN101619231A（设计吸附剂的制备方法）、CN102380311A（涉及再生烟气处理）、CN203715576U（涉及再生器）、CN101780389A（涉及脱硫反应器）、CN102277189A（涉及闭锁料斗）、CN101890500A（涉及反应器过滤器）、CN202884096U（涉及耐磨球阀）。

（2）中石化自 2007~2012 年经过 5 年的努力，基本完成对 S-Zorb 技术的改进，形成新一代 S-Zorb 技术。此后，中石化加快了 S-Zorb 装置投资建设的步伐，在原有的 9 套 S-Zorb 装置基础上，中石化于 2013~2014 年又投入建设了十多套 S-Zorb 装置；另外，中石化也积极向国内其他石油企业进行技术输出，目前国内建成和在建的 S-Zorb 装置有 24 套，其中中石化 21 套，中石油 1 套，延长石油 1 套；预计 24 套 S-Zorb 装置全部投产后，汽油原油的处理量将达到汽油总处理量的 40%~50%。

5.5.2 建　议

为了适应未来国内油品不断升级的需要，对该技术的进一步完善和发展提出以下几点建议：

（1）深入研究 S-Zorb 吸附脱硫的反应机理，在线收集并全面分析 S-Zorb 装置的工业运行数据，根据工业运行数据开发并建立 S-Zorb 吸附反应动力学模型，从而使该技术更趋于成熟和完善。

（2）根据中国汽油、柴油油品含硫量高、油品质量差的特点，积极开发适合油品特点的、性能更优异的国产吸附剂。

（3）优化 S-Zorb 工业装置的操作条件，特别是优化反应器、再生器和还原器之间实现吸附剂循环的闭锁料斗和吸附剂输送管线和阀门等易损耗设备的操作条件，使 S-Zorb 工业装置的操作条件更平稳，从而进一步延长装置的运行周期，减少设备的投资成本。

（4）积极研究并尝试将该技术运用于柴油脱硫领域，甚至其他劣质油品如煤液化油、煤汽化油等油品的脱硫领域。

附　　录

附录 A　申请人名称约定表

约定名称	对应申请人名称
雅富顿	美国雅富顿公司、雅富顿公司、美国雅富顿、美国雅富顿化学公司
德士古	德士古添加剂公司、德士古公司、德士古石油公司、德士古
埃克森美孚	美国埃克森美孚公司、美孚石油公司、埃克森美孚、埃克森美孚公司、Exxon Mobil、Exxon 公司、EXXONMOBIL RES、EXXON、EXXON CHEMICAL、埃克森美孚（ExxonMobil）公司
亨斯迈	美国亨斯迈公司、美国亨斯迈化学公司
UOP	美国环球油品公司、环球油品公司、环球油品、环球油品（UOP）、UOP、UOP（环球油品）公司、美国 UOP 公司、UOP 公司、UOP – INTEVEP 公司
飞利浦石油	飞利浦石油公司、美国飞利浦石油公司、Phillips、PHILLIPS PETROLEUM CO
雪佛龙	美国雪佛龙公司（Chevron）、雪佛龙公司、雪佛龙、雪佛龙股份有限公司、雪佛龙美国公司、雪佛龙石油公司、CHEVRON RESEARCH COMPANY、CHEVRON USA INC、CHEVRON RES
化学研究及许可公司	化学研究及许可公司（CHEM RES & LICENSING CO）、化学研究及许可公司、化学研究及许可证公司、美国化学研究与许可证公司、化学研究 & 许可证公司
法研院	法研院、法研院（IFP）、法研院公司、法国石油研究院（简称法研院，IFP）、法国石油研究所、法国石油研究院（IEP）、IFP 公司、法国 IFP、IFP
中石化	中石化、中国石化、中国石化集团、中国石油化工股份有限公司（简称中石化）
中石油	中石油、中国石油、中国石油天然气集团公司（简称中石油）、中国石油天然气集团公司
抚研院	抚研院、抚油院、中国石化抚顺石油化工研究院、抚顺石油化工研究院、中国石化抚研院（简称抚研院，FRIPP）、抚顺石科院
石科院	抚顺石科院、北京石科院、石科院、中国石化石科院（简称石科院，RIPP）、中国石油化工股份有限公司石油化工科学研究院（简称石科院，RIPP）
济南开发区星火科学技术研究院	济南开发区星火科学技术研究院、济南开发区星火科学技术研究所、中国济南星火科学技术研究所、济南开发区星火科学技术研究所、中国济南开发区星火科学技术研究院、济南星火科技研究院
壳牌	荷兰壳牌石油公司、荷兰壳牌研究有限公司、壳牌、壳牌（Shell）、壳牌公司、壳牌石油公司、壳牌公司、SHELL OIL COMPANY、SHELL OIL CO
英国石油	英国石油公司（BP Oil Int.）、碧辟（BP）公司、BP AMOCO CORP、BP 石油公司、BP 英国石油公司、BP 公司、BP

附录 B　MMT 重点专利

序号	公开号	最早优先权日	申请人	技术来源	技术要点
1	US2818417A	1955 – 07 – 11	雅富顿	美国	请求保护一种产品 $AMn(CO)_3$
2	US2868816A	1956 – 11 – 08	雅富顿	美国	MMT 的制备：氢存在下有机锰与 CO 反应
3	CA695240A	1994 – 09 – 29	雅富顿	美国	MMT 的制备：乙炔和有机锰反应
4	US3615293A	1968 – 12 – 20	雅富顿	美国	MMT 与苯酚混合，减少火花塞堵塞
5	US3926581A	1974 – 06 – 27	乙基公司	美国	MMT 与金属盐混合，减少废气纯化催化剂堵塞
6	BE829079A NL7505749A DE2521892A JPS50153008A JPS50153009A FR2271277A FR2271278A US3966429A US4028065A GB1496077A CH594043A GB1506292A CH606394A CA1050760A CA1052100A IT1038029B IT1038030B	1974 – 05 – 16	标准石油公司	美国	MMT 与乙酸酯混合，避免不点火发生
7	US4067699A	1976 – 12 – 17	加利福尼亚联合石油公司	美国	MMT 与 2 – 乙基 – 己酸混合减少氧化沉积
8	US4139349A	1977 – 09 – 21	杜邦公司	美国	MMT 与有机铁混合，在保证抗爆水平下减少 Mn 用量

续表

序号	公开号	最早优先权日	申请人	技术来源	技术要点
9	US4175927A CA1118206	1979 – 05 – 31	雅富顿	美国	MMT 与二醚酸混合减少废烃排放
10	US4191536A	1978 – 07 – 24	雅富顿		MMT 与 THF 混合减少发动机沉积物，减少废物排放
11	US4390345A	1980 – 11 – 17	SOMORJAI GABOR A.	美国	MMT 与二氧戊烷混合减少未燃烧烃排放
12	WO8701384A AU6377586A DW198723 EP0235280A EP0235280B DE3682503G CA1310832C EP0235280B2 US6039772A	1985 – 08 – 28	ORR WILLIAM C	美国	MMT 与脂肪醇混合减少废烃排放
13	US4946975A EP0437113A CA2034046A AU6867591A JPH04210994A AU638520B EP0437113B1 DE69014580E JP2773985B2	1990 – 01 – 12	雅富顿	美国	有机锰在烷基铝存在下与醚反应，产率高
14	US5026885A EP0446007A AU7207391A CA2036861A JPH04211693A AU634865B EP0446007B1 DE69103788E	1990 – 03 – 06	雅富顿	美国	有机金属在还原气氛下在有机溶剂中与环戊二烯反应，原料易得

序号	公开号	最早优先权日	申请人	技术来源	技术要点
15	EP0466511A AU8016791A CA2045455A JPH04226598A AU648564B EP0466511B1 DE69106611E ES2066357T3 JP3075781B2 CA2045455C	1990-07-13	雅富顿	美国	使用 MMT 并限定原料中组分及杂质含量，能降低 CO_2、N_2 排放
16	EP0466512A AU8016691A CA2045706A JPH04226597A EP0466512B1 DE69102683E AU651116B ES2055964T3 JP3112990B2 CA2045706C EP0466512B2	1990-07-13	雅富顿	美国	MMT 和少量芳香化合物混合能减少臭氧排放和烟雾沉积
17	US4674447A	1980-05-27	DAVIS ROBERT E.	美国	使用 MMT，不使用钠、钡的添加剂，能减少发动机沉积
18	WO9404636A1 AU5089593A EP0656045A1 JPH08500624A KR100307417B JP3478825B2 JP2004003500A JP4054288B2	1992-08-24	ORR WILLIAM C.	美国	MMT 与含氧添加剂混合能减少 NO_x，控制锰氧化物沉积

序号	公开号	最早优先权日	申请人	技术来源	技术要点
19	EP0667387A2 AU1164195A CA2142245A BR9500487A EP0667387A3 JPH0834983 AUS5511517A CN1114714A AU688433B TW340869A SG54091A1 MX187223B EP0667387B1 DE69514125E PH31330A	1994 - 02 - 10	雅富顿	美国	MMT 与烷基铅混合，减少 NO_x 以及废烃排放
20	WO0142398A1 AU2429601A EP1252266A1 US2003213165A1 EP1252266B1 DE60026884E DE60026884T2 US7553343B2	1999 - 12 - 13	雅富顿	美国	CMT/MMT 与清净剂混合能减少喷油器上的沉积并减少废物排放
21	US2005268532A1 WO2005121282A2 WO2005121282A3	2004 - 06 - 02	极性分子公司	美国	MMT 与清净剂混合使用能减少燃烧室和燃料进口的沉积
22	EP2014745A1 CN101343578A US2009013589A1 CN101343578B US2013025513A1 US2013031826A1	2007 - 07 - 10	雅富顿	美国	MMT 与酰胺或有机金属混合使用，不仅节油，而且能减少碳沉积

续表

序号	公开号	最早优先权日	申请人	技术来源	技术要点
23	CN1294129A	1999 - 11 - 01	中国科学院兰州化学物理研究所、宜兴市创新精细化工有限公司	中国	液态金属钠先与环戊二烯反应，再与二价锰反应，然后与 CO 反应
24	CN1482217A	2002 - 09 - 13	甘肃宁氏实业有限责任公司	中国	甲基环戊二烯二聚体与分散锰反应形成配合物，再在还原气氛下与 CO 反应，产出率高
25	CN103570769A	2013 - 11 - 22	辽宁石油化工大学	中国	在脂肪烃和芳烃存在下使金属钠和甲基环戊二烯反应，再在高压下使所得钠盐与锰盐在 CO 存在下反应，工艺成本低，产物收率高

附录 C　MTBE 重点专利

序号	公开号	最早优先权日	申请人	技术来源	技术要点
1	US3836342A CA988299A	1972 - 06 - 23	SUN 研究发展公司	美国	甲基苯酚和支链醚协同作用增加辛烷值
2	DE2419439A DE2419439C	1974 - 04 - 23	CHEM WERKE HUELS A. G.	德国	含有烃混合物、Pb、MTBE、甲醇
3	DE2752111A JPS5365307A JPS5365809A FR2371408A JPS5459209A US4182913A US4256465A GB1587866A JPS5929635B JPS5938933B JPS6121212B IT1090580B DE2752111C	1976 - 11 - 22	日本石油株式会社	日本	甲醇和异丁烯在强酸离子交换催化剂催化下连续生产 MTBE

续表

序号	公开号	最早优先权日	申请人	技术来源	技术要点
4	JPS547405A JPS6011958B	1977 - 06 - 17	日本石油株式会社	日本	MTBE 与异丙基叔丁醚共同加入燃料中
5	US4605787A	1980 - 02 - 15	埃克森美孚	美国	分子筛催化剂催化异丁烯和甲醇制备 MTBE
6	EP0057533A JPS57122034A US4376219A EP0057533B DE3260151G JPS6210489B	1981 - 01 - 22	ASAHI KASEI KOGYO K. K.		甲醇、MTBE、异丙醇、C_5 + 异构体
7	US4925989A EP0451394A JPH041150A EP0451394B1 DE69023639E ES2080793T JP2818469B	1987 - 06 - 01	德士古	美国	磺化树脂催化剂催化叔丁基醇和异丁烯与甲醇反应得到 MTBE，纯度达到85%
8	US4847430A	1988 - 03 - 21	法国石油公司	法国	磺化树脂催化甲醇和异丁烯
9	US4847431A	1988 - 03 - 21	法国石油公司	法国	在圆柱状反应蒸馏区域磺化树脂催化甲醇和异丁烯
10	CN1040360A CN1026580C	1989 - 06 - 28	齐鲁石油化工公司研究院	中国大陆	制备 MTBE，采用常规的催化剂，反应器不需要内部换热设备，也不需要外部循环冷却的设备
11	EP0609089A1 WO9417158A1 CA2114499A AU6167294A EP0609089B1 DE69400882E MX192128B US6187064B1 US6238446B1 CA2114499C	1991 - 10 - 28	雅富顿	美国	航空烷基化物、MT-BE、乙基叔丁基醚和/或甲基叔戊基醚、其他烃和环戊二烯三羰基锰（CMT）

续表

序号	公开号	最早优先权日	申请人	技术来源	技术要点
12	US5210326A DE4207191A1 GB2265146A BR9200953A JPH05286883A CA2063020A FR2690156A1 GB2265146B JPH086104B IT1265698B DE4207191C2 CA2063020C	1992 – 03 – 06	INTEVEP S. A.、 MARQUEZ M. A.	美国	超活性氧化铝介质，可以除去烃原料中的含氮化合物、硫醇、水等，纯化后的烃原料（异丁烯）醚化得到 MTBE
13	EP0647608A1 FR2710907A1 NO943764A CA2117729A JPH07149681A TW254930A US5536887A CN1107134A NO301224B EP0647608B1 DE69415460E ES2128525T CN1054835C	1993 – 10 – 08	法国石油公司	法国	烯馏分与甲醇或乙醇在包括两个提取蒸馏步骤下生产叔醚
14	CN1123829A	1994 – 11 – 23	中科院大连化学物理研究所	中国大陆	脂肪醚、过渡金属环烷酸盐、磺化琥珀酸二辛酯钠盐、环烷酸锌、碱土金属磺酸盐、芳烷烃、醋酸酯及溶剂油组成
15	CN1297023A CN1112427C	1999 – 11 – 18	郭玉合	中国大陆	液体燃料，是由基础油、含氧添加剂、抗爆添加剂、助燃添加剂组成，含氧添加剂是由多元低碳醇与合成醚组成

续表

序号	公开号	最早优先权日	申请人	技术来源	技术要点
16	JP2007023164A JP4987262B	2005 - 07 - 15	日本能源公司、 日本石油株式会社	日本	乙基叔丁基醚、乙醇、苯、MTBE
17	JP2007045858A JP4926425B	2005 - 08 - 05	日本能源公司、 日本石油株式会社	日本	乙基叔丁基醚、苯、MTBE、少于 C_4 的烃、大于 C_8 的烃、少于体积分数 0.4% 的烯烃、少于体积分数 0.4% 的甲苯
18	US2007106098A1 US7732648B2	2005 - 11 - 04	BAKSHI A. S.	美国	异丁烯与醇在第一催化反应区发生反应，在蒸发柱内分离反应混合物，得到第一轻组分和第一重组分醚部分。轻组分部分在第二催化反应区发生反应，在蒸发柱内分离第二反应混合物，得到第二轻组分，重组分醚部分、轻组分和重组分在柱内底部和顶部分离
19	TW201209153A	2010 - 08 - 27	NEW Modern CO. LTD	中国台湾	含有低碳烃、芳香烃、MTBE 和辛烷值提高剂的低碳烃燃料
20	CN102329667A	2011 - 09 - 06	姜立广	中国大陆	一种燃油添加剂，包括防腐剂、辛烷值提高剂、乙二醇、丙酮、聚醚胺、其余为溶剂

附录 D　新型酯类抗爆剂领域重点专利

序号	公开号	最早优先权日	申请人	技术来源	技术要点
1	WO2010136436A1 US2011041792A1 EP2435541A1 US8741002B2 JP2012528218A CA2762420A1	2009-05-25	壳牌	荷兰	使用链烯酸的烷基酯或其混合物作为抗爆剂，提高辛烷值，降低雷德蒸汽压，改进汽油润滑性
2	JPH0867884A	1994-08-29	日本日东化学工业公司	日本	选自α-烷氧异丁酸酯、β-烷氧异丁酸酯、α-羟基异丁酸酯的至少一种作为抗爆剂，易于与汽油、许多有机溶剂混合，具有高辛烷值和优异抗爆性能、安全无毒无味、生物可降解、减少沉积、不增加废气及 NO_x 排放量
3	DE4344222A1 EP0661376A1	1993-12-23	VEBA OEL A. G.	德国	具有3~6个碳原子的直链、饱和的和脂肪族的羟基烃酸的外酯或内酯作为抗爆剂，提高辛烷值，能由天然来源的酸或可再生资源制备
4	CN102234549A	1968-12-20	胡先念等	中国	添加乙酸仲丁酯，抗爆性好，绿色环保且成本低
5	CN101643676A	1974-06-27	西安嘉宏石化科技公司	中国	以异丁烯基酰胺异庚脂组合物为辛烷值改进剂，无毒、无污染、无特殊异味、添加量少，具有节油降污、减少沉积、减轻磨损的作用
6	CN102093918A	1974-05-16	济南开发区星火科学技术研究院	中国	以甲氧基异丁酸烷基酯类化合物为辛烷值改进剂，与汽油有良好互溶性，可显著提高汽油辛烷值
7	CN102585926A	1976-12-17	西安尚华科技开发公司	中国	添加乙酸甲酯，高辛烷值、高清洁性、能耗更低、动力更强

图　索　引

关键技术一　汽油抗爆剂

图 2 - 1 - 1　汽油抗爆剂全球专利申请量年度变化趋势　（21）

图 2 - 1 - 2　汽油抗爆剂全球专利申请主要国别分布　（22）

图 2 - 1 - 3　汽油抗爆剂全球专利申请主要申请人　（23）

图 2 - 1 - 4　汽油抗爆剂全球专利技术构成　（24）

图 2 - 2 - 1　汽油抗爆剂中国专利申请量年度趋势变化　（25）

图 2 - 2 - 2　中国汽油抗爆剂专利法律状态　（25）

图 2 - 2 - 3　汽油抗爆剂国外在华申请比例　（26）

图 2 - 2 - 4　汽油抗爆剂中国专利省市区域分布　（26）

图 2 - 2 - 5　汽油抗爆剂中国主要专利申请人　（26）

图 2 - 2 - 6　汽油抗爆剂中国专利技术构成　（27）

图 2 - 2 - 7　中国汽油抗爆剂专利技术功效　（彩图 1）

图 3 - 1 - 1　MMT 全球专利申请量年度分布　（30）

图 3 - 1 - 2　MMT 全球专利申请区域分布　（30）

图 3 - 1 - 3　MMT 美国研发专利技术目标地　（31）

图 3 - 1 - 4　MMT 技术主要专利申请人　（31）

图 3 - 1 - 5　MMT 中国专利申请量年度分布　（32）

图 3 - 1 - 6　MMT 中国专利申请法律状态　（32）

图 3 - 1 - 7　MMT 中国专利申请区域分布　（33）

图 3 - 1 - 8　MMT 中国主要专利申请人分布　（33）

图 3 - 1 - 9　MMT 技术路线　（34）

图 3 - 1 - 10　MMT 技术功效全球和中国申请分布　（36）

图 3 - 2 - 1　MTBE 全球专利申请量年度分布　（38）

图 3 - 2 - 2　MTBE 全球专利申请国别分布　（39）

图 3 - 2 - 3　MTBE 中国专利申请量年度分布　（40）

图 3 - 2 - 4　MTBE 中国专利申请区域分布　（41）

图 3 - 2 - 5　MTBE 中国专利申请法律状态　（42）

图 3 - 2 - 6　MTBE 全球专利申请主要申请人分布　（42）

图 3 - 2 - 7　MTBE 中国专利申请人分布　（43）

图 3 - 2 - 8　国外与中国 MTBE 专利技术分支分布　（45）

图 3 - 2 - 9　MTBE 专利技术路线分析　（48）

图 3 - 2 - 10　专利申请公开号为 EP0609089A1 的引用与被引用关系　（彩图 2）

图 3 - 3 - 1　新型汽油抗爆剂 1990 ~ 2013 年专利申请概况　（56）

图 3 - 3 - 2　复配类抗爆剂申请量态势　（58）

图 3 - 3 - 3　复配类抗爆剂主要申请国及申请人排名　（59）

图 3 - 3 - 4　复配类抗爆剂申请人类型　（59）

图 3 - 3 - 5　复配类抗爆剂技术路线　（61）

图 3 - 3 - 6　醇类抗爆剂申请量态势　（63）

图 3 - 3 - 7　醇类抗爆剂主要申请国及申请人排名　（63）

图 3 - 3 - 8　醇类抗爆剂技术路线　（彩图 3）

图 3 - 3 - 9　酯类抗爆剂申请量态势　（65）

图 3 - 3 - 10　酯类抗爆剂主要申请地及申请人排名　（65）

图 3 - 3 - 11　酯类抗爆剂专利申请技术内容（66）

图 3 - 3 - 12　胺类抗爆剂申请量态势　（68）

图 3 - 3 - 13　胺类抗爆剂主要申请地及申请人排名　（68）

图 3 - 3 - 14　降低 ORI 类抗爆剂申请量态势（69）

图 3 - 3 - 15　降低 ORI 类抗爆剂主要申请地及申请人排名　（70）

图 3 - 3 - 16　降低 ORI 类抗爆剂技术路线（71）

图 4 - 1 - 1　雅富顿收购史　（76）

图 4 - 2 - 1　雅富顿全球专利申请量趋势（78）

图 4 - 2 - 2　雅富顿各技术领域专利申请对比（79）

图 4 - 2 - 3　雅富顿汽油抗爆剂领域全球专利申请量趋势　（79）

图 4 - 2 - 4　雅富顿汽油抗爆剂专利地域分布（80）

图 4 - 2 - 5　雅富顿 1990 年之后汽油抗爆剂专利地域分布　（81）

图 4 - 2 - 6　雅富顿汽油抗爆剂专利技术分布（81）

图 4 - 2 - 7　雅富顿汽油抗爆剂领域各技术分支专利申请趋势　（82）

图 4 - 3 - 1　雅富顿主要研究内容年代　（83）

图 4 - 3 - 2　雅富顿含铅抗爆剂专利申请趋势（85）

图 4 - 3 - 3　雅富顿含锰抗爆剂申请趋势（86）

图 4 - 3 - 4　雅富顿 1990 年之后的研发方向及申请专利　（87）

图 4 - 4 - 1　雅富顿在抗爆剂领域的发明人及申请量分布　（89）

图 4 - 4 - 2　雅富顿在金属有灰类抗爆剂领域的主要发明人及申请量分布　（90）

图 4 - 4 - 3　雅富顿抗爆剂领域主要发明人团队专利申请状况　（91）

图 4 - 4 - 4　发明人 ARADI A. A. 主要研究技术分支的申请时间分布　（94）

图 4 - 4 - 5　发明人 ARADI A. A. 研究技术分支与技术效果的关系　（94）

图 4 - 4 - 6　发明人 ARADI A. A. 合作关系（95）

图 4 - 4 - 7　发明人 CUNNINGHAM L. J. 主要研究技术分支的申请时间分布（96）

图 4 - 4 - 8　发明人 CUNNINGHAM L. J. 研究技术分支与技术效果的关系（96）

图 4 - 4 - 9　发明人 CUNNINGHAM L. J. 合作关系　（97）

图 5 - 1 - 1　HiTEC 3000、HiTEC 3062 产品效果图示　（101）

图 5 - 1 - 2　专利申请 CN101165065A 锰添加量对辛烷值的影响　（102）

图 5 - 1 - 3　HiTEC 3140 产品效果图示（103）

图 5 - 2 - 1　在美专利转让数量的年代分布情况（105）

图 5 - 2 - 2　在美专利主要受让人分布情况（107）

图 5 - 3 - 1　国外申请人合作申请年代分布（109）

图 5 - 3 - 2　国外合作申请专利技术领域分布（110）

图 5 - 3 - 3　中国专利申请合作情况　（112）

图 5 - 3 - 4　中国专利申请共同申请技术领域分布情况　（114）

关键技术二　加氢脱硫

图 2 - 1 - 1　汽油加氢脱硫催化剂全球专利申请的年度申请量态势　（132）

图 2 - 1 - 2　汽油加氢脱硫催化剂活性组分技术功效　（134）

图 2 - 1 - 3　汽油加氢脱硫催化剂载体及制备方法技术功效　（135）

图 2 - 1 - 4　汽油加氢脱硫催化剂全球专利申请量分布　（136）

图 2 - 1 - 5　汽油加氢脱硫催化剂主要国家申请趋势　（137）

图 2 - 1 - 6　美国汽油加氢脱硫催化剂专利布局　（138）

图 2 - 1 - 7　法国汽油加氢脱硫催化剂专利布局　（138）

图 2 - 1 - 8　中国汽油加氢脱硫催化剂专利布局　（139）

图 2 - 1 - 9　汽油加氢脱硫催化剂主要申请人排名　（139）

图 2 - 2 - 1　汽油加氢脱硫催化剂中国专利申请的年度申请量变化　（142）

图 2 - 2 - 2　汽油加氢脱硫催化剂申请人类型分布　（143）

图 2 - 2 - 3　在华汽油加氢脱硫催化剂申请专利法律状态　（144）

图 2 - 3 - 1　催化剂活性组分技术功效　（144）

图 2 - 3 - 2　催化剂载体技术功效　（145）

图 2 - 3 - 3　加氢脱硫催化剂技术路线　（彩图4）

图 2 - 4 - 1　法研院汽油加氢脱硫催化剂领域全球申请趋势　（147）

图 2 - 4 - 2　法研院汽油加氢脱硫催化剂领域技术输出目的地分布　（148）

图 2 - 4 - 3　法研院 Prime - G 工艺流程　（148）

图 2 - 4 - 4　法研院 Prime - G⁺ 工艺流程　（149）

图 2 - 4 - 5　法研院技术路线　（150）

图 2 - 4 - 6　中石化汽油加氢脱硫催化剂领域全球申请趋势　（151）

图 2 - 4 - 7　中石化汽油加氢脱硫催化剂领域技术输出目的地分布　（152）

图 2 - 4 - 8　石科院 RSDS 工艺流程　（153）

图 2 - 4 - 9　抚研院 OCT - M 工艺流程　（153）

图 2 - 4 - 10　中石化汽油加氢脱硫催化剂技术路线　（154）

图 3 - 1 - 1　预处理技术全球申请量年份分布　（158）

图 3 - 1 - 2　预处理技术全球申请的原创地排名　（159）

图 3 - 1 - 3　预处理技术全球申请的公开数量国家排名　（159）

图 3 - 1 - 4　预处理技术全球专利申请输入地排名　（160）

图 3 - 1 - 5　预处理技术全球重要申请人排名　（160）

图 3 - 1 - 6　预处理技术全球申请的技术年份发展趋势　（161）

图 3 - 1 - 7　预处理技术全球申请的功效年份发展趋势　（162）

图 3 - 2 - 1　预处理技术在华申请量年份分布　（164）

图 3 - 2 - 2　预处理技术在华发明专利申请人国家/地区分布　（165）

图 3 - 2 - 3　预处理技术在华申请法国和美国申请人的申请量年份分布　（167）

图 3 - 2 - 4　预处理技术在华申请法律状态分布　（167）

图 3 - 2 - 5　预处理技术国内省市申请量分布　（168）

图 3 - 3 - 1　催化蒸馏公司全球申请量变化趋势　（170）

图 3 - 3 - 2　催化蒸馏公司在华申请量变化趋势　（170）

图 3 - 3 - 3　催化蒸馏公司全球专利布局　（171）

图 3 - 4 - 1　抚研院预处理技术在华申请量变化趋势　（174）

图 4 - 2 - 1　加氢脱硫工艺全球申请量趋势　（181）

图 4 - 2 - 2　公开的专利申请排名前 10 位的国家分布情况及专利申请来源国　（182）

图 4 - 2 - 3　加氢脱硫在五局申请量随年份变化趋势　（183）

图 4 - 2 - 4　加氢脱硫技术排名前 10 位的原创

国 （184）

图 4-2-5 加氢脱硫技术五个原创国的专利流
向 （185）

图 4-2-6 汽油加氢脱硫技术方向申请人排名
情况 （186）

图 4-2-7 加氢脱硫 8 个主要申请人在各地的
专利布局比例 （186）

图 4-2-8 加氢脱硫工艺各技术分支历年专利
申请分布情况 （187）

图 4-3-1 加氢脱硫工艺领域专利在华申请量
趋势 （188）

图 4-3-2 加氢脱硫工艺领域在华申请中原创
地分布比例 （189）

图 4-3-3 美、中、法 3 个原创国加氢脱硫工
艺领域在中国的专利申请分布情况
（189）

图 4-3-4 加氢脱硫技术在华申请的法律状态
（190）

图 4-3-5 加氢脱硫技术主要省市申请量排名
（190）

图 4-3-6 加氢脱硫技术在华专利申请人类型
分布 （191）

图 4-3-7 加氢脱硫技术在华专利申请人分布
情况 （191）

图 4-3-8 加氢脱硫工艺各技术分支历年在华
申请专利情况 （192）

图 4-4-1 法研院在加氢脱硫工艺方面历年申
请专利趋势 （194）

图 4-4-2 Prime-G⁺ 工艺流程 （195）

图 4-4-3 法研院在各国专利布局情况 （195）

图 4-4-4 法研院加氢脱硫发展主要路线
（196）

图 5-1-1 埃克森美孚发展过程 （205）

图 5-1-2 埃克森美孚全球专利申请趋势
（205）

图 5-1-3 埃克森美孚在加氢脱硫工艺及催化
剂方向专利申请趋势 （206）

图 5-3-1 埃克森美孚汽油加氢脱硫催化剂领
域全球申请趋势 （208）

图 5-3-2 埃克森美孚汽油加氢脱硫催化剂各技
术构成的专利申请发展趋势 （210）

图 5-3-3 埃克森美孚汽油加氢脱硫催化剂领
域技术输出目的地分布 （211）

图 5-3-4 埃克森美孚组织架构 （212）

图 5-3-5 埃克森美孚主要研发组织申请量
（212）

图 5-3-6 埃克森美孚技术路线 （213）

图 5-3-7 埃克森美孚研究与工程公司申请趋
势 （215）

图 5-3-8 埃克森美孚研究与工程公司技术发
展路线 （彩图 5）

图 5-3-9 美孚石油专利申请趋势 （216）

图 5-3-10 美孚石油技术发展路线 （彩图 6）

图 5-3-11 美孚石油公司的重要研发团队
（217）

图 5-3-12 美孚石油公司的重要研发团队
（218）

图 5-3-13 埃克森美孚研究与工程公司的重
要研发团队 （彩图 7）

图 5-3-14 埃克森美孚研究与工程公司的重
要研发团队 （219）

图 5-4-1 埃克森美孚在加氢脱硫工艺方向历
年申请专利情况 （222）

图 5-4-2 埃克森美孚在各地的专利布局情况
（222）

图 5-4-3 埃克森美孚在华专利的法律状态
（223）

图 5-4-4 埃克森美孚研究和工程公司专利发
展路线 （223）

图 5-4-5 SCANfining 工艺流程 （224）

图 5-4-6 美孚石油公司和埃克森美孚石油公
司的专利发展路线 （224）

图 5-4-7 埃克森美孚技术发展路线 （彩图 8）

图 5-4-8 各主要研发团队的技术活跃期
（226）

图 5-4-9 发明人 HALBERT T. R. 的合作关系
（227）

图 6-1-1 汽油调和过程 （229）

图 6-2-1 FBA 工艺流程 （233）

图 6-2-2 Alkylene 工艺流程 （233）

图 6-2-3 AlkyClean 工艺流程 （234）

图 6-2-4 CDAlky 工艺分散器 （235）

图 6 - 2 - 5　叠合—醚化工艺流程　（236）

图 6 - 3 - 1　宁波海越与鲁姆斯技术公司签字仪
　　　　　　式　（240）

关键技术三　非临氢脱硫

图 2 - 1 - 1　氧化脱硫全球专利申请趋势　（259）

图 2 - 1 - 2　氧化脱硫全球专利申请量区域分布
　　　　　　排名　（259）

图 2 - 1 - 3　氧化脱硫全球主要申请人　（260）

图 2 - 1 - 4　氧化脱硫全球申请人类型分析
　　　　　　（260）

图 2 - 1 - 5　氧化脱硫美国历年专利申请分布
　　　　　　（261）

图 2 - 1 - 6　氧化脱硫中国历年专利申请分布
　　　　　　（261）

图 2 - 1 - 7　氧化脱硫俄罗斯历年专利申请分布
　　　　　　（261）

图 2 - 1 - 8　氧化脱硫日本历年专利申请分布
　　　　　　（262）

图 2 - 1 - 9　氧化脱硫美国历年专利申请分布
　　　　　　（262）

图 2 - 1 - 10　氧化脱硫中国历年专利申请分布
　　　　　　（263）

图 2 - 1 - 11　氧化脱硫俄罗斯历年专利申请分
　　　　　　布　（263）

图 2 - 1 - 12　氧化脱硫日本历年专利申请分布
　　　　　　（263）

图 2 - 2 - 1　氧化脱硫领域在中国专利申请趋势
　　　　　　（264）

图 2 - 2 - 2　氧化脱硫领域在中国专利申请类型
　　　　　　分析　（265）

图 2 - 2 - 3　氧化脱硫领域在中国专利申请的区
　　　　　　域分布　（265）

图 2 - 2 - 4　氧化脱硫领域在中国主要申请人
　　　　　　（266）

图 2 - 2 - 5　氧化脱硫领域在中国申请人类型分
　　　　　　析　（266）

图 2 - 2 - 6　氧化脱硫领域在中国专利申请法律
　　　　　　状态分布　（267）

图 2 - 2 - 7　氧化脱硫领域在中国主要省市专利
　　　　　　申请量排名　（267）

图 2 - 3 - 1　氧化脱硫领域在全球技术功效
　　　　　　（268）

图 2 - 3 - 2　氧化脱硫领域在全球技术年代分析
　　　　　　（269）

图 2 - 3 - 3　氧化脱硫全球技术功效年代分析
　　　　　　（270）

图 2 - 4 - 1　氧化脱硫中国技术功效　（271）

图 2 - 4 - 2　氧化脱硫中国技术年代分析
　　　　　　（272）

图 2 - 4 - 3　氧化脱硫中国功效年代分析　（272）

图 2 - 5 - 1　氧化脱硫技术路线　（275）

图 2 - 6 - 1　氧化脱硫技术领域主要申请人的重
　　　　　　要专利数量　（276）

图 2 - 6 - 2　UOP 在氧化脱硫领域的申请量趋势
　　　　　　（277）

图 2 - 6 - 3　UOP 在氧化脱硫领域在各个国家或
　　　　　　地区的申请量分布　（277）

图 2 - 6 - 4　UOP 在氧化脱硫领域专利申请原创
　　　　　　国分布　（278）

图 2 - 6 - 5　中石化在氧化脱硫领域的申请量趋
　　　　　　势　（279）

图 2 - 6 - 6　中石化在氧化脱硫领域在各个国家
　　　　　　或地区的申请量分布　（279）

图 3 - 1 - 1　萃取脱硫全球申请量年份分布
　　　　　　（283）

图 3 - 1 - 2　萃取脱硫全球专利原创国家或地区
　　　　　　分布　（283）

图 3 - 1 - 3　萃取脱硫全球专利输出国家或地区
　　　　　　分布　（284）

图 3 - 1 - 4　萃取脱硫全球专利申请人排名
　　　　　　（284）

图 3 - 1 - 5　萃取脱硫主要国家地区专利申请量
　　　　　　年份分析　（285）

图 3 - 1 - 6　萃取脱硫全球专利申请技术构成
　　　　　　（286）

图 3 - 1 - 7　萃取脱硫全球专利申请技术年代分
　　　　　　布　（286）

图 3 - 1 - 8　萃取脱硫全球专利申请技术功效
　　　　　　（287）

图 3 - 2 - 1　萃取脱硫中国申请量年份分布
　　　　　　（288）

图 3 - 2 - 2　萃取脱硫中国专利申请区域分布
（289）

图 3 - 2 - 3　萃取脱硫中国主要专利申请人排名
（289）

图 3 - 2 - 4　萃取脱硫中国专利申请人类型
（290）

图 3 - 2 - 5　萃取脱硫国外在华申请　（291）

图 3 - 2 - 6　萃取脱硫中国专利申请技术构成
（291）

图 3 - 2 - 7　萃取脱硫中国专利申请技术年代分
布　（292）

图 3 - 2 - 8　萃取脱硫中国专利技术功效分析
（293）

图 3 - 3 - 1　萃取脱硫中石化专利申请技术构成
（293）

图 3 - 3 - 2　萃取脱硫中石化技术路线　（294）

图 3 - 3 - 3　萃取脱硫中石化溶剂抽提技术
（CN1356375A）　（295）

图 3 - 3 - 4　萃取脱硫中石化专利碱渣废液再利
用技术（CN103045288A）　（296）

图 3 - 3 - 5　萃取脱硫埃克森美孚专利申请年份
分布　（297）

图 3 - 3 - 6　萃取脱硫埃克森美孚专利申请技术
构成　（297）

图 3 - 3 - 7　萃取脱硫埃克森美孚专利申请技术
功效　（298）

图 3 - 3 - 8　萃取脱硫埃克森美孚专利技术路线
（299）

图 3 - 3 - 9　萃取脱硫埃克森美孚专利技术
（WO02102935A1）　（301）

图 3 - 3 - 10　萃取脱硫埃克森美孚专利技术
（US6960291B）　（302）

图 3 - 3 - 11　萃取脱硫 UOP 专利申请年份分布
（303）

图 3 - 3 - 12　萃取脱硫 UOP 专利申请技术构成
（303）

图 3 - 3 - 13　萃取脱硫 UOP 专利申请技术功效
（304）

图 3 - 3 - 14　萃取脱硫 UOP 专利申请技术路线
（305）

图 3 - 3 - 15　萃取脱硫 UOP 专利技术

（US3574093A）　（306）

图 3 - 4 - 1　氧化萃取脱硫专利申请年份分布
（307）

图 3 - 4 - 2　氧化萃取脱硫专利申请国家或地区
排名　（308）

图 3 - 4 - 3　氧化萃取脱硫专利申请人排名
（308）

图 3 - 4 - 4　溶剂抽提脱硫专利申请年份分布
（310）

图 3 - 4 - 5　溶剂抽提脱硫专利申请国家或地区
排名　（310）

图 3 - 4 - 6　溶剂抽提脱硫专利申请人排名
（311）

图 3 - 4 - 7　溶剂抽提脱硫专利技术
（US6358402B）　（312）

图 3 - 4 - 8　离子液体脱硫专利申请年份分布
（312）

图 3 - 4 - 9　离子液体脱硫专利申请国家或地区
排名　（313）

图 3 - 4 - 10　离子液体脱硫专利申请人排名
（313）

图 4 - 2 - 1　吸附脱硫全球专利申请趋势
（318）

图 4 - 2 - 2　吸附脱硫全球专利申请人类型比例
（319）

图 4 - 2 - 3　吸附脱硫全球专利申请趋势主要专
利原创地分布　（320）

图 4 - 2 - 4　吸附脱硫全球专利申请人排名前10
位　（320）

图 4 - 2 - 5　吸附脱硫全球专利技术功效
（321）

图 4 - 2 - 6　吸附脱硫美国、日本、欧洲专利局、
WIPO 申请量变化趋势　（322）

图 4 - 2 - 7　吸附脱硫全球主要申请人的申请量
变化趋势　（323）

图 4 - 3 - 1　吸附脱硫中国专利申请人类型分布
（324）

图 4 - 3 - 2　吸附脱硫中国专利申请趋势
（324）

图 4 - 3 - 3　吸附脱硫中国申请量区域分布
（325）

图 4 - 3 - 4　吸附脱硫中国专利主要申请人　（326）

图 4 - 3 - 5　1995～2010 年中国专利申请法律状态　（326）

图 4 - 3 - 6　吸附脱硫中国专利申请主要地区分布　（327）

图 4 - 3 - 7　吸附脱硫中国专利主要技术路线　（328）

图 4 - 3 - 8　吸附脱硫中国专利功效年代分布　（328）

图 4 - 3 - 9　吸附脱硫中国专利技术功效　（329）

图 4 - 3 - 10　S - Zorb 吸附脱硫工艺流程　（330）

图 4 - 4 - 1　吸附脱硫技术路线　（彩图 9）

图 4 - 4 - 2　分子筛基吸附剂全球发展趋势　（334）

图 4 - 4 - 3　复合金属氧化物基吸附剂申请量发展趋势　（335）

图 4 - 4 - 4　活性炭基吸附剂申请量发展趋势　（336）

图 4 - 5 - 1　UOP 吸附脱硫专利进入地分布　（338）

图 4 - 5 - 2　吸附脱硫领域 UOP 专利技术路线　（339）

图 4 - 5 - 3　UOP 专利申请技术功效　（339）

图 4 - 5 - 4　康菲石油技术功效　（341）

图 4 - 5 - 5　康菲石油技术路线　（342）

图 5 - 1 - 1　S - Zorb 技术发展历程　（344）

图 5 - 1 - 2　加氢脱硫与 S - Zorb 技术的脱硫原理对比　（345）

图 5 - 1 - 3　S - Zorb 吸附剂 Ni/ZnO 的脱硫机理　（346）

图 5 - 1 - 4　第 1 代 S - Zorb 工艺流程　（347）

图 5 - 1 - 5　第 2 代 S - Zorb 技术流程　（348）

图 5 - 2 - 1　涉及 S - Zorb 技术的专利申请进入的国家或地区　（356）

图 5 - 2 - 2　涉及 S - Zorb 技术的专利申请变化趋势　（357）

图 5 - 2 - 3　主要发明人申请量排名　（358）

图 5 - 2 - 4　S - Zorb 技术的技术构成　（359）

图 5 - 2 - 5　涉及 S - Zorb 技术专利申请被引证的情况　（360）

图 5 - 2 - 6　康菲石油涉及 S - Zorb 吸附剂的技术发展路线　（363）

图 5 - 4 - 1　石科院涉及 S - Zorb 吸附剂的技术发展路线　（彩图 10）

图 5 - 4 - 2　康菲石油原有 S - Zorb 装置再生器　（376）

图 5 - 4 - 3　中石化改进 S - Zorb 装置再生器　（376）

图 5 - 4 - 4　中石化改进的流化床反应器　（378）

图 5 - 4 - 5　中石化改进的流化床反应器中降尘器的结构　（379）

图 5 - 4 - 6　双层烧结金属粉末滤芯的结构　（381）

图 5 - 4 - 7　耐磨球阀　（382）

表 索 引

引 言

表 1-1 我国车用汽油硫含量控制与国外比较
对照 （1）

表 1-2 我国典型年度的汽油调合组分变化
（2）

表 1-3 清洁油品技术分解 （3）

表 2-1 清洁油品三大领域文献量 （5）

关键技术一 汽油抗爆剂

表 1-2-1 汽油抗爆剂专利技术检索结果
（20）

表 3-2-1 MTBE 重要专利（部分） （49）

表 4-1-1 雅富顿添加剂产品分类 （77）

表 4-3-1 有机无灰类抗爆剂 （83）

表 4-3-2 与含铅抗爆剂混合使用的添加剂
（85）

表 4-4-1 雅富顿抗爆剂领域的发明人研发团
队 （90）

表 5-1-1 HiTEC 3000、HiTEC 3062 产品性能
参数 （101）

表 5-1-2 HiTEC 3140 产品性能参数
（103）

关键技术二 加氢脱硫

表 1-1-1 2000～2010 年我国炼油装置结构变
化对比 （130）

表 2-1-1 汽油加氢脱硫催化剂代表性专利目
录 （140）

表 2-1-2 汽油加氢脱硫催化剂代表性专利
（141）

表 2-2-1 各主要国家在华汽油加氢脱硫催化
剂专利申请排名及主要申请人
（143）

表 3-2-1 法国申请人的预处理技术相关在华
发明专利申请 （166）

表 3-2-2 预处理技术在华重要申请人排名
（169）

表 3-3-1 发明人 PODREBARAC G. G. 预处理
相关在华申请 （172）

表 3-3-2 催化蒸馏公司没有 PODREBARAC
G. G. 参与的预处理技术相关在华
申请 （173）

表 3-4-1 抚研院预处理领域部分第一发明人
的申请量年度分布 （175）

表 3-5-1 预处理技术全球专利被引用次数排
名 （176）

表 3-5-2 引用了 US5597476A 的预处理技术
相关申请 （177）

表 4-2-1 五个原创国专利技术流向比例
（185）

表 4-4-1 汽油加氢脱硫工艺领域申请人的全
球申请量排名 （193）

表 4-5-1 加氢脱硫工艺重点专利 （198）

表 5-3-1 美孚石油公司主要申请人申请数量
及持续时间 （218）

表 5-3-2 美孚石油公司主要申请人申请数量
及持续时间 （219）

表 5-3-3 埃克森美孚在华申请 （220）

表 5-4-1 各研发团队技术活跃期 （226）

表 6-1-1 汽油各组分指标对比 （230）

表 6-1-2 国内外汽油调和组分对比 （230）

表 6-1-3 各国汽油标准的发展历程 （231）

表 6-3-1 烷基化工艺的相关专利 （238）

表 6-3-2 CDTECH 公司在中国申请的与
CDAlky 工艺相关的专利
（239）

关键技术三 非临氢脱硫

表 1 - 2 - 1 欧盟清洁燃料的硫排放标准 （250）

表 1 - 2 - 2 美国汽油的硫排放标准 （251）

表 1 - 2 - 3 日本汽油的硫排放标准 （251）

表 1 - 2 - 4 我国汽油质量排放标准变化 （251）

表 1 - 2 - 5 我国柴油质量排放标准变化 （252）

表 1 - 4 - 1 清洁油品技术分解表 （254）

表 2 - 5 - 1 氧化脱硫技术领域的部分重点专利 （273）

表 2 - 5 - 2 1990 ~ 2000 年氧化脱硫技术领域的部分重点专利 （274）

表 2 - 5 - 3 2001 年以后氧化脱硫技术领域的部分重点专利 （274）

表 2 - 6 - 1 UOP 在氧化脱硫技术领域的部分重点专利 （276）

表 2 - 6 - 2 中石化在氧化脱硫技术领域的部分重点专利 （278）

表 3 - 2 - 1 萃取外国在华申请列表 （290）

表 3 - 3 - 1 萃取脱硫埃克森美孚 GREANEY M. A. 主要专利 （300）

表 3 - 3 - 2 萃取脱硫埃克森美孚主要被引用专利 （300）

表 3 - 3 - 3 萃取脱硫 UOP 主要被引用专利 （306）

表 3 - 4 - 1 氧化萃取脱硫引证次数较多的重点专利 （309）

表 3 - 4 - 2 溶剂抽提萃取脱硫引用次数较多的重点专利 （311）

表 3 - 4 - 3 离子液体萃取脱硫引用次数较多的重点专利 （314）

表 4 - 3 - 1 S - Zorb 工艺部分转让中国专利 （330）

表 4 - 3 - 2 LADS 工艺相关专利 （333）

表 4 - 4 - 1 分子筛基吸附剂全球重要专利 （334）

表 4 - 4 - 2 复合金属氧化物基脱硫吸附剂重要专利 （336）

表 4 - 4 - 3 活性炭基吸附剂重要专利 （337）

表 4 - 5 - 1 UOP 主要发明人及活跃年代 （340）

表 4 - 5 - 2 康菲石油主要发明人及活跃年代 （342）

表 5 - 2 - 1 主题涉及吸附剂组合物的 S - Zorb 技术 （350）

表 5 - 2 - 2 主题涉及吸附剂组合物的制备方法的 S - Zorb 技术 （352）

表 5 - 2 - 3 主题涉及脱硫方法和装置方面的改进的 S - Zorb 技术 （353）

表 5 - 2 - 4 S - Zorb 吸附剂的组成与效果 （361）

表 5 - 3 - 1 美国投用的 S - Zorb 装置情况 （365）

表 5 - 3 - 2 2008 年后中石化首批 8 套 S - Zorb 装置的投产情况 （366）

表 5 - 4 - 1 中石化涉及 S - Zorb 吸附剂的专利申请 （368）

表 5 - 4 - 2 中石化涉及 S - Zorb 装置再生系统的专利申请 （375）

表 5 - 4 - 3 中石化涉及 S - Zorb 装置脱硫反应器的专利申请 （377）

表 5 - 4 - 4 燕山石化 S - Zorb 装置安装降尘器前后情况 （379）

表 5 - 4 - 5 涉及 S - Zorb 装置中关键部件的专利申请 （379）

附 录

附录 A 申请人名称约定表 （385）

附录 B MMT 重点专利 （386）

附录 C MTBE 重点专利 （390）

附录 D 新型酯类抗爆剂领域重点专利 （394）

书　号	书　名	产　业　领　域	定价	条　码
9787513006910	产业专利分析报告（第1册）	薄膜太阳能电池 等离子体刻蚀机 生物芯片	50	
9787513007306	产业专利分析报告（第2册）	基因工程多肽药物 环保农业	36	
9787513010795	产业专利分析报告（第3册）	切削加工刀具 煤矿机械 燃煤锅炉燃烧设备	88	
9787513010788	产业专利分析报告（第4册）	有机发光二极管 光通信网络 通信用光器件	82	
9787513010771	产业专利分析报告（第5册）	智能手机 立体影像	42	
9787513010764	产业专利分析报告（第6册）	乳制品生物医用 天然多糖	42	
9787513017855	产业专利分析报告（第7册）	农业机械	66	
9787513017862	产业专利分析报告（第8册）	液体灌装机械	46	
9787513017879	产业专利分析报告（第9册）	汽车碰撞安全	46	
9787513017886	产业专利分析报告（第10册）	功率半导体器件	46	
9787513017893	产业专利分析报告（第11册）	短距离无线通信	54	
9787513017909	产业专利分析报告（第12册）	液晶显示	64	
9787513017916	产业专利分析报告（第13册）	智能电视	56	
9787513017923	产业专利分析报告（第14册）	高性能纤维	60	
9787513017930	产业专利分析报告（第15册）	高性能橡胶	46	
9787513017947	产业专利分析报告（第16册）	食用油脂	54	
9787513026314	产业专利分析报告（第17册）	燃气轮机	80	
9787513026321	产业专利分析报告（第18册）	增材制造	54	

书　号	书　名	产业领域	定价	条　码
9787513026338	产业专利分析报告（第 19 册）	工业机器人	98	
9787513026345	产业专利分析报告（第 20 册）	卫星导航终端	110	
9787513026352	产业专利分析报告（第 21 册）	LED 照明	88	
9787513026369	产业专利分析报告（第 22 册）	浏览器	64	
9787513026376	产业专利分析报告（第 23 册）	电池	60	
9787513026383	产业专利分析报告（第 24 册）	物联网	70	
9787513026390	产业专利分析报告（第 25 册）	特种光学与电学玻璃	64	
9787513026406	产业专利分析报告（第 26 册）	氟化工	84	
9787513026413	产业专利分析报告（第 27 册）	通用名化学药	70	
9787513026420	产业专利分析报告（第 28 册）	抗体药物	66	
9787513033411	产业专利分析报告（第 29 册）	绿色建筑材料	120	
9787513033428	产业专利分析报告（第 30 册）	清洁油品	110	
9787513033435	产业专利分析报告（第 31 册）	移动互联网	176	
9787513033442	产业专利分析报告（第 32 册）	新型显示	140	
9787513033459	产业专利分析报告（第 33 册）	智能识别	186	
9787513033466	产业专利分析报告（第 34 册）	高端存储	110	
9787513033473	产业专利分析报告（第 35 册）	关键基础零部件	168	
9787513033480	产业专利分析报告（第 36 册）	抗肿瘤药物	170	
9787513033497	产业专利分析报告（第 37 册）	高性能膜材料	98	
9787513033503	产业专利分析报告（第 38 册）	新能源汽车	158	